Werkstofftechnik für Wirtsc

Bozena Arnold

Werkstofftechnik für Wirtschaftsingenieure

2., überarbeitete und ergänzte Auflage

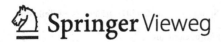

Professorin Dr.-Ing. Bozena Arnold
(ehemals Boczek)
Prof. em. der Hochschule für Angewandte
Wissenschaften HAW Hamburg
Waldbronn, Deutschland

Die Darstellung von manchen Formeln und Strukturelementen war in einigen elektronischen Aus-
gaben nicht korrekt, dies ist nun korrigiert. Wir bitten damit verbundene Unannehmlichkeiten zu
entschuldigen und danken den Lesern für Hinweise.

ISBN 978-3-662-54547-8   ISBN 978-3-662-54548-5   (eBook)
DOI 10.1007/978-3-662-54548-5

Die Deutsche Nationalbibliothek verzeichnet diese Publikation in der Deutschen Nationalbiblio-
grafie; detaillierte bibliografische Daten sind im Internet über http://dnb.d-nb.de abrufbar.

Vorwort 2

Zu den wichtigsten Neuerungen in der 2. Auflage gehören die Aufnahme neuer sowie die Überarbeitung bestehender Abschnitte.
Die folgenden Abschnitte wurden neu eingeführt:

* Nickelwerkstoffe (Abschn. 8.3)
* Glas (Abschn. 12.9)

Die Überarbeitungen betreffen neben den textlichen Neufassungen die Aktualisierung der Angaben zur Produktion von Werkstoffen.

Waldbronn im Februar 2017   Bozena Arnold

Vorwort 1

Wirtschaftsingenieurwesen ist ein interdisziplinäres Fachgebiet, das als Schnittstelle zwischen Ingenieurwissenschaften und Betriebswirtschaft gesehen wird. Wirtschaftsingenieure sind keine Spezialisten, sie sind Generalisten. Ihre Hauptaufgaben sind Projektaufsicht und Kontakt zu Kunden. Daher ist der Studiengang vom Charakter her breit angelegt und zielt nicht auf Vertiefung bzw. Spezialisierung. Bei einer Befragung zur Evaluation des Faches Werkstofftechnik hat ein Student geschrieben: „Meiner Ansicht nach ist es vor allem sehr wichtig, ein breites Angebot an Informationen zu liefern, auch wenn hierdurch kein Thema stark vertieft werden kann, da man bei tieferem Bedarf an Informationen jederzeit in Büchern nachlesen kann." Diese Aussage ist für das vorliegende Buch grundlegend.

Entstanden ist das Buch aus meinen Vorlesungen im Studiengang Wirtschaftsingenieurwesen an der NORDAKADEMIE, einer privaten, staatlich anerkannten Fachhochschule in Elmshorn. Eingeflossen sind auch Erfahrungen aus meiner langjährigen Tätigkeit als Professorin für Werkstofftechnik an der Marine Universität in Stettin und an der Hochschule für Angewandte Wissenschaften HAW in Hamburg.

Das Buch soll ein Verständnis für Werkstoffe auf einer wissenschaftlichen, aber keiner vertieften Grundlage ermöglichen. Die Leitfrage lautet: Welche Eigenschaften hat ein Werkstoff und was können wir damit anfangen? Die Frage, warum der Werkstoff diese Eigenschaften hat, ist hier nicht vordergründig. Ein Anwender entscheidet sich für einen Werkstoff, weil der Werkstoff die geforderten Eigenschaften aufweist.

Die Gliederung des Buches ist klassisch, nach den Werkstoffarten. Hierbei wurde ein ausgewogenes Verhältnis zwischen Metallen und Nichtmetallen angestrebt. Da Metalle nach wie vor die Hauptwerkstoffe der Technik sind, bilden sie den größten Teil des Buches. Die zunehmende Rolle der Kunststoffe wird betont und sie werden entsprechend breit besprochen. Systematisch werden wirtschaftliche Aspekte sowie das Recycling von Werkstoffen behandelt. Der Umfang dieses Buches ist im Vergleich zu der breiten Palette werkstofftechnischer Themen relativ gering. Diese gestraffte Darstellung war beabsichtigt.

Das Buch soll an der Anwendung orientiert sein. Deswegen wurde als Begleiter, als Anwendungsträger, ein Getriebe gewählt. Der Einsatz von Werkstoffen wird, wo nur möglich, am Beispiel der Getriebebauteile besprochen. Dieses Leitbeispiel zieht sich wie ein roter Faden durch das ganze Buch und ist seine Besonderheit. Eine weitere

Besonderheit des Buches sind kleine Geschichten über und um Werkstoffe, die den Text abwechslungsreich machen sollen.

An dieser Stelle möchte ich der Nordakademie für die Unterstützung meines Buchprojekts danken. Der Präsident der Hochschule, Herr Prof. Dr. Georg Plate, hat das Projekt von Anfang an befürwortet und sich oft nach seinem Stand erkundigt. Sehr bedanken möchte ich mich bei Herrn Prof. Dr.-Ing. Volker Ahrens, dem Leiter des Fachbereiches Ingenieurwissenschaften und des Studiengangs Wirtschaftsingenieurwesen. Seine aufbauenden Worte, aufschlussreichen Hinweise und Textkorrekturen haben mir bei der Arbeit am Buch sehr geholfen. Und auch die Hilfe von Herrn Dipl.-Ing. (FH) Wilfried Netzler war bei vielen kleinen und doch wichtigen Angelegenheiten unersetzlich.

Des Weiteren möchte ich der Firma Getriebebau NORD in Bargteheide für das Interesse an meinem Vorhaben danken. Insbesondere danke ich den Herren Dr. Bernhard Bouche und Dr. Reiko Thiele für sehr informative Gespräche über die Anwendung von Werkstoffen in Getrieben.

Mein ganz besonderer Dank gilt Frau Sabine Wetzker. Sie hat Wirtschaftsingenieurwesen studiert und sich schon während des Studiums für Werkstoffe sehr interessiert. Ihre Diplomarbeit, die ich betreut habe, war dem Recycling von Kunststoffen gewidmet. So haben wir uns kennengelernt. Derzeit arbeitet sie erfolgreich als Projektmanagerin in der Firma Oerlikon Neumag in Neumünster. Mit Frau Wetzker habe ich über die Buchinhalte viel diskutiert. Ihre Bemerkungen waren stets sehr wertvoll und hilfreich. Durch sorgfältiges und kritisches Korrekturlesen hat Frau Wetzker aktiv und unvergessen zum Gelingen des Buches beigetragen.

Hamburg im April 2013   Bozena Arnold,

Inhaltsverzeichnis

Werkstoffe und ihre Bedeutung   1

1.1   Der Begriff Werkstoff

Werkstoffe sind Stoffe, die wir uns zunutze machen. Stoff ist ein Grundbegriff der Physik, in der neben Stoffen auch Felder unterschieden werden. Sehr häufig benutzen wir auch den Begriff Material. Er ist sehr allgemein, da unter ihm alle natürlichen und synthetischen Stoffe verstanden werden. Werkstoffe sind Materialien, die sich bei Raumtemperatur (20 °C) im festen Aggregatzustand befinden und aus denen Bauteile und Konstruktionen (im weitesten Sinne der beiden Worte) hergestellt werden können. Neben den Werkstoffen verwenden wir auch Baustoffe, Farbstoffe, Schmierstoffe, Kraftstoffe u. a. In diesem Buch beschäftigen wir uns ausschließlich mit den Werkstoffen.

Frühere Zeitalter benennen wir nach den damals verwendeten Werkstoffen. Werden wir heute gefragt, in welchem Zeitalter wir leben, dann würden wir vielleicht sagen: in der Kunststoffzeit oder im Siliziumzeitalter. Näherliegend wäre jedoch die Antwort, dass wir weiterhin in der Eisenzeit leben, da Stähle wie in jener Zeit, so auch heute die wichtigsten Werkstoffe der Technik sind. Doch eigentlich leben wir in der Zeit der großen Werkstoffvielfalt, in einer Welt, die von vielen unterschiedlichen Werkstoffen geprägt ist.

1.2   Umgang mit Werkstoffen

Unser Umgang mit den Werkstoffen ist im Laufe der Geschichte unterschiedlich gewesen und verändert sich weiter. Dies können wir beispielsweise am Einsatz von Werkstoffen für Speichenräder sehen (ohne Anspruch auf Vollständigkeit).

Am Anfang unserer Geschichte haben wir Bauteile und Konstruktionen an die Materialeigenschaften angepasst. Wir haben natürliche Materialien wie Holz, Steine und formbare Erdsubstanzen verwendet. Alle verwendeten Werkstoffe waren sehr rohstoffnah,

© Springer-Verlag Berlin Heidelberg 2017
B. Arnold, *Werkstofftechnik für Wirtschaftsingenieure*,
DOI 10.1007/978-3-662-54548-5_1

Abb. 1.1 Leitbild des
nachhaltigen und zukunfts-
orientierten Umgangs mit
Werkstoffen

Fertigungsverfahren spielten eine untergeordnete Rolle. Somit waren Anwendungen auf verfügbare Materialien abgestimmt. Ein Rad wurde früher aus Holz gefertigt.

Nach der ersten Phase haben wir begonnen, die Materialeigenschaften zu optimieren. Wir haben Herstellverfahren für Werkstoffe wie Metalle, Keramiken oder Polymere aus unterschiedlichen Rohstoffen entwickelt. Die Anfertigung von Produkten erfolgte durch die Anwendung werkstoffspezifischer Bearbeitungsverfahren. Alle Anwendungen wurden auf die Werkstoffeigenschaften abgestimmt. Für das Rad haben wir Holz und für die Lauffläche geschmiedetes Eisen verwendet. Die Optimierung von Eigenschaften gehört auch heute zu den werkstofftechnischen Methoden.

Heute können wir bereits Werkstoffe maßschneidern (Material Tailoring). Zuerst wird ein Nutzungsprofil vom geplanten Produkt erstellt. Danach wird ein optimal passender Werkstoff theoretisch entwickelt. Die stoffliche Umsetzung der Idee erfolgt innerhalb der konventionellen Werkstoffklassen oder als Verbundwerkstoffe. Ein gutes Beispiel sind Reifen für moderne Autoräder, die aus speziellen Kautschukmischungen und abgestimmt auf die Einsatzbedingungen (Winter- und Sommerreifen) hergestellt werden.

In Zukunft werden wir zunehmend intelligente Werkstoffe (Smart Materials) verwenden. Sie sind in der Lage, während der Nutzung auf Änderungen der Umgebungsbedingungen selbstständig zu reagieren und ihre Eigenschaften anzupassen. Daher müssen in solchen Systemen neben einem Trägermaterial, das die strukturellen Eigenschaften bestimmt, weitere funktionale Elemente integriert werden.

Bei dem Umgang mit Werkstoffen sollen stets vier Leitsätze beachtet werden, die in Abb. 1.1 dargestellt sind.

1.3 Werkstoffe und Wirtschaft

Die wirtschaftliche Bedeutung von Werkstoffen ist hoch. Dabei stehen ihre Verfügbarkeit und ihre Kosten im Vordergrund.

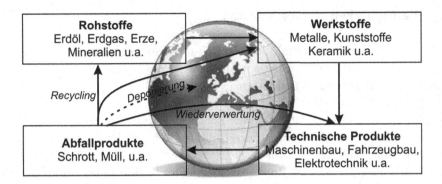

Abb. 1.2 Werkstoffkreislauf

Tab. 1.1 Weltproduktion in Mio. Tonnen pro Jahr (Quelle: stahl-online.de, 2014)

Stahl	Aluminium	Magnesium	Kunststoffe	CFK
1620	115	0,8	310	0,08

1.3.1 Werkstoffkreislauf

Werkstoffe werden in einem Kreislauf genutzt, der in Abb. 1.2 dargestellt ist.

Die Lebensdauer eines Werkstoffes ist mit dem Werkstofflaufkreis verbunden. Am Ende des Kreislaufs sind Werkstoffe gebrauchsunfähig und dies definiert das Ende ihrer Lebensdauer. Diese ist in der Regel nicht mit der völligen Zerstörung des Werkstoffs identisch. Die Lebensdauer ist meist nicht für einen Werkstoff definiert, sondern für ein Bauteil aus dem Werkstoff und seine bestimmten Beanspruchungsbedingungen.

1.3.2 Wie viele Werkstoffe werden produziert?

Einen Eindruck von den Größenordnungen der Weltproduktion von Werkstoffen vermittelt Tab. 1.1.

Zwei Werkstoffgruppen dominieren die Welt: Stähle und Kunststoffe. Wenn wir das Gewicht vergleichen, bilden Stähle die größte Gruppe. Ein anderes Bild entsteht, wenn wir das Volumen der Werkstoffe vergleichen. Dann liegen Kunststoffe vor den Stählen. (Bei Berechnungsgrundlage: $1 \, dm^3 = 8 \, kg$ Stahl und $1 \, dm^3 = 1 \, kg$ Kunststoff, bekommen wir für Stähle 202 Mio. dm^3 und für Kunststoffe 310 Mio. dm^3).

Analysieren wir zeitliche Entwicklung der Weltproduktion von Werkstoffen, so zeigt das Ergebnis einen Anstieg mit näherungsweise konstanter Steigung. Bei den ansteigenden Produktionszahlen steht Asien an der Spitze. Die Länder der sogenannten BRIC-Gruppe (Brasilien, Russland, Indien und China) dominieren zunehmend die Werkstoffproduktion.

1.3.3 Verfügbarkeit von Werkstoffen

Die Verfügbarkeit von Werkstoffen ist mit der Rohstoffversorgung verbunden. Geeignete Rohstoffe stehen bei jedem Werkstoff am Anfang der Herstellkette. Die Weltvorräte an Rohstoffen und Energieträgern sind begrenzt.

Die Produktion von Rohstoffen für die Herstellung von Metallen, Kunststoffen und Baustoffen macht weniger als 20 % der Welt-Rohstofferzeugung aus. Sie ist deutlich geringer als die Rohstoffproduktion von Energieträgern (Kohle, Erdöl, Erdgas, Uran). Andererseits benötigt die Erzeugung der Werkstoffe große Energiemengen. Dies wiederum bedeutet, dass die Frage nach der Rohstoffversorgung für Werkstoffe mit der Frage nach der Verfügbarkeit von Energieträgern verknüpft ist.

Reichen die vorhandenen Vorräte an Rohstoffen angesichts der zu erwartenden Nachfrage? Betrachten wir dafür die Zusammensetzung der Erdrinde bis 1 km Tiefe. Sie enthält u. a. 27 % Silizium, 8 % Aluminium, 5 % Eisen, 2 % Magnesium und 0,4 % Titan. Bei einer Gesamtmasse der Erdrinde von etwa 3×10^{12} Mio. Tonnen ist sie theoretisch ein sehr großes Rohstoffreservoir. Aber diese Darstellung täuscht. Mit wenigen Ausnahmen sind diese wichtigen Stoffe nur an ganz wenigen Stellen – den Lagerstätten – in brauchbarer Form vorhanden. Im Übrigen sind sie in so geringen Mengen verteilt, dass eine wirtschaftliche Gewinnung mit den heute zur Verfügung stehenden Mitteln ausgeschlossen ist. Aus diesem Grund müssen wir von begrenzten Vorräten an Rohstoffen sprechen, die durch den Abbau laufend vermindert werden. In diesem Zusammenhang wird die Bedeutung des Recyclings der Werkstoffe deutlich. Zu den künftigen Rohstoffquellen gehören also auch Werkstoffabfälle.

1.3.4 Was kosten Werkstoffe?

Die Preise von Werkstoffen setzen sich aus mehreren Anteilen zusammen:

- dem Marktwert der Rohstoffe einschließlich ihrer Förderung, Anreicherung und ihrem Transport von den Lagerstätten zu den Verarbeitungsbetrieben,
- der meist sehr energieintensiven Gewinnung bzw. Herstellung des Rohmaterials (z. B. Roheisen, Kunststoffgranulat),
- der Weiterverarbeitung zu einfachen Vormaterialien und Halbzeugen.

Gemeinsam bestimmen diese und ggf. auch andere Kosten den tatsächlich beim Lieferanten zu zahlenden Preis, der oft starken Schwankungen unterworfen ist. Natürlich werden die Preise zusätzlich durch das Wechselspiel von Angebot und Nachfrage beeinflusst.

Bei der Betrachtung über lange Zeiträume wurde jedoch festgestellt, dass die Preise für Werkstoffe relativ konstant bleiben. In der Praxis spielt der Preis des Werkstoffs – bezogen

auf Gesamtkosten von Produkten – oft eine geringe Rolle, da andere Kosten (Arbeitskos-
ten, Werkzeuge, Verarbeitung) viel höher sind und diesen Preis überdecken.

Die Werkstoffkosten werden bei der Entscheidungsfindung sehr stark berücksichtigt.
Oft entscheidet der Preis eines Werkstoffs über seine Anwendung und nicht die technische
Überlegenheit eines anderen, aber teureren Werkstoffes.

Für die Herstellung von Werkstoffen, die in weiteren Kapiteln besprochen werden,
sind erhebliche Energiebeiträge notwendig. Dieser hohe Verbrauch wirkt sich auch auf die
Standortauswahl für die Herstellung aus. Beispielsweise wird Aluminium in Ländern wie
Kanada und Norwegen gewonnen, da dort günstiger Strom aus Wasserkraft zur Verfügung
steht. Stoffwirtschaft und Energiewirtschaft hängen eng zusammen. Einerseits erfordert
die Herstellung von Werkstoffen viel Energie, andererseits erfordert die Energieerzeugung
große Mengen hochentwickelter Werkstoffe.

1.3.5   Wie werden Werkstoffe bezeichnet?

Die Beherrschung der Werkstoffvielfalt kann mithilfe eines Bezeichnungssystems sehr er-
leichtert werden. Zudem können Werkstoffe mit elektronischer Datenverarbeitung ver-
waltet werden.

Wir haben kein weltweites, einheitliches Bezeichnungssystem für alle Werkstoffe (und
vermutlich werden wir es niemals haben). Wir verwenden mehrere verschiedene Bezeich-
nungsmethoden, die sich von Werkstoffgruppe zu Werkstoffgruppe unterscheiden.

Allgemein lassen sie die Bezeichnungen wie folgt gliedern:

- Bezeichnungen, die auf den chemischen Symbolen der Elemente basieren.
- Werkstoffnummern, die als Idee für alle Werkstoffe gedacht wurden. Vollständig um-
  gesetzt wurde diese Idee nur für Stähle (Abschn. 5.6.5).
- Numerische Bezeichnungen, die aus Buchstaben und Ziffern aufgebaut sind (z. B. für
  Aluminiumwerkstoffe Abschn. 6.3.1).
- Bezeichnungen, die ausschließlich auf Buchstaben basieren (z. B. für Kunststoffe
  Abschn. 9.3.2).

Werkstoffnummern sowie numerische Bezeichnungen haben den Vorteil, dass sie für eine
Werkstoffgruppe gleich lang sind, was in der heutigen rechnergestützten Welt, z. B. für
Bestellungen, vorteilhaft ist. Die anderen Bezeichnungen haben verschiedene Längen und
können sehr lang sein, was deren Gebrauch erschweren kann.

Für das Lesen der Werkstoffbezeichnungen stehen verschiedene Hilfsmittel wie z. B.
der Stahlschlüssel oder der Aluminiumschlüssel zur Verfügung.

Neben den genormten Bezeichnungen werden für viele Werkstoffe Eigen- und Handelsnamen genutzt, so z. B. bei den korrosionsbeständigen Stählen (Abschn. 5.9.3).

1.3.6   In welcher Form werden Werkstoffe angeboten?

Werkstoffe werden in der Regel als Halbfertigprodukte (Handelsformen) angeboten, die auf die vorgesehene Nutzung abgestimmt sind. Dazu gehören sogenannte Halbzeuge (z. B. Bleche, Profilstäbe, Rohre) oder Formteile (z. B. Gussrohlinge) sowie auch Granulate bei Kunststoffen und Gewebe bei Faserwerkstoffen. Diese Halbfertigprodukte sind als solche nicht gebrauchsfähig, aber sie stellen das Ausgangsprodukt für die nachfolgende Fertigung von Produkten dar.

Handelsformen sind werkstoffspezifisch. Die größte Auswahl an Handelsformen haben wir bei den Stählen (Abschn. 5.6.6).

1.4   Werkstoffe und Umwelt

Werkstoffe stehen stets in Wechselwirkung mit ihrer Umwelt. Umweltprobleme können bei der Gewinnung, Herstellung und Verarbeitung sowie Anwendung von Werkstoffen auftreten.

1.4.1   Anforderungen an Werkstoffe

Um die Umwelt zu schützen, müssen wir folgende Forderungen an die Werkstoffe stellen:

- Umweltverträglichkeit, also die Eigenschaft, bei ihrer technischen Nutzung die Umwelt nicht zu beeinträchtigen (und andererseits von der Umwelt nicht beeinträchtigt zu werden).
- Recyclierbarkeit, also die Möglichkeit der Rückgewinnung und Wiederaufbereitung nach dem Gebrauch.
- Deponierbarkeit, also die Möglichkeit der Entsorgung von Werkstoffen, wenn ein Recycling nicht möglich ist.

Häufig stehen die verschiedenen Umweltkriterien in Konkurrenz zueinander. Sehr oft gibt es Konflikte zwischen Recyclingmöglichkeiten und z. B. gefordertem geringem Gewicht. Ein Beispiel sind Faserverbundwerkstoffe, die leicht, aber nicht recycelbar sind.

Nach dem Vorbild der Stoffkreisläufe in der Natur werden heute auch für Werkstoffe geschlossene Kreisläufe angestrebt und Ökobilanzen erstellt.

1.4.2   Recycling von Werkstoffen

Die Eignung von Werkstoffen zum Recycling ist sehr unterschiedlich. Besonders gut ist sie bei Metallen. Gegenüber anderen, insbesondere vielen neuen Werkstoffen wie z. B.

kohlenstofffaserverstärkten Kunststoffen (CFK), stehen Metalle in einer Recyclingtradition, die ebenso lang ist wie ihre Verwendung selbst.

Recycling ist ein Begriff aus der Umwelttechnik und steht für die Wiederverwendung von Abfällen als Rohstoffe für die Herstellung neuer Produkte. Folgende mögliche Recyclingwege von Werkstoffen werden unterschieden:

- Wiederverwendung, d. h. eine wiederholte Benutzung,
- Weiterverwendung, d. h. Verwendung in einem neuen Anwendungsbereich,
- Wiederverwertung, d. h. Rückführung in die Produktion des Werkstoffs,
- Weiterverwertung, d. h. Rückführung in einen anderen Produktionsprozess.

Generell gilt aber, dass die Recyclingquoten sich nicht beliebig erhöhen lassen. Recycling ist nicht sinnvoll, wenn der technische Aufwand und die ökologische Belastung bei der Aufbereitung von Abfällen größer sind als bei Erzeugung des Primärwerkstoffs. Ein weiteres wichtiges Problem beim Recycling ist die Reinheit der Abfälle – Sortenreinheit bzw. Reinheitsgrad. Gute Eigenschaften moderner Werkstoffe beruhen u. a. auf ihren hohen Reinheitsgraden.

1.4.3 Ökobilanzen

Sicher haben Sie schon einmal beim Einkaufen gedacht: Was ist besser, eine Plastiktüte oder eine Papiertüte? Diese Frage wird häufig nur einseitig beantwortet z. B. nur anhand des möglichen Recyclings. Das führt dazu, dass ein Umweltaspekt optimiert wird – zulasten anderer Aspekte.

Ökobilanzen („Life-Cycle-Assessments") helfen uns diese eingeschränkte Sicht zu vermeiden. Eine Ökobilanz berücksichtigt den gesamten Lebenszyklus eines Produktes – von der Rohstoffherstellung über die Produktfertigung und -nutzung bis hin zu seiner Entsorgung. Die Ökobilanz soll ganzheitlich sein.

Zurückkommend auf die Frage – „Plastiktüte oder Papiertüte" – würden wir für die Plastiktüte (vielleicht sogar unerwartet) eine bessere, ganzheitliche Ökobilanz als für die Papiertüte erstellen.

1.5 Auswahl von Werkstoffen

Die Werkstoffauswahl beeinflusst die technischen und wirtschaftlichen Eigenschaften eines Produkts entscheidend. Allzu häufig werden diese Zusammenhänge nicht berücksichtigt. Die Werkstoffauswahl für eine Konstruktion oder für ein Bauteil kann eine Aufgabe eines Wirtschaftsingenieurs sein. Um sich an einem solchen Entscheidungsprozess zu beteiligen, sollten die Grundsätze der Auswahl bekannt sein. Im Folgenden wird aufgezeigt, nach welchen Kriterien die Werkstoffauswahl üblicherweise erfolgen sollte.

Tab. 1.2 Beispiele von Anwendungsfällen und Werkstoffauswahl

Anwendungsfall	Geforderte Haupteigenschaften	Mögliche Werkstoffe
Leichtbau	Spezifische Steifigkeit Spezifische Festigkeit	Stähle Aluminium-, Magnesium-, Titanwerkstoffe Faserverbundwerkstoffe
Korrosive Umgebung	Korrosionsbeständigkeit	Stähle Aluminium-, Kupfer-, Titanwerkstoffe Kunststoffe
Hohe Temperaturen	Warmfestigkeit (Widerstand gegen Kriechen) Hochtemperaturkorrosion	Stähle Nickel- und Kobaltwerkstoffe Keramik
Niedrige Temperaturen	Kaltzähigkeit	Stähle
Zerspanungstechnik	Härte Verschleißbeständigkeit	Hartmetalle Keramik Diamant Stähle
Gleitlager	Gleit- und Reibverhalten	Sinterwerkstoffe Spezielle Nichteisenmetalle

1.5.1 Eigenschaftsprofil

Bei der Werkstoffauswahl betrachten wir grundsätzlich technische und wirtschaftliche Aspekte.

Die technische Betrachtung hängt mit der geplanten Verwendung eines Werkstoffes zusammen, aus der sich ein Anforderungsprofil ableiten lässt. Diesem Anforderungsprofil sollen die Eigenschaften des Werkstoffs entsprechen. Ein paar Beispiele für diese Beziehung sind in Tab. 1.2 zusammengestellt. Bei vielen Anwendungen werden verschiedene Eigenschaften gefordert. In solchen Fällen müssen wir entscheiden, welche Eigenschaften im Vordergrund stehen und welche eine untergeordnete Rolle spielen.

Zu der technischen Betrachtung gehört die Frage, wie Werkstoffe mit anderen Werkstoffen verbunden werden. Spezielle Eigenschaften wie Ästhetik und Oberflächenbeschaffenheit können ebenfalls eine große Bedeutung haben.

Leider werden Werkstoffe oft nur gewählt, da sie „schon immer" verwendet wurden. Ein gutes Beispiel sind korrosionsbeständige Stähle. Bis heute werden zwei Sorten dieser Stähle bevorzugt, die einhundert Jahre alt sind. Inzwischen wurden neue, bessere und nicht teurere Sorten entwickelt und auf dem Markt eingeführt.

Die wirtschaftliche Betrachtung umfasst viele verschiedene Themen wie die Verfügbarkeit eines Werkstoffs, seine Kosten und Kostenentwicklung, die Fertigung und ihre Kosten, Recycling und seine Kosten, Auswirkungen auf die Umwelt (ökologische Betrachtung) und Normung.

Tab. 1.3 Performance-Index bei der elektrischen Leitfähigkeit

Metall	Elektrische Leitfähigkeit in S/m	Dichte in g/cm³	Performance Index
Aluminium	$37,7 \times 10^6$	2,7	14
Kupfer	$59,1 \times 10^6$	8,92	6,6
Magnesium	$22,7 \times 10^6$	1,74	13

Gibt es einen idealen Werkstoff? Nein. Einen idealen, universalen Werkstoff gibt es nicht. Ein idealer Werkstoff müsste eine Unzahl von Anforderungen erfüllen, und das ist nicht möglich. Jeder Werkstoff besitzt seine Einsatzgrenzen, und somit ist jede Werkstoff-auswahl ein Kompromiss zwischen unterschiedlichen Anforderungen. Bei der Werkstoff-auswahl können verschiedene Werkstoffdatenbanken helfen, wie z. B. „StahlDat SX" für Stähle oder „Campus" für Kunststoffe.

1.5.2 Performance Indices P.I.

Die Performance Indices gehören zu den Methoden der Entscheidungsfindung bei der Werkstoffauswahl. Hierbei ist die folgende Betrachtungsweise herangezogen: Wir möch-ten möglichst viel von Eigenschaft Nr. 1 haben und dabei möglichst wenig von Eigenschaft Nr. 2 verlieren (z. B. geringes Gewicht, niedriger Preis). Der Performance-Index ist der Quotient aus dem Kennwert der Eigenschaft Nr. 1 und dem Kennwert der Eigenschaft Nr. 2. Je höher der Index ist, desto besser ist der Werkstoff für die besagte Anwendung geeig-net. Diese Betrachtungsweise kann auf viele Eigenschaften übertragen werden.

Aus welchem Werkstoff bestehen Hochspannungskabel?

Ein gutes Beispiel für die Anwendung von Performance Indices ist die Werkstoffaus-wahl für Hochspannungskabel, die im Freien an den Masten hängen. Die wichtigste Eigenschaft ist die elektrische Leitfähigkeit. Zu dem sollen die Überlandleitungen mög-lichst leicht sein. Berechnen wir für diesen Fall die Performance Indices für verschiede-ne Werkstoffe (Tab. 1.3).

Nach der elektrischen Leitfähigkeit beurteilt, wäre das Kupfer für Hochspannungs-kabel am besten geeignet, nach der Dichte das Magnesium. Die Hochspannungskabel werden aber, dem besten Performance-Index folgend, aus einem geeigneten Alumi-niumwerkstoff hergestellt.

1.6 Werkstoffeinsatz am Beispiel eines Stirnradschneckengetriebes

Um den Einsatz von Werkstoffen zu veranschaulichen, können verschiedene Bauteile oder Konstruktionen ausgewählt werden. Für dieses Buch fiel die Entscheidung auf ein Stirn-radschneckengetriebe, weil Getriebe allgegenwärtig sind.

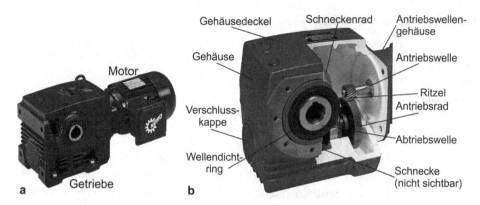

Abb. 1.3 Stirnradschneckengetriebe (mit freundlicher Genehmigung der Firma Getriebebau NORD in Bargteheide). **a** Komplettsystem mit Motor, **b** Stirnradschneckengetriebe – Schnitt

Mechanische Getriebe sind Geräte zur Weiterleitung oder Umformung von Bewegungen. Sie dienen der bedarfsgerechten Anpassung von Drehmomenten und Drehzahlen eines Antriebs an einen Verbraucher.

Alle Informationen über das Stirnradschneckengetriebe wurden dankenswerterweise von der Firma Getriebebau NORD GmbH & Co. KG in Bargteheide zur Verfügung gestellt. Getriebebau NORD gehört zu den weltweit führenden Komplettanbietern mechanischer und elektronischer Antriebstechnik.

1.6.1 Was ist ein Stirnradschneckengetriebe?

Das Stirnradschneckengetriebe ist eine weitverbreitete Getriebeart. Es vereint zwei klassische Getriebetypen: Stirnradgetriebe und Schneckengetriebe. Durch Kombination beider Typen in einem Gehäuse sind große Übersetzungsverhältnisse mit gutem Wirkungsgrad und bei geringem Raumbedarf möglich. Den Einsatz findet das Stirnradschneckengetriebe überall dort, wo die hohe Drehzahl eines Antriebsmotors mit geringem Drehmoment in eine niedrige Drehzahl mit hohem Abtriebsmoment umgesetzt werden muss. Mit anderen Worten werden Stirnradschneckengetriebe für Übersetzungen ins Langsame eingesetzt. Typische Anwendungsfälle sind z. B. Fahrantriebe bei Kränen und Laufkatzen, Rolltreppen, Seilwinden, Wischerantriebe bei Kraftfahrzeugen und Förderbandantriebe.

In Abb. 1.3a ist ein Stirnradschneckengetriebesystem von Getriebebau NORD dargestellt. Es besteht aus dem eigentlichen mechanischen Getriebe und aus einem Motor. Abb. 1.3b zeigt (teilweise im Schnitt) nur das Getriebe.

Die wichtigsten Komponenten dieses Getriebes sind die Stirnradstufe und die Schneckenstufe.

Die Stirnradstufe besteht aus zwei Zahnrädern, einem kleineren, sogenannten Ritzel und einem größeren Antriebsrad. Die beiden Zahnräder sind schräg verzahnt. Dies bedeutet, dass die Zähne nicht parallel zur Getriebeachse verlaufen. Bei schrägverzahnten

Zahnradpaaren befinden sich immer zwei oder mehr Zähne gleichzeitig in Kontakt. Dadurch treten weniger harte Stöße beim Zahneingriff auf, was zu geringeren Schwingungen und leiserem Lauf führt. Nachteil der Schrägverzahnung ist eine etwas höhere Reibung. Außerdem entstehen Axialkräfte, die die Zahnräder seitlich auseinander schieben und eine aufwändigere Lagerung erforderlich machen.

Die Schneckenstufe gehört zur Kategorie der Schraubwälzgetriebe und besteht aus einer Schnecke und einem Schneckenrad. Die schraubenförmige Schnecke dreht das in sie greifende Schneckenrad. Die Achsen der beiden sind meist um 90° versetzt. Im Gegensatz zu den Wälzgetrieben tritt hier ein Gleiten auf. Dieses kommt durch die funktionsbedingte Relativbewegung der Berührungsflächen von Schnecke und Schneckenrad zustande. Das Gleiten ist der Hauptgrund für den bei hohen Übersetzungen niedrigen Wirkungsgrad dieser Getriebeart. Auch eine Kühlung der Schneckenstufe ist daher erforderlich. Aufgrund der Linienberührung und mehrfachem, gleichzeitigem Zahneingriff zeichnet sich die Schneckenverzahnung durch eine sehr hohe Belastbarkeit aus. Ein weiterer Vorteil von Schneckengetrieben ist die Möglichkeit der Selbsthemmung, die bei großen Übersetzungsverhältnissen durch die Gleitreibung zwischen der Schnecke und dem Schneckenrad auftritt. Die selbstblockierende Eigenschaft bei Umkehrung des Antriebs bietet einen zusätzlichen Sicherheitsaspekt.

Ein Getriebe lebt von Wälzen – sagen die Fachleute. Dies bedeutet, dass durch die einwirkenden Kräfte die verwendeten Werkstoffe die höchsten Belastungen dicht unterhalb ihrer Oberfläche erfahren.

1.6.2 Auswahl der Werkstoffe für die Schneckenstufe

Das Herzstück des Stirnradschneckengetriebes ist die Schneckenstufe, in der eine Schnecke mit einem Schneckenrad zusammenarbeitet. Abb. 1.4 zeigt diese Stufe und ihre Bestandteile.

Sind die beiden Getriebeteile – die Schnecke und das Schneckenrad – aus demselben Werkstoff?

Auf den ersten Blick würden wir diese Frage bejahen. Die Teile bilden eine Einheit. Aber diese Vermutung ist falsch. Wir müssen das Anforderungsprofil des Systems „Schneckenstufe" analysieren und betrachten. Was machen die beiden Systemteile? Welchen Beanspruchungen sind sie ausgesetzt?

Nach der Betrachtung kommen wir zu dem Schluss, dass hier eine Werkstoffpaarung notwendig ist, die bei guten Gleiteigenschaften einen niedrigen Verschleiß und damit eine hohe Lebensdauer gewährleistet. Die sich schneller drehende Schnecke muss härter sein als das Schneckenrad. Eine richtige Lösung lautet: Die Schnecke fertigen wir aus einem Stahl mit harter Oberfläche und das Schneckenrad aus einer weichen Kupferlegierung. Diese Werkstoffe vermeiden auch das Verschweißen der beiden Bauteile im Betrieb.

Generell ist die Schnecke eine Sonderform eines schrägverzahnten Zahnrades. Der Winkel der Schrägverzahnung ist so groß, dass ein Zahn sich mehrfach schraubenförmig

Abb. 1.4 Schneckenstufe des Stirnradschneckengetriebes (mit freundlicher Genehmigung der Firma Getriebebau NORD in Bargteheide)

um die Radachse windet. Der Zahn wird in diesem Fall als Gang bezeichnet. Es gibt eingängige oder mehrgängige Schnecken. Übliche Werkstoffe für Schnecken sind Einsatz oder Nitrierstähle (Abschn. 5.8.3). Die Oberfläche erhält durch Einsatzhärten oder Nitrieren (Abschn. 5.4.4) eine verschleißfeste Schicht.

Schneckenräder werden überwiegend aus Bronzen (Abschn. 7.2.3) hergestellt. Ab einer bestimmten Größe werden sie aus Kostengründen nur als Radkränze gefertigt, welche auf günstigere Grundkörper (z. B. aus Baustahl) montiert werden (verschraubt oder elektronenstrahlgeschweißt). Die Herstellung erfolgt im Strangguss bei kleinen Durchmessern oder als Schleuderguss bei größeren Baugrößen.

1.6.3 Werkstoffe für Bauteile des Stirnradschneckengetriebes

Das Stirnradschneckengetriebe wird aus verschiedenen Teilen zusammengebaut, die in Tab. 1.4 aufgelistet sind.

Wichtige Bauteile des Getriebes, insbesondere die Zahnräder der Stirnradstufe sowie die Schnecke, werden direkt beim Getriebehersteller angefertigt und wärmebehandelt. Bei der Wärmebehandlung werden sehr moderne Verfahren angewandt. Einige Bauteile (z. B. Gehäuse) werden von spezialisierten Firmen produziert und angeliefert. Andere werden als fertige Normteile (z. B. Wälzlager) eingesetzt, die in verschiedenen Abmessungen vorkommen.

Natürlich finden wir in diesem vergleichsweise einfachen Getriebe nicht alle Werkstoffarten. Zum Einsatz kommen hier vor allem Metalle, insbesondere Stähle. Dennoch haben wir ein gutes Beispiel für die werkstoffliche Vielfalt in der Technik.

Warum die genannten Werkstoffe für die Bauteile des Getriebes ausgewählt werden, erfahren wir in den weiteren Kapiteln des Buches. Verweise auf die entsprechenden Abschnitte sind in Tab. 1.4 angegeben. Das Stirnradschneckengetriebe von Getriebebau NORD zieht sich durch das Buch als Leitbeispiel für die Verwendung verschiedener Werkstoffe.

Tab. 1.4 Werkstoffe für Bauteile des Stirnradschneckengetriebes

Getriebeteile	Werkstoff	Verweis auf Buchabschnitt und Abbildung
Gehäuse	Gusseisen mit Lamellengraphit EN-GJL-200	Abschn. 5.17.4, Abb. 5.37
Gehäusedeckel	Gusseisen mit Lamellengraphit EN-GJL-200	Abschn. 5.17.4, Abb. 5.37
Ritzel – das kleinere Zahnrad der Stirnradstufe	Einsatzstahl 16MnCr5	Abschn. 5.8.3, Abb. 5.24
Antriebsrad – das größere Zahnrad der Stirnradstufe	Einsatzstahl 16MnCr5	Abschn. 5.8.3, Abb. 5.24
Schnecke	Einsatzstahl 16MnCr5	Abschn. 5.8.3, Abb. 5.24
Schneckenrad	Zahnkranz aus Bronze CuSn12Ni Radkern aus Baustahl	Abschn. 7.2.3, Abb. 7.7
Antriebswelle	Vergütungsstahl 42CrMo4	Abschn. 5.8.2, Abb. 5.23
Antriebswellengehäuse	Gusseisen mit Lamellengraphit EN-GJL-200	Abschn. 5.17.4, Abb. 5.37
Abtriebswelle	Vergütungsstahl C45	Abschn. 5.8.2, Abb. 5.23
Wellenkupplung	Polyamid PA	Abschn. 10.2.3, Abb. 10.11
Rillen- und Schrägkugellager	Wälzlagerstahl 100Cr6	Abschn. 5.13.2, Abb. 5.31
Wellendichtringe	Nitril-Butadien-Kautschuk NBR	Abschn. 11.2.3, Abb. 11.6
Sicherungsringe	Federstahl	Abschn. 5.13.1, Abb. 5.31
Passfeder	Vergütungsstahl C45	Abschn. 5.8.2, Abb. 5.23
Verschlusskappe	Nitril-Butadien-Kautschuk NBR	Abschn. 11.2.3, Abb. 11.6
Entlüftungsventil	Messing	Abschn. 7.2.2, Abb. 7.6
Flachdichtung zwischen dem Gehäuse und dem Antriebswellengehäuse	Graphit	Abschn. 12.6.1, Abb. 12.6
Schrauben für: Ölkontrolle u. –ablass Gehäusedeckel	Vergütungsstahl	Abschn. 5.8.2, Abb. 5.23

Weiterführende Literatur

Askeland D (2010) Materialwissenschaften. Spektrum Akademischer Verlag, Heidelberg
Ilschner B, Singer R (2010) Werkstoffwissenschaften und Fertigungstechnik. Springer Heidelberg
Jacobs O (2009) Werkstoffkunde. Vogel-Buchverlag, Würzburg
Kalpakjian S, Schmid S, Werner E (2011). Werkstofftechnik. Pearson Education, München
Läpple V, Drübe B, Wittke G, Kammer C (2010) Werkstofftechnik Maschinenbau. Europa-Lehrmittel, Haan-Gruiten
Riehle M, Simmchen E (2000) Grundlagen der Werkstofftechnik. Deutscher Verlag für Grundstoffindustrie, Stuttgart
Reuter M (2007) Methodik der Werkstoffauswahl. Fachbuchverlag Leipzig

Einteilung und strukturelle Betrachtung von Werkstoffen

2.1 Was sind Stoffe?

In dem Begriff Werkstoff erkennen wir einen anderen Begriff, den „Stoff". Der Stoff ist einer der Grundbegriffe der Naturwissenschaften. Er lässt sich nicht definieren, sondern kann nur beschrieben werden. Stoffe bestehen aus Teilchen (sie sind korpuskular) und jeder Stoff hat eine Dichte, die als Quotient aus Masse und Volumen definiert und in kg/dm^3 bzw. in g/cm^3 angegeben wird.

2.1.1 Einteilung von Stoffen

Grundsätzlich werden Stoffe in reine Stoffe und Stoffgemische eingeteilt. Der Hauptunterschied zwischen den beiden großen Stoffgruppen bezieht sich auf das Mengenverhältnis der Bestandteile. Bei den reinen Stoffen ist es definiert, bei den Stoffgemischen kann das Mengenverhältnis beliebig sein bzw. in bestimmten Grenzen variieren.

Zu den reinen Stoffen gehören chemische Elemente und chemische Verbindungen. Chemische Elemente sind Grundstoffe, die im Periodensystem der Elemente angeordnet sind. In dem Periodensystem zählen wir heute 112 Elemente, von denen 90 natürlich auf der Erde vorkommen.

Bei chemischen Verbindungen werden organische Verbindungen, die auf Kohlenstoff basieren, und anorganische Verbindungen, die auf allen übrigen Elementen basieren, unterschieden.

Bei den Stoffgemischen interessiert uns, ob sich ihre Bestandteile erkennen lassen. Homogene Stoffgemische sind einheitlich aufgebaut, ihre Bestandteile sind bis in die Bereiche atomarer Größenordnung nicht zu erkennen. Heterogene Stoffgemische sind dagegen uneinheitlich aufgebaut. Sie bestehen aus Bereichen (Phasen), die durch Trennflä-

© Springer-Verlag Berlin Heidelberg 2017
B. Arnold, *Werkstofftechnik für Wirtschaftsingenieure*,
DOI 10.1007/978-3-662-54548-5_2

chen voneinander abgegrenzt sind. Diese Bereiche können wir, ggf. mithilfe mikroskopischer Verfahren, erkennen und beschreiben.

▶   Hauptarten von Stoffen sind:

- Reine Stoffe (chemische Elemente und chemische Verbindungen)
- Stoffgemische (homogen und heterogen)

Die Anzahl der Stoffe ist unerschöpflich. Ständig werden neue Stoffe entdeckt oder künstlich erzeugt.

2.1.2   Wann wird ein Stoff zum Werkstoff?

Einen Stoff können wir als Werkstoff erst dann verwenden, wenn er:

- bei Raumtemperatur RT = 20 °C im festen Aggregatzustand ist,
- technisch verwertbare Eigenschaften hat,
- sich gut ver- und bearbeiten lässt,
- sich wirtschaftlich und umweltverträglich einsetzen lässt.

Nur wenige von uns verwendete Werkstoffe sind reine Stoffe. So verwenden wir chemische Elemente wie Rein-Kupfer für Kabel, Rein-Wolfram für Glühlampen sowie chemische Verbindungen wie Polyvinylidendifluorid (Abschn. 10.2.4) als Kunststoff und Aluminiumoxid (Abschn. 12.5.1) als technische Keramik. Die Mehrheit der Werkstoffe gehört zur Gruppe der Stoffgemische. Ein Beispiel eines homogenen Stoffgemisches ist Messing, eine gut bekannte Kupfer-Zink-Legierung (Abschn. 7.2.2). Alle Baustähle (Abschn. 5.7) können wir als heterogene Stoffgemische betrachten.

2.2   Werkstoffe und ihre Einteilung

Werkstoffe können nach verschiedenen Kriterien eingeteilt werden. Dabei bemerken wir, dass die Vorgehensweise etwas „einzuteilen", „zu gliedern" oder „zu systematisieren", menschlich ist, und wir sie gerne bei der Erkundung verschiedener Gebiete einsetzen. Jede Einteilung bedeutet aber, dass wir ein Kriterium definieren müssen. Dadurch entstehen bestimmte Grenzen, die aber nie zu scharf verstanden werden sollen.

2.2.1   Einteilung von Werkstoffen nach ihrer Art

Die wichtigste und gängigste Einteilung von Werkstoffen erfolgt nach ihrer Art (Abb. 2.1). Dabei werden auch strukturelle Merkmale berücksichtigt, die wir in weiteren Abschnitten besprechen werden.

Abb. 2.1 Einteilung von
Werkstoffen nach ihrer Art

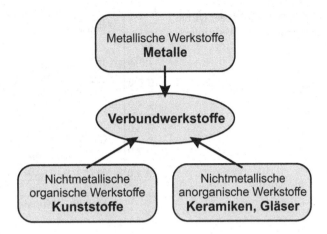

Entsprechend ihrem chemischen Grundcharakter teilen wir die Werkstoffe zunächst in die drei großen Gruppen der metallischen, nichtmetallisch-organischen und nichtmetallisch-anorganischen Werkstoffe ein.

Metalle sind nach wie vor die wichtigsten Werkstoffe der Technik. Sie zeichnen sich vor allem durch elektrische Leitfähigkeit aus, die mit steigender Temperatur geringer wird. In der Elektrotechnik bezeichnet man sie daher als Kaltleiter. Als Beispiele nennen wir hier Stähle (Kap. 5) und Aluminiumwerkstoffe (Kap. 6).

Im Gegensatz zu Metallen können nichtmetallische Werkstoffe den Strom sehr schlecht leiten. Bei diesen Werkstoffen unterscheiden wir weiter, ob sie auf der Basis von Kohlenstoff oder auf der Basis anderer Elemente aufgebaut sind.

Die nichtmetallischen, organischen Werkstoffe nennen wir Kunststoffe (Kap. 10) und verwenden sie sehr häufig (z. B. Polyethylen, Styropor, PET).

Nichtmetallische, anorganische Werkstoffe bilden eine sehr vielfältige Gruppe. Für die Technik sind vor allem die keramischen Werkstoffe und einige Gläser (Kap. 12) von Bedeutung.

Zur Herstellung von Verbundwerkstoffen (Kap. 13) werden verschiedenartige Werkstoffe miteinander kombiniert. Vor allem Faserverbundwerkstoffe (Abschn. 13.4) sind bekannt und werden oft verwendet.

▶   Wichtige Werkstoffgruppen: Metalle, Kunststoffe, Keramiken, Verbundwerkstoffe

Wir verwenden noch andere Werkstoffe, die in Abb. 2.1 nicht dargestellt sind, da sie nicht zu den großen Gruppen gehören. Eine Übergangsstellung zwischen Metallen und Keramik nehmen die Halbleiter (Abschn. 14.1) ein. Halbmetallische Werkstoffe zeichnen sich durch geringe, bei steigender Temperatur zunehmende elektrische Leitfähigkeit aus. In der Elektrotechnik bezeichnet man sie daher als Heißleiter. Als Halbleiter dient uns am häufigsten Silizium.

Natürliche Werkstoffe sind vor allem aus ökologischen Gründen von Bedeutung. Zu dieser Gruppe gehören u. a. nachwachsende Rohstoffe wie Holz oder Hanf, biologisch

Abb. 2.2 Vergleich der Dichte unterschiedlicher Werkstoffe

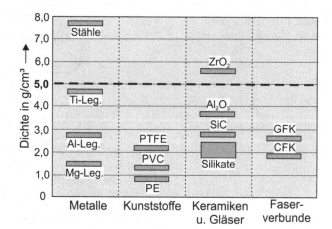

abbaubare Stoffe wie Papier sowie direkt verwendbare anorganische Stoffe wie z. B. Kies. Die Verwendung natürlicher Werkstoffe in der Technik ist selten und somit werden wir uns mit ihnen nicht weiter beschäftigen.

2.2.2 Einteilung der Werkstoffe nach Dichte

Bei der Einteilung der Werkstoffe nach ihrer Dichte unterscheiden wir leichte und schwere Werkstoffe. Die Grenze zwischen den beiden Gruppen liegt bei einer Dichte von 5 g/cm³. Abb. 2.2 zeigt die Dichte unterschiedlicher Werkstoffe im Vergleich zueinander. Viele Werkstoffe sind leicht. Sie ermöglichen den sogenannten Leichtbau und werden daher gerne von uns eingesetzt.

▶   Leichte Werkstoffe haben eine Dichte, die kleiner ist als 5 g/cm³.
      Schwere Werkstoffe haben eine Dichte, die größer ist als 5 g/cm³.

In der Technik werden Eigenschaften von Werkstoffen gerne gewichtsbezogen betrachtet (Abschn. 3.7.2). Die Verringerung der Dichte ist oft ein Leitgedanke bei der Entwicklung neuer Werkstoffe.

2.2.3 Einteilung von Werkstoffen nach weiteren Kriterien

Eine Einteilung bekannter Werkstoffe können wir nach ihrer vorgesehenen Verwendung vornehmen. Zwar lässt sich das Kriterium „Verwendung" nicht ganz eindeutig definieren, dennoch können wir von folgenden Gruppen sprechen.

Konstruktionswerkstoffe (Strukturwerkstoffe) geben einem Bauteil seine geometrische Form und leisten Widerstand gegen angreifende Kräfte sowie ggf. gegen andere Beanspruchungen. Die wichtigsten Konstruktionswerkstoffe sind Baustähle (Abschn. 5.7).

Funktionswerkstoffe übernehmen, meist örtlich begrenzt, spezielle Aufgaben aufgrund ihrer besonderen chemisch-physikalischen Eigenschaften. Ein gutes Beispiel sind verschiedene Beschichtungsstoffe. Auch viele Keramiken (Kap. 12) dienen uns oft als Funktionswerkstoffe.

Neben diesen zwei genannten und typischen Gruppen unterscheiden wir heute auch Smart Materials. Diese intelligenten Werkstoffe reagieren auf äußere Reize mit bestimmten Änderungen ihres Zustandes. Zu dieser Gruppe gehören Formgedächtnislegierungen (Abschn. 14.2) sowie piezoelektrische Werkstoffe (Abschn. 14.3).

Nanowerkstoffe und biomimetische Werkstoffe werden als Werkstoffe der Zukunft genannt. Nanowerkstoffe haben Strukturen mit mindestens einer Dimension unterhalb von 100 Nanometer. Durch das große Verhältnis der Oberfläche zum Volumen ergeben sich neue Phänomene, die eine andere Betrachtungsweise dieser Werkstoffe erfordern. Die ersten Nanowerkstoffe, die bereits verwendet werden, sind Kohlenstoffnanoröhrchen (Carbon Nano Tubes), eine ganz spezielle Form des Kohlenstoffs.

Biomimetische Werkstoffe funktionieren nach dem Vorbild lebender Materie. Ein Beispiel dafür sind Textil-Materialien mit der sogenannten Haifisch-Oberfläche.

Aus welchen Werkstoffen besteht ein Auto?

Ein modernes Auto besteht aus rund 10.000 Einzelteilen aus unterschiedlichsten Werkstoffen. Daher reden wir bei ihnen von einer Mischbauweise – einer Kombination verschiedener Werkstoffe wie Stahl, Aluminium, Magnesium und Kunststoff. Abb. 2.3 zeigt schematisch diese Werkstoff-Mischung.

Der Hauptwerkstoff ist Stahl. Neben den „normalen" Stahlsorten werden immer öfter spezielle höherfeste Stähle (Mehrphasenstähle) verwendet, aus denen leichte Bauteile angefertigt werden.

Aluminiumwerkstoffe haben inzwischen ihren festen Platz im Automobilbau. Einige Automodelle besitzen sogar eine komplette Aluminiumkarosserie. Aus Magnesium, das noch leichter als Aluminium ist, werden komplexe Bauteile gießtechnisch hergestellt.

Ohne Einsatz von Kunststoffen könnte ein modernes Auto kaum mehr hergestellt werden. In einem Durchschnittsauto sind bis zu 2.000 unterschiedliche Kunststoffbauteile enthalten. Damit besteht ein Auto schon heute zu etwa 15 % aus Kunststoff und dieser Anteil wird zukünftig ansteigen. Der Einsatz von faserverstärkten Kunststoffen ist aufgrund der hohen Herstellungskosten noch beschränkt. In der Zukunft werden aber auch diese Werkstoffe im Automobilbau häufiger Verwendung finden.

Abb. 2.3 Einsatz von Werkstoffen in einem Auto

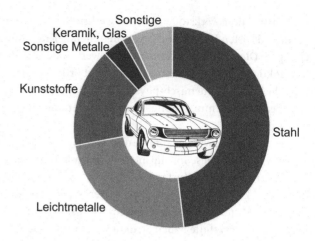

2.3   Betrachtung der Zusammensetzung und der Struktur von Werkstoffen

Jeder Werkstoff hat eine chemische Zusammensetzung und eine Struktur (einen inneren Aufbau). Das oft sehr komplexe Zusammenspiel von Zusammensetzung und Struktur entscheidet ausschlaggebend die Eigenschaften eines Werkstoffes.

2.3.1   Zusammensetzung von Werkstoffen

Die Zusammensetzung eines Werkstoffes ist die Grundinformation, die wir immer wissen müssen. Durch die Zusammensetzung hat der Werkstoff einen bestimmten Bindungszustand. Wenn die Zusammensetzung verändert wird, bedeutet dies, dass wir einen anderen Werkstoff haben.

a. Wie wird die Zusammensetzung angegeben?
Bei der Zusammensetzung denken wir oft, dass es um die Information geht, welche chemischen Elemente und in welchen Mengen vorhanden sind. Eine elementbezogene Information ist aber nicht immer sinnvoll und hilfreich. Somit ist die Angabe der Zusammensetzung bei Werkstoffen unterschiedlich und werkstoffspezifisch.

Bei Metallen geben wir als Zusammensetzung die Anteile chemischer Elemente an. Das können wir direkt tun oder es werden spezielle Kurznamen gebildet. Beispiel: Stahl-Kurzname X5CrNi18-10 gibt an, dass die Zusammensetzung des Stahls wie folgt ist: 0,05 % Kohlenstoff + 18 % Chrom + 10 % Nickel + Rest Eisen.

Bei keramischen Werkstoffen benennen wir die chemische Verbindung (bzw. mehrere Verbindungen). Somit besteht der Werkstoff Aluminiumoxid aus der Verbindung von Aluminium und Sauerstoff.

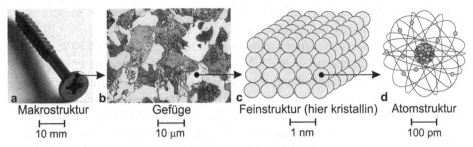

a	b	c	d
Makrostruktur	Gefüge	Feinstruktur (hier kristallin)	Atomstruktur
10 mm	10 µm	1 nm	100 pm

Abb. 2.4 Verschiedene Ebenen der Struktur abhängig von der Dimension

Bei Kunststoffen wäre die Angabe der chemischen Elemente keine brauchbare Information. Erst durch die Benennung des Polymers (des Makromoleküls) wissen wir, welchen Kunststoff wir verwenden. So nennen wir z. B. einen Kunststoff Polytetrafluorethylen (Handelsname Teflon) und erkennen daraus seinen chemischen Bau und seine Eigenschaften (Abschn. 10.2.4), die sich aus dem Bau ergeben.

b. Bestimmung der Zusammensetzung
Die Zusammensetzung von Werkstoffen, insbesondere von Metallen und Kunststoffen, wird meist mithilfe geeigneter spektroskopischer Verfahren bestimmt (Abschn. 3.8.5).

2.3.2 Strukturebenen

Der Strukturbegriff ist das Fundament der Lehre über Werkstoffe. Durch das – oft sehr komplexe – Zusammenspiel der Zusammensetzung und der Struktur lassen sich die unterschiedlichen Eigenschaften der Werkstoffe erklären.

▶   Die Zusammenwirkung der chemischen Zusammensetzung und der Struktur
     eines Werkstoffes ergibt seine Gebrauchseigenschaften.

Die Struktur kann auf verschiedenen Ebenen betrachtet werden. Diese Ebenen sind verschiedene Dimensionen (Maßstäbe), die wir technisch mit unterschiedlichen Methoden erfassen können. In Abb. 2.4 werden diese Ebenen schematisch am Beispiel eines Metalls gezeigt.

Die Änderung der Struktur (auf einer bestimmten Ebene) kann – bei gleich bleibender Zusammensetzung – eine Veränderung der Eigenschaften des Werkstoffs bewirken. Somit ist die Strukturveränderung das Hauptwerkzeug der Werkstofftechnik. Eigenschaften, die von der Struktur abhängen, sind Festigkeit, Härte, Zähigkeit, Korrosionsbeständigkeit, Schweißbarkeit und viele andere. Es gibt auch strukturunabhängige Eigenschaften, wie z. B. Dichte, E-Modul und Wärmeausdehnung.

Ohne Vergrößerung erscheinen Werkstoffe einheitlich, ohne Untergliederung. Durch immer stärkere Vergrößerung können wir die Gesamtstruktur unterteilen und gedanklich zu den kleinsten Materialteilchen gelangen. Jede Strukturebene hat eigene Strukturbausteine, die für ihre Beschreibung notwendig sind.

Betrachten wir ein Metall mit immer stärker werdender Vergrößerung. Ohne Vergrößerung sehen wir eine typische Metalloberfläche (Abb. 2.4a). Der Zustand der Oberfläche – rau oder glatt – wird vom Bearbeitungsverfahren geprägt. Diese Oberflächenbeschaffenheit kann als die Makrostruktur des Werkstoffes bezeichnet werden. Dimensionsbezogen liegt sie in Millimeterbereich. Jeder Werkstoff hat diese Makrostruktur und ihre Änderung ist möglich. Durch eine Änderung können einige Eigenschaften beeinflusst werden. So verbessert z. B. eine glatte Metalloberfläche die Korrosionsbeständigkeit des Metalls.

Die Oberflächenbeschaffenheit ist jedoch noch kein richtiger Einblick in die Werkstoffstruktur. Erst nach einer speziellen Vorbereitung der Oberfläche (Schliffpräparation) wird unter einem Lichtmikroskop (Abschn. 3.8.4) die erste strukturelle Ebene sichtbar, die als Gefüge (Abb. 2.4b) oder auch als Mikrostruktur bezeichnet wird. Sie liegt im Mikrometerbereich und hat ein körniges Aussehen. Das Gefüge ist nicht für alle Werkstoffe typisch. Ob ein Gefüge erkennbar ist oder nicht, wird auf einer noch tieferen Ebene des Werkstoffs entschieden. Alle Metalle, viele keramische Werkstoffe und Halbleiter haben ein Gefüge. Die Bausteine des Gefüges bezeichnen wir als Gefügebestandteile, die sich stofflich voneinander unterscheiden. Eine Änderung des Gefüges ist bei vielen Werkstoffen möglich und hat immer veränderte bzw. neue Eigenschaften zur Folge. Da das Gefüge und seine Merkmale sehr werkstoffabhängig sind, werden entsprechende Informationen bei den konkreten Werkstoffgruppen genannt, vor allem bei Metallen (Abschn. 4.3).

Betrachten wir nun einen kleinen Ausschnitt des Gefüges bei noch stärkerer Vergrößerung. Hierbei wird die Feinstruktur sichtbar (Abb. 2.4c), die bei Dimensionen im Nanometerbereich liegt. Die Feinstruktur ist die eigentliche Struktur und ihre mögliche Bausteine können Atome, Ionen oder auch Moleküle sein. Jeder Werkstoff hat eine bestimmte Feinstruktur. Sie wird von der Anordnung ihrer Bausteine bestimmt. Eine Änderung der Feinstruktur ist aber nicht immer möglich. Wenn wir die Feinstruktur beeinflussen, führt dies zur Änderung der Eigenschaften. Die Feinstruktur des Metalls aus unserem Beispiel in Abb. 2.4 besteht aus Atomen, die eine regelmäßige räumliche Anordnung aufweisen. In Metallen, Halbleitern und vielen Nichtmetallen sind die Atome regelmäßig angeordnet, sie bilden eine kristalline Struktur (Abschn. 2.4.2). Nur kristalline (bzw. teilkristalline) Stoffe haben ein lichtmikroskopisch erkennbares Gefüge in der Mikroebene.

▶   Technologisch wichtige Strukturebenen von Werkstoffen sind das Gefüge (körnige Struktur) und die Feinstruktur.

Könnten wir einen kleinen Ausschnitt der Feinstruktur vergrößern, so wären die Atome und ihr Bau sichtbar (Abb. 2.4d). Alle Werkstoffe bauen sich aus Atomen zusammen. Diese Struktur entspricht der chemischen Zusammensetzung des Werkstoffes und aus ihr ergibt sich das Bindungsverhalten der Atome. Dieses Wissen gehört zum Bereich der Physik.

2.4   Feinstruktur von Werkstoffen

Die Feinstruktur wird durch den Zusammenhalt der Strukturbausteine sowie durch deren Ordnungszustand charakterisiert. Was wir als Strukturbausteine betrachten, hängt von der Werkstoffart ab.

Bei Metallen ist die Feinstruktur aus Atomen aufgebaut. Deswegen benennen wir metallische Werkstoffe nach ihren chemischen Komponenten wie z. B. Eisenwerkstoffe oder Aluminiumwerkstoffe.

Bei Kunststoffen und Keramiken ist die Feinstruktur aus Molekülen bzw. Makromolekülen aufgebaut. Hierbei weisen die Moleküle ihre chemische Struktur auf. Somit werden diese Werkstoffe nach der Molekülart benannt, z. B. Aluminiumoxid oder Polyethylen.

2.4.1   Zusammenhalt der Feinstruktur

Der Zusammenhalt von Bausteinen der Feinstruktur erfolgt mithilfe chemischer Bindungen. Dieses Wissen gehört zum Bereich der Chemie und die Werkstofftechnik übernimmt diese Erkenntnisse.

a. Arten der chemischen Bindung
Chemische Bindung bedeutet eine Vereinigung zweier oder mehrerer Atome. Dadurch erreichen die Atome einen Zustand mit einem geringeren Energiegehalt als die Summe der Energiegehalte, die in den einzelnen Komponenten enthalten sind, sowie eine stabile Elektronenanordnung.

Dieser angestrebte energiearme Zustand kann durch acht Elektronen auf der äußersten Schale (sog. Edelgaskonfiguration) oder auch durch eine völlig leere äußerste Elektronen-Schale verwirklicht werden.

Wir unterscheiden grundlegend Hauptvalenzbindungen und Nebenvalenzbindungen. Die Hauptvalenzbindungen entstehen unter Beteiligung von Valenzelektronen (diese Elektronen halten sich in den äußersten Atomschalen auf) und sind stark. Zu dieser Gruppe gehören: Ionenbindung, Atombindung und Metallbindung. Nebenvalenzbindungen (z. B. Dipol-Dipol-Bindung) beruhen auf physikalischen Kräften und sind viel schwächer als die Hauptvalenzbindungen.

Abb. 2.5 zeigt schematisch die genannten Bindungsarten, die nachfolgend kurz erläutert werden.

In den meisten Stoffen kommen Mischungen von zwei oder mehreren Bindungstypen vor. Ausführliche Informationen zu chemischen Bindungen sind in der weiterführenden Literatur zu finden.

b. Ionenbindung
Die Ionenbindung ist schematisch in Abb. 2.5a dargestellt. Sie wird von Metall- und Nichtmetallatomen gebildet. Zwischen diesen zwei unterschiedlichen Atomarten kommt es zu einem Elektronenübergang. Ein Atom gibt seine Außenelektronen vollständig ab und

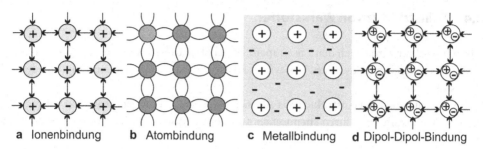

a Ionenbindung   **b** Atombindung   **c** Metallbindung   **d** Dipol-Dipol-Bindung

Abb. 2.5 Chemische Bindungen

erreicht dadurch die Edelgaskonfiguration des im Periodensystem vor ihm stehenden Edelgases. Ein anderes Atom nimmt die Elektronen auf und erreicht ebenfalls die Elektronenkonfiguration eines Edelgases. Durch den Elektronenübergang wandeln sich die beiden Atome in elektrisch geladene Ionen um. Der Zusammenhalt erfolgt durch die elektrostatische Anziehung der gegensätzlich geladenen Ionen. Da die elektrostatischen Kräfte richtungsunabhängig sind, entstehen zwangsläufig Kristallgitter (Abschn. 4.2.1), in denen jedes Ion von einer bestimmten Anzahl entgegengesetzt geladener Ionen umgeben ist.

Stoffe mit Ionenbindung haben eine geringe elektrische und thermische Leitfähigkeit. Werkstoffe mit Ionenbindung sind z. B. Oxidkeramiken (Abschn. 12.5).

c. Atombindung

Die Atombindung ist schematisch in Abb. 2.5b dargestellt. Sie trägt auch die Namen kovalente Bindung, homöopolare Bindung oder Elektronenpaarbindung. Gleiche oder unterschiedliche Atome von Nichtmetallen teilen sich zwei oder mehrere Elektronen mit ihren Bindungspartnern und bilden gemeinsame Elektronenpaare (in Abb. 2.5b als gebogene Linien dargestellt). Bei gleichartigen Atomen kann (je nach Wertigkeit der Atome) eine einfache Bindung, Doppelbindung oder Dreifachbindung entstehen. Zwischen unterschiedlichen Atomen bildet sich meist eine polare Atombindung. Eine Atombindung ist richtungsabhängig und besteht nur zwischen den beiden beteiligten Atomen. Diese Richtungsabhängigkeit bedeutet, dass Atome eine bestimmte Anordnung zueinander (Nahordnung) einnehmen.

Stoffe mit Atombindung haben eine geringe elektrische und thermische Leitfähigkeit, meist ein gutes Wärmedämmvermögen (bei amorphen Stoffen) und häufig eine geringe Verformbarkeit. Werkstoffe mit Atombindung sind z. B. Nichtoxidkeramiken (Abschn. 12.6) und Halbleiter (Abschn. 14.1).

d. Metallbindung

Die Metallbindung ist schematisch in Abb. 2.5c dargestellt. Ihrem Namen entsprechend wird sie zwischen Metallatomen gebildet. Metalle haben wenige Valenzelektronen und die Entfernung der Valenzelektronen vom Kern ist groß. Dadurch ist die Wirkungskraft des Atomkerns gering. Die Valenzelektronen werden wie bei Ionenbindung abgegeben, aber nicht an ein benachbartes Atom, sondern an alle Atome. Sie machen sich vielmehr

„selbstständig" und bilden ein sogenanntes Elektronengas, das den Raum zwischen den Atomen ausfüllt. Die Valenzelektronen sind zwischen sämtlichen Atomrümpfen (so werden die Atomkerne mit den übrigen Elektronen genannt) leicht beweglich. Die Atomrümpfe sind elektrisch geladene Teilchen aber doch keine echten Metallionen. Ihnen fehlt ein entscheidendes Merkmal der Ionen, nämlich die Beweglichkeit. Die Ionen wandern in einem elektrischen Feld, die Atomrümpfe nicht. Die Atomrümpfe lassen sich jedoch ohne wesentliche Änderung der elektrostatischen Kräfte verschieben. Dies bedeutet eine gewisse Elastizität der Bindung. Der Zusammenhalt erfolgt durch gegenseitige Anziehung zwischen den negativ geladenen Elektronen und den positiv geladenen Atomrümpfen. Zwangsläufig (bedingt durch die elektrostatischen Kräfte) entstehen geordnete Strukturen mit hoher Packungsdichte, sogenannte Metallgitter (Abschn. 4.2.2), mit guten Gleitmöglichkeiten bestimmter Gitterebenen.

Stoffe mit Metallbindung haben eine gute elektrische und thermische Leitfähigkeit sowie eine gute Verformbarkeit. Werkstoffe mit Metallbindung sind Metalle (Kap. 4) und Hartstoffe (Abschn. 12.6.2). Da die Metalle die wichtigsten Werkstoffe der Technik sind, spielt die Metallbindung auch in der Werkstofftechnik eine wichtige Rolle.

e. Nebenvalenzbindung
Unter dem Namen Nebenvalenzbindungen werden physikalische Kräfte verstanden, die sich zwischen Molekülen oder Atomgruppen ausbilden können. Diese Sekundärbindungen können unterschiedlichen Ursprungs sein. In Abb. 2.5d ist schematisch die Dipol-Dipol-Bindung dargestellt, die zwischen polarisierten Molekülen mit getrennten Mittelpunkten der positiven und negativen Ladungen entsteht. Moleküle vieler Stoffe sind permanent polarisiert, d. h. in ihnen liegt eine räumliche Trennung positiver und negativer Ladung vor. Dadurch können sich schwache elektrostatische Anziehungskräfte ausbilden. Neben der Dipol-Dipol-Bindung sind auch andere Arten von Nebenvalenzbindungen möglich, so z. B. die Van-der-Waals-Bindung, die zwischen nicht polaren Gruppen entsteht, Dispersions- und Induktionskräfte, sowie die Wasserstoffbrückenbindung. Werkstoffe mit Nebenvalenzbindungen sind z. B. Kunststoffe (Abschn. 9.1.3).

▶ Grundlegende Arten der chemischen Bindung sind:

• Hauptvalenzbindungen mit hoher Bindungsenergie (Ionenbindung, Atombindung und Metallbindung),
• Nebenvalenzbindungen mit niedriger Bindungsenergie (z. B. Dipol-Dipol-Bindung).

2.4.2 Ordnungszustand der Feinstruktur

Die räumliche Anordnung von Bausteinen der Feinstruktur kann mit unterschiedlichem Ordnungsgrad erfolgen. Dabei unterscheiden wir zwei extreme Fälle, die amorphe und die kristalline Struktur, welche schematisch in Abb. 2.6 dargestellt sind.

Abb. 2.6 Ordnungszustände der Struktur. **a** amorphe Struktur, **b** kristalline Struktur

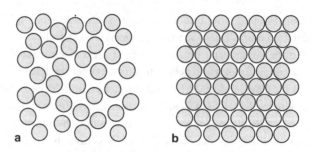

Welcher Ordnungszustand sich einstellt, ist von den Bausteinen abhängig – sind es Atome, Ionen oder Moleküle.

Bei der amorphen Struktur (Abb. 2.6a), die sich durch eine minimale Ordnung (nur Nahordnung) auszeichnet, beschränkt sich die räumliche Anordnung der Atome auf die unmittelbaren Nachbaratome. Typische amorphe Stoffe sind Gläser, aber auch viele Kunststoffe zählen zu dieser Gruppe.

Die kristalline Struktur (Abb. 2.6b) zeichnet sich durch eine maximale Ordnung (Fernordnung) aus. Dabei erstreckt sich die räumliche Anordnung von Atomen durch das gesamte Material und es entsteht ein Raumgitter. Dieser Ordnungszustand wird von der Natur bevorzugt. Das Wort „Kristall" ist aus dem griechischen Wort für Eis entstanden. Sehr viele Materialien sind kristallin. Vor allem denken wir hier an Mineralien und Edelsteine. Aber auch viele Werkstoffe, wie z. B. alle Metalle, haben eine kristalline Struktur (Abschn. 4.2). Bei keramischen Werkstoffen kommen beide Ordnungszustände, der amorphe und der kristalline, vor.

▶   Mögliche Ordnungszustände der Feinstruktur sind amorphe und kristalline Struktur.

Auch ein „Zwischen-Zustand" ist möglich, d. h. eine nur teilweise Anordnung der Strukturbausteine. Dies beobachten wir insbesondere bei großen Molekülen und bezeichnen sie als teilkristalline Struktur. Sie kommt oft bei Kunststoffen vor (Abschn. 9.1.3).

Feinstruktur entscheidet über die Lichtdurchlässigkeit von Werkstoffen

Der Ordnungszustand der Feinstruktur kann einige Eigenschaften von Werkstoffen ausschlaggebend entscheiden. Ein gutes Beispiel dafür ist die Lichtdurchlässigkeit. Nur ein amorphes Material kann gut lichtdurchlässig sein. Die ungeordnete Struktur lässt den überwiegenden Teil des Lichtes hindurch, nur ein geringer Teil wird absorbiert und gestreut.

Die Lichtdurchlässigkeit ist z. B. bei Getränkeflaschen (Abb. 2.7) wichtig. Sie können aus Glas hergestellt werden, das ein typisches amorphes Material ist, oder aus Kunststoff.

Abb. 2.7 Transparente Flaschen aus Glas und Kunststoff

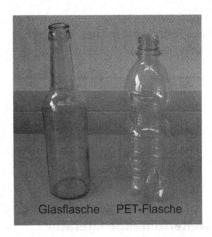

Einige Kunststoffe wie z. B. Polyethylenterephthalat (PET) (Abschn. 10.2.3) verfü-
gen auf der Strukturebene über eine Molekülstruktur, die als eine amorphe oder auch
als eine teilkristalline herstellbar ist. So verhält sich das amorphe PET optisch trans-
parent, während das kristalline PET nur noch sehr diffus lichtdurchlässig ist. Aus der
amorphen Sorte werden lichtdurchlässige und uns gut bekannte Getränkeflaschen hergestellt. Nebenbei können wir feststellen, dass die dargestellte Glasflasche ein Fassungs-
vermögen von 0,33 l hat und 300 g wiegt. Dagegen wiegt die PET-Flasche, bei einem
Volumen von 0,5 l, nur 18 g.

2.5   Zusammenhang Technologie/Struktur/Eigenschaften

In der Technik sollen wir immer in dem oben genannten Dreieck denken und handeln:
Technologie beeinflusst die Struktur des Werkstoffs und die Struktur beeinflusst die Eigenschaften (Abb. 2.8).

Unter Technologie verstehen wir das, was wir mit einem Werkstoff machen, wie wir
ihn behandeln, was wir aus ihm anfertigen. Eine bestimmte Behandlung kann, und zwar
sehr oft, die Struktur des Werkstoffes verändern. Und wenn die Struktur verändert wird,
dann verändern sich auch einige Eigenschaften (nicht nur in die positive Richtung). Wiederum können die veränderten Eigenschaften unsere technologischen Handlungen beeinflussen und so schließt sich der Kreis (oder besser gesagt das Dreieck). In den folgenden
Kapiteln werden wir viele Informationen und Erkenntnisse zu diesem Zusammenhang
kennenlernen.

Abb. 2.8 Zusammen-
hang Technologie/Struktur/
Eigenschaften

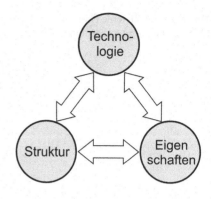

Weiterführende Literatur

Ashby M, Jones D (2006) Werkstoffe 1: Eigenschaften, Mechanismen und Anwendungen. Spektrum
     Akademischer Verlag, Heidelberg
Askeland D (2010) Materialwissenschaften. Spektrum Akademischer Verlag, Heidelberg
Bargel H-J, Schulze G (2008) Werkstoffkunde. Springer, Berlin, Heidelberg
Fuhrmann E (2008) Einführung in die Werkstoffkunde und Werkstoffprüfung Band 1: Werkstoffe:
     Aufbau-Behandlung-Eigenschaften. expert verlag, Renningen
Hornbogen E, Eggeler G, Werner E (2012) Werkstoffe: Aufbau und Eigenschaften von Keramik-,
     Metall-, Polymer- und Verbundwerkstoffen. Springer, Heidelberg
Ilschner B, Singer R (2010) Werkstoffwissenschaften und Fertigungstechnik. Springer Heidelberg
Jacobs O (2009) Werkstoffkunde. Vogel-Buchverlag, Würzburg
Kalpakjian S, Schmid S, Werner E (2011). Werkstofftechnik. Pearson Education, München
Läpple V, Drübe B, Wittke G, Kammer C (2010) Werkstofftechnik Maschinenbau. Europa-Lehr-
     mittel, Haan-Gruiten
Reissner J (2010) Werkstoffkunde für Bachelors. Carl Hanser Verlag, München
Riehle M, Simmchen E (2000) Grundlagen der Werkstofftechnik. Deutscher Verlag für Grundstoff-
     industrie, Stuttgart
Schatt W, Worch H, Pompe W (2011) Werkstoffwissenschaft. Wiley-VCH, Weinheim
Seidel W, Hahn F (2012) Werkstofftechnik: Werkstoffe-Eigenschaften-Prüfung-Anwendung. Carl
     Hanser Verlag, München
Thomas K-H, Merkel M (2008) Taschenbuch der Werkstoffe. Carl Hanser Verlag, München
Weißbach W, Dahms M (2012) Werkstoffkunde: Strukturen, Eigenschaften, Prüfung. Vieweg+Teub-
     ner Verlag, Wiesbaden

Eigenschaften von Werkstoffen und ihre Ermittlung

3

3.1 Physikalische Eigenschaften

Die physikalischen Eigenschaften von Werkstoffen werden grundsätzlich durch die Feinstruktur (Abschn. 2.4) bestimmt und können technologisch kaum verändert werden. Mit diesen Eigenschaften beschäftigen sich vor allem Chemie und Physik, die Werkstofftechnik übernimmt diese Erkenntnisse und Informationen.

Zu den gut bekannten physikalischen Eigenschaften gehören die Dichte und die Schmelztemperatur (der Schmelzpunkt). Beide sind für die Werkstofftechnik sehr wichtig: die Dichte für den Leichtbau, die Schmelztemperatur für die Gieß- und die Schweißtechnik. Andere physikalische Eigenschaften sind z. B. elektrische Leitfähigkeit, Wärmeleitfähigkeit und optische Eigenschaften (Lichtabsorption, Brechungsindex).

3.2 Mechanische Eigenschaften

Mechanische Eigenschaften beschreiben das Verhalten von Werkstoffen unter Wirkung mechanischer Kräfte bzw. Momente, d. h. unter mechanischer Beanspruchung. Meist handelt es sich dabei um die von einem Werkstoff ertragbaren Kräfte (Spannungen).

3.2.1 Was ist mechanische Beanspruchung?

Unter mechanischer Beanspruchung verstehen wir eine Belastung, d. h. das Einwirken von Kräften bzw. Momenten. Dazu gehören auch Eigenspannungen (Abschn. 3.2.2) und Reibung, wobei Reibung im Bereich der Tribologie besprochen wird. Die Folgen mechanischer Beanspruchung sind Verformungen und Brüche sowie Verschleiß und dadurch bedingte Stoffverluste.

© Springer-Verlag Berlin Heidelberg 2017
B. Arnold, *Werkstofftechnik für Wirtschaftsingenieure*,
DOI 10.1007/978-3-662-54548-5_3

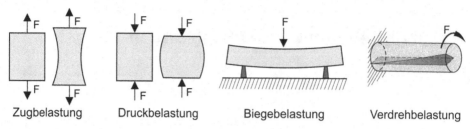

| Zugbelastung | Druckbelastung | Biegebelastung | Verdrehbelastung |

Abb. 3.1 Verschiedene Belastungen nach der Richtung der Kraft

Zu den wichtigsten Informationen über eine Belastung gehören ihre Kraftrichtung und ihr zeitlicher Verlauf.

Beim Konstruieren werden Belastungen nach ihrer Kraftrichtung betrachtet. Dementsprechend unterscheiden wir grundsätzlich: Zug-, Druck-, Biege- und Torsion (Verdrehbelastung). Diese vier Belastungsarten sind schematisch in Abb. 3.1 dargestellt.

In der Praxis kommen sehr oft zusammengesetzte Belastungen vor, so z. B. Biegung und Torsion in einem Zahngetriebe.

Für die werkstofftechnische Betrachtung ist die Einteilung der Belastungen nach dem zeitlichen Verlauf wichtiger. Nach diesem Kriterium unterscheiden wir folgende drei Belastungsfälle.

- Statische Belastung: Sie bleibt konstant oder steigt langsam an. Ein Beispiel für eine konstante statische Belastung ist ein Gewicht, das an einem Seil hängt.
- Schwingende Belastung: Sie verändert sich (regelmäßig oder zufällig) im Laufe der Zeit. Diese Belastung ist allgegenwärtig und als Beispiel nennen wir hier die Räder eines Zuges.
- Schlagartige Belastung: Sie zeichnet sich durch eine hohe Geschwindigkeit aus. Ein typisches Beispiel ist ein Autounfall.

Als Maß für eine Belastung verwenden wir den Kennwert Spannung in N/mm² oder MPa. Die Spannung ist der Quotient aus der wirkenden Kraft (in N) und der Fläche (in mm²), auf welche die Kraft einwirkt. Mithilfe der Spannung können wir Belastungen unabhängig von der Größe einer Probe bzw. eines Bauteiles vergleichen.

▶ Belastungen werden nach ihrem zeitlichen Verlauf in statische, schwingende und schlagartige eingeteilt.
Maß der Belastung ist Spannung als Quotient aus der Kraft und der Fläche, auf welche die Kraft einwirkt.

3.2.2 Eigenspannungen

Eigenspannungen sind Spannungen im Inneren eines Werkstücks, deren Existenz keine äußeren Kräfte voraussetzt. Die Ursachen für Eigenspannungen können vielfältig

Abb. 3.2 Äußere Kerbwirkung

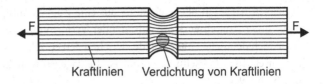

Kraftlinien   Verdichtung von Kraftlinien

sein. Sie entstehen durch verhinderte Wärmedehnung (z. B. beim Schweißen), durch
Zugspannungen im Kern und Druckspannungen im Außenbereich, durch Volumenänderung bei einer Gitterumwandlung (Abschn. 4.2.3), die nicht in allen Werkstoffbe-
reichen gleichzeitig stattfindet. Auch unterschiedliche plastische Verformungsgrade bei
der Warm- und Kaltverformung (Abschn. 4.6) sowie spanende Bearbeitung verursachen
Eigenspannungen. In der Praxis sollen wir immer mit Eigenspannungen rechnen und
uns fragen, welchen Einfluss sie auf die Belastbarkeit bzw. auf die Lebensdauer von Bauteilen haben.

3.2.3 Kerbwirkung

Wenn Werkstoffe mechanisch beansprucht werden, müssen wir auch die Wirkung von
Kerben berücksichtigen, die oft sehr komplex ist. Im täglichen Sprachgebrauch ist eine
Kerbe ein Einschnitt wie z. B. ein Kratzer. In der Technik ist es ein allgemeiner Begriff,
der jede Störung des gleichmäßigen Kraftflusses in einem Bauteil bedeutet. Diese Störung veranschaulicht Abb. 3.2. Sie zeigt eine Verdichtung von Kraftlinien, die in einem
Absatz einer Welle zustande kommt. In solchen Fällen wird von Spannungsspitzen gesprochen.

Wir unterscheiden zwischen inneren und äußeren Kerben. Innere Kerben sind mit der
Struktur des Werkstoffes verbunden und es gibt viele Arten von ihnen, wie bestimmte Bestandteile des Gefüges, Hohlräume oder Verunreinigungen. Beispielsweise sind Graphitteilchen in Gusseisen (Abschn. 5.17.2) typische innere Kerben.

Ein gutes Beispiel für äußere Kerben sind Gewinde. Diese Kerben sind oft konstruktiv
bedingt und ihre Wirkung wird bereits bei der Planung eines Bauteils berücksichtigt. Aber
auch ein kleiner Kratzer, eine Vertiefung, die beim Gebrauch entstanden ist, kann unter
bestimmten Umständen zu Spannungsspitzen führen.

Kerbwirkung ist allgemein gesehen negativ, aber leider meist unvermeidlich. Sie muss
bereits beim Konstruieren bedacht werden und im Betrieb müssen wir sie ständig über-
prüfen, z. B. ob evtl. Risse (Kerben) entstanden sind.

3.2.4 Verhalten von Werkstoffen bei Zugbelastung

Die Zugbelastung führt immer zum Bruch eines Werkstoffes (es ist nur eine Frage der notwendigen Kraft). Somit stellt die Zugbelastung für uns eine Grundbelastung dar, mit der
wir das Verhalten verschiedener Werkstoffe gut vergleichen können.

Prinzipiell reagieren alle Werkstoffe auf eine Zugbelastung zuerst mit einer elastischen, d. h. nur unter Krafteinwirkung auftretender Verformung, die sehr gering sein kann. Dabei gibt es jedoch deutliche Unterschiede zwischen den einzelnen Werkstoffen. Metalle verhalten sich linear elastisch (Abschn. 4.5), Kunststoffe dagegen verhalten sich nicht linear viskoelastisch (Abschn. 9.5).

Nach der elastischen Verformung kann es zu einer bleibenden plastischen Verformung des Werkstoffes kommen. Wie stark diese Verformung ist, hängt von der konkreten Werkstoffart ab. Diese Zusammenhänge werden in weiteren Kapiteln des Buches beschrieben.

3.2.5 Steifigkeit

Die Steifigkeit ist eine Größe, die den Widerstand eines Werkstoffes gegen seine elastische Verformung kennzeichnet. Der Kehrwert der Steifigkeit wird Elastizität (Nachgiebigkeit) genannt. Die elastische Verformung ist durch kleine und reversible Auslenkungen von Atomen aus der Gleichgewichtslage möglich. Dieses Verhalten wird durch das Hook'sche Gesetz mathematisch beschrieben, welches jedoch nur für kleine Verformungen gilt. Es ist insbesondere für Metalle (Abschn. 4.5.2) typisch.

Das Maß für die Steifigkeit ist der Elastizitätsmodul, kurz E-Modul (Formelzeichen E). Je größer er ist, desto geringer ist die elastische Verformung eines Werkstoffes bei gleicher Belastungshöhe. Der E-Modul wird durch die Stärke der Bindungen (Abschn. 2.4.1) zwischen Atomen bestimmt. Tab. 3.1 gibt einen Überblick über die E-Moduln wichtiger Werkstoffgruppen.

Den größten E-Modul aller Stoffe besitzt Diamant. Bei Keramiken liegt er etwas oberhalb von Metallen, aber in der gleichen Größenordnung, während der E-Modul von Kunststoffen meist deutlich niedriger ist (mit Ausnahme von Polymerfasern).

Der E-Modul kann mit verschiedenen Methoden gemessen werden. Am häufigsten wird die Messung im Zugversuch (Abschn. 4.5.2) bzw. im Biegeversuch vorgenommen.

3.2.6 Festigkeit und Härte

Die Festigkeit und die Härte sind die bekanntesten und auch die wichtigsten mechanischen Eigenschaften. Sie werden für jeden Werkstoff ermittelt und können in verschiedenen Tabellen mit Werkstoffkennwerten gefunden werden.

Die Festigkeit ist der Widerstand eines Werkstoffes gegen die Verformung und gegen den Bruch bei statischer Zugbelastung. Diesen Widerstand charakterisieren wir mit den dazugehörigen Spannungen bei bestimmten Verformungen bzw. beim Bruch. Sie werden bei Zugversuchen (Abschn. 3.8.1) an Werkstoffen ermittelt.

Die Härte ist der Widerstand eines Werkstoffes gegen das Eindringen eines anderen, härteren Körpers (Werkstoffes). Sie wird mithilfe geeigneter und werkstoffspezifischer Messverfahren, meist bei statischer Belastung, ermittelt (Abschn. 3.8.1).

Tab. 3.1 E-Moduln wichtiger Werkstoffgruppen

Werkstoff bzw. Werkstoffgruppe	E-Modul in GPa
Diamant	1.000
Metalle	20 … 500
Keramiken	40 … 700
Kunststoffe	0,1 … 5,0
Verbundwerkstoffe	10 … 250

Die Festigkeit und die Härte eines Werkstoffes begleiten sich, d. h. sie verändern sich in die gleiche Richtung. Wird eine Eigenschaft größer, kann davon ausgegangen werden, dass auch die andere größer wird.

3.2.7 Verformbarkeit und Zähigkeit

Die Verformbarkeit ist das Formänderungsvermögen bei statischer Belastung d. h. bei geringer Verformungsgeschwindigkeit. Dieses Formänderungsvermögen charakterisieren wir mit möglichen Dehnungen bzw. Stauchungen. Sie werden bei Zug- bzw. Druckversuchen an Werkstoffen ermittelt.

Die Verformbarkeit ist sehr wichtig für die Fertigungstechnik, da sie bei vielen wichtigen Verfahren ausgenutzt wird. Ein gutes Beispiel dafür ist die Anfertigung von Kurbelwellen, die aus Rohteilen durch Umformen hergestellt werden.

Die Zähigkeit ist das Formänderungsvermögen bei schlagartiger Belastung d. h. bei hoher Verformungsgeschwindigkeit. Dabei ist ein komplexer Spannungszustand in den Werkstoffen zu beachten und ein sehr starker Einfluss der Kerbwirkung (Abschn. 3.2.3). Dadurch ist die Zähigkeit eine Systemgröße und keine reine Werkstoffeigenschaft. Als System bezeichnen wir in diesem Zusammenhang den Werkstoff und seine Einsatzumgebung. Sie wird als die für einen Bruch notwendige Verformungsarbeit bei Schlag- bzw. Kerbschlagbiegeversuchen (Abschn. 3.8.1) ermittelt.

Die Verformbarkeit und die Zähigkeit eines Werkstoffes begleiten sich. Wird eine Eigenschaft besser, kann davon ausgegangen werden, dass die andere ebenfalls besser wird.

3.2.8 Weitere mechanische Eigenschaften

a. Druckfestigkeit
Die Druckfestigkeit ist der Widerstand eines Werkstoffes gegen die Verformung und gegen den Bruch bei statischer Druckbelastung. Sie ist vor allem bei nicht oder nur wenig plastisch verformbaren Werkstoffen wie z. B. bei Gusseisen (Abschn. 5.17), bei Lagermetallen sowie bei Baustoffen (Beton) wichtig. Sie wird durch Druckversuche an Werkstoffen (Abschn. 3.8.1) ermittelt.

b. Dauerfestigkeit (Schwingfestigkeit)

Die Dauerfestigkeit (Schwingfestigkeit) ist der Widerstand eines Werkstoffes gegen die Verformung bzw. den Bruch bei schwingender Belastung. Eine schwingende Belastung verursacht die Ermüdung eines Werkstoffes im Laufe der Zeit, d. h. bei steigender Schwingspielzahl N. Dabei muss die werkstoffspezifische Rolle der Frequenz berücksichtigt werden. Allgemein wissen wir, dass je größer die Spannung (genauer die Spannungsamplitude) ist, desto kleiner ist die ohne Bruch ertragbare Schwingspielzahl N. Dabei ist ein großer und komplexer Einfluss der Kerbwirkung zu beachten. Grundsätzlich wird dieser Widerstand eines Werkstoffes beim Wöhlerversuch (Abschn. 3.8.1) ermittelt.

c. Warmfestigkeit

Die Warmfestigkeit ist der Widerstand eines Werkstoffes gegen die Verformung bzw. gegen den Bruch bei Belastungen unter höheren Temperaturen. Allgemein wissen wir, dass eine Erhöhung der Temperatur zur Verringerung des Widerstandes führt. Dazu kommt die Tatsache, dass sich Werkstoffe bei ausreichend hohen Temperaturen auch bei einer konstant bleibenden Belastung im Laufe der Zeit weiter verformen. Diese Erscheinung bezeichnen wir als Kriechen oder als Retardation. Beide werden entsprechend bei Metallen (Abschn. 4.5) und bei Kunststoffen (Abschn. 9.5) kurz beschrieben.

Warmfestigkeit wird auch als Kriechbeständigkeit bezeichnet und in sehr aufwändigen Zeitstandversuchen als die Spannung ermittelt, die eine bestimmte Verformung oder den Bruch bei gegebener Temperatur verursacht.

d. Verschleißfestigkeit

Die Verschleißfestigkeit ist die Widerstandsfähigkeit eines Werkstoffes gegen mechanischen Abrieb. Zu ihrer Verbesserung wird bei Metallen häufig die Oberfläche gehärtet oder beschichtet. Keramische Werkstoffe sind besonders verschleißfest. Eine geeignete Schmierung erhöht die Verschleißfestigkeit ebenfalls. Die Ermittlung der Verschleißfestigkeit gehört zum Bereich der Tribologie.

▶   Wichtige mechanische Eigenschaften von Werkstoffen sind: Steifigkeit, Festigkeit, Härte, Verformbarkeit, Zähigkeit und Schwingfestigkeit.

3.3 Thermische Eigenschaften

Thermische Beanspruchung ist die Wirkung von hohen oder auch von niedrigen Temperaturen (Wärme und Kälte) auf einen Werkstoff. Folgen sind Wärmeausdehnung oder Versprödung bei Kälte.

Zu den thermischen Eigenschaften gehören die Wärmeleitfähigkeit und die thermische Längenausdehnung (Ausdehnungskoeffizient), die ebenfalls zu den physikalischen Eigenschaften zählen.

> **Thermische Ausdehnung von Metallen**

Interessanterweise haben alle Metalle eine ähnliche thermische Ausdehnung von ca. 2 % bis zum Schmelzpunkt. Dadurch ist der Ausdehnungskoeffizient bei Metallen mit einer hohen Schmelztemperatur deutlich kleiner als bei Metallen mit einem niedrigen Schmelzpunkt.

Vergleichen wir: Der Ausdehnungskoeffizient von hochschmelzendem Wolfram (Schmelztemperatur ca. 3.700 K) beträgt $4{,}4 \cdot 10^{-6}$/K und der von niedrigschmelzendem Blei (Schmelztemperatur ca. 600 K) beträgt $28{,}3 \cdot 10^{-6}$/K.

Unter der Wärmebeständigkeit werden vor allem Dauergebrauchstemperaturen von Werkstoffen verstanden. Sie spielen insbesondere bei der Verwendung von Kunststoffen eine wichtige Rolle und werden für diese Werkstoffe mit geeigneten Methoden ermittelt (Abschn. 9.6.3).

Auch die Brennbarkeit gehört zu den thermischen Eigenschaften. Sie hat vor allem bei Kunststoffen eine hohe Bedeutung und wird daher bei diesem Thema beschrieben (Abschn. 9.6.4).

3.4   Technologische Eigenschaften

Die technologischen Eigenschaften geben Auskunft über die Eignung eines Werkstoffs für ein Fertigungsverfahren. Sie werden auch als fertigungstechnische Eigenschaften oder Ver- und Bearbeitungseigenschaften bezeichnet. Technologische Eigenschaften informieren uns darüber, welche Eigenschaften ein Werkstoff aufweisen muss, um alle Fertigungsschritte eines Verfahrens mit großer Prozesssicherheit und zu geringen Kosten durchzustehen. Bei diesen Eigenschaften ist allerdings Folgendes zu berücksichtigen: Wenn ein Werkstoff für ein bestimmtes Fertigungsverfahren optimiert wird, so müssen seine anderen Eigenschaften nicht unbedingt ebenfalls gut sein.

3.4.1   Fertigungstechnik

Die Fertigungsverfahren werden in der Fertigungstechnik in sechs Hauptgruppen eingeteilt:

- Urformen: Herstellen eines Werkstücks aus einem formlosen Werkstoff (z. B. Gießen von Metallen, Spritzgießen von Kunststoffen, Sintern von Metallen oder Kunststoffen),
- Umformen: Formänderung eines Werkstücks, bei welcher der Stoffzusammenhalt erhalten bleibt (z. B. Walzen von Metallen, Kalandieren von Kunststoffen),
- Trennen: Formänderung eines Werkstücks, bei der Teile abgetrennt werden (z. B. Fräsen, Bohren),
- Fügen: Zusammenfügen von Teilen zu einem Werkstück (z. B. Schweißen, Schrauben),

- Beschichten: Aufbringen einer haftenden Schicht auf ein Werkstück (z. B. Galvanisieren),
- Stoffeigenschaften ändern: Änderung der Eigenschaften eines Werkstücks (z. B. Härten).

Zu jeder der genannten Gruppen gehören mehrere verschiedene Verfahren, bei denen bestimmte Werkstoffeigenschaften verlangt werden.

3.4.2 Eignung für fertigungstechnische Verfahren

Die technologischen Eigenschaften sollen sinnvollerweise werkstoffbezogen betrachtet werden. Dementsprechend besprechen wir technologische Eigenschaften von Metallen (Abschn. 4.7) getrennt von denen der Kunststoffe (Abschn. 9.8).

Viele der technologischen Eigenschaften beinhalten mehrere Begriffe und somit ist es unmöglich, sie durch nur eine Kennzahl auszudrücken. Die Ermittlung dieser Eigenschaften erfolgt mithilfe geeigneter und sehr verschiedener Prüfverfahren, die jeder Werkstoffgruppe, insbesondere den Metallen und Kunststoffen, angepasst werden müssen. Sie sind in den zuständigen Normen bzw. in weiterführender Literatur beschrieben.

3.5 Chemisch-technische Eigenschaften

Die chemisch-technischen Eigenschaften beschreiben die Veränderungen von Werkstoffen durch die Wirkung der sie umgebenden Stoffe (Umweltbedingungen) sowie unter chemischer Beanspruchung. Folgen dieser Beanspruchung sind Stoffverluste und eine begrenzte Lebensdauer von Bauteilen. Bei Metallen interessieren wir uns für die Korrosionsbeständigkeit (Abschn. 4.8), bei Kunststoffen für die Wirkung von Lösungsmitteln (Abschn. 10.2.1). Diese Eigenschaften beinhalten sehr oft – ähnlich wie technologische Eigenschaften – mehrere Begriffe und somit ist es unmöglich, sie durch nur eine Kennzahl auszudrücken. Die Ermittlung dieser Eigenschaften erfolgt mithilfe geeigneter und häufig aufwendiger Methoden.

3.6 Anisotropie und Isotropie

Als Anisotropie bezeichnen wir die Richtungsabhängigkeit von Eigenschaften. Hierbei sind die Eigenschaften von der Richtung abhängig, in der sie gemessen werden bzw. in der ein Werkstoff beansprucht wird. Ihre Bestimmung bedarf der Fixierung eines Koordinatensystems. Abb. 3.3 zeigt zwei Proben, die, bezogen auf das festgelegte Achsenkreuz, unterschiedlich entnommen wurden. Wenn wir nach der Messung z. B. der Festigkeit an den Proben zwei unterschiedliche Ergebnisse bekommen, dann wissen wir, dass der Werkstoff und seine Festigkeit anisotrop sind.

Abb. 3.3 Deutung der
Anisotropie am Beispiel eines
Bleches

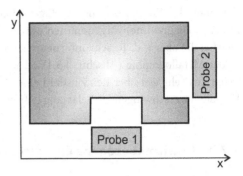

Die Anisotropie tritt nur unter bestimmten, strukturabhängigen Voraussetzungen auf und kann durch unterschiedliche Vorgänge, je nach Werkstoffgruppe, verursacht werden. Bespiele sind Kaltumformen von Metallen (Abschn. 4.6.1) oder Verstrecken von Kunststoffen (Abschn. 9.5.4).

Nicht alle Eigenschaften können anisotrop werden. Zu denen, die anisotrop werden können, gehören Festigkeit, Härte, Zähigkeit, Verformbarkeit, elektrische Leitfähigkeit, Wärmeleitfähigkeit, Lichtbrechung u. a.

Der Gegensatz zur Anisotropie heißt Isotropie. Bei ihr ist keine Richtungsabhängigkeit von Eigenschaften vorhanden. Die Eigenschaften des Werkstoffes sind in alle Richtungen gleich. Immer isotrop sind z. B. die Dichte und die Schmelztemperatur.

▶   Eine anisotrope Eigenschaft hat in zwei verschiedenen Richtungen unterschiedliche Werte.
Eine isotrope Eigenschaft hat in alle Richtungen den gleichen Wert.

3.7   Kennzeichnung von Eigenschaften

3.7.1   Werkstoffkennwerte

Um Eigenschaften von Werkstoffen vergleichen zu können, ermitteln wir ihre messbaren Kenngrößen (Werkstoffkennwerte). Diese Zahlenwerte dienen vor allem zum Vergleichen von Werkstoffen, einige fließen jedoch in die Berechnungen von Bauteilen ein. Somit unterscheiden wir:

- Werkstoffkennwerte für Berechnungen und Vergleiche – dazu gehören einige Kennwerte der mechanischen Eigenschaften, wie z. B. die Streckgrenze bei den Metallen (Abschn. 4.5.2) oder die Streckspannung bei den Kunststoffen (Abschn. 9.5.3).
- Werkstoffkennwerte, die nur für Vergleiche dienen – das sind z. B. Härtewerte von Metallen (Abschn. 4.5.5) und Kunststoffen (Abschn. 9.5.5).

Eine indirekte Kennzeichnung von Eigenschaften kann mithilfe von Bildern (dazu gehören auch Diagramme) vorgenommen werden. Diese Kennzeichnung ermöglicht nur Vergleiche, die aber i. d. R. sehr informativ sind. Als Beispiel nennen wir hier Schliffbilder in der Metallographie (Abschn. 4.3.1) oder die Wöhlerkurve von Metallen. Schliffbilder sagen uns sehr viel über den Zustand eines Werkstoffes und die Wöhlerkurve über sein Verhalten bei schwingender Belastung (Abschn. 4.5.6).

3.7.2 Gewichtsbezogene Eigenschaften

In der Regel vergleichen wir Werkstoffe anhand der Kennwerte einer Eigenschaft, die für eine Anwendung wichtig ist. Oft ist es aber sehr sinnvoll nicht alleine den Kennwert einer Eigenschaft zu betrachten, sondern ihn im Verhältnis zu einer anderen Eigenschaft zu setzen und daraus bestimmte Schlüsse zu ziehen. Allgemein sprechen wir von Performance Indices (Abschn. 1.5.2).

Für die Technik ist häufig das Verhältnis einer Eigenschaft zu der Dichte des Werkstoffes wichtig, d. h. eine gewichtsbezogene Betrachtung der Eigenschaft. Ein solcher Kennwert wird als spezifische Eigenschaft (Eigenschaft pro Gewichtseinheit) bezeichnet und als Quotient aus dem Kennwert der Eigenschaft und der Dichte des Werkstoffs definiert. Diese gewichtsbezogene Denkweise ist für den Leichtbau sehr wichtig, da hierbei das Gewicht eines Bauteils (einer Konstruktion) im Vordergrund steht.

Das Vergleichen spezifischer Eigenschaften hilft uns, folgende Frage zu beantworten: Welche Werkstoffe sind für den Leichtbau geeignet? Mithilfe dichtebezogener Kennwerte kann der Werkstoff ermittelt werden, mit dem ein Bauteil oder eine Konstruktion am leichtesten gebaut werden kann. Die bekannteste derartige Größe ist die spezifische Festigkeit, das sog. Design-Kriterium (Tab. 3.2).

Betrachten wir nun diese Tabelle: Der Dichte nach steht das Polyamid, ein bekannter Kunststoff auf dem ersten Platz, da es am leichtesten ist. Wenn wir die Zugfestigkeit als Kriterium heranziehen, dann gewinnt der vergütete Stahl. Aber bei der gewichtsbezogenen Betrachtung sehen wir, dass der kohlenstofffaserverstärkte Kunststoff (CFK), ein Verbundwerkstoff, am besten abschneidet. An dieser Stelle muss bemerkt werden, dass dies nur eine reine Betrachtung des Werkstoffs und seiner Eigenschaften ist. In der Praxis müssen wir z. B. auch das Bauteil, die Kosten und die Umweltverträglichkeit berücksichtigen.

▶   Zur Kennzeichnung von Eigenschaften werden messbare Kennwerte benutzt.
     Für den Leichtbau werden gewichtsbezogene Eigenschaften verglichen.

Tab. 3.2 Spezifische Festigkeit einiger Werkstoffe. (Festigkeits-Dichte-Verhältnis)

Werkstoff	Dichte in g/cm³	Zugfestigkeit in MPa	Spezifische Festigkeit	Verweis auf Buchabschnitt
Hochfester Baustahl	7,7	950	123	Abschn. 5.7.4
Ausgehärtete Aluminiumlegierung	2,7	420	155	Abschn. 6.3.3
Polyamid PA6	1,14	80	70	Abschn. 10.2.3
Aluminiumoxid	3,5	200	57	Abschn. 12.5.1
Kohlenstofffaserverstärkter Kunststoff CFK (isotrop)	1,5	550	370	Abschn. 13.4.5

3.8 Ermittlung von Eigenschaften – Werkstoffprüfung

Die Ermittlung von Eigenschaften gehört zu den Aufgaben der Werkstoffprüfung. Die Werkstoffprüfung stellt ein sehr umfangreiches Gebiet dar. Wir wenden dabei zahlreiche Prüfverfahren an, die heute oft von Computern unterstützt werden. Die Prüfverfahren können wir einteilen in beispielsweise:

- Chemische Analysen und Strukturuntersuchungen,
- Eigenschaftprüfungen, Ermittlung von Werkstoffkennwerten und –linien,
- Prüfung fertigungstechnischer Eigenschaften,
- Fehlersuche und Schadensanalyse.

Die zahlreichen Prüfungen können auch nach dem Zustand einer Probe nach der Prüfung eingeteilt werden. Dann sprechen wir von zerstörenden Prüfverfahren, zerstörungsfreien Prüfverfahren oder auch von nahezu zerstörungsfreien Prüfverfahren. Nachfolgend besprechen wir einige wichtige Prüfungen.

3.8.1 Mechanische Prüfungen

Mechanische Prüfverfahren gehören zu den zerstörenden Prüfungen (mit Ausnahme der Härtemessung), bei denen verschiedene Kennwerte und das Verhalten von Werkstoffen unter Krafteinwirkung bestimmt werden. Die Prüfungen dieser Gruppe werden i. d. R. unter extremen Bedingungen durchgeführt, d. h. bei Kraftwirkungen, die bis zum Bruch führen. Dadurch bekommen wir eine Grenzinformation. Am häufigsten ist dies eine Spannung, die in der Praxis nicht überschritten werden darf. Die Einteilung mechanischer Prüfverfahren zeigt Abb. 3.4.

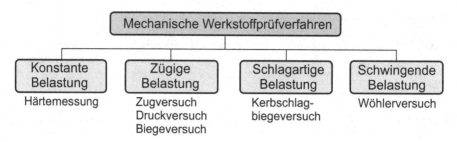

Abb. 3.4 Einteilung und Beispiele mechanischer Prüfungen an Werkstoffen

Die relevanten Prüfverfahren werden nachfolgend kurz beschrieben. Ausführliche Informationen sind in der weiterführenden Literatur zu finden.

a. Zugversuch

Der Zugversuch ist das wichtigste Prüfverfahren in der Werkstoffprüfung. Er liefert viele wertvolle Informationen über das Verhalten eines Werkstoffes bei statischer Belastung. Kennwerte der Festigkeit und der Verformbarkeit sowie auch der E-Modul werden beim Zugversuch ermittelt. Der Versuch wird bei allen Werkstoffen in gleicher Weise angewandt und seine Ergebnisse stellen die grundlegenden Informationen über einen Werkstoff dar.

Der Zugversuch wird an genormten und ungekerbten Proben durchgeführt, die je nach Werkstoffgruppe verschiedene Formen und Abmessungen (Rund- und Flachproben) haben. Die Vergleichbarkeit von Versuchsergebnissen im Zugversuch setzt vergleichbare Probengeometrien voraus. Die Prüfung erfolgt mithilfe einer geeigneten Zugmaschine (Abb. 3.5a). Eine Probe wird bis zum Bruch belastet und dabei wird ihre Verlängerung gemessen. Die Last wird elektromechanisch über eine Gewindespindel oder hydraulisch über einen Kolben erzeugt. Gesteuert bzw. gemessen wird die Kraft über piezoelektrische Kraftmessdosen, die im Kraftfluss der Versuchsanordnung eingebaut sind. Eine Zugprobe darf nur mit einer bestimmten und werkstoffabhängigen Geschwindigkeit belastet werden.

Die Messung der Verlängerung kann als Traversenwegmessung oder als Feindehnungsmessung erfolgen. Bei der Traversenwegmessung wird der Verfahrensweg der beweglichen Traverse erfasst. Ein Störfaktor ist dabei die Maschinenverformung, die ebenfalls mitgemessen wird.

Bei der Feindehnungsmessung wird die Verlängerung der Messstrecke direkt an der Probe gemessen. Dafür werden berührungslose optische Methoden oder häufiger mechanische Methoden angewandt. Bei den mechanischen Methoden werden spezielle Anklemm-Dehnungsaufnehmer (Abb. 3.5b) direkt an die Probe angesetzt.

Das Ergebnis des Zugversuches ist eine Spannungs-Dehnungs-Kurve, aus der mehrere Festigkeits- und Verformungskennwerte ermittelt werden. Die genaue Auswertung des Zugversuches unterscheidet sich je nach Werkstoffgruppe (Abschn. 4.5.2 und 9.5.3).

b. Druckversuch

Bezüglich der Kraftrichtung ist der Druckversuch die Umkehrung des Zugversuches. Eine Probe wird in einer Prüfmaschine unter stetig zunehmender Last auf Druck bis zum

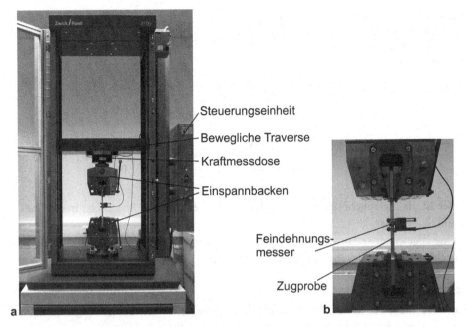

Abb. 3.5 Zugversuch. **a** Zugmaschine, **b** Feindehnungsmessungmessung an einer Zugprobe

Bruch bzw. zum Anriss, oder zu einer vereinbarten Stauchung belastet. Bei der Druck-belastung kommt es zur Behinderung der Verformung an den Enden der Probe. Dadurch entsteht – insbesondere bei Metallen – eine tonnenförmige Ausbauchung. Die plastische Verformung erfasst nur einen Teil der Probe.

Das Ergebnis des Druckversuches ist ein Spannungs-Stauchungs-Diagramm, aus dem die Festigkeits- und Verformungskennwerte für bestimmte Werkstoffgruppen ermittelt werden. Der Druckversuch wird vor allem bei nicht oder nur wenig plastisch verform-baren Werkstoffen wie z. B. beim Gusseisen (Abschn. 5.17) angewandt. Spröde Werkstoffe können unter Druckbelastung höhere Belastungen ertragen als unter Zugbelastung.

c. Biegeversuch
Beim Biegeversuch wirken Kräftepaare (Zug- und Druckspannung) in der Längsrichtung eines beanspruchten Stabes (vgl. Abb. 3.1). Die Umkehr der Spannungsrichtung erfolgt in der spannungsfreien neutralen Schicht. Die höchsten Spannungen wirken in der Rand-schicht. Das Ergebnis des Biegeversuches ist eine Spannungs-Durchbiegungs-Kurve, die einen ähnlichen Verlauf wie die Spannungs-Dehnungs-Kurve beim Zugversuch hat. Aus der Kurve kann die Biegefestigkeit ermittelt werden. Bei verformbaren Werkstoffen ist die Anwendbarkeit des Biegeversuchs eingeschränkt. Große Bedeutung hat er bei spröden Werkstoffen (Gusseisen, gehärtete Stähle, Hartmetalle, Keramik). Insbesondere für die Bewertung kleiner Verformungsunterschiede ähnlicher Werkstoffe ist er besser geeignet als der Zugversuch, da bei einer bestimmten Spannung die Durchbiegung etwa dreimal

Abb. 3.6 Kerbschlagbiegeversuch. **a** Versuchsanordnung
nach Charpy, **b** Versuchsanordnung nach Izod

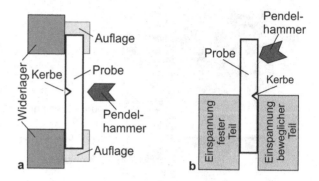

größer ist als die zugehörige Längenänderung. Daher sind die Biegungen besser mess-
technisch erfassbar.

Eine abgewandelte Form des Biegeversuches – der technologische Biegeversuch (Falt-
versuch) – findet bei der Prüfung von Schweißnähten eine wichtige Anwendung.

d. Kerbschlagbiegeversuch

Der Kerbschlagbiegeversuch dient zur Ermittlung der Kennwerte der Zähigkeit, nach Anforderung an den Werkstoff auch bei unterschiedlichen Temperaturen.

Der Versuch wird an genormten und gekerbten Proben durchgeführt. Kerbformen und
Abmessungen der Proben sind je nach Werkstoffgruppe unterschiedlich. Die Proben können bei dem Versuch auch unterschiedlich angeordnet sein (Abb. 3.6). Die Prüfung wird
mithilfe geeigneter Pendelschlagwerke durchgeführt.

Bei der Versuchsanordnung nach Charpy (Abb. 3.6a) liegt die Probe lose an zwei Auf-
lager. Die Probe wird durch einen herabfallenden Pendelhammer zerschlagen, wobei der
Hammer auf die der Kerbe gegenüberliegende Seite auftritt. Die verbrauchte Schlagarbeit
wird als Prüfergebnis direkt am Gerät abgelesen. Sie setzt sich aus der elastischen und der
plastischen Verfomungsarbeit und der Brucharbeit zusammen.

Bei der Versuchsanordnung nach Izod (Abb. 3.6b) wird die Probe einseitig eingespannt
und die Kerbe befindet sich in der Biegezugzone.

Der Kerbschlagbiegeversuch nach Charpy wird vor allem bei Metallen (Abschn. 4.5.7)
eingesetzt. Bei der Prüfung von Kunststoffen werden beide Versuchsanordnungen angewandt (Abschn. 9.5.6).

e. Härtemessung

Die Härtemessung wird bei allen Werkstoffen durchgeführt und wird als nahezu zerstö-
rungsfreies Verfahren eingestuft. Die Härte eines Werkstoffes kann unter statischer oder
dynamischer Krafteinwirkung gemessen werden. Die Krafteinwirkung ist das Hauptkriterium für die Einteilung der vielen Prüfverfahren (Abb. 3.7).

Am häufigsten wird die Härte unter statischer Krafteinwirkung bestimmt. Dabei kann
das Verfahren auf optischer Vermessung des bleibenden Eindrucks bzw. auf der Messung
der Eindringtiefe beruhen. Da der gemessene Härtewert vom Prüfverfahren abhängig ist,
muss die angewandte Methode im Prüfergebnis angegeben werden.

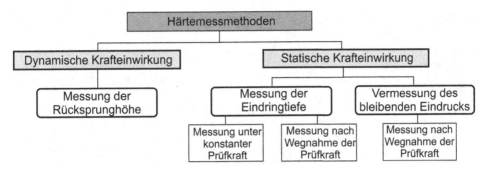

Abb. 3.7 Einteilung der Härtemessverfahren

Je nach Werkstoffgruppe werden geeignete Prüfverfahren eingesetzt, die dem Verhalten der Werkstoffe unter Belastung angepasst sind. Bei Metallen werden vor allem Verfahren, die auf der optischen Vermessung des Eindrucks beruhen, eingesetzt (Abschn. 4.5.5). Bei Kunststoffen werden Verfahren bevorzugt, die auf der Messung der Eindringtiefe unter konstanter Kraft beruhen (Abschn. 9.5.5).

Einsetzbar bei metallischen und nichtmetallischen Werkstoffen ist die Universalhärteprüfung, die als Ergebnis die Martenshärte HM ergibt. Bei dieser Prüfung wird eine Diamantpyramide mit quadratischer Grundfläche in den Probenkörper eingedrückt. Die Prüfkraft wird entweder kraft- oder eindringtiefengesteuert aufgebracht. Während der Kraftaufbringung wird die Veränderung der Eindringtiefe registriert und die maximale Eindringtiefe ermittelt. Über die maximale Eindringtiefe wird die Fläche des Eindrucks bestimmt. Die Martenshärte wird als Quotient aus der Kraft und der Eindruckfläche (unter Krafteinwirkung) errechnet. Die Universalhärtemessung ist die einzige Härtemessmethode, die einen direkten Vergleich der Härtewerte verschiedener Werkstoffe ermöglicht. Den breiten Einsatz der Methode schränken jedoch ihre hohen apparativen Kosten ein.

f. Dauerschwingversuch nach Wöhler

Beim Wöhlerversuch (Dauerschwingversuch) werden die grundlegenden Informationen über das Verhalten eines Werkstoffs bei schwingender Belastung gewonnen.

Der Wöhlerversuch wird an mehreren ungekerbten Proben eines Werkstoffs mit identischen Abmessungen, gleicher Vorbehandlung und gleicher Oberflächenausbildung durchgeführt. Dabei hat die schwingende Belastung einen sinusförmigen Verlauf (Abb. 3.8) und die Mittelspannung bleibt während des Versuchs konstant.

Ermittelt wird die Anzahl der Lastwechsel (Schwingspielzahl) bis zum Versagen einer Probe in Abhängigkeit von der Spannungsamplitude. Die gewählten Spannungsamplituden werden in Abhängigkeit von der bis zum Bruch ertragenen Schwingspielzahl N im doppelt-logarithmischen Maßstab aufgetragen. Das Ergebnis des Versuches ist die Wöhlerkurve eines Werkstoffes, die unterschiedlich ausgewertet werden kann. Die Auswertung des Wöhlerversuchs an Metallen ist in Abschn. 4.5.6 beschrieben.

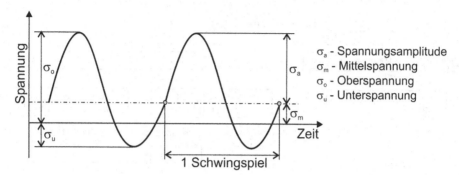

Abb. 3.8 Idealisierte Schwingbelastung

Für die technische Durchführung des Versuches können bei mittleren Frequenzen servohydraulische Universalprüfmaschinen, bei hohen Frequenzen Pulsatoren (elektrodynamisches Prinzip) oder Umlaufbiegemaschinen verwendet werden.

3.8.2 Technologische Prüfungen

Zur Ermittlung verschiedener technologischer Eigenschaften werden zahlreiche Prüfverfahren, die schnell und meist mit einfachen Mitteln durchführbar sind, angewandt. Bei diesen Prüfverfahren werden die Proben zerstört oder stark beschädigt. Die Prüfergebnisse geben Aufschluss über die Eignung eines Werkstoffes für ein bestimmtes Fertigungsverfahren oder über das Betriebsverhalten des aus dem Werkstoff gefertigten Werkstücks. Bei der Mehrheit der technologischen Prüfungen wird die Eignung verschiedener Fertigerzeugnisse zum Umformen bestimmt. An Blechen wird z. B. der Tiefungsversuch nach Erichsen, an Rohren der Ringaufdornversuch, an Drähten der Hin- und Herbiegeversuch durchgeführt.

Eine ausführliche Beschreibung dieser und anderer technologischer Versuche ist in der weiterführenden Literatur zu finden.

3.8.3 Zerstörungsfreie Prüfungen

Zum Bereich der Werkstoffprüfung gehören auch zerstörungsfreie Prüfverfahren (zfP), bei denen verschiedene physikalische sowie chemische Erscheinungen genutzt werden. Bei diesen Verfahren werden aber meist keine Kennwerte von Eigenschaften ermittelt. Die Verfahren dienen vor allem zur Feststellung von Fehlern (wie z. B. Rissen, Einschlüssen) in Bauteilen, die hohe Belastungen ertragen und absolut sicher sein müssen, so z. B. Schweißnähte. Da sie zerstörungsfrei sind, können diese Prüfungen für eine 100 %-Kontrolle in der Praxis eingesetzt werden. Zu den wichtigsten Verfahren dieser Gruppe gehören:

- Die Ultraschallprüfung, bei der hochfrequente Schallimpulse in die zu prüfende Bauteile eingeschallt und danach ausgewertet werden. Die Prüfung kann, nach Anpassung der Schallfrequenz, bei jedem Werkstoff angewandt werden.
- Die Magnetpulverprüfung, bei der magnetische Streufelder in den zu prüfenden Bauteilen erzeugt und ausgewertet werden. Diese Prüfung kann nur bei magnetisierbaren Werkstoffen angewandt werden. Dazu gehört die Mehrheit der Stähle, was ein großes Einsatzgebiet für diese Prüfung bedeutet.
- Die Röntgenprüfung, bei der die Schwächung von Röntgenstrahlen beim Durchgang durch das Material genutzt und ausgewertet wird. Die Anwendung der Röntgenprüfung ist prinzipiell bei allen Werkstoffen möglich. Werkstoffe, die Elemente mit hoher Ordnungszahl (z. B. Blei) enthalten, sind jedoch schwer durchstrahlbar. Aufgrund dieser Eigenschaft können diese als Strahlenschutz verwendet werden.
- Das Farbeindringverfahren, das auf der Kapillarwirkung bestimmter Flüssigkeiten beruht, die dadurch in sehr feine Risse (Spalten) eindringen können. Die Prüfung kann bei allen Werkstoffen angewandt werden.

Eine ausführliche Beschreibung der zerstörungsfreien Prüfungen ist in der weiterführenden Literatur zu finden.

3.8.4   Materialographische Prüfungen

Die materialographischen Prüfungen dienen zur Aufklärung der Morphologie und der Struktur von Werkstoffen. Somit gehören sie zu den wichtigsten in der Werkstoffprüfung. Es sind alle Verfahren gemeint, die ein Mikroskop und dazugehörenden Hilfsmittel zur Untersuchung benutzen. Am häufigsten werden für diese Prüfungen gezielt Proben entnommen, die bei der Prüfung nicht zerstört, sondern nur leicht beschädigt werden. Je nach Mittel, das zur Abbildung benutzt wird, unterscheiden wir die Licht- und die Elektronenmikroskopie. Dabei ist das Auflösungsvermögen durch die Wellenlänge der jeweils verwendeten Strahlung begrenzt. Voraussetzung für mikroskopische Untersuchungen ist eine geeignete und oft auch aufwendige Präparation der Proben. Genaue Informationen zu den materialographischen Prüfungen sind in der weiterführenden Literatur zu finden.

a. Durch- und Auflichtmikroskopie
Bei diesen beiden Methoden erfolgt eine koaxiale Beleuchtung der Probe. Somit ist eine Präparation und Vorbereitung von Proben zur Herstellung planer Flächen notwendig. Beide Methoden liefern keine räumliche Darstellung der Struktur.

Bei der Durchlichtmikroskopie wird das Licht durch das zu untersuchende Objekt gelenkt. Die dabei entstehenden Beugungen, Brechungen und Adsorptionen des Lichtes werden als Strukturen sichtbar. Anwendung findet diese Methode bei Werkstoffen, aus denen durchsichtige und meist auch sehr dünne Proben angefertigt werden können, so z. B. bei Kunststoffen.

Abb. 3.9 Lichtmikroskopie.
a Auflichtmikroskop,
b Stereomikroskop

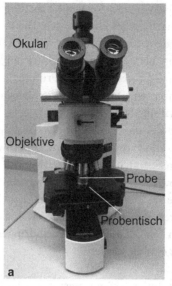

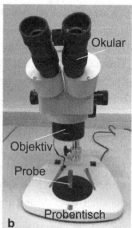

Bei der Auflichtmikroskopie wird das Licht koaxial durch das Objektiv auf das plane Objekt gelenkt. Die dabei entstehenden Reflexionen werden als Strukturen sichtbar und es können Gefügebestandteile differenziert werden. Anwendung findet die Auflichtmikroskopie vor allem bei undurchsichtigen Metallen. Somit spielt sie eine große Rolle in der Metallkunde. Ein typisches Auflichtmikroskop zeigt die Abb. 3.9a.

b. Stereomikroskopie

Bei der Stereomikroskopie wird eine Probe schräg mit Licht beleuchtet. Dadurch kann ein dreidimensionales Bild von Objekten entstehen. Schräge Beleuchtung bedeutet, dass die optischen Komponenten eines Stereomikroskops eine Winkeldifferenz (meist 15°) aufweisen. Für die Stereomikroskopie ist keine Präparation der Proben notwendig. Anwendung findet diese Methode vor allem bei der Betrachtung von Bruchflächen (Abschn. 4.5.6) in der Schadensanalyse. Abb. 3.9b zeigt ein Stereomikroskop.

c. Rasterelektronenmikroskopie REM

In der Rasterelektronenmikroskopie wird ein Elektronenstrahl mit Wellenlängen von 0,001 bis 0,01 nm als Abbildungsmittel benutzt. Die Oberfläche eines Objekts wird zeilenweise Punkt für Punkt abgerastert. Durch die Wechselwirkung des Primärelektronenstrahls mit dem Probenmaterial entstehen Sekundärelektronen und Rückstreuelektronen, die zur vergrößernden Abbildung eines Objekts genutzt werden. Die hierbei erzeugten Bilder sind keine geometrischen Abbildungen, sondern flächenhafte Darstellungen des Reflexionsvermögens von Elektronen. Bei der Wechselwirkung des Elektronenstrahls mit der Probe entstehen auch Röntgenstrahlen , die bei der EDX-Analyse genutzt werden. Ein Rasterelektronenmikroskop kann mit einer Analyseeinrichtung zum Nachweis der chemischen Elemente gekoppelt werden.

Bei elektrisch leitenden Proben (z. B. Metallen) ist keine bzw. nur eine geringe Proben-präparation notwendig. Bei elektrisch neutralen Materialien (z. B. Kunststoffen) muss eine leitende Schicht aus Gold oder Graphit aufgebracht werden. Neben der hohen Vergröße-rung ist die hohe Schärfentiefe (im Gegensatz zur Lichtmikroskopie) der Elektronenmik-roskopie ein großer Vorteil.

3.8.5   Chemisch-technische Prüfungen

Zu der Gruppe der chemisch-technischen Prüfungen gehören u. a. die Ermittlung der Zu-sammensetzung mittels Spektralanalyse sowie verschiedene Prüfungen der chemischen Beständigkeit an Metallen (Korrosionsprüfung) und Kunststoffen (Löslichkeitsprüfung). Genaue Informationen zu den Methoden sind in der weiterführenden Literatur zu finden.

a. Spektralanalyse
Die Spektralanalyse umfasst analytische Verfahren zur Bestimmung der chemischen Zu-sammensetzung von Stoffen mithilfe spektroskopischer Verfahren. Dies sind zahlreiche Methoden, denen überwiegend die Absorption und Emission elektromagnetischer Strah-lung zugrunde liegt.

Bei der Emissionsspektroskopie werden Elektronen durch Energiezufuhr (i. d. R. Wär-me) angeregt und Strahlung mit bestimmter Wellenlänge emittiert. Sie ist eine Multi-El-ementanalyse, da auch leichte Elemente quantifizierbar sind. Emissionsspektren sind sehr linienreich, wobei nur die intensivsten Spektrallinien als Analyselinien dienen. Mithilfe der Emissionsspektroskopie analysieren wir die Zusammensetzung von Metallen und ihre Anwendung ist in der Praxis weit verbreitet.

Bei der Absorptionsspektroskopie erfolgt die Bestrahlung der Probe mit monochroma-tischem Licht verschiedener Wellenlängen und bestimmter Intensität. Anschließend wer-den die absorbierten Strahlungsanteile bei bestimmten Wellenlängen bestimmt. Häufige Anwendung findet die Spektroskopie im infraroten Bereich zur Analyse von Kunststoffen.

b. Prüfung der chemischen Beständigkeit
Die werkstoffspezifischen Korrosionsprüfungen von Metallen sowie Löslichkeitsprü-fungen von Kunststoffen werden in entsprechenden Abschnitten (Abschn. 4.8.3 und Abschn. 9.9) erwähnt.

►   Zu den wichtigsten Werkstoffprüfverfahren gehören: Zugversuch, Kerbschlagbiegeversuch, Härtemessung, Wöhlerversuch, Spektralanalyse und mikroskopische Untersuchungen.

3.8.6 Werkstoffprüflaboratorien

Werkstoffprüflaboratorien sind bei Herstellern und Anwendern von Werkstoffen, bei Prüfeinrichtungen (z. B. TÜV), Versicherungen, Hochschulen und Forschungsinstituten (Max Planck- Fraunhofer- und Helmholtz-Instituten) zu finden. Heute wird erwartet, dass jedes Labor akkreditiert ist, d. h. seine Prüfkompetenz entsprechend der internationalen Norm DIN EN ISO/IEC 17025 durch eine zuständige Organisation (z. B. durch Deutsche Akkreditierungsstelle GmbH DAkkS) nachgewiesen ist.

Weiterführende Literatur

Bargel H-J, Schulze G (2008) Werkstoffkunde. Springer, Berlin, Heidelberg

Fuhrmann E (2008) Einführung in die Werkstoffkunde und Werkstoffprüfung Bd. 2: Werkstoff- und Werkstückprüfung auf Qualität, Fehler, Dimension und Zuverlässigkeit. expert verlag, Renningen

Greven E, Magin W (2010) Werkstoffkunde und Werkstoffprüfung für technische Berufe. Verlag Handwerk und Technik, Hamburg

Jacobs O (2009) Werkstoffkunde. Vogel-Buchverlag, Würzburg

Koether R, Rau W (1999) Fertigungstechnik für Wirtschaftsingenieure. Carl Hanser Verlag, München

Thomas K-H, Merkel M (2008) Taschenbuch der Werkstoffe. Carl Hanser Verlag, München

Weißbach W, Dahms M (2012) Werkstoffkunde: Strukturen, Eigenschaften, Prüfung. Vieweg + Teubner Verlag, Wiesbaden

Roos E, Maile K (2002) Werkstoffkunde für Ingenieure. Springer Heidelberg

Seidel W, Hahn F (2012) Werkstofftechnik: Werkstoffe-Eigenschaften-Prüfung-Anwendung. Carl Hanser Verlag, München

Läpple V, Drübe B, Wittke G, Kammer C (2010) Werkstofftechnik Maschinenbau. Europa-Lehrmittel, Haan-Gruiten

Grundlagen der Metallkunde

4

4.1 Reine Metalle und Legierungen

In der Technik verwenden wir vor allem Legierungen, die auf reinen Metallen basieren und i. d. R. höhere Festigkeit haben.

4.1.1 Reine Metalle

a. Allgemeines
Die Mehrheit der chemischen Elemente sind Metalle. Davon haben ca. zwanzig Metalle eine technische Bedeutung und von diesen finden nur wenige wie z. B. Eisen und Aluminium eine breite Verwendung.

Metallische Werkstoffe werden traditionell in Eisenwerkstoffe und Nichteisenmetalle eingeteilt. Kein einziges Metall hat bisher – und wird wahrscheinlich auch zukünftig – die gleiche wirtschaftliche Bedeutung wie Eisen und Stahl erhalten. Eisenwerkstoffe haben ein breites Eigenschaftsprofil und einen sehr breiten Anwendungsbereich. Nichteisenmetalle zeichnen sich oft durch besondere Eigenschaften aus und werden für spezielle Anwendungen genutzt. Beispielsweise verwenden wir Kupfer wegen seiner guten elektrischen Leitfähigkeit und Nickel wegen seiner guten Korrosionsbeständigkeit.

Metalle werden nach der Dichte in Leichtmetalle (Dichte kleiner als 5 g/cm^3) und Schwermetalle (Dichte größer als 5 g/cm^3) eingeteilt.

Zu den wenigen Leichtmetallen gehören Lithium, Beryllium, Magnesium, Aluminium und Titan. Die Mehrheit der Metalle ist schwer, so z. B. Eisen, Chrom, Kupfer, Nickel, Zink, Wolfram, Cobalt, Molybdän und Vanadium.

Während Leichtmetalle aufgrund ihrer geringer Dichte häufig ähnliche Einsatzgebiete haben, spielt die hohe Dichte bei den Schwermetallen für deren Verwendung praktisch

© Springer-Verlag Berlin Heidelberg 2017
B. Arnold, *Werkstofftechnik für Wirtschaftsingenieure*,
DOI 10.1007/978-3-662-54548-5_4

Tab. 4.1 Anteile wichtiger Metalle an der Erdkruste

Al	Fe	Mg	Ti	Zn	Ni	Cu
7,5 %	4,7 %	1,9 %	0,58 %	0,02 %	0,02 %	0,01 %

keine Rolle. Es sind spezielle physikalische und chemische Eigenschaften, die über den Einsatz bestimmter Schwermetalle entscheiden.

Eine besondere Gruppe bilden die Edelmetalle wie Silber, Gold und Platin, die allesamt schwer sind und sich durch eine ausgezeichnete Korrosionsbeständigkeit auszeichnen.

b. Gewinnung von reinen Metallen
Die Gewinnung von reinen Metallen erfolgt aus geeigneten Erzen mithilfe oft aufwendiger Verfahren. Interessanterweise sprechen wir hier von einer Gewinnung und nicht von einer Herstellung. Metalle sind sozusagen ein Geschenk der Natur und wir sind auf ihre Vorkommen in der Erdkruste angewiesen. Zu den wichtigsten technischen Metallen zählen wir sieben Elemente: Eisen, Aluminium, Kupfer, Magnesium, Nickel, Titan und Zink. Diese Metalle kommen in einigermaßen brauchbaren Mengen in der Erdkruste vor. Zwar sind die Anteile in der Erdkruste unterschiedlich, was aus Tab. 4.1 ersichtlich wird.

▶   Reine Metalle werden aus geeigneten Erzen gewonnen.
Leichte Metalle sind Lithium, Beryllium, Magnesium, Aluminium und Titan.
Schwere Metalle sind z. B. Eisen, Chrom, Kupfer, Nickel, Zink, Wolfram, Cobalt, Molybdän und Vanadium.

Reine Metalle werden in der Technik nur für sehr bestimmte Anwendungen verwendet. Ein gutes Beispiel ist dafür die Verwendung von Reinkupfer für Kabel in der Elektrotechnik. Meist verwenden wir Legierungen, d. h. metallische Werkstoffe, deren chemische Hauptkomponente ein Metall ist.

4.1.2 Legierungen

a. Zusammensetzung von Legierungen
Eine Legierung besteht aus mindestens zwei chemischen Komponenten: einem Grundmetall und einem Legierungselement. In der Praxis enthalten Legierungen noch andere Elemente, die je nach dem welche Rolle sie spielen und woher sie kommen, als Begleitelemente oder als Verunreinigungen angesehen werden. Somit können wir allgemein die Zusammensetzung von Legierungen wie folgt formulieren:

Legierung = Grundmetall + Legierungselement(e) + Begleitelemente u./o. Verunreinigungen

Der Gewichtsanteil des Grundmetalls ist höher als 50 %. Legierungselemente können Metalle sowie Nichtmetalle sein. Bei den nichtmetallischen Elementen ist die Auswahl gering, vor allem Kohlenstoff wird genutzt (z. B. bei allen Stählen).

b. Herstellung von Legierungen
Für die Herstellung von Legierungen verwenden wir verschiedene Methoden, die sich in zwei Gruppen einteilen lassen:

- Schmelzmetallurgische Verfahren (Gießtechnik), bei denen der Hauptvorgang eine kontrollierte Erstarrung einer Metallschmelze ist.
- Pulvermetallurgische Verfahren (Sintertechnik), bei denen pulverartige Ausgangstoffe verwendet werden. Nach einer Formgebung erfolgt das Sintern, das den eigentlichen Herstellvorgang darstellt (Abschn. 12.2).

c. Einteilung von Legierungen (Arten von Legierungen)
Für praktische Zwecke fragen wir immer, ob sich eine Legierung plastisch verformen lässt oder ob sie nur vergossen werden kann. Dementsprechend unterscheiden wir Knet- und Gusslegierungen. Knetlegierungen lassen sich gut verformen. Sie können durch Warm- oder Kaltformen (Abschn. 4.6) in Halbzeuge oder Fertigprodukte weiterverarbeitet werden.

Gusslegierungen sind dagegen zum plastischen Verformen nicht gut geeignet, und Bauteile aus diesen Legierungen werden mithilfe der Gießtechnik angefertigt. Ein nachträgliches Umformen von Bauteilen aus Gusslegierungen ist nicht mehr oder nur noch sehr schwer möglich.

Beide Legierungsarten können zerspanungstechnisch bearbeitet werden, wobei ihre Eignung dazu unterschiedlich sein kann.

▶ Legierungen bestehen aus einem Grundmetall und aus mind. einem Legierungselement. Sie werden schmelzmetallurgisch oder pulvermetallurgisch hergestellt.
Knetlegierungen eigenen sich zum plastischen Verformen, Gusslegierungen werden gießtechnisch verarbeitet.

4.2 Kristalline Struktur von Metallen

Kristalline Strukturen stellen wir zunächst idealisiert als Modelle dar. Dabei wissen wir, dass eigentlich nur Realkristalle existieren.

4.2.1 Idealkristalle

Kristalle von Metallen sind aus Atomen (genauer aus Atomrümpfen) aufgebaut. Die Atome werden als Kugeln betrachtet.

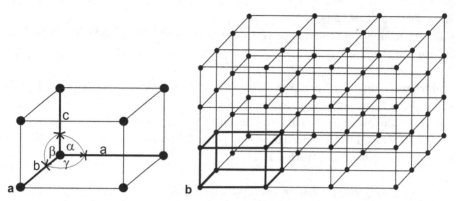

Abb. 4.1 Strichdarstellung eines Idealkristalls. **a** Elementarzelle, **b** Raumgitter

a. Elementarzellen

Die Idealkristalle beschreiben wir mithilfe von Elementarzellen. Eine Elementarzelle ist die kleinste Einheit eines Kristalls, die alle geometrischen Merkmale der Gesamtstruktur aufweist (Abb. 4.1). Durch die periodische Wiederholung der Elementarzelle entsteht ein Raumgitter (Kristallgitter).

Zur Darstellung der Elementarzellen bzw. der Gitter benutzen wir verschiedene Methoden. Die häufigste Methode ist eine Strichdarstellung (Abb. 4.1), bei der die Lage der Atommittelpunkte markiert ist. Eine andere Möglichkeit ist eine Kugeldarstellung (vgl. Abb. 4.2, 4.3 und 4.4) oder auch eine Schnittdarstellung, mit denen die Raumerfüllung veranschaulicht werden kann.

Die wichtigsten geometrischen Merkmale einer Elementarzelle (Abb. 4.1a), und somit auch eines Gitters sind ihre Gitterkonstanten (a, b, c) und die Achselwinkel (α, β, γ). Der Atomradius beträgt 1 bis 3×10^{-10} m, während die Gitterparameter z. B. bei Metallen zwischen $2{,}5 \times 10^{-10}$ m und 9×10^{-10} m liegen.

Durch das Raumgitter lassen sich viele parallele Ebenen legen, auf denen die Atome liegen. Sie werden Gitterebenen genannt. Die Angaben über Gitterebenen und kristallographische Richtungen sind bei vielen metalltechnischen Vorgängen wichtig. Eine Bezeichnungsmöglichkeit dieser Zusammenhänge sind die sog. Millerschen Indizes, auf die hier aber nicht weiter eingegangen wird. Ihre Herleitung ist in der weiterführenden Literatur zu finden.

b. Packungsdichte

Eine wichtige Bedeutung hat die Packungsdichte eines Gitters. Sie wird als „Kugel"-Volumen in einer Elementarzelle bezogen auf das Gesamtvolumen der Elementarzelle definiert. Hierbei sind Kugeln gleicher Größe gemeint. Zu den dichtgepackten Gittern gehören die Gitter des kubischen Kristallsystems (vgl. Abb. 4.2 und 4.3). Die Packungsdichte beeinflusst die Anzahl von Gleitsystemen im Gitter und dadurch seine Verformbarkeit, die für die Praxis sehr wichtig ist.

▶ Kristalline Strukturen werden mithilfe idealer Raumgitter, die aus Elementarzellen aufgebaut sind, beschrieben.

Elementarzellen werden mit vor allem mithilfe ihrer Gitterparameter und ihrer Packungsdichte charakterisiert.

c. Systematik der Idealkristalle

Alle in der Natur vorkommenden Kristallarten werden zuerst in sieben verschiedene Kristallsysteme eingeteilt: kubisch, tetragonal, orthorhombisch, rhomboedrisch, hexagonal, monoklin und triklin. Die einzelnen Systeme unterscheiden sich in der Größe der Gitterkonstanten und der Größe der Achsenwinkel. Diese sieben Systeme werden aufgrund der Anordnung der Atome und der vorhandenen Symmetrieelemente in 14 Bravais-Gitter, folgend in 32 Kristallklassen und diese weiter in mehrere Raumgruppen unterteilt. Aus dieser Systematik ergeben sich letztendlich bestimmte Gittertypen, in denen kristalline Werkstoffe vorkommen. Die wichtigsten Kristallsysteme sind das hexagonale und das kubische. Ca. 95 % aller chemischen Elemente besitzen Kristallgitter, die zu diesen zwei Systemen gehören.

4.2.2 Metallgitter

Die Mehrheit der Metalle kommt in einem der drei nachfolgend dargestellten Gittertypen vor. Diese drei Gittertypen werden daher als Metallgitter bezeichnet.

a. Merkmale der Metallgitter

Metallgitter zeichnen sich durch einen einfachen geometrischen Bau (insbesondere die kubischen Gitter) sowie durch eine hohe Packungsdichte aus. Zwei der Metallgitter besitzen die größte Packungsdichte überhaupt (bei gleicher Kugelgröße).

Ein weiteres Merkmal der Metallgitter ist das Vorhandensein von Gleitsystemen. Unter diesem Begriff verstehen wir ein Produkt aus Gleitebenen und den möglichen Gleitrichtungen. Gleitebenen sind Gitterebenen dichtester Atompackung, auf denen die Gleitvorgänge stattfinden. Sie zeichnen sich durch geringere Atomabstände innerhalb der Ebene und durch große Atomabstände zur nächsten gleichartigen Parallelebene aus. Innerhalb der Gleitebenen existieren Gleitrichtungen, die ebenfalls dichteste Besetzungen mit Atomen aufweisen. Gleitsysteme haben zur Folge, dass sich ein Gitter gut verformen lässt. Die Bewegung von Gleitebenen ist einer der Mechanismen der Verformung von Metallen. Es gibt weitere Mechanismen, die jedoch auch mit der Kristallstruktur verbunden sind.

b. Darstellung der Metallgitter

Kubisch-raumzentriertes Gitter (krz-Gitter) Kubisch-raumzentriertes Gitter ist aus regelmäßig aneinander gestapelten Würfeln (lat.: Kubus) aufgebaut. Die Würfel enthalten je ein zusätzliches Atom in der Raummitte (raumzentriert). Die an den Ecken sitzenden Atome werden von

Abb. 4.2 Elementarzelle des
kubisch-raumzentrierten Gitters. **a** Kugeldarstellung,
b Strichdarstellung

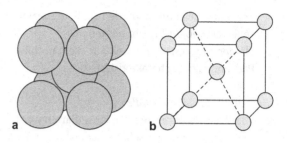

Abb. 4.3 Elementarzelle des
kubisch-flächenzentrierten Gitters. **a** Kugeldarstellung,
b Strichdarstellung

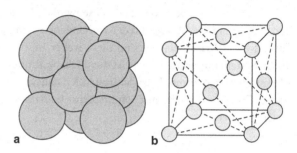

den Nachbarwürfeln mitbenutzt. Abb. 4.2 zeigt die Elementarzelle des kubisch-raumzentrierten
Gitters mithilfe von zwei Darstellungsmethoden. Die Packungsdichte des krz-Gitters beträgt
68 % und es hat 12 Gleitsysteme, was eine gute Verformbarkeit zur Folge hat.

Folgende Metalle treten in diesem Gittertyp auf: α-Eisen, β-Titan, Chrom, Molybdän,
Vanadium, Wolfram, Niob, Tantal.

Kubisch-flächenzentriertes Gitter (kfz-Gitter) Kubisch-flächenzentriertes Gitter ist ebenfalls aus regelmäßig aneinander gestapelten Würfeln aufgebaut. Die Würfel enthalten je ein
zusätzliches Atom auf allen Seitenmitten (flächenzentriert). Die an den Außenflächen und an
den Ecken sitzenden Atome werden von den Nachbarwürfeln mitbenutzt. Abb. 4.3 zeigt die
Elementarzelle des kubisch-flächenzentrierten Gitters mithilfe der zwei Darstellungsmethoden. Die Packungsdichte des kfz-Gitters beträgt 74 % und es hat 12 Gleitsysteme, was eine sehr
gute Verformbarkeit zur Folge hat. Da die Belegungsdichte mit Atomen in den Gleitebenen des
kfz-Gitters größer ist als beim krz-Gitter, ist seine plastische Verfombarkeit besser - trotz der
selben Anzahl der Gleitsysteme.

Folgende Metalle treten in diesem Gitter auf: γ-Eisen, Aluminium, Kupfer, Nickel, Silber, Gold, Platin, Blei, β-Kobalt.

Hexagonales Gitter dichterster Packung (hdP-Gitter) Hexagonales Gitter dichtester
Packung ist aus regelmäßig aneinander gestapelten Sechsecken und Dreiecken aufgebaut.
Die Dreiecke befinden sich jeweils zwischen zwei Sechseckschichten. Abb. 4.4 zeigt die
Elementarzelle des hexagonalen Gitters höchster Packungsdichte mithilfe von zwei Dar-
stellungsmethoden. Die Packungsdichte des hdP-Gitters beträgt 74 % und es hat nur 3
Gleitsysteme, was eine geringe Verformbarkeit des Gitters zur Folge hat.

Abb. 4.4 Elementarzelle des hexagonalen Gitters dichtester Packung. **a** Kugeldarstellung, **b** Strichdarstellung

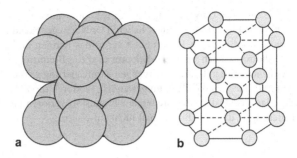

Folgende Metalle treten in diesem Gittertyp auf: α-Titan, Magnesium, Zink, α-Kobalt.

▶ Zu den Metallgittern gehören kubisch-raumzentriertes (krz)- Gitter, kubisch-flächenzentriertes (kfz)-Gitter und hexagonales Gitter dichtester Packung (hdP-Gitter).

Metallgitter zeichnen sich durch eine hohe Packungsdichte und Gleitsysteme aus.

Einige Metalle weisen in unterschiedlichen Temperaturbereichen verschiedene Gittertypen auf.

4.2.3 Allotropie

Jedes Metall ist kristallin, was aber nicht bedeutet, dass es immer den gleichen Gittertyp aufweist. Einige Metalle besitzen abhängig von der Temperatur unterschiedliche Gittertypen. Diese sehr interessante, und technisch gesehen auch sehr wichtige, Erscheinung bezeichnen wir als Allotropie. Mit anderen Worten hat ein Metall allotrope Modifikationen, die in verschiedenen Temperaturbereichen existieren. Die Folge sind Gitterumwandlungen im festen Zustand bei bestimmten Temperaturen. Dabei ist der strukturelle Übergang häufig mit einer Volumenänderung verbunden. Allotrope Metalle sind z. B.: Eisen, Titan, Kobalt, Mangan und Zinn. Die große technische Bedeutung der Allotropie von Eisen lernen wir im Kap. 5 kennen (Abschn. 5.4).

Allotropie von Zinn und der Wettlauf zum Südpol

Einen besonderen Fall der Allotropie kennen wir beim Zinn. Die Gitterumwandlung von Zinn findet unterhalb von 13,2 °C statt. Silberweißes, metallisches Zinn (β-Zinn) wandelt sich in das grauschwarze α-Zinn um. Dabei kommt es zu einer sehr großen Zunahme (etwa 20 %) des Volumens, da beide Modifikationen unterschiedliche Kristallstrukturen und Dichten besitzen. Interessanterweise nimmt die Neigung zur Umwandlung mit abnehmender Temperatur zu, die Reaktionsgeschwindigkeit wird jedoch niedriger. Die ideale Umwandlungstemperatur liegt bei ca. −48 °C. Die Umwandlung kann durch Legieren mit anderen Metallen beschleunigt (z. B. Zink, Aluminium) oder verhindert (z. B. Antimon, Bismut) werden. Die große Volumenzunahme bei der Gitterumwandlung wird Zinnpest genannt und war früher ein gefürchtetes Phänomen, das in kalten Wintern z. B. in ungeheizten Kirchen auftrat und die Orgelteile beschädigte.

Die allotrope Umwandlung des Zinns könnte auch die Geschichte des berühmten Wettrennens zum Südpol in 1911 beeinflusst haben. Der Norweger Roald Amundsen gewann den Wettlauf zum Südpol, der Engländer Robert Scott verlor das Rennen und sein Leben. Zur Zeit dieser Reise war die Allotropie noch nicht gut bekannt und die Brennstoffbehälter der Scott-Mannschaft wurden möglicherweise mit einer ungünstigen Zinnlegierung gelötet. Bei den niedrigen Temperaturen der Antarktis hat sich das Zinn umgewandelt, wodurch die Zinnlötungen undicht geworden sind und die Mannschaft den lebensrettenden Brennstoff verloren hat. Heute verwenden wir spezielle Lötlegierungen, die diese Eigenschaft nicht aufweisen.

4.2.4   Realkristalle

Idealkristalle existieren nicht, sie sind aber mathematisch beschreibbar. In der Realität haben Atome keine Kugelgestalt und sie befinden sich nicht in Ruhelage. Noch wichtiger ist, dass reale Kristalle eine endliche Begrenzung haben, d. h., es ist eine Oberfläche des Kristalls vorhanden.

Realkristalle besitzen keinen perfekten geometrischen Bau. Ihr Hauptmerkmal sind Gitterbaufehler, womit verschiedene Abweichungen von dem idealen geometrischen Bau gemeint sind. Ohne derartige Defektstellen wären jedoch beispielsweise Diffusion, plastische Verformung und elektrische Leitfähigkeit praktisch unmöglich.

Die Gitterbaufehler teilen wir nach geometrischen Gesichtspunkten in punktförmige, linienförmige sowie in zweidimensionale Defekte ein.

Punktförmige Fehler sind z. B. Leerstellen (unbesetzte Gitterplätze) und Fremdatome im Gitter. Diese Fehler sind in Abb. 4.5a schematisch dargestellt.

Leerstellen (Gitterlücken) sind nicht besetzte Gitterplätze. Ihre Anzahl vergrößert sich z. B. bei plastischer Verformung und mit zunehmender Temperatur. Sie ermöglichen die Diffusion (Platzwechsel von Atomen) im festen Zustand.

Fremdatome können gleiche Gitterplätze wie Atome des Wirtsgitters oder Zwischengitterplätze einnehmen. Dementsprechend bezeichnen wir sie als Substitutions- oder Einlagerungsatome (Abb. 4.5a). Fremdatome sind Prinzip der Mischkristallbildung bei Legierungen (Abschn. 4.3.3) und führen zur Erhöhung der Festigkeit.

Linienförmige Fehler werden als Versetzungen bezeichnet. Sie kommen häufig im Gitter vor und beeinflussen die Werkstoffeigenschaften in hohem Maße. Ihre Existenz wurde zuerst theoretisch vorausgesagt und anschließend mithilfe von Elektronenmikroskopie nachgewiesen. Wir können uns eine Stufenversetzung durch „Herausnehmen" eines Teils der Gitterebene deutlich machen (Abb. 4.5b). Neben den Stufenversetzungen können auch Schraubenversetzungen auftreten. Sie weisen eine deutlich komplexere Geometrie auf, die mit einer Wendeltreppe vergleichbar ist.

Versetzungen haben eine Reihe bemerkenswerter Eigenschaften:

- Sie haben einen Richtungssinn und können sich dadurch anziehen oder abstoßen.
- Sie können sich bewegen. Die plastische Verformung von Metallen wird durch ein massenhaftes Wandern von Versetzungen bewirkt. Ein versetzungsfreier Idealkristall wäre plastisch nicht verformbar, er würde bei Belastung sofort spröde brechen.

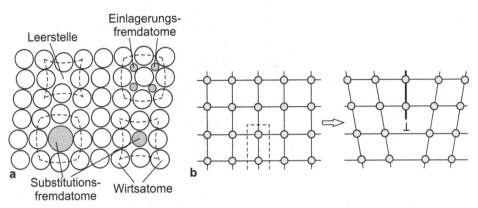

Abb. 4.5 Gitterbaufehler. **a** Punktförmige Gitterbaufehler, **b** Vorstellung über Bildung einer Versetzung

- Sie verursachen Eigenspannungen (Abschn. 3.2.2) sowie eine Verfestigung bei Kaltumformung (Abschn. 4.6.1).

▶ Realkristalle zeichnen sich durch verschiedene Abweichungen (Gitterbaufehler) vom geometrisch idealen Bau aus.
Zu den wichtigsten Gitterbaufehlern gehören: Leerstellen, Fremdatome und Versetzungen.
Gitterbaufehler beeinflussen die Eigenschaften von Metallen.

Zweidimensionale Gitterbaufehler bezeichnen wir als Flächendefekte, zu denen u. a. Korngrenzen zählen. Sie liegen zwischen zwei aneinandergrenzenden Bereichen und können eine geringe Winkeldifferenz (Subkorngrenzen) bzw. eine große Winkeldifferenz (Korngrenzen) aufweisen. Durch ihre Größe gehören die Korngrenzen schon zu der höheren Strukturebene des Gefüges (Abschn. 4.3). Zweidimensionale Gitterbaufehler beeinflussen u. a. die Korrosionsbeständigkeit von Metallen.

Jeder Gitterbaufehler verursacht eine Verzerrung des Gitters und dadurch bedingt innere Spannungen, welche die Eigenschaften des Werkstoffs beeinflussen. Durch einen gezielten Einbau von Fehlstellen in die kristalline Struktur lassen sich Werkstoffeigenschaften verändern.

4.3 Gefüge von Metallen

Das Gefüge ist eine sehr wichtige Strukturebene (Abschn. 2.3.2), die wir mithilfe eines Lichtmikroskops betrachten können. Diese Strukturen lassen sich oft verändern, was wir technologisch ausnutzen, um Eigenschaften von Metallen zu beeinflussen.

Abb. 4.6 Metallgefüge

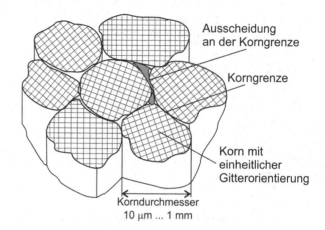

Ausscheidung
an der Korngrenze

Korngrenze

Korn mit
einheitlicher
Gitterorientierung

Korndurchmesser
10 μm ... 1 mm

4.3.1 Merkmale und Entstehung eines Gefüges

a. Was ist ein Gefüge?
Ein Gefüge ist ein Verband bestimmter Bereiche (Körner), die durch Grenzflächen (Korn-grenzen) voneinander getrennt sind. Eine schematische Darstellung des Gefüges zeigt Abb. 4.6. Jedes Korn hat seine eigene, einheitliche Gitterorientierung, die in der Abbildung mit dem Karo-Muster angedeutet wird. Zwischen den Körnern existieren Korngrenzen, an denen sich Ausscheidungen befinden können.

Ein Gefüge kann homogen oder heterogen sein. Ein homogenes Gefüge besteht aus Körnern gleicher Art, es hat nur einen Gefügebestandteil. Ein heterogenes Gefüge besteht aus Körnern unterschiedlicher Art, es hat mindestens zwei Gefügebestandteile.

b. Gefügebestandteile
Gefüge sind aus Körnen aufgebaut, die stofflich gesehen unterschiedlich sein können. Wir sprechen dann von Gefügebestandteilen oder von Kornarten. Welche Stoffe sind zu unter-scheiden?

Nehmen wir als Beispiel Messing, eine Legierung, die der Spektralanalyse nach aus 80 % Kupfer und 20 % Zink besteht. Gefragt nach dem Gefüge dieser Legierung (was wäre unter einem Lichtmikroskop zu sehen), würden wir vielleicht meinen, dass 80 % der Körner aus Kupfer und 20 % aus Zink bestehen, die sogar unterschiedliche Farben haben sollten. Aber das ist nicht so. Unter dem Lichtmikroskop sehen wir Körner gleicher Art. Dies bedeutet, dass Kupfer und Zink bei der Erstarrung einen Stoff gebildet haben, aus dem das Gefüge aufgebaut ist. Dieser Stoff beeinflusst die Eigenschaften der Legierung.

Welche Gefügebestandteile (Kornarten) sind bei Legierungen aus zwei Komponenten möglich? Wir unterscheiden vor allem Mischkristalle (Abschn. 4.3.3) und intermetallische

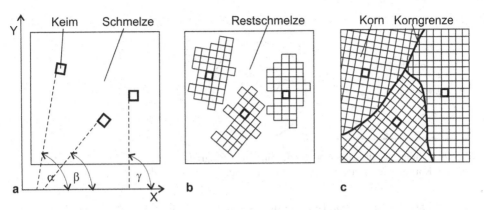

Abb. 4.7 Entstehung des Gefüges bei der Kristallisation. **a** Schmelze mit Keimen, **b** Wachstum der Keime, **c** Entstandenes Gefüge

Verbindungen (Abschn. 4.3.4). Reine Komponenten als Gefügebestandteile sind selten, und wenn, dann tritt nur eine Legierungskomponente in der elementaren Form im Gefüge auf. Als Beispiel nennen wir Graphit (Kohlenstoff) in Gusseisen (Abschn. 5.17.4). Sehr oft finden wir in Gefügen Kristallgemische (Abschn. 4.3.5), die aus o. a. Bestandteilen, d. h. aus Mischkristallen, intermetallischen Verbindungen oder auch aus reinen Komponenten aufgebaut sind und als Körner vorliegen.

Die Gefügebestandteile können allein (homogenes Gefüge) oder nebeneinander (heterogenes Gefüge) existieren.

c. Entstehung eines Gefüges

Die Entstehung eines Gefüges ist sehr komplex und findet bei der Erstarrung (Kristallisation) einer Metallschmelze statt. Metalle weisen ein Gefüge auf, da sie – auf einer niederen Strukturebene – kristalline Strukturen bilden. Wie wir uns die Bildung des Gefüges während der Kristallisation eins Metalls vorstellen, zeigt schematisch Abb. 4.7. Zuerst entstehen Keime, wachstumsfähige Ansammlungen von Atomen, die schon die von der Natur vorgesehene Anordnung aufweisen und bezogen auf ein Koordinatensystem eine bestimmte Orientierung haben. Betrachten wir zunächst drei solcher Keime (Abb. 4.7a), die in der Schmelze „schwimmen". Mit abnehmender Temperatur beginnen sie zu wachsen (Abb. 4.7b), wobei ihre anfängliche Orientierung erhalten bleibt.

Während ihres Wachstums stoßen die immer größer werdenden Keime aneinander und behindern sich bei ihrer Ausbreitung. Zwangsläufig bilden sich Korngrenzen. Diese Berührungsbereiche sind oft ungeordnet oder weisen ganz spezielle Anordnungen auf. So sind in unserem Beispiel aus drei Keimen drei Körner entstanden (Abb. 4.7). Logischerweise können wir durch die Keimzahl auch die Zahl der Körner und somit auch die Korngröße in einem vorgegebenen Volumen steuern.

▶ Metallgefüge bestehen aus Körnern einheitlicher Gitterorientierung und können homogen oder heterogen sein.

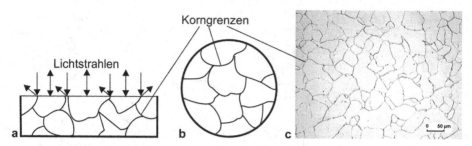

Abb. 4.8 Sichtbarmachung des Gefüges mithilfe von Korngrenzen. **a** Streuung des Lichtes an Korngrenzen, **b** Korngrenzen-Zeichnung, **c** Lichtmikroskopisches Schliffbild

Gefügebestandteile von Legierungen sind Mischkristalle, intermetallische Verbindungen und Kristallgemische.
Gefüge entstehen bei der Kristallisation von Metallen durch orientiertes Wachstum von Keimen.

d. Korngrenzen
Korngrenzen trennen Körner gleicher oder verschiedener Art voneinander. Die Gitterorientierung der Bereiche schließt größere Winkel ein, und die Abstände zwischen den Körnern betragen mehrere Atomgrößen.

Korngrenzen und Metallographie

Korngrenzen ermöglichen die Sichtbarmachung des Gefüges. Sie werden in der Metallographie ausgenutzt, einem Bereich der Werkstoffprüfung, der sich mit der Betrachtung und Bewertung des Gefüges beschäftigt.

Für eine metallographische Untersuchung wird eine Metallprobe zunächst entsprechend vorbereitet. Bei der Präparation wird die Probe zuerst geschliffen und dabei ihre Oberfläche eingeebnet. Anschließend wird sie poliert, wobei Rauigkeiten der Fläche beseitigt werden. Die Sichtbarmachung der Struktur erfolgt durch Ätzen. Hierbei werden die Korngrenzen gezielt angegriffen (Abb. 4.8a). An diesen angegriffenen Korngrenzen kommt es zu einer Lichtstreuung, die wir unter einem Auflichtmikroskop als eine charakteristische Zeichnung (Abb. 4.8b) sehen. Somit können wir ein Gefüge gut erkennen und beschreiben. Abb. 4.8c zeigt ein Bild eines Schliffes, der mithilfe der Korngrenzenätzung angefertigt wurde.

e. Korngröße
Die Korngröße ist ein wichtiges Merkmal des Gefüges und wird mithilfe des Korndurchmessers charakterisiert (vgl. Abb. 4.6). Unterschieden wird zwischen feinkörnigen und grobkörnigen Gefügen. Die Korngröße beeinflusst die Festigkeit von Metallen deutlich: je feiner das Gefüge (das Korn) desto höher ist die Festigkeit. Somit wenden wir Kornverfeinerung als technologische Methode der Festigkeitssteigerung an. Ein gutes Beispiel dafür sind Feinkornbaustähle (Abschn. 5.7.4).

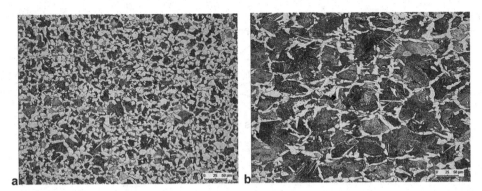

Abb. 4.9 Korngröße am Beispiel von Stahl C45. **a** Feinkörniges Gefüge, **b** Grobkörniges Gefüge

Abb. 4.9 zeigt zwei Gefügebilder (bei gleicher Vergrößerung) von Proben, die die gleiche Zusammensetzung haben (es handelt sich um den Stahl C45). Das heterogene Gefüge der beiden Proben besteht aus zwei Gefügebestandteilen (jeweils helle und dunkle Körner). Die Gefüge unterscheiden sich in der Korngröße. Die Probe mit dem feineren Gefüge (Abb. 4.9a) hat eine höhere Festigkeit als die andere, bei der das Gefüge grob ist (Abb. 4.9b).

Grundsätzlich müssen wir beachten, dass Körner die Tendenz zum Wachsen haben (wodurch die Energie der Korngrenzen einem Minimalwert zustrebt). Somit erfordert die oft gewünschte Feinkörnigkeit einen technologischen Aufwand.

Die Bestimmung der Korngröße wird meist durch einen Vergleich mit speziellen Musterbildern vorgenommen. Dies ist eine der Aufgaben der Metallographie, die hierzu eine spezielle Bildbearbeitungssoftware verwendet.

▶ Je kleiner die Korngröße ist, desto höher ist die Festigkeit eines Metalls.

Neben der Korngröße werden auch Kornformen betrachtet. Gefüge können z. B. rundliche Körner oder polyedrische Körner haben. Auch bestimmte Anordnungen innerhalb der Körner, insbesondere eine lammellenartige Anordnung, sind möglich.

4.3.2 Ausrichtung von Körnern – Textur

Körner eines Gefüges können ausgerichtet sein und eine Textur bilden.

Texturen können bei einigen Formgebungsverfahren von Metallen insbesondere beim Kaltumformen (Abschn. 4.6.1) entstehen. In Abb. 4.10 ist die Entstehung einer Textur beim Kaltwalzen eines Metallbleches schematisch dargestellt.

Die Textur verursacht anisotrope Eigenschaften (Abschn. 3.6) des Metalls, was positiv oder negativ bewertet werden kann. Wir können eine Textur positiv ausnutzen und dadurch Werkstoffeigenschaften an die reale Anwendung besser anpassen. Deshalb werden Texturen auch gezielt erzeugt.

Abb. 4.10 Entstehung einer Textur

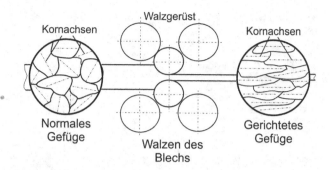

Abb. 4.11 Textur und Anisotropie am Beispiel einer Getränkedose. **a** Belastung längs zur Achse, **b** Belastung quer zur Achse

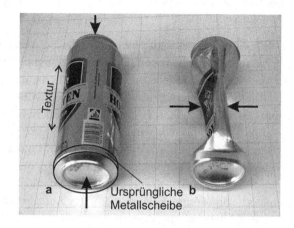

▶ Eine Textur ist eine Ausrichtung von Körnern, wodurch die Metalleigenschaften anisotrop werden.

Textur und Getränkedosen aus Aluminium

Getränkedosen aus Aluminium werden durch Tiefziehen einer Metallscheibe angefertigt (Abb. 4.11a). Dabei entsteht eine Textur, die erwünscht ist. Sie verleiht den Dosen einen guten Widerstand in eine Richtung, und das trotz der geringen Blechdicke. Dieser Widerstand wird durch eine geeignete Konstruktion zusätzlich erhöht.

Versuchen Sie einmal eine leere Getränkedose längs (Abb. 4.11a) und anschließend quer (Abb. 4.11b) zu ihrer Achse zu drücken. Vergleichen Sie, wie viel Druckkraft Sie dafür brauchen. Die Dose quer zu Längsachse zu zerdrücken geht wesentlich leichter, da das Blech anisotrop und seine Festigkeit in diese Richtung geringer ist.

4.3.3 Mischkristalle

Mischkristalle sind homogene Stoffgemische (Abschn. 2.1.1). Metalle können in ihrem Gitter andere Atome aufnehmen. Hierbei bilden die Atome des Grundmetalls und Atome des Legierungselementes ein gemeinsames Gitter auf der Basis des Grundmetalls. Das Kristallgitter des Grundmetalls bleibt erhalten. Nachfolgend betrachten wir Mischkristalle aus zwei Komponenten.

a. Mengenverhältnis der Atome in einem Mischkristall
Das Mengenverhältnis der beiden Atomarten kann unbegrenzt oder begrenzt sein.

Das unbegrenzte Mengenverhältnis bedeutet, dass Atome des Grundmetalls und Atome des Legierungselements sich gegenseitig im Gitter ersetzen können, und dies unabhängig von der Temperatur. Wir sprechen auch von einer vollständigen Löslichkeit im festen Zustand oder von einer lückenlosen Mischkristall-Reihe. Für das unbegrenzte Mengenverhältnis sind folgende Hauptvoraussetzungen notwendig:

- Beide Komponenten der Legierung sind Metalle und haben den gleichen Gittertyp.
- Die Atome der beiden Metalle haben eine ähnliche Atomgröße.

Beispiele für Mischkristalle (Legierungssystemen) mit unbegrenzten Mengenverhältnis sind: Kupfer-Nickel-, Gold-Kupfer-, Molybdän-Wolfram- sowie α-Eisen-Chrom- und γ-Eisen-Nickel-Systeme.

Das begrenzte Mengenverhältnis (wir sprechen auch von einer eingeschränkten Löslichkeit im festen Zustand) bedeutet, dass das Gitter des Grundmetalls nur einen bestimmten Anteil der Atome eines Legierungselements aufnehmen kann. Die Menge der aufgenommenen Atome ist in diesem Fall von der Temperatur abhängig. Meist gilt: je höher die Temperatur, desto größer ist der Anteil der Legierungsatome (wie beim Lösen von Zucker in kaltem oder warmem Wasser). Zu Gruppe mit begrenztem Mengenverhältnis gehört die Mehrheit der Mischkristalle. Das wichtigste Beispiel ist das Eisen-Kohlenstoff-System, das die Grundlage aller Stähle ist (Abschn. 5.3). Auch in den Systemen Aluminium-Silizium, Aluminium-Magnesium, Kupfer-Zink und Kupfer-Aluminium existieren solche Mischkristalle.

b. Arten der Mischkristalle
Die Arten der Mischkristalle unterscheiden wir nach der Lage der Legierungsatome im Gitter des Grundmetalls.

Substitutionsmischkristalle Bei einem Substitutionsmischkristall nehmen die Legierungsatome die ordentlichen Gitterplätze im Gitter des Grundmetalls ein (Abb. 4.12a). Sie ersetzen (substituieren) die Wirtsatome. Dies ist nur möglich, wenn beide Komponenten Metalle sind. Das Mengenverhältnis kann unbegrenzt oder begrenzt sein, je nachdem welche zwei Metalle den Mischkristall bilden.

Einlagerungsmischkristalle Bei einem Einlagerungsmischkristall nehmen die Legierungsatome geeignete (zu ihrer Atomgröße passende) Zwischengitterplätze im Gitter des Grundmetalls ein (Abb. 4.12b). Da diese nicht in beliebiger Anzahl zur Verfügung stehen,

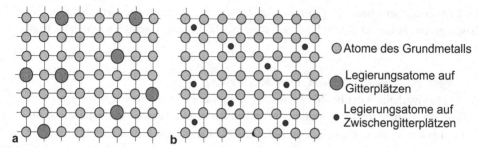

Abb. 4.12 Arten der Mischkristalle. **a** Substitutionsmischkristall, **b** Einlagerungsmischkristall

ist es logisch, dass nur das begrenzte Mengenverhältnis möglich ist. Dabei sind die Anteile der Legierungsatome meist gering. Die Einlagerungsmischkristalle werden überwiegend von einem Grundmetall und einem Nichtmetall mit kleiner Atomgröße (z. B. Kohlenstoff) gebildet.

c. Eigenschaften von Mischkristallen
Legierungen, deren Gefüge aus Mischkristallen besteht, haben eine höhere Festigkeit als die der reinen Komponenten. Wir sprechen von einer Mischkristallverfestigung. Bei Einlagerungsmischkristallen ist die Verfestigung i. d. R. stärker als bei Substitutionsmischkristallen. Diese Verfestigung ist auch einer der Gründe dafür, dass wir Legierungen verwenden.

Mischkristalle haben eine gute Verformbarkeit, da die Metallgitter (Abschn. 4.2.2) mit ihren Gleitsystemen erhalten bleiben. Legierungen aus Mischkristallen werden bevorzugt verwendet, wenn Bauteile mithilfe plastischer Umformverfahren (z. B. Bleche durch Walzen) hergestellt werden sollen.

Beispiele von Werkstoffen, die ein Mischkristall-Gefüge haben, sind α-Messing (Abschn. 7.2.2) und weiche Stähle zum Kaltumformen (Abschn. 5.12).

▶ Mischkristalle sind Kristalle, die aus mind. zwei Atomarten aufgebaut sind.
   Dabei bleibt das Gitter des Grundmetalls erhalten.
   Substitutions- oder Einlagerungsmischkristalle haben eine höhere Festigkeit
   als die reinen Komponenten und lassen sich gut verformen.

4.3.4 Intermetallische Verbindungen

Intermetallische Verbindungen (Phasen) entstehen, wenn ein Grundmetall und ein Legierungselement ein neues, artfremdes Gitter bilden. Die beiden Komponenten verlieren ihre Eigenständigkeit im Gitter. Dieses neue Gitter ist meist sehr kompliziert.

a. Mengenverhältnis der Atome in einer intermetallischen Verbindung
Bei intermetallischen Verbindungen liegt immer ein bestimmtes Mengenverhältnis der Atome des Grundmetalls zu den Legierungsatomen vor. Bezeichnen wir die beiden Atomarten mit A und B, so kann die Bezeichnung A_mB_n benutzt werden, wobei das Mengenverhältnis der Atomarten im Gitter m:n ist.

b. Wichtige Arten intermetallischer Verbindungen
Bei intermetallischen Verbindungen unterscheiden wir keine klaren Gruppen. Die gängige Unterscheidung basiert auf der chemischen Art der Verbindung. Häufig bildet ein Metall eine Verbindung mit einem Nichtmetall, und es entstehen beispielsweise Karbide im Falle von Kohlenstoff (z. B. Fe_3C, TiC, WC) oder Nitride im Falle von Stickstoff (z. B. AlN, TiN, Fe_3N). Eisenkarbid (auch Zementit genannt) ist ein wichtiger Gefügebestandteil von Stählen (Abschn. 5.3.1). Auch zwei Metalle können eine intermetallische Verbindung bilden, so z. B. Mg_2Cu, Al_3V, Ti_3Al, Al_2Cu.

Die intermetallischen Verbindungen betrachten wir hier als Gefügebestandteile, die i. d. R während der Erstarrung einer Legierung entstehen. Diese Stoffe können aber auch als selbstständige Werkstoffe hergestellt und verwendet werden wie z. B. Titankarbid und Wolframkarbid (Abschn. 12.6.2).

c. Eigenschaften intermetallischer Verbindungen
Intermetallische Verbindungen zeichnen sich durch eine hohe Härte und Festigkeit aus. Sie lassen sich kaum verformen und sind sehr spröde, brechen schnell bei schlagartiger Belastung (z. B., wenn ein Bauteil auf den Boden fällt). Ursache dafür sind komplizierte Gitter ohne Gleitsysteme. Andererseits sind diese Stoffe wärmebeständig und haben hohe Schmelztemperaturen. Dadurch sind sie in Legierungen erwünscht, die solche Eigenschaften aufweisen sollen (z. B. Werkzeugstähle Abschn. 5.11).

▶ Intermetallische Verbindungen sind aus mind. zwei Atomarten aufgebaut und haben ein eigenes, meist kompliziertes, Kristallgitter.
Intermetallische Verbindungen zeichnen sich durch eine hohe Härte und gute Wärmebeständigkeit aus.

4.3.5 Kristallgemische

In einem Kristallgemisch existieren mindestens zwei Phasen (Kristallarten) nebeneinander. Es sind am häufigsten zwei verschiedene Mischkristalle oder ein Mischkristall und eine intermetallische Verbindung. Die Phasen sind in einem Korn meist lamellenartig angeordnet.

Kristallgemische als Kornarten im Gefüge entstehen oft als Produkte bestimmter Umwandlungen. Die zwei wichtigsten sind:

- Die eutektische Umwandlung, bei der aus einer homogenen Metallschmelze bei einer konstant bleibenden Temperatur während der Erstarrung ein Kristallgemisch namens Eutektikum entsteht (Abschn. 4.3.6).

- Die eutektoide Umwandlung, bei der aus einem homogenen Mischkristall im festen Zustand und bei konstant bleibender Temperatur ein Kristallgemisch namens Eutektoid entsteht. Das wichtigste Beispiel für eine solche Umwandlung ist die Austenitumwandlung in Perlit (Abschn. 5.3.3).

Eigenschaften von Kristallgemischen sind unterschiedlich, häufig haben sie eine gute Festigkeit.

4.3.6 Zustandsdiagramme von Legierungen

Ein Zustandsdiagramm ist eine bildliche Darstellung aller Gefüge eines Legierungs-Systems bei unterschiedlichen Zusammensetzungen und in verschiedenen Temperaturbereichen. Die Achsen des Diagramms bilden die Temperatur und die Zusammensetzung. Da es sich hier um Stoffe im festen Aggregatzustand handelt, wird der Druck nicht berücksichtigt.

Das Zustandsdiagramm einer Legierung ist die Quelle für Informationen über ihre Gefüge. Wie jedes Diagramm besteht auch das Zustandsdiagramm aus Linien und Schnittpunkten. Jeder von Linien begrenzte Bereich entspricht dem Existenzbereich einer Gefügeart bzw. eines Aggregatzustands.

Zustandsdiagramme werden typischerweise beim Abkühlen, bei hohen Temperaturen beginnend, gelesen.

a. Linien und Schnittpunkte

Zwei Linien finden wir in jedem Zustandsdiagramm: eine Liquidus- und eine Soliduslinie.

Die Liquiduslinie kennzeichnet den Beginn der Erstarrung beim Abkühlen. So können wir für eine gewählte Legierung (Zusammensetzung) die Temperatur ablesen, bei der sie zu erstarren beginnt. Diese Linie ist die Trennungslinie zwischen dem Bereich der Schmelze und dem Bereich, in dem Schmelze und die entstehende feste Phase nebeneinander existieren.

Die Soliduslinie kennzeichnet das Ende der Erstarrung beim Abkühlen. Wir können die Temperatur ablesen, bei der die gewählte Legierung vollkommen fest geworden ist. Diese Linie ist die Trennungslinie zwischen dem Zwei-Phasen-Bereich (Schmelze und feste Phase) und dem Bereich, in dem alle Legierungen im festen Zustand sind. Andere Linien kennzeichnen Übergänge von einer Gefügeart zur anderen im festen Zustand.

Die Schnittpunkte bilden die Schmelztemperaturen der Komponenten mit der Temperaturachse. Bestimmte Umwandlungen (auch Gitterumwandlungen), z. B. eine eutektische Umwandlung, werden ebenfalls durch Schnittpunkte bestimmter Linien gekennzeichnet.

Abb. 4.13 Typen von Zustandsdiagrammen. **a** Vollständige Löslichkeit im festen Zustand, **b** Unlöslichkeit im festen Zustand mit Eutektikum, **c** Eingeschränkte Löslichkeit im festen Zustand mit Eutektikum, **d** Eingeschränkte Löslichkeit im festen Zustand mit Peritektikum

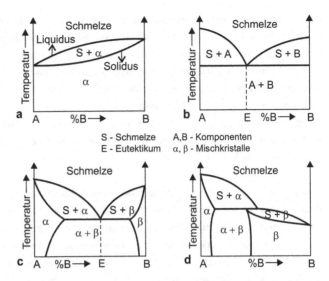

S - Schmelze A,B - Komponenten
E - Eutektikum α, β - Mischkristalle

b. Typen von Zustandsdiagrammen

Die zum Teil sehr komplizierten Zustandsdiagramme technisch verwendeter Legierungen teilen wir in wenige wesentliche Grundtypen ein. Die wichtigsten Typen sind in Abb. 4.13 dargestellt. Die Buchstaben A und B stehen allgemein für die chemischen Komponenten der Legierungen.

Zustandsdiagramm bei vollständiger Löslichkeit im festen Zustand (Abb. 4.13a) Bei diesem System sind A und B vollständig ineinander löslich. Es bildet sich eine ununterbrochene (lückenlose) Reihe von Mischkristallen in jedem Konzentrationsbereich. Es existieren nur Mischkristalle mit beliebigem Mengenverhältnis (nur eine Kornart). Ein derartiges Zustandsdiagramm hat beispielsweise das System Kupfer-Nickel, dessen Legierungen wir in wichtigen Bereichen der Technik verwenden (Abschn. 7.2.4).

Zustandsdiagramm bei Unlöslichkeit im festen Zustand und mit Eutektikum (Abb. 4.13b) Legierungen dieses Systems bestehen im festen Zustand aus einem Gemenge der beiden Legierungskomponenten A und B. Es findet keine Mischkristallbildung statt. Eine Legierung, die dem Punkt E entspricht, erstarrt erst bei niedriger Temperatur. Aus der Schmelze, die beim Erreichen der geraden Linie (Eutektikale) erstarrt, entsteht ein Kristallgemisch aus zwei Kristallarten (hier aus den beiden Komponenten), das häufig eine bestimmte Anordnung hat. Dieses Kristallgemisch nennen wir Eutektikum. Ein Eutektikum ist technisch interessant, da es die niedrigste Schmelztemperatur im Legierungs-System hat und bei einer konstant bleibenden Temperatur schnell in den festen Zustand übergeht. Eine eutektische Legierung stellt oft eine gute Gusslegierung dar. Ein derartiges Zustandsdiagramm haben z. B. die Systeme Kupfer-Blei und Kupfer-Tellur (jeweils die Kupfer-Seite).

Zustandsdiagramm bei eingeschränkter Löslichkeit im festen Zustand und mit Eutektikum (Abb. 4.13c)   In diesem Fall ist die Löslichkeit der Komponente B in A (bzw. A in B auf der rechten Seite des Diagramms) stark eingeschränkt. Nur in einem geringen Konzentrationsbereich bildet sich ein α-Mischkristall (bzw. β-Mischkristall auf der B-Seite). Bei anderen Konzentrationen der beiden Komponenten bestehen die Gefüge aus dem Gemenge von beiden Mischkristallen. Auch in diesem Diagramm gibt es eine dem Punkt E entsprechende eutektische Legierung. Ein derartiges Zustandsdiagramm haben z. B. die Systeme Kupfer-Chrom (Kupfer-Seite) und Kupfer-Silber, die jedoch eine geringe technische Bedeutung haben.

Zustandsdiagramm bei eingeschränkter Löslichkeit im festen Zustand und mit Peritektikum (Abb. 4.13d)   Dem Eutektikum entspricht hier das Peritektikum. Der wesentliche Unterschied zu dem eutektischen System ist, dass die Schmelze mit den bereits ausgeschiedenen α-Mischkristallen beim Erreichen der geraden Linie (Peritektale) in β-Mischkristalle umgesetzt wird. Ein derartiges Zustandsdiagramm haben z. B. die Systeme Kupfer-Zink und Kupfer-Zinn (jeweils die Kupfer-Seite), die unter den Namen Messing und Bronze gut bekannt sind (Abschn. 7.2.2 und 7.2.3).

▶   Ein Zustandsdiagramm ist eine bildliche Darstellung aller Gefüge eines Legierungssystems abhängig von Temperatur und Zusammensetzung.
        Dem Zustandsdiagramm eines Systems können alle möglichen Gefügeänderungen entnommen werden.

Die Zustandsdiagramme vieler technischer Legierungssysteme sind komplizierter als die dargestellten Grundtypen. Im Kap. 5 besprechen wir genauer das Zustandsdiagramm des Systems Eisen-Kohlenstoff (Abschn. 5.3.2).

Durch sehr langsame Abkühlung einer Legierung aus der Schmelze kann sich in jedem Augenblick der Erstarrung das thermodynamische Gleichgewicht der Phasen einstellen. In der Weise wird das Idealzustandsdiagramm erstellt. Bei technisch üblichen Abkühlgeschwindigkeiten der Legierungen verschieben sich die Linien im Zustandsdiagramm gegenüber dem Idealdiagramm oft beträchtlich. Dies müssen wir in der Praxis berücksichtigen.

4.4   Allgemeine Eigenschaften von Metallen

Alle metallischen Werkstoffe weisen gemeinsame allgemeine Eigenschaften (Tab. 4.2). Sie ergeben sich aus dem Zusammenspiel der Metallbindung (Abschn. 2.4.1) und der kristallinen Struktur (Abschn. 4.2).

Anhand Tab. 4.2 können wir erkennen, wodurch sich metallische Werkstoffe von den nichtmetallischen unterschieden. Es sind vor allem die elektrische und die thermische Leitfähigkeit. Metalle leiten zwar unterschiedlich den Strom, jedoch deutlich besser als

Tab. 4.2 Eigenschaften von Metallen und ihre Ursachen

Eigenschaft	Ursache
Elektrische Leitfähigkeit, Leiter der 1. Klasse	Frei bewegliche Elektronen (Ladungsträger) in der Metallbindung
Abnahme der elektrischen Leitfähigkeit mit steigender Temperatur	Behinderung der Elektronenbewegung durch zunehmende Schwingungen
Wärmeleitfähigkeit	Transport der Wärme durch Elektronen
Metallischer Glanz	Reflexion des Lichtes am Elektronengas
Festigkeit	Stärke der Metallbindung
Plastische Verformbarkeit auch bei niedrigen Temperaturen	Gleitsysteme in dichtgepackten Metallgittern und Bewegung von Versetzungen

Nichtmetalle. Die Wärmeleitfähigkeit der Metalle ist besser als die der meisten Nichtmetalle.

4.5 Mechanische Eigenschaften von Metallen

Die mechanischen Eigenschaften sind meist entscheidend für den technischen Einsatz von Metallen.

4.5.1 Festigkeit und Steifigkeit

Die Festigkeit und die Steifigkeit entscheiden über die Belastbarkeit technischer Systeme und sind somit von großer Bedeutung. Beide Begriffe haben wir bereits im Kap. 3 (Abschn. 3.2) kennengelernt.

Die Festigkeit ist der Widerstand eines Werkstoffes gegen die Verformung bzw. gegen den Bruch unter statischer Zugbelastung. Unter zunehmender Belastung verformt sich ein Metall zuerst elastisch und anschließend plastisch. Bei weiterer Belastungszunahme bricht das Metall letztendlich. Mit anderen Worten: Das Aufbringen einer Kraft (Spannung) ist die Aktion und die Verformung ist die Reaktion des Metalls.

Folgende Kennwerte der Festigkeit werden ermittelt: die Streckgrenze R_e (bzw. Dehngrenze R_p) und die Zugfestigkeit R_m. Alle drei Kennwerte werden in MPa angegeben. Somit hat jedes Metall zwei Festigkeits-Kennwerte, wobei die Streckgrenze (bzw. die Dehngrenze) in der Praxis wichtiger ist.

Als Maß für Belastungen nutzen wir die Spannung (Abschn. 3.2.1). Für Verformungen nutzen wir verschiedene Kennwerte, die von der Kraftrichtung abhängig sind. Elastische Verformungen von Metallen sind sehr gering, plastische Verformungen können unterschiedliche Werte haben.

Unter der Steifigkeit verstehen wir ebenfalls den Widerstand des Werkstoffes, jedoch nur gegen die elastische Verformung. Ein Metall ist steif, wenn eine hohe Spannung (hohe

Kraft) für seine elastische Verformung notwendig ist. Wir sollen beachten, dass die Steifigkeit das Gegenteil der Elastizität ist. Den Kennwert der Steifigkeit bezeichnen wir als E-Modul E, er wird in MPa angegeben.

▶ Die Kennwerte der Festigkeit von Metallen sind die Streckgrenze (bzw. die Dehngrenze) und die Zugfestigkeit.
   Der Kennwert der Steifigkeit von Metallen ist der E-Modul.

4.5.2   Spannungs-Dehnungs-Kurven von Metallen

Die Spannungs-Dehnungs-Kurven (Abb. 4.14) werden beim Zugversuch (Abschn. 3.8.1) an ungekerbten Proben aufgenommen. Mithilfe der Kurven werden mehrere Kennwerte ermittelt.

a. Zugproben und Versuchsbedingungen
Der Zugversuch an Metallen wird nach bestimmten Regeln durchgeführt, die in entsprechenden Euro-Normen angegeben sind.

Beim Zugversuch werden vor allem proportionale Proben genutzt. Eine proportionale Zugprobe hat ein bestimmtes Verhältnis zwischen der Anfangsmesslänge L_0 und ihrem Anfangsquerschnitt S_0, das der Gleichung $L_0 = k \sqrt{S_0}$ entspricht. Dabei kann der Faktor „k" die Werte 5,65 oder 11,3 annehmen. Die Proben können rund oder flach sein und verschiedene Größe haben.

Im Zugversuch wird das Maß der Belastung als gemessene Spannung $R = F/S_0$ (Nennspannung) definiert. Dabei bedeutet F – Kraft in N und S_0 – Anfangsquerschnitt der Probe in mm². Die Tatsache, dass wir die Kraft stets auf den Anfangsquerschnitt beziehen, hat eine wichtige Folge: Nach auftretenden Querschnittsänderungen ist die Nennspannung keine wahre mehr. Trotzdem können wir gut mit dieser Spannung arbeiten, und die Ergebnisse des Zugversuches vergleichen.

Die Verformung wird als Dehnung $\varepsilon = \Delta L/L_0$ (Angabe in %) ausgedrückt. Dabei bedeutet ΔL – Verlängerung der Probe und L_0 – Anfangsmesslänge. Die Anfangsmesslänge wird vor dem Versuch festgelegt, i. d. R nach der o. a. Gleichung in Abhängigkeit von Anfangsquerschnitt der Probe.

▶ Spannungs-Dehnungs-Kurven von Metallen werden an glatten Proben im Zugversuch ermittelt.
   Die Spannung ist der Quotient aus der gemessenen Kraft und des Anfangsquerschnitts der Probe.
   Die Dehnung ist der Quotient aus der Verlängerung und der Anfangsmesslänge der Probe.

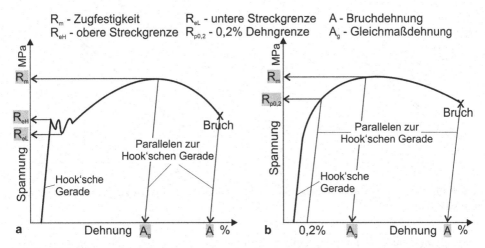

Abb. 4.14 Spannungs-Dehnungs-Kurven verformbarer Metalle. **a** Spannungs-Dehnungs-Kurve mit ausgeprägter Streckgrenze, **b** Spannungs-Dehnungs-Kurve mit Dehngrenze (ohne ausgeprägte Streckgrenze)

Betrachten wir folgend die Spannungs-Dehnungs-Kurven in verschiedenen Spannungsbereichen.

b. Spannungsbereich von 0 MPa bis zur Streckgrenze (bzw. zur Dehngrenze)
In diesem Bereich verursacht die wirkende Spannung nur eine elastische Verformung (zwar sehr kleine, bis zu ca. 0,2 %) des Metalls. Wir beobachten hier eine Proportionalität zwischen der Spannung und der Dehnung, die wir mit der einfachen Gleichung $\sigma = E \times \varepsilon$ beschreiben. Sie heißt Hook'sche Gleichung und wurde schon im 17. Jahrhundert von Herrn Hook entdeckt. Diese Gesetzmäßigkeit ist linear und der Faktor E ist das Steigungsmaß der Geraden. Darüber hinaus ist der Faktor auch ein Werkstoffkennwert, der E-Modul, das Maß der Steifigkeit.

Wir können den E-Modul im Zugversuch zwischen zwei Dehnungen bestimmen (Abb. 4.15). Hierbei betrachten wir die Hook'sche Gerade im Bereich der sehr kleinen Verformungen. Im Einlaufbereich finden Effekte wie das Setzen oder Rutschen der Probe statt, sodass hier keine sinnvolle Auswertung durchführbar ist. Bei der Bestimmung des E-Moduls zwischen 0,05 und 0,2 % wird der Einlaufbereich nicht berücksichtigt. Wir nehmen zwei Wertepaare und bestimmen den E-Modul wie in Abb. 4.15a gezeigt. Bei rechnergestützten Zugmaschinen kann der E-Modul mithilfe von Regressionskurven (Abb. 4.15b) ermittelt werden.

▶ Die elastische Verformung von Metallen ist zur Spannung proportional (Hook'sche Gleichung).
Das Steigungsmaß der Hook'schen Gerade ist der E-Modul des Metalls.

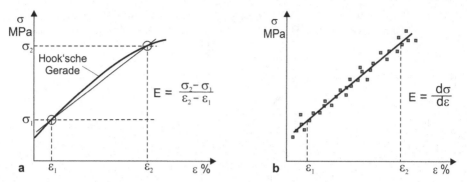

Abb. 4.15 Bestimmung des E-Moduls beim Zugversuch. **a** Mit zwei Wertepaaren, **b** Mithilfe einer Regressionskurve

c. Spannungsbereich von der Streckgrenze (bzw. der Dehngrenze) über die Zugfestigkeit bis zum Bruch

In diesem Bereich verursacht die Spannung eine plastische (bleibende) Verformung des Metalls. Unter Kraftwirkung besteht die Gesamtdehnung aus dem elastischen und plastischen Anteil.

Der Übergang vom elastischen zum plastischen Verhalten geschieht nur, wenn die Spannung einen kritischen Wert, die sogenannte Fließgrenze, überschritten hat. Diese Fließgrenze existiert nur theoretisch, da sie praktisch nicht messbar ist. Wir müssen jedoch diese kritische Spannung kennen, da sie, wegen der Änderung des Verhaltens des Metalls, sehr wichtig ist. Praktisch werden folgende Spannungen ermittelt:

Obere Streckgrenze   Die Streckgrenze wird bei einem erkennbaren Übergangsbereich ermittelt (Abb. 4.14a). Sie entspricht der Spannung beim ersten Kraftabfall im Übergangsbereich und kann einfach abgelesen werden. Neben der oberen Streckgrenze wird auch eine untere Streckgrenze gemessen. Falls diese jedoch nicht ausdrücklich angegeben wird, ist immer die obere Streckgrenze gemeint.

Dehngrenze   Die Dehngrenze wird ermittelt, wenn kein Übergangsbereich erkennbar ist (Abb. 4.14b). Sie entspricht der Spannung bei einem bestimmten Betrag der plastischen Dehnung. Dieser Dehnungsbetrag legen wir am häufigsten (aufgrund der langjährigen Erfahrung) mit 0,2 % fest und ermitteln die 0,2 %-Dehngrenze. Andere Beträge der Dehnung (z. B. 0,01 % oder 0,5 %) können ebenfalls vereinbart werden.

▶   Plastische Verformung von Metallen wird durch Spannungen, die höher sind
        als die Streck- bzw. Dehngrenze eines Metalls, bewirkt.

Betrachten wir, was mit der Probe während des Zugversuchs geschieht. Bei gut verformbaren (zähen) Metallen (z. B. Baustählen) verändert sich die Probe wie in der Abb. 4.16. Bis zur maximalen Spannung, der Zugfestigkeit, erfolgt eine gleichmäßige Verformung

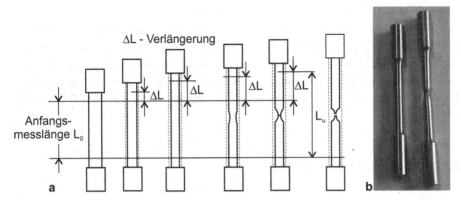

Abb. 4.16 Proben beim Zugversuch. **a** Aussehen der Probe aus einem verformbaren Metall im Laufe des Zugversuches, **b** Proben vor und nach dem Zugversuch

Abb. 4.17 Spannungs-Dehnungs-Kurven spröder Metalle (Erläuterungen im Text)

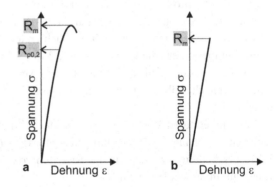

(Dehnung) über die ganze Länge der Probe, und erst danach tritt eine örtliche Verformung (Einschnürung) auf. Der Abstand zwischen der Streckgrenze (bzw. der Dehngrenze) und der Zugfestigkeit ist i. d. R groß.

Bei schlecht verformbaren (spröden) Metallen (z. B. beim Gusseisen) sehen die Spannungs-Dehnungs-Kurven anders als in der Abb. 4.14 aus. Zwei solche Kurven sind in Abb. 4.17 dargestellt. Wenn noch eine sehr geringe plastische Verformung (Abb. 4.17a) eintritt, ist die Dehngrenze messbar. Oft tritt jedoch keine Einschnürung der Probe auf und der Abstand zwischen der Streckgrenze (bzw. der Dehngrenze) und der Zugfestigkeit ist sehr klein. In diesem Fall kann nur die Zugfestigkeit des Metalls ermittelt werden (Abb. 4.17b).

▶ Gut verformbare Metalle weisen eine Einschnürung auf, die nach dem Überschreiten der Höchstspannung (Zugfestigkeit) auftritt.
Schlecht verformbare Metalle weisen keine Einschnürung auf.

d. Streckgrenzenverhältnis
Konstruktiv gesehen ist das Verhältnis der Streckgrenze (bzw. Dehngrenze) zur Zugfestigkeit sehr wichtig. Es ist ein Maß dafür, wie weit ein Werkstoff ohne nennenswerte bleibende Verformung genutzt werden kann. Ein Streckgrenzenverhältnis von 0,6 bedeutet, dass max. 60 % der Festigkeit zur Verfügung stehen. In Bemessungsnormen ist dieser Wert aus Sicherheitsgründen auf 0,8 begrenzt, was zu eingeschränkter Verwendung z. B. hochfester Stähle führt.

4.5.3 Kriechen von Metallen

Das Kriechen von Metallen ist eine negative Erscheinung, die bei einer kombinierten, mechanisch-thermischen Beanspruchung auftritt.

Allgemein gilt, dass die Festigkeit mit steigender Temperatur abnimmt. Bemerken wir, dass demnach die Festigkeit bei tiefen Temperaturen höher ist, wobei wir niemals die Festigkeit mit der Sprödigkeit verwechseln dürfen.

Eine wichtige Frage ist, ob eine Spannungs-Dehnungs-Kurve bei jeder Temperatur gültig ist. Leider ist es nicht so und wir beobachten folgende Zusammenhänge.

Bei Temperaturen, die kleiner als ca. 0,3 der Schmelztemperatur (Berechnungen werden in Kelvin durchgeführt) des Metalls sind, verursacht eine gleich bleibende Spannung eine auch gleich bleibende Dehnung. Die Spannungs-Dehnungs-Kurve gilt und sie ist zeitunabhängig.

Bei Temperaturen, die höher als ca. 0,3 der Schmelztemperatur des Metalls sind, verursacht eine gleich bleibende Spannung über eine längere Zeit eine fortschreitende Dehnung. Diese Erscheinung nennen wir das Kriechen von Metallen. Die Spannungs-Dehnungs-Kurve gilt in diesem Fall nicht.

An die Stelle der Spannungs-Dehnungs-Kurve wird eine Kriechkurve des Metalls genommen, bei der die Dehnung als Funktion der Spannung, der Temperatur und der Zeit dargestellt ist. Einen idealisierten Verlauf der Kriechkurve zeigt Abb. 4.18. Dabei unterscheiden wir drei Bereiche, die drei Stadien des Kriechens:

1. Primäres Kriechen – zunächst schneller Anstieg der Dehnung, dann wird der Anstieg langsamer. Die Kriechgeschwindigkeit nimmt kontinuierlich ab.
2. Stationäres Kriechen – die Kriechgeschwindigkeit ist konstant und minimal.
3. Tertiäres Kriechen – rapider Anstieg der Dehnung und der Kriechgeschwindigkeit. Es kommt nach kurzer Zeit zum Bruch.

Technisch nutzbar sind der erste und der zweite Bereich. Die Folge des Kriechens ist, dass die Festigkeit eines Metalls nur auf Zeit gesichert ist. Wir ermitteln für diesen Fall eine Zeitfestigkeit (Warmfestigkeit). Die Warmfestigkeit ist eine Spannung, die bei einer bestimmten Temperatur nur über eine bestimmte Zeit ertragen wird. Diese Kennwerte

Abb. 4.18 Idealisierte Kriechkurve eines Metalls (Erläuterungen im Text)

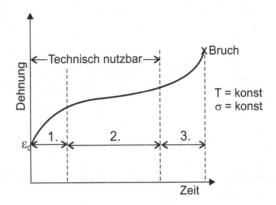

werden für Metalle ermittelt, die bei hohen Temperaturen eingesetzt werden (z. B. für Turbinenteile).

▶ Die Festigkeit von Metallen nimmt mit steigender Temperatur ab.
Die Spannungs-Dehnungs-Kurve eines Metalls ist nur bis zu einer bestimmten Temperatur gültig.
Bei höheren Temperaturen kommt es zum Kriechen von Metallen, dabei verformt sich das Metall weiter bei konstant bleibender Spannung.

4.5.4 Verformbarkeit

Die Verformbarkeit eines Metalls spielt eine wichtige Rolle in der Fertigungstechnik, wo häufig plastisches Umformen eingesetzt wird. Nennen wir hier als Beispiele die Methoden Walzen, Biegen oder Tiefziehen.

Unter der Verformbarkeit verstehen wir das Formänderungsvermögen eines Metalls (seine mögliche plastische Dehnung) bei statischer Belastung und kleiner Verformungsgeschwindigkeit. Folgende Kennwerte der Verformbarkeit werden beim Zugversuch ermittelt:

- Bruchdehnung: Sie ist der Quotient aus der Verlängerung der Probe nach dem Bruch und ihrer Anfangsmesslänge. Die Ermittlung der Verlängerung erfolgt durch Vermessen der gebrochenen Probe. Aufgrund dessen ist keine große Genauigkeit möglich, allerdings auch nicht nötig. Die Deutung der Bruchdehnung ist in Abb. 4.14 gezeigt.
- Gleichmaßdehnung: Sie ist die plastische Dehnung der Probe bei der Höchstkraft (der Zugfestigkeit). Die Ermittlung der Gleichmaßdehnung ist in Abb. 4.14 eingetragen. Diese Dehnung ist für die Umformtechnik wichtig und hilfreich, da sie die Grenze darstellt, wie weit ein Metall ohne örtliche Formänderungen umgeformt werden kann.
- Brucheinschnürung: Sie ist der Quotient aus dem kleinsten Querschnitt der Probe nach dem Bruch und dem Angangsquerschnitt. Die Ermittlung der Querschnittsänderung erfolgt, wie bei der Bruchdehnung, durch Vermessen der gebrochenen Probe.

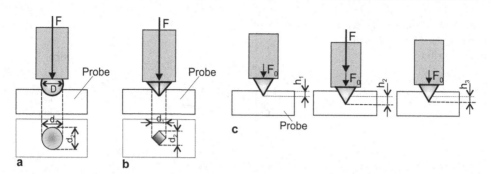

Abb. 4.19 Verfahren der Härtemessung von Metallen. **a** Brinell-Verfahren, **b** Vickers-Verfahren, **c** Rockwell-Verfahren

▶ Die Kennwerte der Verformbarkeit von Metallen sind die Bruch-, die Gleich-maßdehnung und die Brucheinschnürung.

Die Verformbarkeit von Metallen nimmt mit steigender Temperatur zu.

4.5.5 Härte

Die Härte ist eine sehr bekannte Eigenschaft, die einfach zu messen ist. Unter der Härte eines Metalls verstehen wir seinen Widerstand gegen das Eindringen eines anderen, härte-ren Körpers. Diese Belastungsart ist eigentlich ziemlich realitätsfern. Trotzdem hat sich die Härte als eine sehr praktikable Größe – insbesondere durch Zusammenhänge mit anderen Eigenschaften – erwiesen.

a. Kennwerte der Härte
Die Härte kann mit unterschiedlichen Methoden bestimmt werden (vgl. Abb. 3.7). Bei Metallen wenden wir vor allem statische Eindringverfahren wie das Brinell-Verfahren, Vickers-Verfahren und Rockwell-Verfahren an. Bei diesen Methoden wird ein definier-ter Eindringkörper unter einer bekannten Kraft in eine Metallprobe eingedrückt und der entstandene Eindruck wird nach der Entlastung (bzw. unter einer Vorlast) entsprechend vermessen.

Je nach Ermittlungsverfahren unterscheiden wir folgende Härtekennwerte: Brinell-Härte HB, Vickers-Härte HV und Rockwell-Härte HR. Beim Rockwellverfahren sind wei-tere Verfahren zu unterscheiden (z. B. HRC bei Verwendung eines kegelförmigen Prüf-körpers oder HRB bei Verwendung eines kugelförmigen Prüfkörpers).

Die Grundinformationen zu den drei Verfahren und zu den Härtekennwerten der Me-talle sind in Abb. 4.19 schematisch dargestellt und Tab. 4.3 zusammengefasst.

Bei der Angabe eines Härtewertes muss die Ermittlungsmethode genannt werden (z. B.: 215HV oder 35HRC). Die Härte von Metallen nimmt bei steigender Temperatur ab.

Tab. 4.3 Härtemessung von Metallen

	Verfahren nach Brinell	Verfahren nach Vickers	Verfahren nach Rockwell Skalen A, B, C, D, E, F, G, H, K, N, T
Schema	Abb. 4.19a	Abb. 4.19b	Abb. 4.19c
Eindringkörper	Kugel aus Hartmetall, Durchmesser meist 2,5 mm	Pyramide aus Diamant, quadratischer Grundriss, Öffnungswinkel 136°	Kegel aus Diamant, Öffnungswinkel 120° oder Kugel aus Hartmetall, verschiedene Durchmesser
Prüfkraft	Wählbar aus einem bestimmten Bereich	Wählbar aus einem bestimmten Bereich, auch kleine Kräfte (bei Mikrohärtemessungen) sind möglich	Für jede Rockwell-Skala festgelegt
Direkt gemessene Größe	Zwei zueinander senkrecht stehende Durchmesser des bleibenden Eindrucks	Längen der beiden Diagonalen des bleibenden Eindrucks	Eindringtiefe unter einer festgelegten Vorlast
Härtewert	$HB = 0,102\ F/S$ F – Kraft in N, S – Fläche des Eindrucks in mm², über den mittleren Eindrucksdurchmesser ermittelt	$HV = 0,102\ F/S$ F – Kraft in N, S – Fläche des Eindrucks in mm², über die mittlere Eindrucksdiagonale ermittelt	$HR(\ ) = N - h_3/k$ h_3 – Eindringtiefe in mm, N – Zahlenwert, für jede Rockwell-Skala festgelegt, k – Skalenwert in mm, der einer Rockwelleinheit in der gewählten Skala entspricht
Anwendung	Für weiche und mittelharte Metalle	Für alle Metalle und für dünne, metallische Schichten	Für alle Metalle, Auswahl der Rockwell-Skala ist notwendig; z. B. ist Skala C nur für sehr harte Metalle geeignet

▶ Die Kennwerte der Härte von Metallen sind Brinell-Härte, Vickers-Härte und Rockwell-Härte.
Sie werden mit unterschiedlichen Verfahren bei statischer Krafteinwirkung ermittelt.

b. Umwertung der Härtewerte
Eine allgemeingültige Umwertungsbeziehung zwischen den Härtewerten, die für alle metallischen Werkstoffe gültig ist, kennen wir nicht. Das Verhalten eines Metalls beim Eindringen eines Prüfkörpers wird in sehr komplexer Weise von vielen Faktoren bestimmt.

Exakt vergleichbar sind nur Härtewerte, die mit dem gleichen Härteprüfverfahren unter gleichen Prüfbedingungen ermittelt worden sind. Mittels zahlreicher Versuchsreihen sind aber genormte Umwertungstabellen aufgestellt worden. Für praktische Zwecke können wir mit ausreichender Genauigkeit annehmen, dass der HB-Wert eines Metalls gleich dem HV-Wert des Metalls ist (bis zu einem Zahlenwert von ca. 400).

Das Wertvolle an der Härte ist ihr Zusammenhang mit anderen Eigenschaften. Härtekennwerte können in Zugfestigkeitswerte umgewertet werden. Zwar gibt es wesentliche Unterschiede hinsichtlich der Werkstoffbeanspruchung zwischen Härteprüfung und Zugversuch. Doch durch die positive Korrelation der beiden Eigenschaften ergeben sich empirische Beziehungen für eingeschränkte Gültigkeitsbereiche. Beispielsweise gilt für die meisten Stähle mit praktisch ausreichender Genauigkeit die folgende Beziehung: Zugfestigkeit $R_m \approx a \times$ HB-Wert (bzw. HV-Wert), dabei nimmt Faktor „a" die Werte von 3,2 bzw. 3,4 an.

▶   Härtewerte können in andere Härtewerte bzw. in Zugfestigkeit umgewertet
     werden.

Die Härte eines Metalls beeinflusst seine Verschleißfestigkeit, je höher die Härte desto besser die Verschleißfestigkeit. Im Fachgebiet Tribologie werden empirische Korrelationen zwischen den beiden Eigenschaften verwendet.

4.5.6 Dauerfestigkeit (Schwingfestigkeit)

Die Dauerfestigkeit (Schwingfestigkeit) von Metallen ist eine sehr komplexe Größe. Zudem ist sie sehr realitätsnah, da jedes technische System mehr oder weniger schwingend belastet wird.

a. Allgemeines
Unter Dauerfestigkeit (Schwingfestigkeit) verstehen wir allgemein den Widerstand eines Metalls gegen die Verformung bzw. den Bruch bei schwingender Belastung. Bei Raumtemperatur kann die Frequenz der Schwingungen vernachlässigt werden.

Die Dauerfestigkeit ist die um eine gegebene Mittelspannung schwingende größte Spannungsamplitude, die eine Probe „unendlich" oft ohne Bruch und unzulässige Verformung aushält. Die gegebene Definition der Dauerfestigkeit setzt eine theoretisch unendliche Schwingspielzahl N voraus, sodass ihre Ermittlung eigentlich nicht möglich ist.

Wir helfen uns, indem wir die Spannungsamplitude bei einer bestimmten, festgelegten Grenzschwingspielzahl N_g nennen. Diese Grenzschwingspielzahl ist werkstoffabhängig und beträgt z. B. für Stahl $N_g = 3 \times 10^6 \dots 10^7$ und für kfz-Metalle $N_g = 10^8$. In der Praxis werden auch andere Werte der Grenzschwingspielzahl festgelegt, die den konkreten Einsatzbedingungen angepasst werden.

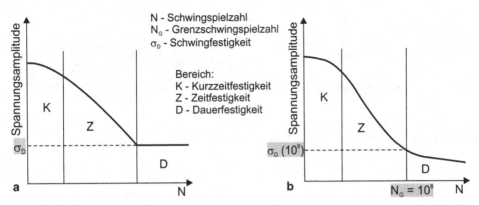

Abb. 4.20 Wöhlerkurven von Metallen. **a** Kurve mit einem waagerechten Teil, **b** Stetig abfallende Kurve

---

Schwingspielzahl und die wahre Zeit

Nehmen wir an, dass die Frequenz einer Schwingbelastung 1 Hz beträgt. Eine Schwingspielzahl von 3×10^6 würde der Zeit von ca. 833 Stunden entsprechen, mehr als einem Monat. Um einen Bruch zu verursachen, müsste die Belastung ununterbrochen wirken, was nicht immer der Fall ist.

b. Kennwert der Dauerfestigkeit und die Wöhlerkurve

Die Grundbewertung der Dauerfestigkeit eines Metalls erfolgt mithilfe seiner Wöhlerkurve (Abb. 4.20), die unter bestimmten Bedingungen bei der Durchführung des Wöhlerversuches (Abschn. 3.8.1) ermittelt wird. Wichtig ist, dass Proben keine Kerbe aufweisen und die Schwingbelastung regelmäßig ist (vgl. Abb. 3.8).

Die Belastung der Proben beginnen wir bei Spannungen in der Nähe der Streckgrenze bzw. der Dehngrenze des zu untersuchenden Metalls. Beim Bruch einer Probe wird die erreichte Schwingspielzahl notiert. Am Ende des Versuchs werden die ermittelten Werte-Paare der Spannungsamplitude und der Schwingspielzahl in ein Diagramm eingetragen und ausgewertet.

Da die Schwingfestigkeit an ungekerbten Proben und bei regelmäßiger Belastung ermittelt wird, ist sie nicht ohne Weiteres auf Bauteile zu übertragen. Reale Bauteile haben meist viele äußere Kerben (z. B. Bearbeitungsspuren und alle konstruktiv bedingten Materialunterbrechungen wie Bohrungen, Nuten, Wellenabsätze, Gewinde). Zudem ist die wahre Schwingbelastung nicht regelmäßig (Random-Belastung). In der Praxis sind weitere Bewertungen unter praxisnahen Bedingungen notwendig. In aufwendigen Versuchen wird die Betriebsfestigkeit von Werkstoffen und Bauteilen untersucht.

▶   Die Bewertung der Schwingfestigkeit von Metallen erfolgt mithilfe der Wöhlerkurve, die an Proben ohne Kerbe bei regelmäßiger Schwingbelastung ermittelt wird.

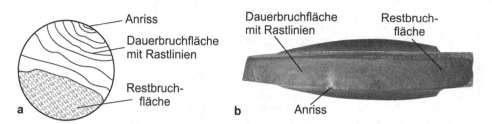

Abb. 4.21 Dauerbruch. **a** Schematische Darstellung, **b** Dauerbruch an einem Schiffspropeller

Die Schwingfestigkeit von Metallen nimmt mit steigender Temperatur ab.

c. Verschiedene Verläufe der Wöhlerkurve
Die Wöhlerkurve kann werkstoffspezifisch einen unterschiedlichen Verlauf haben.

Bei einer bestimmten Durchführung des Wöhler-Versuchs kann eine Kurve ermittelt werden, die einen waagerechten Teil aufweist (Abb. 4.20a). In diesem Bereich sind die Proben nicht gebrochen. Diese Situation ist bei einigen Stählen möglich. Die Dauerfestigkeit kann ohne Einsatz der Grenzschwingspielzahl bestimmt werden. Sie ist der Spannungsamplitude gleich, die dem waagerechten Teil der Kurve entspricht.

Wegen des im Allgemeinen beobachteten, stetigen Abfallens der Wöhlerkurve (Abb. 4.20b) – bei vielen Stählen und NE-Metallen – wird jedoch in der Praxis die Dauerfestigkeit für eine endliche Grenzschwingspielzahl bestimmt und kann dem Diagramm entnommen werden.

Bei einer schwingenden Beanspruchung kann es nach einer bestimmten Zeit (sie ist sehr unterschiedlich) zum Bruch eines Bauteils kommen. Den eingetretenen Dauerbruch können wir meistens an seinem typischen Aussehen erkennen (Abb. 4.21).

d. Dauerbruch
Die Oberfläche eines Dauerbruches weißt mindestens zwei verschiedene Zonen auf (Abb. 4.21a): eine glatte Zone mit sog. Rastlinien (die eigentliche Dauerbruchfläche) und eine zerklüftete Zone des Restbruches. Die Beschreibung des Aussehens von Brüchen ist die Aufgabe der Fraktographie und spielt bei Schadensanalysen eine wichtige Rolle. Abb. 4.21b zeigt einen Dauerbruch an einem Schiffspropeller aus einer Kupfer-Aluminium-Legierung. Der Dauerbruch begann an einem kleinen Lunker (Anriss). Die genannten Zonen sind an der Oberfläche deutlich erkennbar. Etwa 90 % aller Schäden an Maschinen und Fahrzeugen werden durch Dauerbrüche verursacht.

4.5.7 Zähigkeit

a. Allgemeines
Zähigkeit ist ein Begriff, der unterschiedliche Zusammenhänge beschreibt. In jedem Fall ist die Zähigkeit mit Sicherheit technischer Systeme verbunden und damit von großer Bedeutung.

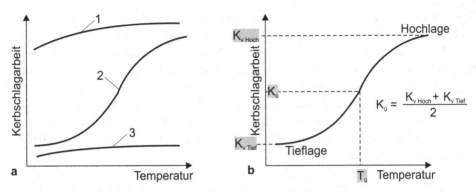

Abb. 4.22 Kerbschlagarbeit-Temperatur-Kurven von Metallen. **a** Verschiedene Verläufe, **b** Ermittlung der Übergangstemperatur

Als Bruchzähigkeit genannt kennzeichnet sie den Widerstand eines Werkstoffes gegen den Bruch in Gegenwart eines Risses (oder anderer Kerben). Dieser Sachverhalt gehört zum Bereich der Bruchmechanik.

In der Werkstofftechnik wird unter Zähigkeit die Eigenschaft eines Werkstoffes verstanden, vor dem Eintritt des Bruches Energie zu absorbieren und sich plastisch zu verformen. Unter statischer Belastung (d. h. bei geringer Verformungsgeschwindigkeit) lässt sich ein Maß für die Zähigkeit von Metallen aus deren Spannungs-Dehnungs-Kurven ableiten, nämlich die Fläche unter der Kurven. Unter schlagartiger Belastung (d. h. bei hoher Verformungsgeschwindigkeit) und Anwesenheit einer Kerbe wird die Kerbschlagzähigkeit ermittelt (Pkt. b).

b. Ermittlung der Kerbschlagzähigkeit
Die Kerbschlagzähigkeit dient als Kennwert von Metallen, der deren Fähigkeit sich unter dynamischer Belastung plastisch zu verformen kennzeichnet. Sie ist die verbrauchte Schlagarbeit, die beim Kerbschlagbiegeversuch (Abschn. 3.8.1) an gekerbten Proben (meist eine V-Kerbe) gemessen wird und in Joule (Nm) angegeben wird. Dabei wird die Probenanordnung nach Charpy (vgl. Abb. 3.6) benutzt.

c. Einfluss der Temperatur auf die Zähigkeit
Allgemein gilt, dass die Zähigkeit von Metallen mit steigender Temperatur zunimmt. Für die Praxis ist wichtiger, in welcher Weise sich die Zähigkeit mit abnehmender Temperatur verändert.

Die Abnahme der Zähigkeit kann unterschiedlich verlaufen. Von großer Bedeutung ist, ob wir dabei eine plötzliche Änderung bei einer Temperatur beobachten. Dieses Verhalten hängt von der kristallinen Struktur des Metalls ab und ist in Abb. 4.22 dargestellt.

Metalle mit kubisch-flächenzentriertem Gitter (vgl. Abb. 4.3) verändern ihr Verhalten nicht, und es existiert keine Übergangstemperatur (Kurve 1 in Abb. 4.22a). Ein Beispiel sind austenitische korrosionsbeständige Stähle (Abschn. 5.9).

Anders ist es bei Metallen mit kubisch-raumzentriertem Gitter (vgl. Abb. 4.2). Bei diesen Metallen beobachten wir eine temperaturabhängige Veränderung des Verhaltens (Kurve 2 in Abb. 4.22a) und es existiert eine Übergangstemperatur $T_{\ddot{u}}$. Wenn die

Einsatztemperatur höher als die Übergangstemperatur ist, verhält sich das Metall zäh
(mehr oder weniger), und die gemessene Kerbschlagarbeit liegt in einem höheren Bereich. Bei Temperaturen, die niedriger als die Übergangstemperatur sind, verhält sich
das gleiche Metall spröde, die Kerbschlagarbeit ist niedrig. Ein Beispiel für dieses Verhalten sind Baustähle (Abschn. 5.7).

Die krz- und kfz-Metalle haben jedoch allgemein eine gute Zähigkeit. Es gibt Metalle, die immer deutlich niedrigere Werte der Kerbschlagarbeit aufweisen, und bei
denen keine Übergangstemperatur existiert (Kurve 3 in Abb. 4.22a), so z. B. gehärtete
Werkzeugstähle (Abschn. 5.11).

▶ Der Kennwert der Zähigkeit von Metallen ist die Kerbschlagarbeit, die an
gekerbten Proben ermittelt wird.
Metalle mit kubisch-raumzentriertem Gitter weisen eine Übergangstemperatur
auf, bei der es zu einer plötzlichen Änderung der Kerbschlagarbeit kommt.

Die Übergangstemperatur ist für die Praxis wichtig und wird für krz-Metalle (insbesondere
für Stähle) ermittelt (Abb. 4.22b). Für ihre Ermittlung bestimmen wir die Kerbschlagarbeit
der sog. Hochlage und die Kerbschlagarbeit der Tieflage. Die Übergangstemperatur wird
beim Mittelwert der beiden Kerbschlagarbeiten abgelesen. Die Höhe der Übergangstemperatur hängt von dem Metall ab. Für die weitverbreiteten Baustähle liegt sie bei ca. −20 °C.
Dies bedeutet, dass wir im Winter mit der Veränderung der Zähigkeit dieser Stähle rechnen müssen.

4.5.8 Zusammenfassender Überblick mechanischer Eigenschaften

Zusammenfassend sind die vorhergehend besprochenen mechanischen Eigenschaften von
Metallen in Tab. 4.4 dargestellt.

Bestimmte mechanische Eigenschaften begleiten sich, d. h. sie verändern sich, werden
geringer oder größer, i. d. R in die gleiche Richtung. Das gilt für die Festigkeit, die Härte
und die Dauerfestigkeit sowie für die Verformbarkeit und die Zähigkeit. Hierzu existieren
keine mathematischen Regeln, es geht hier ausschließlich um allgemeine Tendenzen.

4.6 Kalt- und Warmumformung von Metallen

Plastisches Umformen von Metallen ist in der Fertigungstechnik weit verbreitet. Ob ein
Metall kalt- oder warmumgeformt wird (z. B. kalt- oder warmgewalzt), hängt von der Um-
formtemperatur ab.

Wie stark ein Metall umgeformt wird, wird mithilfe eines Verformungsgrades angegeben. Er kann z. B. durch Dickenabnahme beim Walzen von Blech ermittelt werden.

Tab. 4.4 Überblick der mechanischen Eigenschaften von Metallen

	Festigkeit	Verformbar-keit	Härte	Dauerfestig-keit	Zähigkeit
Belastung	statisch auf Zug	statisch auf Zug	statisch	schwingend	schlagartig
Kennwerte	R_e (R_p), R_m in MPa	A, Z, A_g	HB, HV, HR	σ_D in MPa	K_v in J

4.6.1   Kaltumformung

Kaltumformung bedeutet, dass ein Metall unterhalb seiner Rekristallisationstemperatur, die wir demnächst näher beschreiben, umgeformt wird.

a. Auswirkungen der Kaltumformung auf die Metalleigenschaften
Die Kaltumformung gibt einem Metall nicht nur eine neue geometrische Form, sie beeinflusst auch seine Eigenschaften und verursacht folgende Veränderungen:

− Kaltverfestigung des Metalls, d. h. Steigerung der Festigkeit und Härte,
− Verminderung der Umformbarkeit und Zähigkeit,
− Textur und dadurch Anisotropie.

Unter bestimmten Bedingungen können auch andere Eigenschaften wie z. B. die elektrische Leitfähigkeit oder die Korrosionsbeständigkeit verändert werden.

b. Eignung von Metallen zum Kaltumformen
Wie gut sich ein Metall umformen lässt, hängt vor allem von seiner Verformbarkeit (Bruchdehnung) und Festigkeit (Streck- bzw. Dehngrenze) ab. Die Bruchdehnung kennzeichnet die maximal mögliche Verformung des Metalls. Die Streckgrenze (bzw. Dehngrenze) besagt, wie groß die Kraft ist, die zur plastischen Umformung des Metalls nötig ist. Beide Kennwerte müssen bei der Bewertung der Eignung zum Kaltumformen berücksichtigt werden. Für die Praxis ist oft die Höhe der Umformkraft wichtiger als der Grad der Umformung.

In Abb. 4.23 sind Spannungs-Dehnungs-Kurven von drei Metallen dargestellt und ebenso sind die Umformbereiche markiert. Anhand der Kurven sehen wir, dass eine Aluminiumlegierung eine hohe Bruchdehnung hat und ihre Dehngrenze gering ist. Diese Legierung wird daher als sehr gut kaltumformbar bezeichnet. Dagegen hat ein unlegierter Baustahl eine vergleichbare Bruchdehnung, aber seine Streckgrenze ist hoch. Dies bedeutet, dass der Baustahl lediglich eine gute Umformbarkeit hat.

c. Zusammenhang zwischen Technologie, Struktur und Eigenschaften
Im Kap. 2 (Abschn. 2.5) haben wir die wichtige Dreiecks-Beziehung zwischen der Technologie (was wir machen), der Struktur (die sich dabei verändert) und den Eigenschaften (was wir erreichen wollen) angesprochen. Das Kaltumformen von Metallen ist ein sehr gutes Beispiel für diesen Zusammenhang (Abb. 4.24).

Abb. 4.23 Notwendige Spannungen für das Kaltumformen verschiedener Metalle

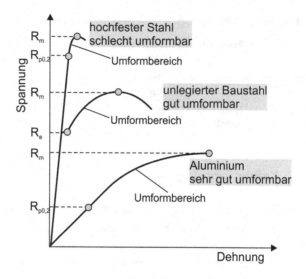

Abb. 4.24 Zusammenhang Technologie/Struktur/Eigenschaften am Beispiel der Kaltumformung

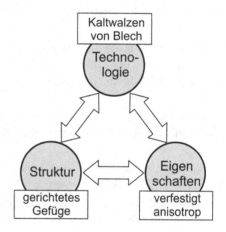

Nehmen wir einen Aluminiumdraht mit einem Durchmesser von 4 mm und einer Länge von 380 mm (Abb. 4.25a). Auch ein Draht aus einem anderen weichen Metall wäre gut geeignet.

Mit beiden Händen können wir den Draht leicht verbiegen (Abb. 4.25b). Wir brauchen aber wesentlich mehr Kraft, um den Draht wieder zurückzubiegen. Er ist fester geworden. Die ursprüngliche gestreckte Drahtform können wir nicht wieder erreichen, es verbleibt eine Krümmung (Abb. 4.25c), die ein Beweis für die Kaltverfestigung ist.

Abb. 4.25 Verfestigung bei
Kaltverformung eines Drahtes

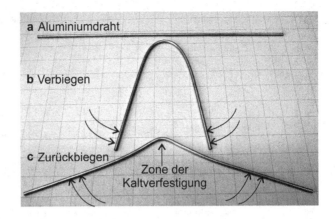

4.6.2 Warmumformung

Warmumformung bedeutet, dass ein Metall oberhalb seiner Rekristallisationstemperatur
umgeformt wird.

a. Auswirkungen der Warmumformung auf die Metalleigenschaften
Im Gegensatz zur Kaltumformung verursacht die Warmumformung eines Metalls keine
Verfestigung, meist keine Textur (und somit auch keine Anisotropie) sowie keine wesent-
liche Veränderung anderer Eigenschaften.

Ursache dafür ist die Rekristallisation des Gefüges, ein komplexer, dynamisch ablaufen-
der Vorgang, während dessen eine Kornneubildung im festen Zustand stattfindet. Dieser
Vorgang ist nur oberhalb der Rekristallisationstemperatur (-schwelle) T_R möglich.

b. Rekristallisationstemperatur
Die Rekristallisationstemperatur von Rein-Metallen können wir nach einer einfachen
Faustregel abschätzen: $T_R = 0{,}4 \ldots 0{,}5 \times T_S$ (Schmelztemperatur). Beispielsweise hat Aluminium mit der Schmelztemperatur $T_S = 660\,°C$ eine Rekristallisationstemperatur von 150 °C
oder Blei ($T_S = 327\,°C$) eine von 0 °C. (Berechnungen werden immer in Kelvin durchgeführt.) Wenn wir Aluminium bei 100 °C umformen, dann ist dies eine Kaltumformung
und Aluminium verfestigt sich. Umformen von Blei bei 100 °C ist hingegen eine Warmumformung und es findet keine Verfestigung statt. Legierungen haben i. d. R höhere Re-
kristallisationstemperaturen als ihrereine Komponenten.

Die Rekristallisationstemperatur wird von weiteren Faktoren beeinflusst wie z. B. dem
Verformungsgrad: je stärker die Verformung desto niedriger die Rekristallisationstemperatur. Somit ist sie keine reine Metalleigenschaft und muss in der Praxis für jeden Um-
formfall speziell ermittelt werden (z. B. mithilfe systematischer Messungen der Zugfestigkeit oder der Härte).

▶ Kaltumformen von Metallen wird unterhalb der Rekristallisationstemperatur
durchgeführt und verursacht eine Verfestigung des Metalls sowie Anisotropie.

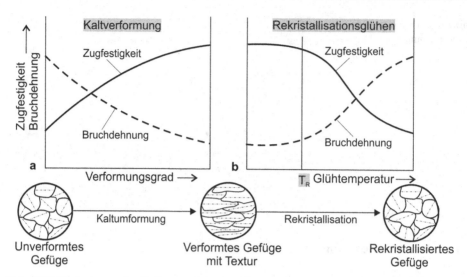

Abb. 4.26 Veränderung des Gefüges und der Metalleigenschaften. **a** Kaltumformung, **b** Rekristallisationsglühen

> Warmumformen von Metallen wird oberhalb der Rekristallisationstemperatur durchgeführt und verursacht keine wesentliche Änderung der Eigenschaften.

4.6.3 Vergleich von Kalt- und Warmumformung

Die beiden Methoden des plastischen Umformens können wir nach verschiedenen Kriterien bewerten. Beim Kaltumformen wirken höhere Kräfte bei niedrigeren Temperaturen als beim Warmumformen. Beim Warmumformen sind die notwendigen Kräfte kleiner (da Spannungen unter Wärmewirkung abnehmen), dafür sind Umformtemperaturen oft sehr hoch. In der Praxis müssen weitere Faktoren, auch wirtschaftliche, berücksichtigt werden. Hohe Kräfte spielen oft eine entscheidende Rolle (wie z. B. bei Stählen). Ob eine hohe Krafterzeugung oder eine hohe Temperatur kostengünstiger ist, muss anwendungsbezogen ermittelt werden.

4.6.4 Kaltverformung und Rekristallisation

Nach einer Kaltumformung kann ein Rekristallisationsglühen durchgeführt werden. Damit können die durch das Umformen veränderten Eigenschaften (Abb. 4.26a) rückgängig gemacht werden. Nach dem Überschreiten der Rekristallisationstemperatur T_R nimmt die Festigkeit des Metalls wieder ab und seine Verformbarkeit steigt an (Abb. 4.26b). Die gegebene neue geometrische Form bleibt dabei erhalten.

Das Rekristallisationsglühen wird in der Praxis häufig als Zwischenglühen beim Kaltumformen von Metallen angewandt. Dadurch wird die Umformbarkeit verbessert und es kann mit geringeren Kräften weiter umgeformt werden.

4.7 Technologische Eigenschaften von Metallen

Wir wissen, dass technologische Eigenschaften (Abschn. 3.4) die Eignung von Werkstoffen für verschiedene Verfahren der Fertigungstechnik beschreiben.

Nachfolgend werden nur die wichtigsten technologischen Eigenschaften von Metallen genannt. Ausführliche Informationen sind in der weiterführenden Literatur zu finden.

a. Gießbarkeit
Die Gießbarkeit kennzeichnet die Eignung eines Metalls für gießtechnische Verfahren. Sie ist die Fähigkeit eines Metalls durch Gießen in spezielle Formen eine vorgegebene Gestalt anzunehmen. Dabei werden verschiedene Faktoren beurteilt wie das Fließvermögen (Bildung einer Schmelze mit bestimmter Viskosität), das Formfüllungsvermögen (ob der Werkstoff die Gussformen vollständig ausfüllen kann, ohne dass es zu Hohlraumbildungen während des Abkühlens kommt) sowie die Schwindung.

b. Kaltumformbarkeit und Schmiedbarkeit
Die Kaltumformbarkeit beschreibt Eignung eines Metalls zum plastischen Umformen bei Temperaturen unterhalb der Rekristallisationstemperatur (Abschn. 4.6.1). Die Schmiedbarkeit bezieht sich auf die Eignung zum Umformen bei höheren Temperaturen, die oberhalb der Rekristallisationstemperatur liegen.

c. Zerspanbarkeit
Die Zerspanbarkeit ist die Eigenschaft eines Werkstoffes sich unter gegebenen Bedingungen spanend bearbeiten zu lassen. Jedes Metall muss im Hinblick auf sein Spanverhalten bei unterschiedlichen Bearbeitungen (Bohren, Drehen, Fräsen, usw.) untersucht werden. Von einer guten Zerspanbarkeit wird gesprochen, wenn die Spankraft klein ist, die Schneide lange scharf bleibt, in kurzer Zeit ein großes Spanvolumen erzeugt wird, die erzielte Oberfläche gut und die Spanform günstig ist. Häufig wird als Merkmal für die Zerspanbarkeit eines Werkstoffes die Standzeit des Werkzeugs genannt.

d. Schweißbarkeit
Die Schweißbarkeit ist die Eignung eines Werkstoffes zum Schweißen, wobei viele verschiedene Faktoren berücksichtigt werden müssen. Das Schweißen ist eine verbreitete Methode der Fügetechnik. Die Eignung zum Schweißen ist besonders bei Baustählen wichtig und eine Bewertungsmethode wird im Abschn. 5.7.1 besprochen.

e. Härtbarkeit

Die Härtbarkeit ist die Eignung zum Härten d. h. zu einer Wärmebehandlung, die sehr häufig bei Stählen durchgeführt wird (Abschn. 5.4.3). Die allgemeine Bewertung der Härtbarkeit wird im Zusammenhang mit Stählen für Wärmebehandlung besprochen (Abschn. 5.8.1).

4.8   Korrosionsbeständigkeit von Metallen

Korrosion von Metallen ist, bedingt durch die Bedingungen, bei denen technische Systeme genutzt werden, allgegenwärtig. Schäden durch Korrosion gehören zu den häufigsten überhaupt und somit hat die Korrosion eine große wirtschaftliche Bedeutung. Korrosionsbeständige Metalle sind daher für die Technik sehr wichtig.

4.8.1   Grundlegende Informationen

Korrosion ist eine von der Oberfläche ausgehende Zerstörung eines Metalls, die überwiegend durch eine elektrochemische Reaktion des Metalls mit seiner Umgebung verursacht wird. Grundlagen der Korrosionskunde gehören zum Bereich der Chemie. Ausführliche Informationen sind in der weiterführenden Literatur zu finden.

a. Elektrochemische Korrosion

Elektrochemische Korrosion bedeutet, dass diese Reaktion mit einem Stromtransport verbunden ist. Für diese Art der Korrosion muss sich ein Korrosionselement ausbilden. Darunter verstehen wir eine Anordnung, die aus zwei Elektroden und einem Elektrolyt besteht. Dabei wird der Begriff Elektrode allgemein und nicht wie in der Elektrotechnik verstanden. Als Elektroden fungieren zwei Metalle, die sich berühren oder zwei Bereiche eines und desselben Metalls. In beiden Fällen gibt es eine metallisch leitende Verbindung d. h., ein Fluss von Elektronen ist möglich. Je nachdem, welche Art der Reaktion an einer Elektrode abläuft, wird sie zu Anode oder Kathode.

Ein Elektrolyt (ein korrosives Medium) ist eine elektrisch leitende Flüssigkeit (durch Ionenleitung). In der Praxis ist es meist Wasser oder eine wässrige Lösung. Als Beispiele nennen wir Meerwasser, Süßwasser, Regen, einen Regentropfen oder einen dünnen Feuchtigkeitsfilm. Auch Erdböden sowie Metall- und Salzschmelzen sind Elektrolyte.

b. Hochtemperaturkorrosion

Neben den elektrochemischen Vorgängen, die am häufigsten stattfinden, kann die Korrosion eines Metalls auch auf einer chemischen Reaktion beruhen. Die Hochtemperaturkorrosion ist die Reaktion eines Metalls mit seiner Umgebung bei erhöhter Temperatur und bei Fehlen eines wässrigen Elektrolyten. In der Praxis ist dieser Fall meist mit Verschlackungen oder Verschmutzungen verbunden. Eine wichtige Rolle spielt hierbei das

Korrosionsprodukt, da es die Wirkung der Umgebung auf den Werkstoff bestimmt. Die chemische Beständigkeit eines Metalls hängt entscheidend davon ab, ob sich als Korrosionsprodukte Schichten bilden, welche die metallische Oberfläche geschlossen abdecken können.

4.8.2 Ursachen der Korrosionsbeständigkeit

Die Korrosionsbeständigkeit eines Metalls kann auf verschiedenen Mechanismen beruhen.

a. Edelmetalle
Edelmetalle haben positive elektrochemische Potentiale in vielen Elektrolyten. Je höher das Korrosionspotential in einem Elektrolyten ist, desto besser ist die Korrosionsbeständigkeit des Metalls in dem Elektrolyten. In der aus der Chemie bekannten elektrochemischen Spannungsreihe liegen die Edelmetalle auf der rechten Seite. Beispiele sind: Silber, Gold, Platin, Osmium und Iridium. Leider haben diese korrosionsbeständigen Metalle einen sehr eingeschränkten Anwendungsbereich, vor allem aufgrund ihrer geringen Verfügbarkeit. Für die Praxis wichtige Spannungsreihen werden in praxisnahen Elektrolyten (z. B. Salzwasser) ermittelt, wobei sich die Reihenfolge der Metalle deutlich von der elektrochemischen Reihe unterscheiden kann.

b. Passivierbare Metalle (mit Passivschichten)
Viele Metalle bilden keine positiven Potentiale in Elektrolyten aus und sind dennoch korrosionsbeständig. Bei diesen Metallen beruht die Korrosionsbeständigkeit auf Passivierung d. h. auf selbstständiger Bildung einer Passivschicht (Abb. 4.27a), die das Metall vor einer fortschreitenden Korrosion schützt. Schichten auf nicht passivierbaren Metallen hingegen wie z. B. eine normale Rostschicht auf Stahl (Abb. 4.27b) haben keine Schutzwirkung.

Passivierende Eigenschaften lassen die elektrochemisch unedlen Metalle sehr viel edler in ihrem Korrosionsverhalten erscheinen, als es deren Stellung in der elektrochemischen Spannungsreihe entspricht.

Die Passivschichten haben charakteristische Eigenschaften. Sie sind sehr dünn, festhaftend, porenfrei (evtl. werden sie technisch verdichtet) und selbstheilend (d. h., bei Verletzungen bilden sie sich erneut). Chemisch gesehen sind sie meist oxidischer Natur und können oft von Chlorid-Ionen angegriffen werden. Zu Metallen, die Passivschichten ausbilden, gehören Chrom und Nickel. Ihre Schichten liegen im Nano-Bereich (< 20 nm) und können Elektronen leiten (d. h. das Metall glänzt). Aluminium und Titan passivieren ebenfalls, bilden jedoch dickere Schichten (< 100 nm), die keine Elektronen leiten können.

Einige Metalle (vor allem Chrom) übertragen ihre Passivität auf Legierungen. Das wichtigste Beispiel ist die Legierung von Eisen mit 12 % Chrom. Sie bildet eine Passivschicht aus und ist Grundlage der korrosionsbeständigen Stähle (Abschn. 5.9).

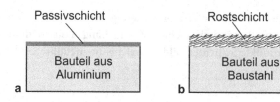

Abb. 4.27 Bildung von Schichten auf Metallen. **a** Dünne Passivschicht, **b** Dicke Rostschicht

▶ Korrosionsbeständig sind Metalle, die positive elektrochemische Potentiale in Elektrolyten haben und Metalle, die Passivschichten ausbilden können.

c. Verbesserung der Korrosionsbeständigkeit
Die Korrosionsbeständigkeit kann verbessert werden, wenn Metalle poliert werden und dadurch eine geringe Rauhigkeit aufweisen.

Legierungen mit einem homogenen Gefüge sind besser korrosionsbeständig als mit einem heterogenen. Beispiele für diesen gefügebedingten Unterschied sind ein homogenes und korrosionsbeständiges α-Messing und ein heterogenes α + β-Messing mit schlechterer Korrosionsbeständigkeit (Abschn. 7.2.2).

4.8.3 Ermittlung der Korrosionsbeständigkeit

Die Korrosionsprüfungen bilden einen selbstständigen und sehr umfangreichen Bereich der Werkstoffprüfung. Es werden Prüfungen in praxisfremden sowie praxisnahen Korrosionsmedien durchgeführt. Dabei können verschiedene Methoden angewandt werden. Grundbewertung der Korrosionsbeständigkeit eines Metalls erfolgt mithilfe elektrochemischer Versuche wie die Ermittlung des Korrosionspotentials oder die Aufnahme einer Stromdichte-Potential-Kurve. Auslagerungs- und Dauerversuche liefern Daten zur Korrosionsbeständigkeit, Prüfungen bei Wechselbeanspruchung liefern Daten zum Korrosionsverhalten von Metallen. Ausführliche Informationen sind in der weiterführenden Literatur zu finden.

4.8.4 Grundprinzipien des Korrosionsschutzes

Eine Übersicht der Hauptmaßnahmen des Korrosionsschutzes ist in Tab. 4.5 dargestellt.

Welche Methode angewandt wird, hängt von der konkreten Situation ab. Der passive Korrosionsschutz kann immer vorgenommen werden. Die Maßnahmen des aktiven Korrosionsschutzes sind von vorhandenen Bedingungen abhängig, wie z. B. vom Vorhandensein eines Elektrolyten beim kathodischen Schutz.

Tab. 4.5 Übersicht des Korrosionsschutzes

Art des Korrosionsschutzes	Maßnahmen	Typische Methoden
Aktiver Korrosionsschutz	Bei Planung und Konstruktion	Korrosionsschutzgerechte Werkstoffauswahl und Konstruktion
	Beim Ablauf elektrochemischer Reaktionen	Kathodischer Schutz mit Opferanoden bzw. mit Fremdstrom
	Beim Korrosionsmedium	Zusatz von Korrosionsinhibitoren
Passiver Korrosionsschutz	Trennung des Metalls vom Medium	Beschichten mit nichtmetallischen bzw. metallischen Werkstoffen
		Erzeugung von Passivschichten

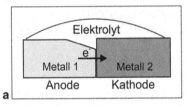

Abb. 4.28 Kontaktkorrosion und Opferanoden. **a** Schema der Kontaktkorrosion, **b** Zinkanode oben neu, unten nach ca. 2 Jahren in der Nordsee

Kontaktkorrosion als eine Korrosionsschutzmethode

Die Kontaktkorrosion (auch Bimetallkorrosion genannt) tritt bei Metallpaarungen auf. Das Metall mit dem niedrigeren elektrochemischen Potential gegenüber dem Elektrolyten (Abb. 4.28a) wird zur Anode und korrodiert.

Die Kontaktkorrosion wird sehr oft gezielt ausgenutzt. Wir sprechen in diesem Fall von Korrosionsschutz durch Opferanoden. Abb. 4.28b zeigt eine neue sowie eine gebrauchte Opferanode aus Zink, die zum Schutz einer Stahlkonstruktion in der Nordsee ca. 2 Jahre benutzt wurde.

Zink hat im Salzwasser ein niedrigeres elektrochemisches Potential als Stahl. Dadurch bedingt korrodiert es im Gegensatz zum Stahl. Zink wird dabei „geopfert". Dieser Vorgang dauert so lange, bis die Opferanode verbraucht ist und ersetzt werden muss.

Weiterführende Literatur

Ashby M, Jones D (2007) Werkstoffe 2: Metalle, Keramiken und Gläser, Kunststoffe und Verbundwerkstoffe. Spektrum Akademischer Verlag, Heidelberg

Askeland D (2010) Materialwissenschaften. Spektrum Akademischer Verlag, Heidelberg

Bargel H-J, Schulze G (2008) Werkstoffkunde. Springer, Berlin, Heidelberg

Fuhrmann E (2008) Einführung in die Werkstoffkunde und Werkstoffprüfung Bd. 1: Werkstoffe:
Aufbau-Behandlung-Eigenschaften. Expert Verlag, Renningen

Hornbogen E, Eggeler G, Werner E (2012) Werkstoffe: Aufbau und Eigenschaften von Keramik-,
Metall-, Polymer- und Verbundwerkstoffen. Springer, Heidelberg

Ilschner B, Singer R (2010) Werkstoffwissenschaften und Fertigungstechnik. Springer, Heidelberg

Jacobs O (2009) Werkstoffkunde. Vogel-Buchverlag, Würzburg

Kalpakjian S, Schmid S, Werner E (2011). Werkstofftechnik. Pearson Education, München

Läpple V, Drübe B, Wittke G, Kammer C (2010) Werkstofftechnik Maschinenbau. Europa-Lehrmittel, Haan-Gruiten

Reissner J (2010) Werkstoffkunde für Bachelors. Carl Hanser Verlag, München

Riehle M, Simmchen E (2000) Grundlagen der Werkstofftechnik. Deutscher Verlag für Grundstoffindustrie, Stuttgart

Roos E, Maile K (2002) Werkstoffkunde für Ingenieure. Springer, Heidelberg

Schatt W, Worch H, Pompe W (2011) Werkstoffwissenschaft. Wiley-VCH, Weinheim

Seidel W, Hahn F (2012) Werkstofftechnik: Werkstoffe-Eigenschaften-Prüfung-Anwendung. Carl
Hanser Verlag, München

Thomas K-H, Merkel M (2008) Taschenbuch der Werkstoffe. Carl Hanser Verlag, München

Weißbach W, Dahms M (2012) Werkstoffkunde: Strukturen, Eigenschaften, Prüfung. Vieweg + Teubner Verlag, Wiesbaden

Eisenwerkstoffe – Stähle und Gusseisen

5

5.1 Einteilung der Eisenwerkstoffe

Alle Eisenwerkstoffe sind Eisen-Kohlenstoff-Legierungen und werden nach ihrem Kohlenstoffgehalt in Stähle und Gusseisen eingeteilt. Was diese beiden Gruppen noch unterscheidet, ist ihre Eignung zum plastischen Umformen. Die Einteilung der Eisenwerkstoffe zeigt Abb. 5.1.

Stähle enthalten bis 2 % Kohlenstoff und sind Knetlegierungen. Dies bedeutet, dass sie plastisch verformbar sind. Wie bereits in Kap. 3 erwähnt, schätzen wir die plastische Umformbarkeit sehr. Durch sie sind Stähle für viele Halbzeuge und Bauteile besonders gut geeignet.

Einfacher Stahl wurde vor etwa 3.000 Jahren erstmals hergestellt. Er wird heute mit verschiedenen gewünschten Eigenschaften (Festigkeit, Korrosionsverhalten, Verformbarkeit, Schweißeignung) angeboten. Im Register europäischer Stähle sind über 2.400 Stahlsorten (Stand Dez. 2011) notiert.

Gusseisen sind Gusslegierungen, d. h. die Hauptfertigungstechnik ist das Vergießen einer Schmelze in Formen und nicht das plastische Umformen der festen Legierung. Technische Gusseisensorten enthalten meist bis zu 3,5 % Kohlenstoff. Auch bei Legierungen mit Kohlenstoff-Gehalt bis 2 % gibt es Gusslegierungen (Stahlguss).

In Abb. 5.1 sind noch zwei andere markante Kohlenstoffgehalte (0,8 und 4,3 %) genannt. Deren Bedeutung wird im Abschn. 5.3 erläutert.

▶ Eisenwerkstoffe werden nach ihrem Kohlenstoffgehalt in Stähle (bis 2 % Kohlenstoff) und Gusseisen (über 2 % Kohlenstoff) eingeteilt.
Stähle sind Knetlegierungen, Gusseisen sind Gusslegierungen.

© Springer-Verlag Berlin Heidelberg 2017
B. Arnold, *Werkstofftechnik für Wirtschaftsingenieure*,
DOI 10.1007/978-3-662-54548-5_5

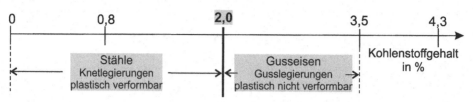

Abb. 5.1 Einteilung der Eisenwerkstoffe

5.2 Eisen

Eisen ist das zweithäufigste Metall in der Erdkruste und kommt nur in gebundener Form
vor. Auch Meteorite sind bekannte, jedoch nicht technisch nutzbare Eisenquellen. Wir leben auf einem Eisen-Planeten, der – als ganze Kugel betrachtet – aus ca. 40 % Eisen besteht.

Seine Stellung in der Technik verdankt Eisen vor allem der vielfältigen Legierungsbil-
dung mit einstellbaren Eigenschaften.

5.2.1 Eigenschaften von Eisen

a. Kennwerte von reinem Eisen
Wichtige physikalische und mechanische Kennwerte des reinen Eisens sind in Tab. 5.1
aufgelistet.

Anhand Tab. 5.1 können wir feststellen, dass Eisen schwer, hochschmelzend sowie
weich und verformbar ist. Bemerkenswert ist der hohe E-Modul, der durch einen Anteil
an Atombindungen verursacht wird. Diese hohe Steifigkeit macht aus Eisenwerkstoffen
interessante Konstruktionswerkstoffe. Eisen ist bis 769 °C ferromagnetisch. Nur wenige
technische Metalle weisen diese Eigenschaft auf. Zudem ist die Temperatur (Curie-Temperatur), bis zu der das Eisen ferromagnetisch ist, sehr hoch.

Eisen bildet mit vielen anderen Elementen Mischkristalle (Abschn. 4.3.3) bzw. intermetallische Verbindungen (Abschn. 4.3.4). Daraus ergibt sich eine große Vielfalt von Legierungen.

b. Allotrope Modifikationen
Eisen ist ein polymorphes Metall. Dies bedeutet, dass allotrope Modifikationen von Eisen
existieren, die unterschiedliche Gittertypen aufweisen. Die Gitterumwandlungen finden
im festen Zustand bei bestimmten Temperaturen statt (Abb. 5.2).

Im Temperaturbereich von –273 °C (0 Kelvin) bis zu 911 °C hat Eisen das kubisch-
raumzentrierte (krz) Gitter und wird als Alfa-(α)-Eisen bezeichnet. Bei 911 °C kommt es
zu einer Gitterumwandlung, die Eisenatome ordnen sich um, und es entsteht das kubisch-
flächenzentrierte (kfz) Gitter, das bis zu einer Temperatur von 1.392 °C existiert. Eisen mit
diesem Gitter heißt Gamma-(γ)-Eisen. Bei 1.392 °C kommt es wieder zu einer Umordnung der Eisenatome, und bis zur Schmelztemperatur weist das Eisen das kubisch-raum-

Tab. 5.1 Kennwerte von reinem Eisen

Kenngröße	Wert (bei RT)
Ordnungszahl	26
Dichte	7,87 g/cm^3
Schmelztemperatur	1.535 °C (1.808 K)
Elektrische Leitfähigkeit	10 × 10^6 S/m
Wärmeleitfähigkeit	80 W/K m
E-Modul	210.000 MPa
Zugfestigkeit	200 MPa
Bruchdehnung	40 %
Härte	60 HB
Normalpotential	− 0,44 V

Angaben zu mechanischen Eigenschaften sind Orientierungswerte

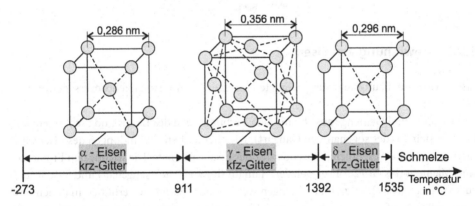

Abb. 5.2 Allotropie von reinem Eisen

zentrierte (krz) Gitter auf, das jedoch größere Gitterparameter hat als das krz-Gitter aus dem niedrigeren Temperaturbereich. Diese letzte Gitterumwandlung spielt in der Praxis eine untergeordnete Rolle.

In Abb. 5.2 ist das β-Eisen nicht aufgeführt. Als β-Eisen wird das nichtmagnetische α-Eisen (mit dem krz-Gitter) bezeichnet, das im Temperaturbereich von ca. 770 bis 911 °C existiert.

Bei der α-γ-Gitterumwandlung kommt es zur Verringerung des spezifischen Volumens um ca. 1 %, was in der Praxis berücksichtigt werden muss. Die Allotropie des Eisens hat eine große Bedeutung für Wärmebehandlung von Stählen (Abschn. 5.4).

▶ Eisen ist weich, verformbar, ferromagnetisch und hat einen hohen E-Modul.
   Eisen existiert temperaturabhängig als α-Eisen (und δ-Eisen) mit dem krz-Gitter und als γ-Eisen mit dem kfz-Gitter.

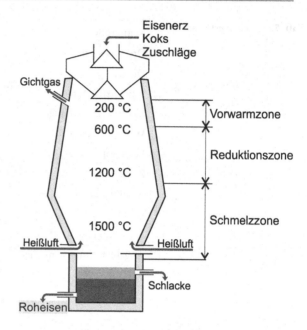

Abb. 5.3 Gewinnung von Roheisen im Hochofen

5.2.2 Gewinnung von Eisen

Eisen wird am häufigsten aus geeigneten Eisenerzen im Hochofenprozess gewonnen (Abb. 5.3).

Eisenerze sind Gemenge aus chemischen Verbindungen des Eisens und nicht eisenhaltigen Gesteinen (der sogenannten Gangart). Die chemischen Verbindungen des Eisens im Eisenerz sind im Wesentlichen Eisenoxide oder Eisencarbonate. Die wichtigsten Eisenerze sind Magnetit (bis zu 72 % Eisengehalt), Hämatit (bis zu 70 % Eisengehalt) und Siderit (bis zu 48 % Eisengehalt). In geringen Mengen werden auch Eisenerze verhüttet, in denen das Eisen mit Schwefel (Pyrit) oder anderen Elementen verbunden ist. Eisenerze sind nach dem Rohöl der meistgehandelte Rohstoff. Rentabel für eine internationale Vermarktung sind aber nur umfangreiche Vorkommen mit einem Eisengehalt von über 60 %. Die größten und reichhaltigsten Lagerstätten befinden sich in Australien und Brasilien, die zudem im Tagebau zu betreiben sind.

Technologisch gesehen findet beim Hochofenprozess die Reduktion eines Eisenerzes (meist eines Eisen-Oxides, wie z. B. Fe_2O_3) mithilfe von Kohlenstoff (Koks) statt. Somit ist der Kohlenstoff von Anfang an der Entstehung von Eisenwerkstoffen beteiligt. Das Produkt des Hochofenprozesses ist das Roheisen, das ca. 4 % Kohlenstoff sowie sogenannte Begleitelemente (Mangan, Silizium, Schwefel, Phosphor) enthält.

Der Hochofen arbeitet nach dem Gegenstromprinzip. Die Einsatzstoffe (Erz, Koks und Zuschläge) werden von oben in den Hochofen eingegeben. Von unten wird Heißluft eingeblasen und verbrennt einen Teil des Kokses zu Kohlenstoffmonoxid und -dioxid. In der von 600 bis 1.300 °C heißen Reduktionszone wird das Eisenerz von den Gasen und Koks zu metallischem Eisen reduziert. Das Eisen liegt zunächst als Schwamm vor. In der Schmelz-zone schmilzt der Eisenschwamm und es bildet sich die Roheisenschmelze, die sich am Boden des Ofens (bedingt durch die hohe Dichte des Eisens) sammelt. Das Roheisen wird regelmäßig abgelassen (abgestochen) und zu Weiterverarbeitung transportiert. Neben-erzeugnisse des Hochofens sind Gichtgas und Schlacke.

▶   Roheisen wird am häufigsten im Hochofenprozess durch Reduktion von Eisen-erzen mit Kohlenstoff gewonnen und enthält ca. 4 % Kohlenstoff.

5.3   Das System Eisen-Kohlenstoff

Die Basis für alle Eisenwerkstoffe ist das Eisen-Kohlenstoff-System. Wenn wir von einem System sprechen, wissen wir, dass es mehrere Einflussfaktoren gibt.

5.3.1   Gefügebestandteile von Eisen-Kohlenstoff-Legierungen

Die Gefüge von Eisenwerkstoffen bestehen aus Bestandteilen, die aus Kohlenstoff und Eisen gebildet werden. Alle Gefügebestandteile haben eine kristalline Struktur.

Kohlenstoff kommt in Eisenwerkstoffen vor allem gebunden vor: in Einlagerungs-mischkristallen oder in der intermetallischen Verbindung (Zementit). Diese Gefügebe-standteile sind in Tab. 5.2 dargestellt.

Wenn der Kohlenstoff gebunden ist, bezeichnen wir das System als metastabil. Zementit kann bei geeigneten Bedingungen zerfallen. Kohlenstoff kann im Gefüge von Eisenwerk-stoffen auch elementar als Graphit vorliegen. Dies ist aber, im Vergleich zum Zementit, selten (nur beim Gusseisen) und somit sind solche Gefügearten in Tab. 5.2 nicht erwähnt.

▶   Wichtige Gefügebestandteile von Eisenwerkstoffen sind die Einlagerungs-mischkristalle (Ferrit und Austenit), die intermetallische Verbindung (Zementit) und das Kristallgemisch (Perlit).

Die genannten Gefügebestandteile lassen sich mithilfe eines Auflichtmikroskopes (Abschn. 3.8.4) gut erkennen.

5.3.2   Das Zustandsdiagramm Eisen-Kohlenstoff

Grundinformationen zu Zustandsdiagrammen von Legierungen haben wir im Kap. 4 (Abschn. 4.3.6) bekommen. Nun betrachten wir das wichtigste Zustandsdiagramm der Metallkunde, das Eisen-Kohlenstoff-Diagramm. Vereinfacht ist es in Abb. 5.5 dargestellt. Die Abszisse zeigt den Kohlenstoffgehalt in Gew. % und die Ordinate die Temperatur in °C.

Tab. 5.2 Gefügearten im Eisen-Kohlenstoff-System

Gefügekurzzeichen und -name		Kohlenstoffgehalt	Beschreibung
F	Ferrit	temperaturabhängig 0,002 % bei 20 °C max. 0,02 % bei 723 °C	α-Mischkristall (α-Fe + C) (Abb. 5.4a) Einlagerungsmischkristall, krz–Gitter, sehr weich und verformbar, magnetisch
A	Austenit	temperaturabhängig 0,8 % bei 723 °C max. 2,0 % bei 1.147 °C	γ-Mischkristall (γ-Fe + C) (Abb. 5.4b) Einlagerungsmischkristall, kfz-Gitter, weich und verformbar, unmagnetischs
Z	Zementit	6,67 %	Intermetallische Verbindung Fe_3C kompliziertes rhomboedrisches Gitter, sehr hart und spröde, magnetisch
P	Perlit	0,8 %	Kristallgemisch aus Ferrit und Zementit lamellenartig angeordnet, magnetisch
L	Ledeburit	4,3 % bei 20 °C	Kristallgemisch aus Ferrit und Zementit, magnetisch

Abb. 5.4 Elementarzellen von Eisen-Kohlenstoff-Mischkristallen. **a** Ferrit, **b** Austenit

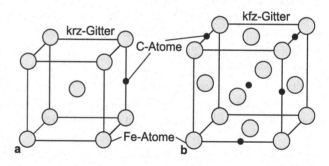

Wie bei jedem Zustandsdiagramm betrachten wir alle Vorgänge und Gefügeausbildungen bei einer Abkühlgeschwindigkeit, die niedrig genug ist, sodass alle Vorgänge stattfinden können.

a. Linien (Vorgänge) beim Übergang von flüssig zu fest
Die Linie ACD ist die Liquiduslinie und kennzeichnet Temperaturen, bei denen die Legierungen zu erstarren beginnen.

Die Linie AECF ist die Soliduslinie und kennzeichnet die Temperaturen, bei denen die Erstarrung beendet ist und Legierungen im festen Aggregatzustand sind.

b. Weitere Linien (Vorgänge) beim Abkühlen
Neben der Liquidus- und der Soliduslinie erkennen wir im Diagramm weitere Linien, die unterhalb der Soliduslinie liegen. Sie kennzeichnen Vorgänge, die im festen Zustand statt-

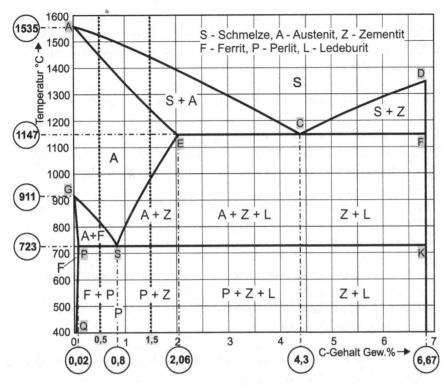

Abb. 5.5 Das Eisen-Kohlenstoff-Diagramm (vereinfacht)

finden. Nachfolgend betrachten wir nur einen Teil des Diagramms bis 2 % Kohlenstoff (die sogenannte Stahlecke).

Die Linie ES, die auch als A_{cm}-Linie bezeichnet wird, kennzeichnet die Ausscheidung von Kohlenstoff in Form von Zementit Fe_3C aus den γ-Mischkristallen (Austenit) für Stähle, die zwischen 0,8 und 2 % Kohlenstoff enthalten. Es bildet sich Korngrenzenzementit. Diese Ausscheidung muss stattfinden, da Austenit mit abfallender Temperatur immer weniger Kohlenstoffatome aufnehmen kann. Dies führt dazu, dass der Kohlenstoffgehalt in den Austenitkörnern auf 0,8 % absinkt (Abb. 5.5, Punkt S).

Die Linie GS, die auch als A_3-Linie bezeichnet wird, kennzeichnet den Beginn der Gitterumwandlung von Eisen für Stähle, die bis 0,8 % Kohlenstoff enthalten. Wir erkennen, dass die Gitterumwandlung bei niedrigeren Temperaturen als 911 °C für Reineisen (vgl. Abb. 5.2) stattfindet. Es bildet sich Ferrit. Infolge dieser Bildung steigt der Kohlenstoffgehalt in den Austenit-Körnern auf 0,8 %, da die Ferritkörner fast keinen Kohlenstoff enthalten.

Die Linie PSK, die auch als A_1-Linie bezeichnet wird, ist eine Isotherme. Sie verläuft entlang einer einzigen Temperatur und kennzeichnet die Austenitumwandlung in Perlit. Alle Austenit-Körner mit 0,8 % Kohlenstoff wandeln sich bei konstanter Temperatur von 723 °C in ein Kristallgemisch um, das den Gefügenamen Perlit trägt. Eine solche Umwandlung im festen Zustand – ein Mischkristall geht in ein Kristallgemisch über – wird als eutektoide

Umwandlung bezeichnet. Folgerecht enthält der Perlit 0,8 % Kohlenstoff. Er ist lamellen-artig aufgebaut und meist feinkörnig, womit er gute mechanische Eigenschaften aufweist.

Die Austenitumwandlung in Perlit besteht aus zwei Teilvorgängen, die gleichzeitig in Wechselwirkung ablaufen. Hierbei unterscheiden wir:

- Die Bildung von Zementit Fe_3C: Für diesen Vorgang ist immer die Diffusion von Ato-men notwendig.
- Die Gitterumwandlung von γ-Eisen in α-Eisen (Ferritbildung): Für diesen Vorgang ist die Diffusion von Atomen nicht zwingend notwendig, die Gitterumwandlung kann auch ohne Diffusion, über komplexe Scher- und Umklappvorgänge, ablaufen.

Da die beiden Teilvorgänge unterschiedlich von der Diffusion abhängig sind, hat die Ab-kühlgeschwindigkeit einen starken Einfluss auf deren Ablauf und auf die gesamte Um-wandlung (Abschn. 5.3.3).

▶   Das Eisen-Kohlenstoff-Diagramm stellt alle Gefüge und Gefügeänderungen
      von Eisenwerkstoffen dar.
      Der für die Praxis wichtigste Vorgang ist die Austenitumwandlung in Perlit, die
      mit der PSK-Linie (A_1-Linie) gekennzeichnet ist.

Verfolgen wir nun gedanklich die Abkühlung (von der Schmelztemperatur bis auf die Raumtemperatur) von zwei Stählen.

Nehmen wir zuerst einen Stahl mit 0,5 % Kohlenstoff (z. B. einen Vergütungsstahl) und betrachten im Eisen-Kohlenstoff-Diagramm (Abb. 5.5) die Linie, die diesen Kohlenstoff-gehalt markiert. Der Stahl beginnt bei ca. 1.500 °C zu erstarren und ist bei ca. 1.400 °C im festen Zustand. Das Gefüge besteht aus Austenit-Körnern und bleibt bei der weiteren Ab-kühlung bis auf ca. 820 °C erhalten. Bei dieser Temperatur beginnt die Gitterumwandlung von Eisen, ein komplexer Vorgang, bei dem die Eisenatome diffundieren. Neben den Aus-tenitkörnern (die immer weniger werden) entstehen Ferritkörner. Dieser Vorgang dauert bis zur Temperatur von 723 °C an. Bei dieser Temperatur findet die Umwandlung der noch vorhandenen Austenit-Körner (mit 0,8 % Kohlenstoff) in Perlit statt. Unterhalb der PSK-Linie besteht das Gefüge aus Ferrit- und Perlitkörnern. Dieses Gefüge verändert sich bei der weiteren Abkühlung nicht mehr und existiert bei Raumtemperatur.

Betrachten wir folgend einen Stahl mit 1 % C (z. B. einen Werkzeugstahl) und die in Abb. 5.5 entsprechend markierte Linie. Der Stahl beginnt bei 1.450 °C zu erstarren und bei 1.250 °C ist die Erstarrung abgeschlossen. Auch dieser Stahl hat nach der Erstarrung ein austenitisches Gefüge, das bis ca. 800 °C erhalten bleibt. Bei dieser Temperatur kommt es zur ersten Ausscheidung von Kohlenstoffatomen in Form von Zementit, der sich an den Korngrenzen des Austenits bildet. Dieses Ausscheiden von Zementit dauert beim Abkühlen bis auf 723 °C an. Durch die Ausscheidung von Kohlenstoff haben die noch vorhandenen Austenitkörnern 0,8 % Kohlenstoff und wandeln sich in Perlit um. Nach dieser Umwand-

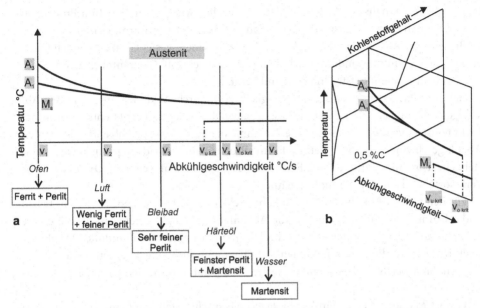

Abb. 5.6 Einfluss der Abkühlgeschwindigkeit auf die Austenitumwandlung am Beispiel eines Stahls mit 0,5 % Kohlenstoff. **a** Bildung verschiedener Gefüge, **b** Korrelation mit dem Eisen-Kohlenstoff-Diagramm

lung besteht das Gefüge aus Zementit (als Netzwerk) und Perlitkörnern. Dieses Gefüge verändert sich bei der weiteren Abkühlung bis auf Raumtemperatur nicht mehr.

5.3.3 Austenitumwandlung

a. Einfluss der Abkühlgeschwindigkeit
Die Vorgänge im Eisen-Kohlenstoff-Diagramm finden wie oben beschrieben (Abschn. 5.3.2) nur bei einer Abkühlgeschwindigkeit, die den Ablauf aller Prozesse (insbesondere der Diffusion von Atomen) ermöglicht, statt. Wir sprechen hier von einer langsamen Abkühlung.

Wird die Abkühlung beschleunigt, so beeinflusst sie die diffusionsabhängigen Vorgänge (Bildung von Ferrit und Perlit) bei der Austenitumwandlung. Dadurch können sich verschiedene Gefüge bei gleich bleibendem Kohlenstoffgehalt bilden. Dieser Sachverhalt ist schematisch in Abb. 5.6 dargestellt. Diese Vorgehensweise hat eine allgemeine Bedeutung und ist die Grundlage für viele Verfahren der Wärmebehandlung von Stahl (Abschn. 5.4).

Betrachten wir die Austenitumwandlung am Beispiel eines Stahls mit 0,5 % Kohlenstoff bei fünf verschiedenen Abkühlgeschwindigkeiten (Abb. 5.6a). Das Ausgangsgefüge ist immer Austenit oberhalb der A_3-Linie (GS-Linie). Stellen wir uns vor, dass fünf Proben aus diesem Stahl in einem Ofen auf die Temperatur von ca. 850 °C erwärmt werden.

Bei geringer Abkühlgeschwindigkeit „v_1" (z. B. in einem gesteuert abkühlenden Ofen) erfolgt die Austenitumwandlung nach dem Eisen-Kohlenstoff-Diagramm (Abschn. 5.3.2) und aus dem Austenit entstehen Ferrit und Perlit.

Eine Zunahme der Abkühlgeschwindigkeit (z. B. durch Abkühlen an der Luft – Abkühlgeschwindigkeit „v_2") bewirkt, dass weniger des weichen Ferrits entsteht und der Perlit feinstreifiger wird. Das hat eine Zunahme der Festigkeit zur Folge. Bei der dritten Abkühlgeschwindigkeit „v_3" (wenn z. B. eine Probe in ein Bleibad eingetaucht wird), entsteht ein sehr feiner Perlit und die Festigkeit des Stahls nimmt weiter zu. Diese sehr feine Perlitsorte wird auch als Bainit bezeichnet.

Für den vierten Abkühlvorgang (Abkühlgeschwindigkeit „v_4") nehmen wir ein Ölbad und sehen in Abb. 5.6a, dass hierbei die Abkühlgeschwindigkeit höher ist als die untere kritische Abkühlgeschwindigkeit „v_{uk}". Im Diagramm ist eine neue Kennlinie „M_s" dargestellt. Diese Linie, die im Eisen-Kohlenstoff-Diagramm nicht existiert, kennzeichnet eine Umwandlung, bei der sich Austenit bei der M_s-Temperatur in ein Gefüge namens Martensit umwandelt.

Was ist Martensit? Es ist ein krz-Einlagerungsmischkristall, der – im Gegensatz zum Ferrit – mit Kohlenstoff übersättigt ist. Durch die höhere Menge an Kohlenstoffatomen in dem krz-Gitter ist das Gitter sehr verzerrt und verspannt. Dieser Zustand verursacht, dass der Martensit hart und spröde ist.

Bei der martensitischen Umwandlung findet nur die von der Diffusion der Atome unabhängige Gitterumwandlung statt. Bei dieser hohen Abkühlgeschwindigkeit ist eine Bildung von Zementit Fe_3C sehr erschwert. Neben dem Martensit bildet sich aber feinster Perlit. Wenn wir bei der fünften Probe Wasser als Abkühlmittel benutzen, ist die Abkühlgeschwindigkeit „v_5" größer als die obere kritische Abkühlgeschwindigkeit „v_{ok}" und es entsteht nur Martensit im Gefüge.

▶   Die Abkühlgeschwindigkeit beeinflusst die Austenitumwandlung stark und es
     können verschiedene Gefüge (bei gleich bleibender Zusammensetzung) ent-
     stehen, die unterschiedliche Eigenschaften aufweisen.

Abb. 5.6b zeigt die Korrelation zwischen dem Eisen-Kohlenstoff-Diagramm, das für geringe Abkühlgeschwindigkeit gilt, und dem Diagramm, das den erwähnten Einfluss der Abkühlgeschwindigkeit am Beispiel des Stahls mit 0,5 % Kohlenstoff darstellt.

Woher wissen wir, wie die Abkühlgeschwindigkeit die Austenitumwandlung bei anderen Stählen beeinflusst und welche Gefüge sich ausbilden können? Hierzu dienen uns Zeit-Temperatur-Diagramme, kurz ZTU-Diagramme.

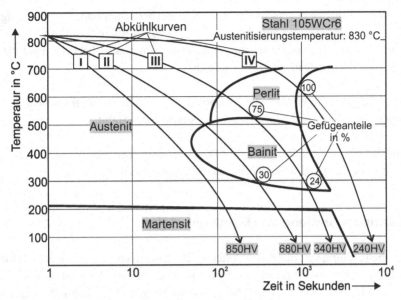

Abb. 5.7 Kontinuierliches ZTU-Diagramm des Stahls 105WCr6

5.3.4 ZTU-Diagramm

Das Zeit-Temperatur-Diagramm stellt die Gefügeausbildung bei einem Stahl bestimmter Zusammensetzung in Abhängigkeit von der Abkühlgeschwindigkeit dar. In einem ZTU-Diagramm können die vielfältigen Vorgänge bei der Austenitumwandlung abgelesen werden. Prinzipiell unterscheiden wir kontinuierliche und isotherme ZTU-Diagramme.

Ein kontinuierliches ZTU-Diagramm gilt für eine stetige Abkühlung von einer Austenitisierungstemperatur bis auf Raumtemperatur. Das Lesen des Diagramms erfolgt entlang der Abkühlkurven.

Abb. 5.7 zeigt das kontinuierliche ZTU-Diagramm des Stahls 105WCr6. Die Bezeichnung „105WCr6" ist der Kurzname des Stahls (Abschn. 5.6.5) und bedeutet, dass er 1,05 % Kohlenstoff hat und mit Wolfram und Chrom niedriglegiert ist. Im Diagramm sind vier Abkühlkurven eingezeichnet, die mit erreichbaren Härtewerten bezeichnet sind. Den Kurven folgend können wir ablesen, welche Gefügebestandteile sich während des Abkühlens des Stahls bei einer bestimmten Abkühlgeschwindigkeit ausbilden.

Betrachten wir die in Abb. 5.7 markierten Abkühllinien. Die Line I entspricht einer Abkühlgeschwindigkeit, die höher als die obere kritische Abkühlgeschwindigkeit (Abschn. 5.3.3) ist. Aus dem Austenit entsteht ausschließlich Martensit, der eine hohe Härte von 850HV aufweist. Die Abkühlung entlang der Linie II führt zu einem Gefüge, das aus 30 % Bainit (eine spezielle Perlitsorte) und 70 % Martensit besteht und ebenfalls mit 680HV eine hohe Härte hat. Bei der dritten Abkühlgeschwindigkeit (Abkühlkurve III) finden mehrere Vorgänge in verschiedenen Temperaturbereichen statt. Das Endgefüge ist aus Perlit, Bainit und Martensit aufgebaut und besitzt eine mittlere Härte von 340HV. Die Abkühllinie IV entspricht einer langsamen Abkühlgeschwindigkeit, bei der ein perlitisches Gefüge entsteht, das die niedrigste Härte aufweist.

▶　　　Das ZTU-Diagramm ist die bildliche Darstellung möglicher Austenitumwandlungen und Gefügeausbildungen beim Abkühlen eines Stahls.

Jeder Stahl hat ein nur für ihn gültiges ZTU-Diagramm. Die Sammlung der erstellten ZTU-Diagramme ist im Atlas für Wärmebehandlung der Stähle zu finden.

5.4　Wärmebehandlung von Eisenwerkstoffen

Die Wärmebehandlung von Eisenwerkstoffen spielt in der Technik eine wichtige Rolle, da mit ihrer Hilfe Eigenschaften gezielt beeinflusst werden können. Vor allem werden Stähle wärmebehandelt, aber auch bei einigen Sorten Gusseisen wird diese Methode eingesetzt.

5.4.1　Zweck und Verfahren der Wärmebehandlung

a. Zweck der Wärmebehandlung
Eine Wärmebehandlung wird durchgeführt, wenn wir die Eigenschaften eines Eisenwerkstoffes an bestimmte Einsatzbedingungen anpassen wollen. Viele Eigenschaften können verändert werden z. B. Festigkeit, Härte, Verformbarkeit, Zähigkeit, Dauerfestigkeit, Zerspanbarkeit u. a.

Die Eigenschaftsänderung erfolgt durch eine gezielte Beeinflussung des Gefüges. Hierbei kann die Korngröße und/oder die Kornform verändert werden, und/oder es können neue Gefügearten erzeugt werden.

Sehr viele Bauteile und Werkzeuge aus Stahl werden wärmebehandelt (z. B. Zahnräder, Bolzen, Meißel Bohrer, Nockenwellen, Kurbelwellen, Sägeblätter u. a.). Wärmebehandlung ist Alltag in vielen Firmen, die oft eigene Härtereien für diese Zwecke besitzen.

b. Zeit-Temperatur-Verlauf und Verfahrensschritte
Jedes Verfahren der Wärmebehandlung hat einen Zeit-Temperatur-Verlauf, der schematisch in Abb. 5.8 gezeigt ist.

Wir unterscheiden folgende Verfahrensschritte:

Erwärmen und Halten　Die zu behandelten Bauteile werden in einem Ofen oder in einem Warmbad erwärmt. Wichtig dabei ist die Temperatur auf die erwärmt wird (Glüh- oder Härtetemperatur). Sie muss vor der Behandlung festgelegt werden.

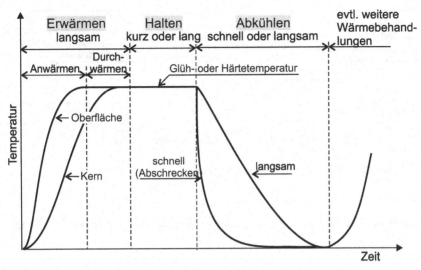

Abb. 5.8 Zeit-Temperatur-Verlauf bei der Wärmebehandlung von Stahl

Abkühlen Das Abkühlen muss mit einer bestimmten Abkühlgeschwindigkeit erfolgen. Abhängig von der Abkühlgeschwindigkeit können sich verschiedene Gefüge ausbilden (auch bei einer Stahlsorte). Es kann ein Gefüge nach dem Eisen-Kohlenstoff-Diagramm (z. B. bei Glühbehandlungen) entstehen oder es bilden sich neue Gefüge, die im Eisen-Kohlenstoff Diagramm nicht genannt sind. Neue Gefüge sind typisch für Verfahren wie z. B. Härten, Vergüten, Randschichthärten, Einsatzhärten. Als Abkühlmittel werden meist Härteöle und strömende Gase (Luft, Stickstoff) verwendet.

Anlassen Als Anlassen bezeichnen wir das Wiedererwärmen gehärteter Bauteile, mit dem Ziel ihre Eigenschaften weiter zu beeinflussen. Dabei spielt die Anlasstemperatur (200° C bis 600°C) eine entscheidende Rolle. Je nachdem, wie hoch sie ist, kann sich das Gefüge verändern und somit auch die Eigenschaften. Eine wichtige Wirkung des Anlassens ist die Entspannung des Gefüges. Nur in seltenen Fällen wird das Anlassen nicht durchgeführt (z. B. beim Randschichthärten).

c. Hauptverfahren der Wärmebehandlung
Viele Verfahren der Wärmebehandlung sind bekannt und werden angewandt. Die häufigsten Verfahren und ihre Hauptziele sind in Abb. 5.9 genannt.

▶ Die Wärmebehandlung von Eisenwerkstoffen dient der gezielten Änderung bestimmter Eigenschaften.
Die Eigenschaftsänderung wird durch Beeinflussung des Gefüges erreicht.
Jedes Verfahren hat einen Zeit-Temperatur-Verlauf.

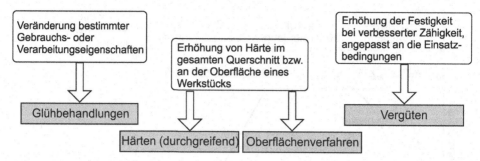

Abb. 5.9 Verfahren der Wärmebehandlung von Stahl

Nachfolgend beschäftigen wir uns mit wichtigen Verfahren der Wärmebehandlung von Stahl.

5.4.2 Glühbehandlung von Stahl

Bei allen Glühbehandlungen erwärmen wir die Stähle (Halbzeuge oder fertige Bauteile) zunächst auf eine geeignete Glühtemperatur. Danach erfolgt in der Regel ein langsames Abkühlen, das zu einer Gefügeausbildung nach dem Eisen-Kohlenstoff-Diagramm (Abschn. 5.3.2) führt. Hierdurch verändern sich vor allem Korngrößen und Kornformen.

a. Normalglühen (Normalisieren)
Durch das Normalglühen, das sehr oft durchgeführt wird, wollen wir ein günstiges Verhältnis von Festigkeit und Zähigkeit erreichen. Die Eigenschaftsänderung erfolgt durch Verfeinerung des Korns (Abschn. 4.3.1). Die Verfahrensschritte sind: schnelles Erwärmen mit kurzem Halten und unmittelbare Abkühlung an ruhender Luft oder Pressluft. Die Glühtemperatur ist vom Kohlenstoffgehalt abhängig und liegt knapp oberhalb der GSK-Linie im Eisen-Kohlenstoff-Diagramm (vgl. Abb. 5.5). Für einen Stahl mit 0,45 % Kohlenstoff würde sie beispielsweise 850 °C betragen. Die Verfeinerung des Gefüges wird durch schnell nacheinander folgende Gitterumwandlungen erzwungen. Das Normalgefüge und den normalisierten Zustand nehmen wir als Bezugszustand für Stahlkennwerte in Normen und Datenblättern.

b. Weichglühen
Durch das Weichglühen werden (wie der Verfahrensname sagt) Stähle weicher gemacht, wodurch sich ihre Zerspanbarkeit verbessert. So können beispielsweise Werkzeuge aus weichgeglühten Stählen leichter angefertigt werden. Das Weichglühen wird für Stähle mit einem Kohlenstoffgehalt von mehr als 0,4 % angewandt. Stähle, die weniger Kohlenstoff enthalten, sind von Natur aus weich genug (Abschn. 5.6.3). Die Glühtemperatur liegt im

Bereich von 680 bis 750 °C. Dabei wird der Zementit im Perlit von einer lamellenartigen (nadeligen) in eine kugelige Form überführt. Für diese Änderung der Kornform sind sehr lange Glühzeiten (ca. 100 Std.) notwendig.

c. Rekristallisationsglühen

Das Rekristallisationsglühen haben wir bereits in Kap. 4 (Abschn. 4.6.4) kennengelernt. Durch diese Behandlung wollen wir die durch Kaltverformung erzwungenen Eigenschaftsänderungen rückgängig machen. Vor allem steht die Verbesserung der Umformbarkeit im Vordergrund. Die Glühtemperatur beträgt von 550 bis 650 °C und es findet eine Neubildung des Gefüges statt. Dabei wird die Textur (Abschn. 4.3.2) beseitigt und die Eigenschaften werden wieder isotrop.

d. Spannungsarmglühen

Dem Namen entsprechend wollen wir durch dieses Glühen innere Spannungen (Abschn. 3.2.2) in Stahlbauteilen verringern. Der Spannungsabbau erfolgt durch das Sinken der Festigkeit bei höheren Temperaturen. Die Glühtemperatur beträgt von 550 bis 650 °C. Wir sehen, dass diese Glühtemperatur der des Rekristallisationsglühens ähnlich ist. Der Unterschied zwischen den beiden Glühbehandlungen ist der Zustand des Ausgangsgefüges. Wenn ein Stahlbauteil zuvor nicht kaltumgeformt wurde, sprechen wir vom Spannungsarmglühen, da keine Neubildung des Gefüges stattfindet. Das Spannungsarmglühen führen wir oft nach der Verarbeitung des Stahls, wie z. B. nach dem Zerspanen oder Schweißen, durch.

► Durch Glühbehandlungen von Stahl können bestimmte Eigenschaften wie eine optimale Festigkeit und Zähigkeit beim Normalglühen und eine gute Zerspanbarkeit beim Weichglühen eingestellt werden.
Nach Fertigungsverfahren wie Kaltumformen oder Schweißen dienen Glühbehandlungen zu Beseitigung der Folgen dieser Methoden.

5.4.3 Härten von Stahl

Das Härten ist das bekannteste und auch das wichtigste Verfahren der Wärmebehandlung von Stahl.

Der Begriff „Härten" wird von uns unterschiedlich benutzt. Er kann für ein selbstständiges Verfahren (das aus weiteren Behandlungen besteht) stehen oder für einen Verfahrensschritt einer kombinierten Behandlung (z. B. beim Vergüten).

Durch das Härten wollen wir die Härte und die Festigkeit eines Stahls deutlich erhöhen. Dies geschieht i. d. R. durch die Umwandlung von Austenit in Martensit (Abschn. 5.3.3).

Den Zeit-Temperatur-Verlauf beim Härten zeigt Abb. 5.10a. Zuerst werden die Bauteile auf eine bestimmte Härtetemperatur (Austenitisierungstemperatur) erwärmt und bei

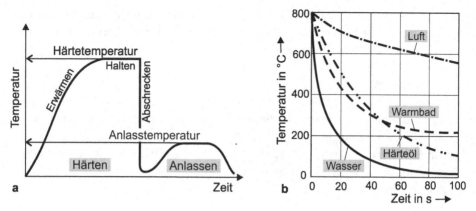

Abb. 5.10 Härten von Stahl. **a** Zeit-Temperatur-Verlauf, **b** Kühlwirkung gebräuchlicher Abkühl-mittel

dieser Temperatur eine definierte Zeit lang gehalten. Anschließend erfolgt das Abkühlen, bei dem die Abkühlgeschwindigkeit die kritische Abkühlgeschwindigkeit (Abschn. 5.3.3) überschreiten muss. Da diese Temperaturveränderung oft groß ist, sprechen wir von Abschrecken. Die kritische Abkühlgeschwindigkeit ist ein Stahlkennwert, der von der Stahlzusammensetzung abhängig ist. Sie wird dem ZTU-Diagramm des Stahls entnommen. Beim Abkühlen (Abschrecken) findet die Umwandlung des Austenits in Martensit statt.

Die kühlende Wirkung der gebräuchlichen Abschreckmittel können wir anhand Abb. 5.10b vergleichen. Wasser kühlt am schnellsten, verursacht jedoch hohe Wärmespannungen. Eine sehr gute Kühlwirkung hat ein Warmbad (z. B. aus geschmolzenen Salzen), in dem die Bauteile anfänglich schnell abgekühlt werden und danach langsamer, was eine Entspannung des Gefüges ermöglicht.

Nach dem Abschrecken werden die Stahlbauteile angelassen, d. h. in einem Ofen auf ca. 200 °C wiedererwärmt und danach an der Luft abgekühlt. Beim Anlassen „entspannen" sich die gehärteten Bauteile, was ihre Lebensdauer verlängert.

▶ Beim Härten von Stahl wird durch gezielte Gefügeänderung eine hohe Härte
   und Festigkeit erreicht.
   Als Abschreckmittel werden meist Härteöle, Warmbäder und Gase eingesetzt.

5.4.4 Oberflächenbehandlungen von Stahl

Mithilfe von Wärmebehandlungen dieser Gruppe wollen wir eine „Verteilung" der Eigenschaften im Querschnitt von Stahlbauteilen erzielen. Die Oberfläche eines Bauteils soll hart und verschleißfest sein, der Kern dagegen weich und zäh. Durch diese Differenzierung von Eigenschaften wird das Bauteil besser an seine dynamische Beanspruchung angepasst. Ein gutes Beispiel sind Zahnräder (Abb. 5.11). Die Zahnflanken sollen hart und verschleifest sein, der Kern soll weicher und zäh sein. Somit kann das Zahnrad gleichzeitig

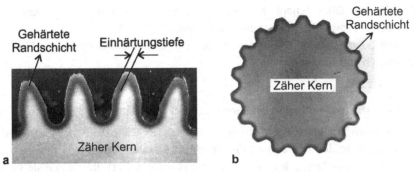

Abb. 5.11 Gehärtete Randschichten bei Zahnrädern. **a** Ausschnitt eines Zahnrades, **b** Ritzel mit gehärteter Randschicht

Tab. 5.3 Die wichtigsten Verfahren der Oberflächenbehandlung von Stahl

	Thermische Verfahren	Thermochemische Verfahren	
Name des Verfahrens	Randschichthärten	Einsatzhärten	Nitrieren
Ziele	Harte Randschicht, zäher Kern, gute Dauerfestigkeit	Harte Randschicht sehr zäher Kern, gute Dauerfestigkeit	Sehr harte Randschicht, zäher Kern, gute Dauerfestigkeit, verbesserte Korrosionsbeständigkeit
Gefügeänderung	Martensitbildung, gehärtete Randschicht	Martensitbildung, gehärtete Randschicht	Nitridbildung, naturharte Randschicht
Verfahrensschritte	Erwärmen der Randschicht durch stark gebündelte Wärmezufuhr und sofortiges Abschrecken	Aufkohlen der Randschicht danach Härten und ggf. Anlassen	Erwärmen in stickstoffabgebenden Mitteln
Technische Methoden	Induktionshärten, Flammhärten Laserhärten	Pulveraufkohlen Salzbadaufkohlen Gasaufkohlen	Gasnitrieren Plasmanitrieren Salzbadnitrieren

Reibung und Schwingbelastung gut ertragen. Zahnräder sind die wichtigsten Bauteile eines Getriebes (Abschn. 1.6).

Bei Oberflächenbehandlungen werden die Einhärtungstiefe (Abb. 5.11a) und die Randhärte eingestellt. Die Dicke der harten Randschicht ist vom Verfahren abhängig und liegt meist im Bereich von 0,2 bis 3 mm.

Unterschieden werden thermische und thermochemische Verfahren. Bei den thermischen Verfahren wird das Gefüge mit Wärme behandelt. Bei thermochemischen Verfahren finden zudem gezielte chemische Vorgänge statt, deren Ablauf durch die Wirkung der Wärme begünstigt wird. Diese Vorgänge führen zur Veränderung der Zusammensetzung der Randschicht. Einen Überblick der wichtigsten Verfahren der Oberflächenbehandlung gibt Tab. 5.3.

▶ Das Ziel der Oberflächenbehandlungen ist eine harte und verschleißfeste Randschicht sowie ein weicher und zäher Kern.
Zu den Oberflächenbehandlungen von Stahl gehören Randschichthärten, Einsatzhärten und Nitrieren.

Einsatzhärten in der Produktion des Stirnradschneckengetriebes[1]

Im Stirnradschneckengetriebe (Abschn. 1.6) müssen Zahnräder der Stirnradstufe und die Schnecke der Schneckenstufe (Abschn. 1.6.2) den hohen Belastungen standhalten. Diese Anforderung können diese Getriebeteile nur erfüllen, wenn sie sachgerecht wärmebehandelt werden. Gefertigt werden sie aus einem geeigneten Einsatzstahl (Abschn. 5.8.3) wobei ihnen durch Zerspanen mit CNC-Maschinen die Form gegeben wird. Nach dieser Formgebung werden die beiden Getriebeteile einsatzgehärtet, um eine harte und verschleißfeste Oberfläche zu erzielen.

Einsatzhärten ist das bevorzugte Verfahren für Antriebsteile und Zahnräder. Beim Einsatzhärten wird zuerst die Randschicht des Werkstücks in einem geeigneten Aufkohlungsmedium mit Kohlenstoff angereichert. Im Anschluss an die Aufkohlung wird das eigentliche Härten mit einem Abschreckmittel durchgeführt.

Die genannten Verfahrensschritte werden in der Praxis, z. B. bei Getriebebau NORD, mit modernen Methoden realisiert. Für die Anreicherung der Randschicht mit Kohlenstoff wird die Methode der Niederdruckgasaufkohlung angewandt. Als Aufkohlungsmedium wird Acetylen genutzt. Auf der heißen Oberfläche der Bauteile findet unter niedrigem Druck eine Pyrolyse von Acetylen statt und der entstehende Kohlenstoff diffundiert in die Randschicht. Die Aufkohlungstiefe (und somit auch die Einhärtungstiefe) kann ca. 0,2 des Verzahnungsmoduls erreichen und wird über die Zeit geregelt. Da im Zahnkontakt der Punkt der höchsten Materialbeanspruchung durch die Pressung etwas unter der Oberfläche liegt, soll die Einsatzhärtetiefe an diesem Punkt noch für eine hohe Werkstofffestigkeit sorgen.

Nach dem Aufkohlen erfolgt eine Hochdruckgasabschreckung. Als Abkühlmedium wird Helium genutzt. In einer speziellen Abschreckkammer unter hohem Druck und bei hoher Strömungsgeschwindigkeit kühlt das Helium die Getriebeteile sehr gleichmäßig ab.

Die gleichmäßige Abschreckung führt zu einer gleichmäßigen Härtung der Getriebeteile und zu geringen Verzügen. Ein weiterer Vorteil sind saubere Oberflächen, da die Abschreckung in sauerstofffreier Umgebung erfolgt. Abb. 5.12a zeigt ein Zahnrad nach dem beschriebenen Härten, seine Oberfläche bedarf keiner Nachbehandlung. Zum Vergleich ist die Oberfläche eines Zahnrades nach dem Härten im Salzbad (Abb. 5.12b) mit Eisenoxiden bedeckt und muss gestrahlt werden.

---

[1] Quelle: Getriebebau NORD

Abb. 5.12 Zahnräder nach unterschiedlichen Härtungs- verfahren (mit freundlicher Genehmigung der Firma Getriebebau NORD in Bargte- heide). **a** Nach dem Vakuum- härten, **b** Nach dem Härten im Salzbad

5.5 Herstellung von Stahl

Stähle werden aus Roheisen hergestellt. Das Roheisen aus dem Hochofen (Abschn. 5.2.2) enthält ca. 4 % Kohlenstoff, Stähle sollen nur bis zu 2 % Kohlenstoff enthalten. Somit ist die wichtigste Aufgabe der Stahlherstellung, dem Eisen den Kohlenstoff zu entziehen. Wie wird es erreicht? Hierfür nutzen wir die hohe Reaktionsfähigkeit von Sauerstoff und die leichte Bildung von Kohlenstoffoxiden aus. Das gängigste Verfahren der Stahlherstellung ist das Sauerstoffblasverfahren.

a. Sauerstoffblasverfahren
Bei dem Sauerstoffaufblasverfahren wird das flüssige Roheisen in einem kippbaren Kon- verter mit Sauerstoff durchgespült (Abb. 5.13a). Dabei werden Kohlenstoff sowie die Be- gleitelemente (Eisenbegleiter) Silizium, Mangan, Phosphor und Schwefel verbrannt. Falls erforderlich werden Legierungselemente zugegeben, um die gewünschte Stahlzusammen- setzung zu erhalten. Die entstehenden Oxide entweichen als Gase aus der Schmelze oder fließen mit der Schlacke ab.

b. Vergießen von Stahl
Nach dem Sauerstoffblasverfahren wird der flüssige Stahl vergossen und dabei für die wei- tere Verarbeitung in unterschiedliche Formen und Abmessungen gebracht. Dafür wird heute vor allem (weltweit ca. 90 %) das Stranggussverfahren (Abb. 5.13b) angewandt. Beim Stranggussverfahren gelangt der flüssige Stahl aus der Gießpfanne in eine kurze, wasser- gekühlte Kupferkokille. Der nur in der Randzone erstarrte Strang wird von Treibrollen aus der Kokille gezogen. Nach vollständiger Erstarrung wird der Strang in bestimmte Längen (Brammen) zerteilt.

▶ Stahl wird aus Roheisen durch Behandlung mit Sauerstoff hergestellt.
   Dabei werden der Kohlenstoffgehalt sowie ggf. Gehalte weiterer Elemente
   eingestellt.

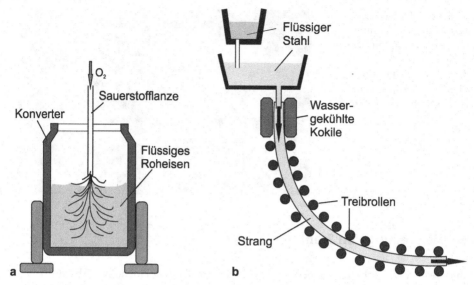

Abb. 5.13 Herstellung von Stahl. **a** Sauerstoffaufblasverfahren, **b** Stranggussverfahren

5.6 Zusammensetzung und das Bezeichnungssystem der Stähle

5.6.1 Woraus bestehen Stähle?

Stähle sind Legierungen von Eisen und Kohlenstoff, können aber sehr verschiedene Zusammensetzungen haben und weitere Elemente enthalten. Die Zusammensetzung von Stahl kann wie folgt darstellt werden:

Stahl = Eisen + Kohlenstoff (bis 2 %) + Begleitelemente + (sehr oft) Legierungselemente

Und je nachdem, ob die Legierungselemente vorhanden sind oder nicht, werden Stähle in unlegierte Sorten und legierte Sorten eingeteilt.

Im täglichen Sprachgebrauch wird Stahl fälschlicherweise oft als Eisen oder Schmiedeeisen bezeichnet. Eisen ist das chemische Element. Stahl ist der technische Werkstoff auf der Basis von Eisen.

5.6.2 Begleitelemente und ihre Wirkung

Alle Stähle enthalten Begleitelemente, die auch als Eisenbegleiter bezeichnet werden. Diese Elemente befinden sich bereits in den Erzen und in den anderen Einsatzstoffen, die bei der Roheisengewinnung verwendet werden.

Erwünschte Begleitelemente sind Silizium und Mangan. Sie haben bestimmte Aufgaben und ihr Gehalt wird bei der Stahlherstellung kontrolliert.

Silizium bindet chemisch den im flüssigen Stahl gelösten Sauerstoff, es desoxidiert den Stahl, was die Stahleigenschaften verbessert. Dieser Prozess wird das Beruhigen von Stahl genannt, da der Stahl mit dem entweichenden Sauerstoff sozusagen kochen würde und es würden viele Lunker und Poren entstehen. Als Begleitelement wird Silizium bis zu einem Gehalt von 0,5 % bezeichnet. Höhere Gehalte weisen darauf hin, dass Silizium als Legierungselement (z. B. bei Federstählen) zugesetzt wurde.

Mangan bindet chemisch den Schwefel und entschwefelt den Stahl, was ebenfalls zur Verbesserung der Stahleigenschaften führt. Dabei entsteht Mangansulfid, das keine so negative Wirkung hat, wie das ansonsten entstandene Eisensulfid. Bis zu einem Gehalt von 1,6 % wird Mangan als Begleitelement bezeichnet. Höhere Gehalte weisen darauf hin, dass Mangan als Legierungselement (z. B. bei Vergütungsstählen) zugesetzt wurde.

Unerwünschte Begleitelemente sind Phosphor und Schwefel. Beide haben eine negative Wirkung, sodass ihre Anteile die Stahlgüte bestimmen.

Phosphor erniedrigt die Zähigkeit von Stahl stark (sog. Phosphor–Versprödung) und verschiebt die Übergangstemperatur von zähem und sprödem Verhalten bei schlagartiger Belastung (Abschn. 4.5.7) zu höheren Werten. Bei zu hohen Phosphorgehalten kann ein zäher Stahl bereits bei Raumtemperatur sehr spröde werden.

Schwefel verursacht Brüche (sog. Rotbruch) bei Warmumformung von Stahl (Abschn. 4.6.2). Diese eigentlich schlechte Wirkung von Schwefel kann aber auch für die Verbesserung der Zerspanbarkeit ausgenutzt werden. Bei spanabhebenden Fertigungstechniken ist ein kurzer, brüchiger Span von Vorteil und so enthalten Automatenstähle (Abschn. 5.14) mehr Schwefel als andere Stahlsorten.

▶   Stähle enthalten neben dem Eisen und Kohlenstoff auch Begleitelemente.
    Silizium und Mangan sind erwünschte Begleitelemente, Phosphor und Schwefel sind unerwünscht.
    Die Mehrheit der Stähle enthält verschiedene Legierungselemente.

5.6.3   Unlegierte Stähle

Unlegierte Stähle bestehen aus Eisen, Kohlenstoff und Begleitelementen. Sie enthalten keine Legierungselemente, die gezielt zugesetzt werden. Die Gefüge unlegierter Stähle können dem Eisen-Kohlenstoff-Diagramm (Abschn. 5.3.2) entnommen werden.

Die Eigenschaften unlegierter Stähle werden vor allem durch ihren Kohlenstoffgehalt beeinflusst. Seinen Einfluss auf die Festigkeit (Streckgrenze und Zugfestigkeit) sowie auf die Verformbarkeit (Bruchdehnung) zeigt Abb. 5.14.

Mit steigendem Kohlenstoffgehalt verbessern sich folgende Eigenschaften: Festigkeit, Härte, Verschleißbeständigkeit, Dauerfestigkeit und Härtbarkeit. Warum steigen die Härte und die Festigkeit an? Diesen Anstieg erklären wir mithilfe des Stahlgefüges. Mehr

Abb. 5.14 Einfluss von Kohlenstoff auf die Eigenschaften unlegierter Stähle

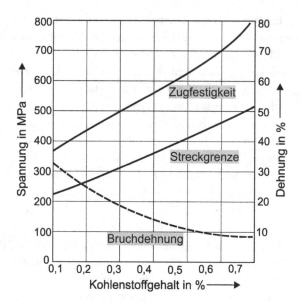

Kohlenstoff bewirkt einen höheren Zementitanteil im Gefüge, der hart und spröde ist. Hierdurch wird der Stahl härter und seine Festigkeit nimmt zu.

In Abb. 5.14 werden nur gängige Kohlenstoffgehalte bis 0,7 % berücksichtigt. Bei höheren Kohlenstoffgehalten ist sein Einfluss auf die Festigkeit anders. Zwar gibt es ebenfalls einen Festigkeitsanstieg, jedoch nicht gleichmäßig. Wenn der Zementit sich nur im Perlit befindet, ist sein Einfluss auf die Eigenschaften gedämpft. Wenn aber der Zementit bei mehr als 0,8 % Kohlenstoff an den Korngrenzen von Perlit im Gefüge erscheint, wirkt sich dies schlecht auf die Belastbarkeit aus und die Zugfestigkeit steigt nicht weiter an. Abhilfe schafft die Veränderung der Kornform. Wenn Zementit in Form von kleinen kugeligen Teilchen gleichmäßig im Gefüge verteilt ist, steigt die Festigkeit an. Auf diese Weise wird z. B. das Gefüge von Werkzeugstählen (Abschn. 5.11), die kohlenstoffreich sind, konzipiert und hergestellt.

Folgende Eigenschaften werden mit steigendem Kohlenstoffgehalt schlechter: Verformbarkeit, Zähigkeit, Schweißbarkeit und Bearbeitbarkeit (z. B. Zerspanbarkeit). Die Verschlechterung der Verformbarkeit und Zähigkeit lässt sich durch den Einfluss des Zementits erklären. Die Eignung zum Schweißen ist mit der Martensitbildung aus Austenit (Abschn. 5.3.3) verbunden. Da beim Schweißen Stähle erwärmt werden, müssen wir Veränderungen des Gefüges beim nachfolgenden Abkühlen beachten. Martensit ist hart und spröde und würde eine Schweißnaht verschlechtern.

Bei der Zerspanbarkeit spielt die durch den Kohlenstoff verbesserte Festigkeit eine Rolle. So müssen beim Zerspanen höhere Kräfte aufgebracht werden, was als negativ anzusehen ist.

Tab. 5.4 Maßgebende Legierungsgehalte einiger Legierungselemente für die Abgrenzung der unlegierten von den legierten Stählen. (Quelle: DIN EN 10 020)

Co	Cr	Mn	Mo	Ni	Si	Ti	W	V
0,10 %	0,30 %	1,60 %	0,08 %	0,30 %	0,50 %	0,05 %	0,10 %	0,10 %

Neben der Zusammensetzung beeinflusst der Gefügezustand die Stahleigenschaften. Wichtig ist, ob ein Stahl mit einem bestimmten Kohlenstoffgehalt verformt (kalt oder warm) oder wärmebehandelt wurde.

▶ Unlegierte Stähle enthalten Eisen, Kohlenstoff und Begleitelemente.
Ihre Eigenschaften werden maßgebend durch den Kohlenstoffgehalt bestimmt.

5.6.4 Legierte Stähle

Legierte Stähle bilden sortentechnisch gesehen die Mehrheit der Stähle.

a. Zusammensetzung und Einteilung legierter Stähle
Die legierten Stähle enthalten neben Eisen, Kohlenstoff und Begleitelementen auch Legierungselemente. Um einen Stahl als legiert bezeichnen zu können, muss der Legierungsgehalt einen genormten Grenzwert überschreiten, meist sind dies 0,1 bis 0,5 %. Diese geringen Grenzwerte sind einerseits mit der starken Wirkung der Legierungselemente verbunden, andererseits mit ihren meist hohen Preisen (z. B. Nickel, Titan). In der entsprechenden EU-Norm sind 18 Elemente genannt, jedoch werden nicht alle häufig zulegiert. In Tab. 5.4 sind die wichtigsten Legierungselemente und ihre Grenzgehalte dargestellt.

Nach der Menge der Legierungselemente werden legierte Stähle in niedriglegierte und hochlegierte eingeteilt. Die Grenze zwischen den beiden Gruppen liegt beim Legierungsgehalt von 5 % (für ein Element bzw. für die Summe der Legierungselemente).

b. Eigenschaften legierter Stähle
Die Eigenschaften legierter Stähle sind zunächst vom Kohlenstoffgehalt abhängig, wobei seine Wirkung mit der bei den unlegierten Stählen übereinstimmt (Abschn. 5.6.3). Entscheidend beeinflusst werden die Eigenschaften durch die dem Stahl zulegierten Elemente.

Legierungselemente haben eine vielfältige und komplexe Wirkung. Sie können bestimmte Eigenschaften im Vergleich zu unlegierten Stählen verbessern. Das betrifft Festigkeit, Härte und Zähigkeit sowie insbesondere die Eignung zum Härten (Härtbarkeit von Stahl Abschn. 5.8.1). Mit Legierungselementen können bestimmte Eigenschaften erzielt werden, die die unlegierten Stähle nicht aufweisen, so z. B. Korrosionsbeständigkeit und Warmfestigkeit.

Und auch bei den legierten Stählen dürfen wir nicht vergessen, dass bei einer gegebenen Zusammensetzung (Kohlenstoffgehalt und Legierungsgehalt) die Eigenschaften vom Behandlungszustand (eingestelltem Gefüge) abhängig sind.

Tab. 5.5 Mischkristallbildung einiger Legierungselemente mit Eisen

	Element	Gitter	Max. möglicher Anteil	
			in α-Fe, in%	in γ-Fe, in%
Ferritbildner	Cr	krz	100,0	12,5
	Mo	krz	37,5	1,6
	V	krz	100,0	1,5
Austenitbildner	Mn	kfz	3,5	100,0
	Co	kfz	76,0	100,0
	Ni	kfz	8,0	100,0

c. Wirkung von Legierungselementen auf Stahlgefüge

Legierungselemente können mit den beiden Hauptkomponenten des Stahls Eisen und Kohlenstoff verschiedene Phasen bilden, die als Gefügebestandteile die Eigenschaften beeinflussen.

Viele Legierungselemente bilden mit Eisen Mischkristalle (Abschn. 4.3.3). Am Beispiel der in Tab. 5.5 genannten Elemente sehen wir, dass die maximale Aufnahme von Legierungsatomen unterschiedlich und vom Eisen-Gitter abhängig ist. Daher unterschieden wir zwischen den Ferrit- und Austenitbildnern.

Ferritbildner sind Elemente wie Chrom, Molybdän, Silizium, Titan, Vanadium und Wolfram, die bevorzugt mit dem α-Eisen Mischkristalle bilden. Bei entsprechend hohen Gehalten an Ferritbildnern können ferritische Stähle entstehen, die ein homogenes Mischkristallgefüge aufweisen.

Austenitbildner sind Elemente wie Kobalt, Mangan und Nickel, die bevorzugt mit dem γ-Eisen Mischkristalle bilden. Bei entsprechend hohen Gehalten an Austenitbildnern können austenitische Stähle entstehen, die ebenfalls ein homogenes Mischkristallgefüge aufweisen.

Wir erinnern uns, dass homogene Legierungen korrosionsbeständiger sind als heterogene (Abschn. 4.8.2).

Interessant ist, was passiert, wenn einem Stahl eine bestimmte Kombinationen von Legierungselementen zugesetzt werden. Hier gibt es keine allgemeingültige Regel. Bei Kombinationen von Legierungselementen können sich unterschiedliche Gefüge ausbilden. Für die Praxis ist das Legieren mit Chrom und Nickel sehr wichtig. Beide haben, einzeln betrachtet, eine ganz unterschiedliche Wirkung: Chrom ist ein Ferritbildner und Nickel ein Austenitbildner (vgl. Tab. 5.5). Werden beide Metalle zulegiert, können sich je nach Chrom- und Nickelgehalt unterschiedliche Gefüge ausbilden. Es können austenitische Stähle (z. B. bei 18 %Cr und 10 %Ni), ferritische Stähle oder auch ferritisch-austenitische Stähle (sog. Duplex-Stähle) entstehen. Diese Wirkung nutzen wir im Bereich der korrosionsbeständigen Stähle (Abschn. 5.9).

Die weitere Möglichkeit ist, dass Legierungselemente mit Kohlenstoff Karbide (intermetallische Verbindungen) bilden. Karbidbildner sind: Chrom, Molybdän, Titan, Vanadium und Wolfram. Oft ist die Neigung zur Karbidbildung größer als die Neigung zur

Bildung von Mischkristallen (z. B. bei Chrom). Dies muss bei der Stahlherstellung berücksichtigt werden. Bei der Karbidbildung ist eine gleichmäßige Verteilung von Karbiden in Gefügen sehr wichtig. Karbide sind allgemein sehr hart und spröde, wenn auch ihre Härte sehr unterschiedlich sein kann.

▶   Legierte Stähle enthalten Eisen, Kohlenstoff, Begleitelemente und Legierungselemente.
     Es werden niedriglegierte Sorten (Legierungsgehalt kleiner als 5 %) und hochlegierte Sorten (Legierungsgehalt höher als 5 %) unterschieden.
     Eigenschaften legierter Stähle werden maßgebend von den Legierungselementen und ihren Anteilen sowie vom Kohlenstoffgehalt bestimmt.

5.6.5   Bezeichnungssystem der Stähle

Das Bezeichnungssystem für Stähle in Europa ist in den entsprechenden Normen festgelegt. Auch in nichteuropäischen Ländern (z. B. in China) ist das EU-Bezeichnungssystem bekannt und wird oft genutzt.

Die Bezeichnung der Stähle, die gegenwärtig eindeutig definiert ist, hat sich im Laufe der Zeit aber mehrfach geändert. Weiterhin gibt es jedoch Markennamen und historisch gewachsene Bezeichnungen wie St52 oder V2A, sodass die Benennung der Stähle in der Praxis etwas verwirrend erscheinen kann.

Jeder Stahl bekommt in der Europäischen Union einen Kurznamen und eine Werkstoffnummer. Der Kurzname lässt auf einige Eigenschaften des Stahls schließen.

a. Kurznamen der Stähle
Die Stahl-Kurznamen setzen sich aus Haupt- und Zusatzsymbolen zusammen, wobei ein Zusatzsymbol nicht immer vorhanden ist. Sie werden entweder nach Verwendung und Eigenschaften oder nach chemischer Zusammensetzung des Stahls gebildet. Der Aufbau der Kurznamen ist im Folgenden vereinfacht dargestellt. Vollständige Informationen und Erläuterungen sind in den einschlägigen Normen zu finden.

Der Aufbau von Stahl-Kurznamen nach Verwendung und Eigenschaften ist schematisch in Abb. 5.15 dargestellt.

Einige der Bezeichnungen, die in den Stahl-Kurznamen nach Verwendung vorkommen, sind in Tab. 5.6 erläutert.

Beispiel: Der Kurzname „S235JR" steht für einen Stahl für allgemeinen Stahlbau mit einer Mindeststreckgrenze größer als 235 MPa und einer Kerbschlagarbeit von 27 J bei 20 °C.

Der Aufbau von Kurznamen nach der chemischen Zusammensetzung für unlegierte Stähle mit weniger als 1 % Mangan ist schematisch in Abb. 5.16 dargestellt. Als unlegiert

Bezeichnungsposition

1	2	3	4
Verwendung	Kennzahl	Zusatzsymbol 1	Zusatzsymbol 2

Abb. 5.15 Aufbau der Stahl-Kurznamen nach Verwendung und Eigenschaften

Tab. 5.6 Bezeichnungen bei den Stahl-Kurznamen nach Verwendung (Auswahl)

Verwendung	Kennzahl	Zusatzsymbol 1	Zusatzsymbol 2
S Allgemeiner Stahlbau	Mindeststreck-grenze R_{eH} in MPa	JR – K_v = 27 J bei +20 °C J0 – K_v = 27 J bei 0 °C J2 – K_v = 27 J bei −20 °C K_v - *Kerbschlagarbeit* G1 bis G4 Zustand beim Vergießen	C – besondere Kaltumformbarkeit F – zum Schmieden L – für niedrige Temperaturen M – thermomechanisch umgeformt N – normalisiert Q – vergütet S – für Schiffbau W – wetterfest
E Maschinenbau	Mindeststreck-grenze R_{eH} in MPa	G1 bis G4 Zustand beim Vergießen	C – besondere Kaltumformbarkeit
P Druckbehälter	Mindeststreck-grenze R_{eH} in MPa	M – thermomechanisch umgeformt N – normalisiert Q – vergütet	H – für hohe Temperaturen L – für niedrige Temperaturen R – für Raumtemperatur
L Rohrleitungen	Mindeststreck-grenze R_{eH} in MPa	M – thermomechanisch umgeformt N – normalisiert Q – vergütet	Anforderungsklassen
D, DC, DD, DX Weiche Stähle zum Kaltumformen	Walzzustand	Kennzeichen für Überzug	nicht vorgesehen

bezeichnen wir Stähle, die keine Legierungselemente enthalten. Sie können geringe Mengen Desoxidationsmittel (Begleitelemente) enthalten. Die Kurznamen werden durch ein „C" für Kohlenstoff angeführt.

Die Kennzahl (dimensionslose Verhältniszahl) für den Kohlenstoffgehalt wird durch Multiplikation mit 100 des mittleren Gehalts gebildet. Zusatzsymbole werden selten vergeben; beispielsweise bedeutet „E" max. Schwefelanteil und „R" einen Bereich des Schwefelanteils.

Beispiel: Der Kurzname „C45E" steht für einen unlegierten Stahl mit 0,45 % Kohlenstoff und max. 0,04 % Schwefel.

Abb. 5.16 Aufbau der Stahl-Kurznamen nach chemischer Zusammensetzung für unlegierte Stähle mit Mangangehalt < 1 %

Bezeichnungsposition

1	2	3
C	Kohlenstoffgehalt	Zusatzsymbol

Bezeichnungsposition

1	2	3	4
Kohlenstoffgehalt	Legierungselemente	Legierungsgehalte	Zusatzsymbole

Abb. 5.17 Aufbau der Stahl-Kurznamen nach chemischer Zusammensetzung für unlegierte Stähle mit Mangangehalt > 1 % und für niedriglegierte Stähle

Tab. 5.7 Multiplikationsfaktoren für Legierungselemente

Legierungselement	Faktor
Cr, Co, Mn, Ni, Si, W	4
Al, Be, Cu, Mo, Nb, Pb, Ta, Ti, V, Zr	10
Ce, N, P, S, C	100
B	1.000

Der Aufbau von Kurznamen nach der chemischen Zusammensetzung für unlegierte Stähle mit mehr als 1 % Mangan sowie für niedriglegierte Stähle ist schematisch in Abb. 5.17 dargestellt. Am Anfang dieser Kurznamen steht eine Kennzahl für den Kohlenstoffgehalt, die durch Multiplikation mit 100 des mittleren Gehalts gebildet wird.

Als niedriglegiert bezeichnen wir Stähle, die weniger als 5 % Legierungselemente (in Summe bzw. von einem Legierungselement) enthalten.

Legierungselemente werden mit ihren chemischen Symbolen bezeichnet. Die Legierungsgehalte werden durch Multiplikation ihres mittleren Gehalts mit unterschiedlichen Faktoren (Tab. 5.7) gebildet. Mehrere Angaben werden mit einem Bindestrich getrennt.

Zusatzsymbole werden selten vergeben und wenn, dann bezeichnen sie besondere Anforderungen oder Behandlungszustände, z. B. „QT" für vergütet.

Beispiel: Der Kurzname „42CrMo4" steht für einen niedriglegierten Stahl mit 0,42 % Kohlenstoff und 1 % Chrom sowie einer geringen Menge (< 1 %) an Molybdän.

Der Aufbau von Kurznamen nach der chemischen Zusammensetzung für hochlegierte Stähle ist schematisch in Abb. 5.18 dargestellt. Als hochlegiert bezeichnen wir Stähle, die mehr als 5 % Legierungselemente enthalten (in Summe bzw. von einem Element). Der Kurzname wir durch ein „X" angeführt.

Die Kennzahl (dimensionslose Verhältniszahl) für den Kohlenstoffgehalt wird durch Multiplikation mit 100 des mittleren Gehalts gebildet. Legierungselemente werden mit ihren chemischen Symbolen bezeichnet. Die Legierungsgehalte werden ohne

Bezeichnungsposition

1	2	3	4
X	Kohlenstoffgehalt	Legierungselemente	Legierungsgehalte

Abb. 5.18 Aufbau der Stahl-Kurznamen nach chemischer Zusammensetzung für hochlegierte Stähle

Abb. 5.19 Aufbau der Werkstoffnummern von Stahl

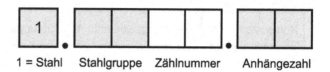

1 = Stahl   Stahlgruppe   Zählnummer   Anhängezahl

Tab. 5.8 Ziffer für die Stahlgruppe in der Werkstoffnummer für Stähle (Auswahl)

Ziffern	Stahlgruppe
01 … 07	Unlegierte Qualitätsstähle
08 … 09	Legierte Qualitätsstähle
10 … 13	Unlegierte Edelstähle
15 … 18	Unlegierte Werkzeugstähle
20 … 28	Legierte Werkzeugstähle
32 … 39	Legierte sonstige Stähle
40 … 45	Nichtrostende Stähle
46 … 49	Warmfeste Stähle

Multiplikatoren in der Reihenfolge der chemischen Symbole angegeben. Mehrere Angaben werden mit einem Bindestrich getrennt.

Beispiel: Der Kurzname „X5CrNi18-10" steht für einen hochlegierten Stahl mit 0,05 % Kohlenstoff und 18 % Chrom sowie 10 % Nickel.

b. Werkstoffnummern
Für Stähle wurde die Idee der Werkstoffnummern umgesetzt und somit hat jeder Stahl in der Europäischen Union neben seinem Kurznamen auch eine Nummer (Abb. 5.19). Die wichtigsten Ziffern für die Stahlgruppen sind in Tab. 5.8 genannt. Die vollständigen Nummern sind nur mit dem Stahlschlüssel zu verstehen.

Der Vorteil der Stahlnummern ist, dass sie immer die gleiche Länge haben. Sie sind insbesondere im kaufmännischen Bereich weit verbreitet und erleichtern die Bestellungsvorgänge. Vergleichen wir z. B. den Kurznamen und die Werkstoffnummer eines oft verwendeten korrosionsbeständigen Stahls. Sein (langer) Kurzname lautet X6CrNiMoTi17-12-2 und seine (kurze) Werkstoffnummer lautet 1.4571. Es soll auch nicht überraschen, dass der Stahl in der technischen Umgangssprache kurz als „Fünfundvierzigeinundsiebzig" genannt wird.

▶ In der Europäischen Union hat jeder Stahl einen Kurznamen und eine Werkstoffnummer.
   Die Kurznamen der Stähle werden abhängig von der Verwendung oder der chemischen Zusammensetzung festgelegt.

5.6.6   Güteklassen und Handelsformen von Stahl

a. Güteklassen

Alle Stahlsorten können in folgende Güteklassen eingeteilt werden: unlegierte Qualitätsstähle, unlegierte Edelstähle, nichtrostende Stähle, legierte Qualitätsstähle, andere legierte Edelstähle.

Als Edelstähle werden (legierte und unlegierte) Stahlsorten bezeichnet, die einen hohen Reinheitsgrad besitzen und deren chemische Zusammensetzung besonders eng toleriert ist. Darunter fallen z. B. Stähle, deren Schwefel- und Phosphorgehalt (Begleitelemente Abschn. 5.6.2) 0,025 % nicht übersteigt. Anders als häufig angenommen ist ein Edelstahl nicht zwangsläufig ein nichtrostender Stahl (so wie ein nichtrostender Stahl nicht zwangsläufig ein Edelstahl ist). Trotzdem werden im Alltag häufig nur rostfreie Stähle als Edelstähle bezeichnet.

b. Handelsformen von Stählen

Ein großer Vorteil der Stähle ist, dass sie in verschiedenen, häufig genormten Handelsformen angeboten werden.

Stahl wird zunächst als ein sogenanntes Halbzeug bezogen. Hierbei stehen runde oder quadratische Blöcke (Durchmesser oder Kantenlänge größer als 50 mm) sowie rechteckige und vorprofilierte Brammen mit einem Querschnitt größer als 2.500 mm² zur Verfügung.

Durch Walzen, Ziehen, Strangpressen und andere Verfahren werden aus den Halbzeugen verschiedene Fertigerzeugnisse hergestellt. Sie sind die eigentlichen Handelsformen und ihre Auswahl ist sehr groß. Hierbei werden Flach- und Langerzeugnisse sowie andere Erzeugnisse unterschieden.

Flacherzeugnisse werden als Erzeugnisse mit etwa rechteckigem Querschnitt, dessen Breite viel größer als seine Dicke ist, definiert. Sie werden unterteilt in:

- warmgewalzte Flacherzeugnisse ohne Oberflächenveredelung,
- kaltgewalzte Flacherzeugnisse ohne Oberflächenveredelung,
- Elektroblech und -band,
- Verpackungsblech und -band,
- warm- und kaltgewalzte Flacherzeugnisse mit Oberflächenveredelung,
- zusammengesetzte Erzeugnisse.

Die warm- und kaltgewalzten Flacherzeugnisse werden in Abhängigkeit von der Erzeugnisdicke in Feinblech und -band (Dicke < 3 mm) sowie Grobblech und -band (Dicke ≥ 3 mm) unterschieden.

Langerzeugnisse haben einen über die Länge gleichbleibenden Querschnitt und werden durch Walzen, Schmieden und Ziehen hergestellt. Sie werden unterteilt in:

- Walzdraht mit Nenndurchmesser bzw. Dicke > 5 mm,
- gezogener Draht,
- warmgeformte Stäbe,
- Blankstahl,
- warmgewalzte Profile,
- geschweißte Profile,
- Kaltprofile,
- Rohre, Hohlprofile, Drehteilrohre, Ringe, Radreifen, Scheiben.

Andere Erzeugnisse, die nicht zu den Walzstahlerzeugnissen gehören, sind Freiformschmiedestücke, Gesenkschmiedestücke und Gussstücke.

Für die Handelsformen gibt es genormte Kurzzeichen, die in entsprechenden Normen festgeschrieben sind. Genaue Informationen zu den Handelsformen von Stählen sind in Lieferantenkatalogen zu finden.

5.7 Baustähle

Die Baustähle bilden auf ihre Masse bezogen die größte Stahlgruppe. Die Baustähle werden nach ihren mechanischen Eigenschaften (der Streckgrenze) gekennzeichnet (vgl. Abb. 5.15 und Tab. 5.6) und im Anlieferungszustand mit dem Herstellgefüge verwendet.

Folgende zwei Grundanforderungen werden an alle Baustähle gestellt: Sie sollen schweißbar sein (verschiedene Verfahren sind möglich) und eine gute Zähigkeit haben (die Kerbschlagarbeit soll bei Raumtemperatur 27 J betragen). Diese Anforderungen werden erfüllt, wenn der Kohlenstoffgehalt kleiner als ca. 0,2 % ist. Somit sind alle Baustähle kohlenstoffarm.

5.7.1 Bewertung der Schweißbarkeit von Baustählen

Das Schweißen ist die wichtigste Fügetechnik und wir fordern, dass Konstruktionswerkstoffe, somit auch Baustähle, dafür geeignet sind.

Die Schweißbarkeit eines Stahls ist zunächst vom Kohlenstoffgehalt abhängig. Der Anteil der Legierungselemente wird auf einen gleichartig wirkenden (äquivalenten) Kohlenstoffanteil CEV-Wert nach folgender Formel umgerechnet:

$$CEV = C + Mn/6 + (Cr + Mo + V)/5 + (Ni + Cu)/15 \ (in \ \%)$$

Abb. 5.20 Anwendungsbeispiele für allgemeine Baustähle. a Wendeltreppe, b Stahlfelge

Nach ihrem CEV-Wert werden die Stähle in drei Gruppen eingeteilt:

- Stähle mit CEV < 0,4 % sind gut schweißbar,
- Stähle mit CEV < 0,6 % sind bedingt schweißbar, das Schweißen ist nur unter bestimmten Bedingungen möglich (z. B. beim Vorwärmen der Teile),
- Stähle mit CEV > 0,6 % sind schwer schweißbar, das Schweißen ist nur unter bestimmten Bedingungen möglich (z. B. bei Anwendung spezieller Elektroden).

5.7.2 Allgemeine Baustähle (unlegierte Baustähle)

Die allgemeinen Baustähle werden in der Praxis auch als Eisen oder Walzeisen bezeichnet und bilden auf ihren Verbrauch bezogen die größte Gruppe der Baustähle.

a. Eigenschaften allgemeiner Baustähle
Allgemeine Baustähle haben eine ausreichende bis gute Festigkeit (Streckgrenze bis ca. 350 MPa), die über die Korngröße eingestellt wird. Alle Sorten sind kohlenstoffarm und unlegiert. Das Gefüge besteht aus Ferrit und Perlit und entspricht dem Eisen-Kohlenstoff-Diagramm (Abschn. 5.3.2).

Die allgemeinen Baustähle werden im Anlieferungszustand, d. h. mit dem vom Hersteller erzielten Gefüge und gegebenen Eigenschaften verwendet. Die typischen Anlieferungszustände sind normalisiert (Abschn. 5.4.2), warmumgeformt oder auch kaltumgeformt (Abschn. 4.6).

Die Mehrheit der Sorten der allgemeinen Baustähle ist für den Stahlbau (Erkennungsbuchstabe S) vorgesehen und sie lassen sich schmelzmetallurgisch schweißen. Einige wenige Sorten sind Maschinenbaustähle (Erkennungsbuchstabe E), die einen leicht höheren Kohlenstoffgehalt aufweisen und nur pressschweißbar sind. Einige Sortenbeispiele mit ihren mechanischen Eigenschaften sind in Tab. 5.9 dargestellt.

b. Anwendung allgemeiner Baustähle
Allgemeine Baustähle haben sehr breite Anwendung. Sie sind die am weitesten verbreiteten Konstruktionswerkstoffe, insbesondere für geschweißte Konstruktionen (Abb. 5.20a), im Fahrzeugbau, im Behälterbau, im Hoch-, Tief-, Brücken- und Hallenbau sowie für

Tab. 5.9 Allgemeine Baustähle (Auswahl). (Quelle: www.salzgitter-flachstahl.de)

Kurzname	Werkstoff-Nr.	Zugfestigkeit in MPa	Streckgrenze in MPa	Bruchdehnung in%
S 235JR	1.0037	360 … 510	235	25
S 275J0	1.0044	360 … 510	275	22
S 355JR	1.0045	470 … 630	345	22
E 295	1.0050	490 … 660	295	20

Tab. 5.10 Wetterfeste Baustähle (Auswahl). (Quelle: www.salzgitter-flachstahl.de)

Kurzname	Werkstoff-Nr.	Zugfestigkeit in MPa	Streckgrenze in MPa	Bruchdehnung in%
S 235J0W	1.8958	360 … 510	235	19
S 355J2WP	1.8946	510 … 680	355	17

Maschinengestelle, Achsen, Wellen, Autofelgen (Abb. 5.20b) und viele andere Bauteile. Sie werden in der Regel bei normalen Belastungen und unter normalen klimatischen Bedingungen eingesetzt.

5.7.3 Wetterfeste Baustähle

a. Eigenschaften wetterfester Baustähle
Wetterfeste Baustähle haben, im Vergleich zu den allgemeinen Baustählen, eine deutlich verbesserte Witterungsbeständigkeit. Diese Beständigkeit beruht auf dem Passivierungsprinzip (Abschn. 4.8.2). Im Laufe der Zeit entsteht auf den Stählen eine dicke und gut haftende Rostschicht, die den Stahl vor weiterer Korrosion schützt. Die Ausbildung dieser Schutzschicht ist durch eine geeignete Zusammensetzung möglich. Wetterfeste Stähle sind niedriglegiert und enthalten genau abgestimmte und geringe Mengen (jeweils weniger als 1 %) an Kupfer, Chrom und Nickel. Die Stähle sind schmelzschweißgeeignet, ihre mechanischen Eigenschaften sind denen der allgemeinen Baustähle ähnlich. Zwei Sorten wetterfester Stähle mit ihren mechanischen Eigenschaften sind in Tab. 5.10 dargestellt.

Die wetterfesten Baustähle werden oft als Cortenstahl bezeichnet. Der Name basiert auf den englischen Worten cor(rosion) und ten(sile).

b. Anwendung wetterfester Baustähle
Wetterfeste Baustähle werden vor allem für große Bauteile, die im Freien stehen, z. B. für Gebäudefassaden (Abb. 5.21a), Förderanlagen oder Container verwendet. Bauteile und Konstruktionen aus diesen Stählen benötigen keine weitere Wartung bezüglich des Korrosionsschutzes. Eine besondere Anwendung finden wetterfeste Stähle im Kunstbereich, beispielsweise bei der Gestaltung von Skulpturen.

Abb. 5.21 Anwendungsbeispiele für Baustähle. **a** Fassade aus wetterfestem Baustahl, **b** Kranausleger aus Feinkornbaustahl

5.7.4 Feinkornbaustähle

Feinkornbaustähle sind vor allem für den Leichtbau vorgesehen. Beim Leichtbau spielen die spezifischen Eigenschaften eines Werkstoffs – seine spezifische Steifigkeit (E-Modul bezogen auf die Dichte) und seine spezifische Festigkeit (Zugfestigkeit bezogen auf die Dichte) – die wichtigste Rolle.

a. Eigenschaften von Feinkornbaustählen
Feinkornbaustähle zeichnen sich durch eine gute bis sehr gute Festigkeit (Streckgrenze > 350 MPa) aus. Ihre Eignung zum Schweißen hängt von der Zusammensetzung ab, wobei der CEV-Wert (Abschn. 5.7.1) vom Hersteller angegeben wird. Hochfeste Feinkornbaustähle sind nur mit speziellen Methoden schweißbar.

Die Festigkeit dieser Stähle wird durch ein feinkörniges Gefüge erreicht. Dafür muss die Zusammensetzung abgestimmt werden. Zudem ist oft eine geeignete Wärmebehandlung notwendig. Feinkornbaustähle sind kohlenstoffarm (Kohlenstoffgehalt von ca. 0,15 %) und meist niedriglegiert. Zu den Legierungselementen gehören Chrom, Nickel und Titan, Niob und Vanadin. Die Letzteren bilden sehr harte Karbide, die in einer ferritischen Masse im Gefüge vorliegen.

Die Herstellung dieser Stähle (insbesondere der hochfesten Sorten) ist aufwendig. Nach den bei der Herstellung durchgeführten Behandlungen werden Feinkornbaustähle in zwei Gruppen eingeteilt:

- Normalgeglühte und thermomechanisch behandelte Feinkornbaustähle (Streckgrenze bis 500 MPa),
- Wasservergütete, hochfeste Feinkornbaustähle (Streckgrenze höher als 500 MPa).

Unter thermomechanischer Behandlung verstehen wir eine Warmumformung, bei der eine gezielte Kontrolle der Temperatur und der Umformbedingungen stattfindet. Eine solche Behandlung verleiht dem Endprodukt Eigenschaften, die durch konventionelle Fertigungsschritte nicht erreichbar wären.

Tab. 5.11 Feinkornbaustähle (Auswahl). (Quelle: www.salzgitter-flachstahl.de)

Kurzname	Werkstoff-Nr.	Zugfestigkeit in MPa	Streckgrenze in MPa	Bruchdehnung in%
S 420 M	1.8825	500 … 660	420	19
S 500Q	1.8924	590 … 770	500	17
S 960Q	1.8933	980 … 1.150	960	10

Wie alle Baustähle werden auch die Feinkornbaustähle im Anlieferungszustand verwendet. Einige Sortenbeispiele mit ihren mechanischen Eigenschaften sind in Tab. 5.11 dargestellt.

b. Anwendung von Feinkornbaustählen
Feinkornbaustähle werden vor allem für stark belastete Bauteile wie Kranausleger (Abb. 5.21b), Brückenbauteile, Maschinengestelle, Fahrzeugkomponenten verwendet.

▶   Baustähle sind schweißbar und weisen eine gute Zähigkeit auf.
      Sie sind kohlenstoffarm und ggf. niedriglegiert.
      Allgemeine und wetterfeste Baustähle haben eine mittlere Festigkeit (Streckgrenze bis ca. 350 MPa).
      Feinkornbaustähle haben eine hohe Festigkeit (Streckgrenze derzeit bis 1.100 MPa).

5.8   Stähle für Wärmebehandlung

Die Wärmebehandlung von Stählen kann mithilfe verschiedener Verfahren durchgeführt werden. Daher werden auf dem Markt verschiedene Stähle angeboten, die für die jeweiligen Methoden der Wärmebehandlung geeignet sind. Die Eignung zur Wärmebehandlung (vor allem die Härtbarkeit) wird durch eine dem Verfahren angepasste Zusammensetzung erreicht.

Alle Stähle für Wärmebehandlung werden nach chemischer Zusammensetzung gekennzeichnet (Abschn. 5.6.5).

5.8.1   Bewertung der Härtbarkeit von Stählen

Ein Stahl für Wärmebehandlung soll eine dem Verfahren angepasste Härtbarkeit aufweisen. Die Härtbarkeit ist die Fähigkeit eines Stahls, durch eine Wärmebehandlung bestimmte Härtewerte anzunehmen. Die gezielte Eigenschaftsänderung erfolgt in der Regel durch Umwandlung des austenitischen Gefüges in ein martensitisches Gefüge (Abschn. 5.3.3). Die Härtbarkeit eines Stahls bewerten wir mithilfe von zwei Kenngrößen: Aufhärtbarkeit und Einhärtbarkeit.

Abb. 5.22 Temperatur-Zeit-Verlauf beim Vergüten von Stahl

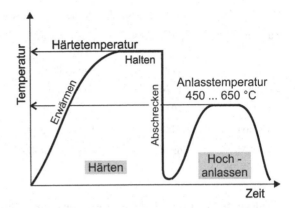

- Die Aufhärtbarkeit ist die höchste erreichbare Härte an bzw. in der Nähe der Oberfläche eines Stahls.
- Die Einhärtbarkeit ist die größte erreichbare Einhärtungstiefe. Die Einhärtungstiefe können wir uns als Schichtdicke vorstellen, die ein martensitisches Gefüge aufweist.

Beide Kenngrößen werden bei einem speziellen Versuch ermittelt, dem Stirnabschreckversuch. Informationen zu dem Versuch sind in der weiterführenden Literatur zu finden.

5.8.2 Vergütungsstähle

Vergütungsstähle eigen sich zum Vergüten und bilden die größte Gruppe der Stähle für Wärmebehandlung.

a. Vergüten von Stahl
Vergüten ist eine sehr oft angewandte, kombinierte Wärmebehandlung, die aus dem Härten und Hochanlassen besteht. Das Ziel dieser Behandlung ist ein optimales Eigenschaftsprofil eines Stahls, eine gute Festigkeit und eine gute Zähigkeit (die Zähigkeit wird verbessert). Den Temperatur-Zeit-Verlauf beim Vergüten zeigt Abb. 5.22.

Beim Hochanlassen werden Stahlbauteile nach dem Härten auf eine für den Stahl hohe Temperatur wiedererwärmt. Durch die Wärmewirkung verändert sich das martensitische Gefüge so, dass die Zähigkeit des Stahls ansteigt und seine sehr hohe Härte und Festigkeit abnehmen (aber auf einem guten Niveau bleiben). Das Endgefüge verleiht dem Stahl das gewünschte Eigenschaftsprofil.

b. Eigenschaften und Anwendung von Vergütungsstählen
Vergütungsstähle werden in vielen Sorten – unlegierten und legierten – angeboten. Der Kohlenstoffgehalt liegt meist im Bereich von 0,3 bis 0,6 %. Als Legierungselemente werden vor allem Chrom, Mangan, Nickel und Molybdän zugesetzt. Wie schon erwähnt, bestimmt die Zusammensetzung die Eignung des Stahls zum Härten und dadurch auch seine Eigenschaften nach dem Vergüten.

Tab. 5.12 Vergütungsstähle (Auswahl). (Quelle: www.saarstahl.de)

Kurzname	Werkstoff-Nr.	Zugfestigkeit in MPa	0,2 %-Dehngrenze in MPa	Bruchdehnung in%
C45E	1.1191	700 … 850	490	14
28Mn6	1.1170	800 … 950	590	13
34Cr4	1.7033	900 … 1.100	700	12
42CrMo4	1.7225	1.100 … 1.300	900	10
30CrNiMo8	1.6580	1.250 … 1.450	1.050	9

Unlegierte Vergütungsstähle weisen eine geringe (bis 5 mm) Einhärtungstiefe auf. Bei mangan- und chromlegierten Stählen ist die Härtbarkeit deutlich besser. Ihre Festigkeit im vergüteten Zustand kann Werte bis zu ca. 800 MPa erreichen. Durch das zusätzliche Legieren mit Molybdän besitzen solche Vergütungsstähle eine nochmals verbesserte Härtbarkeit. Molybdän verbessert zudem die Warmfestigkeit.

Die beste Eignung zum Vergüten haben Chrom-Nickel-Molybdän-Stähle. Bei diesen Stählen kann die höchste Festigkeit aller Vergütungsstähle erreicht werden. Einige Sorten von Vergütungsstählen mit ihren mechanischen Eigenschaften sind in Tab. 5.12 dargestellt.

Vergütungsstähle werden meist im normalisierten Zustand geliefert. Beim Anwender erfolgt das Vergüten (in der Regel fertiger Bauteile), um das gewünschte und der Anwendung angepasste Eigenschaftsprofil zu erzielen.

Vergütungsstähle werden vor allem für schlag- und stoßartig beanspruchte Bauteile wie Schrauben, Turbinenteile und für kompliziert gestaltete (mit vielen technisch bedingten Kerben) Bauteile wie Kurbelwellen und Zahnräder verwendet.

Vergütungsstähle im Stirnradschneckengetriebe[2]

Im Stirnradschneckengetriebe (Abschn. 1.6) sind mehrere Teile aus Vergütungsstählen zu finden.

Die Antriebswelle und die Abtriebswelle werden aus Vergütungsstahl angefertigt. Bedingt durch eine unterschiedliche Beanspruchung der beiden Wellen werden beim Getriebebau NORD zwei verschiedene Stahlsorten verwendet.

Die Antriebswelle (Abb. 5.23a) nimmt hohe Kräfte und Drehmomente auf und leitet sie weiter. Beim Einsatz des Getriebes sind die Antriebsbedingungen meist nicht definiert und unterschiedlich. Um ihre Aufgabe in dem kleinen Bauraum immer sicher zu erfüllen, muss die Welle eine hohe Festigkeit von mind. 900 MPa besitzen, und als Vollwelle ausgeführt werden. Sie wird aus dem legierten Vergütungsstahl 42CrMo4 gefertigt. Hierzu wird ein bereits vom Stahlhersteller vergüteter Rundstab verarbeitet.

---

[2] Quelle: Getriebebau NORD.

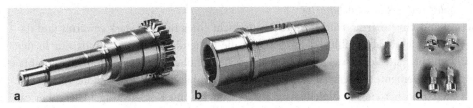

Abb. 5.23 Getriebeteile aus Vergütungsstahl (mit freundlicher Genehmigung der Firma Getriebe-bau NORD in Bargteheide). **a** Antriebswelle, **b** Abtriebswelle, **c** Passfedern, **d** Schrauben

Die Abtriebswelle (Abb. 5.23b) ist aufgrund des großen zur Verfügung stehenden Bauraumes geringeren Belastungen ausgesetzt und muss daher nur eine mittlere Festig-keit aufweisen. Sie wird aus dem unlegierten Vergütungsstahl C45 angefertigt. Hierzu wird ebenfalls ein vom Stahlhersteller vergüteter Rundstab verarbeitet. Die Welle wird als Hohlwelle ausgeführt, da diese Form eine Aufstecklösung an der Abnehmerseite des Getriebes ermöglicht.

Da beide Wellen aus wärmebehandelten Stählen hergestellt werden, erfolgt keine weitere Wärmebehandlung beim Getriebehersteller.

Auch die Passfedern (Abb. 5.23c), die im Stirnradschneckengetriebe eingesetzt wer-den, sind aus Vergütungsstahl, meist aus der unlegierten Sorte C45. Passfedern dienen formschlüssigen, sogenannten Welle-Nabe-Verbindungen und sind hohen mechani-schen Belastungen ausgesetzt. Dies ist z. B. bei der Verbindung der Antriebswelle mit dem Ritzel (dem kleineren Zahnrad der Stirnradstufe) der Fall. Passfedern werden als fertige Bauteile (Normteile) für den Einsatz im Getriebe gekauft.

Vergütungsstahl wird oft für Schrauben verschiedener Art verwendet. Im Stirnrad-schneckengetriebe werden mehrere Schrauben eingesetzt, zwei Arten sind in Abb. 5.23d dargestellt. Die unten gezeigten Schrauben dienen der Befestigung des Gehäusedeckels, die Oberen der Kontrolle des Ölstands sowie ggf. zum Ölablassen. Die Schrauben sind teilweise mit einem speziellen Kunststoff beschichtet, um ihre Abdichtung im Gewinde sicherzustellen.

5.8.3   Stähle für Oberflächenbehandlungen

Oberflächenbehandlungen von Stahl (Abschn. 5.4.4) werden oft angewandt. Es gibt viele Bauteile, die eine harte, verschleißfeste Randschicht und einen zähen Kern haben sollen. Dazu zählen Getriebeteile, Wellen, Zahnräder, Bolzen, Zylinderbüchsen, Messspindeln, Nocken, Ventile und viele weiteren. Diese im Querschnitt eines Bauteils differenzierten Eigenschaften können mit einer geeigneten Oberflächenbehandlung erzielt werden. Wir haben drei wichtige Verfahren der Oberflächenbehandlung besprochen und folgend wer-den dazu geeignete Stähle kurz beschrieben.

a. Stähle für das Randschichthärten

Beim Randschichthärten wird nur die Randschicht eines Bauteils stark erwärmt und danach sehr schnell abgekühlt. Dadurch findet die härtende Martensitbildung nur in der Randschicht statt. Voraussetzung ist ein ausreichend hoher Kohlenstoffgehalt des Stahls. Legierungselemente verbessern den Vorgang. Die am häufigsten angewandte Technik ist das Induktionshärten. Prinzipiell lassen sich alle Stähle mit Kohlenstoffgehalten über ca. 0,2 % induktiv härten. Solche für das Randschichthärten geeigneten Stähle finden wir vor allem bei den oben besprochenen Vergütungsstählen, aber auch bei Werkzeugstählen und korrosionsbeständigen Stählen, die in den folgenden Abschnitten besprochen werden.

b. Einsatzstähle

Das Einsatzhärten ist die häufigste Methode der Oberflächenbehandlung von Stahl. Ein wichtiger Vorteil dieses Verfahrens ist, dass es sich dabei ein deutlicher Unterschied in der Härte zwischen der Randschicht und dem Kern einstellen lässt. Das ist für viele Bauteile, die stoßartig und gleichzeitig auf Reibung beansprucht werden, sehr wichtig. Dazu gehören allem voran Zahnräder.

Einsatzstähle sind unlegierte oder legierte Stähle mit verhältnismäßig niedrigem Kohlenstoffgehalt (0,1 % bis etwa 0,25 %). Als Legierungselemente werden, wie bei den Vergütungsstählen, vor allem Chrom, Mangan, Molybdän und Nickel zugesetzt. Zu den am häufigsten verwendeten Einsatzstählen gehören folgende Sorten: C10 (1.1121), C15 (1.1141), 16MnCr5 (1.7131), 20MnCr5 (1.7147) und 18CrNi8 (1.5920).

Beim Einsatzhärten wird die Randschicht zuerst aufgekohlt (auf ca. 0,7 bis 0,9 % Kohlenstoff) oder carbonitriert (Kohlenstoff und Stickstoff werden zugeführt). Anschließend wird das Härten durchgeführt. Bedingt durch den höheren Kohlenstoffgehalt bildet sich der härtende Martensit nur in der Randschicht. Der Werkstückkern mit dem geringeren Kohlenstoffgehalt bleibt weich und zäh.

Einsatzstähle im Stirnradschneckengetriebe[3]

Die Zahnräder der Stirnradstufe sowie die Schnecke der Schneckenstufe des Stirnradschneckengetriebes (Abschn. 1.6) sind hohen Belastungen ausgesetzt. Um diesen Belastungen standzuhalten, werden diese Getriebeteile aus einem Einsatzstahl angefertigt und wärmebehandelt.

Die beiden Zahnräder der Stirnradstufe zeigt Abb. 5.24a. Im einsatzbereiten Stirnradschneckengetriebe sind sie vertikal angeordnet (vgl. Abb. 1.4). Die Zahnräder sind schrägverzahnt und müssen eine gute Oberflächenhärte und hohe Verschleißfestigkeit aufweisen. Bedingt durch die Beanspruchung müssen sie zudem eine definierte Wälzfestigkeit haben, die sich aus konstruktiven Berechnungen ergibt. Ein zäher Kern und eine harte, blanke Oberfläche ergänzen dieses Eigenschaftsprofil.

---

[3] Quelle: Getriebebau NORD.

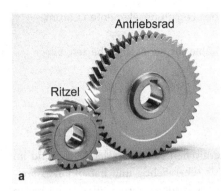

Abb. 5.24 Getriebeteile aus Einsatzstahl (mit freundlicher Genehmigung der Firma Getriebebau NORD in Bargteheide). **a** Zahnräder der Stirnradstufe, **b** Schnecke der Schneckenstufe

Die Grundsätze der Werkstoffauswahl für die Schneckenstufe haben wir im Kap. 1 (Abschn. 1.6.2) diskutiert. Die Schnecke (Abb. 5.24b) arbeitet mit dem Schneckenrad zusammen (vgl. Abb. 1.4) und wird durch hohe Gleitanteile mechanisch stark beansprucht. Sehr wichtig sind ihre gute Verschleißfestigkeit sowie ihre gute Festigkeit, insbesondere gegen Durchbiegung. Ein zäher Kern und eine blanke Oberfläche gehören ebenfalls zum Anforderungsprofil der Schnecke.

Um diese Anforderungen zu erfüllen, wird der legierte Einsatzstahl 16MnCr5 verwendet, der in Form von Rundstäben, ähnlichen Durchmessers wie die Getriebeteile, angekauft wird. Nach der zerspanungstechnischen Fertigung werden die Zahnräder und die Schnecke einsatzgehärtet. Dabei werden die modernen Techniken des Niederdruckgasaufkohlens und des Hochdruckgasabschreckens angewandt (Abschn. 5.4.4).

c. Nitrierstähle

Beim Nitrieren wird die Randschicht eines Stahlbauteils mit Stickstoff angereichert und es bilden sich sehr harte Metallnitride. Prinzipiell kann jeder Stahl nitriert werden. Da diese Technik teurer ist als andere Oberflächenbehandlungen, sollen wir eine gut geeignete Stahlsorte auswählen. Nitrierstähle sind legierte Stahle. Sie enthalten verschiedene Legierungselemente, vor allem Chrom und Aluminium. Wichtig ist, dass die Legierungselemente zur Nitridbildung neigen und Nitride mit hoher Härte bilden. Häufig verwendete Sorten der Nitrierstähle sind: 31CrMoV9 (1.8519) und 34CrAlNi7 (1.8550). Sie können im vergüteten Zustand geliefert werden und erreichen nach dem Nitrieren eine Härte von bis zu 950HV.

Nitrierstähle werden beispielsweise für Bauteile von Maschinen für Kunststoffverarbeitung sowie im Motorenbau verwendet.

▶ Stähle für Wärmebehandlung sind auf die unterschiedlichen Verfahren abgestimmt.
Die Bewertung der Härtbarkeit erfolgt mithilfe der Aufhärtbarkeit und Einhärtungstiefe.

Es werden überwiegend legierte Stähle mit den Legierungselementen Chrom, Mangan, Molybdän und Nickel verwendet.

Wichtige Gruppen sind Vergütungsstähle, Stähle für Randschichthärten, Einsatzstähle und Nitrierstähle.

5.9 Korrosionsbeständige Stähle

Korrosion ist allgegenwärtig, sie tritt in einer chemischen Fabrik, in der Küche und im Freien auf. Somit sind korrosionsbeständige Stähle sehr wichtig und haben einen breiten Anwendungsbereich. Wir benötigen hierbei verschiedene Sorten, die an die realen korrosiven Beanspruchungen angepasst sind. Dabei muss das Medium, in dem ein Stahl eingesetzt werden soll, beachtet werden. Einen universellen Stahl, der in jedem Medium korrosionsbeständig ist, gibt es nicht.

Alle korrosionsbeständigen Stähle sind hochlegiert und werden nach ihrer chemischen Zusammensetzung gekennzeichnet.

5.9.1 Korrosionsbeständigkeit der Stähle

a. Anforderungen an die Zusammensetzung
Korrosionsbeständige Stähle gehören zu den Metallen, die eine schützende Passivschicht ausbilden (Abschn. 4.8.2). Diese Passivschicht entsteht, sofern folgende Voraussetzungen erfüllt sind.

Die wichtigste Voraussetzung ist, dass der Stahl mindestens 12 % Chrom enthalten muss. Chrom überträgt seine eigene Fähigkeit zum Passivieren auf Stahl. Die unsichtbare Passivschicht bildet sich selbstständig aus, ist 10 bis 30 nm dick, elektronenleitend und besteht aus Chromoxid.

Eine zweite Voraussetzung ist, dass das Chrom mit dem Eisen Mischkristalle bilden muss. Es dürfen keine Chromkarbide entstehen (Chrom neigt zur Karbidbildung). Daher müssen diese Stähle sehr wenig Kohlenstoff (weniger als 0,1 %, am besten max. 0,01 %) haben. Ein Zusatz anderer Legierungselemente (z. B. Titan), die Karbide bilden, kann ebenfalls hilfreich sein.

Häufig werden weitere Legierungselemente zugesetzt, vor allem Nickel und Molybdän. Nickel begünstigt ein austenitisches Gefüge, Molybdän die Beständigkeit in chloridhaltigen Medien.

Für die Sicherung der Korrosionsbeständigkeit sind hohe Reinheitsgrade der Stähle notwendig.

Die Erfüllung dieser Voraussetzungen ist nur durch eine aufwendige Herstellung möglich. Oft kommen spezielle Methoden, wie z. B. der VOD-Prozess (Vacuum Oxygen Decarburisation), zum Einsatz.

Abb. 5.25 Gefügeaus-
bildung bei Chrom-Nickel-
Stählen (vereinfacht)

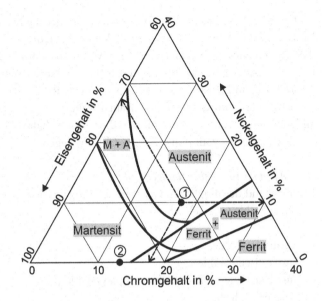

b. Bewertung der Korrosionsbeständigkeit
Für die Bewertung der Beständigkeit dieser Stähle wird in der Praxis der sog. PRE-Wert
(Pitting-Resistance-Equivalent) benutzt. Diese Bewertung wird insbesondere beim Einsatz
in chlorhaltigen Medien angewandt.
Die Kennzahl berechnen wir nach der folgenden Regel:

PRE-Wert = Chromgehalt + 3,3 × Molybdängehalt + x × Stickstoffgehalt
Der Faktor „x" kann je nach Stahlgefüge verschiedene Werte (0, 16 oder 30) annehmen.

Der PRE-Wert gibt Anhaltspunkte zur Beständigkeit korrosionsbeständiger Stähle. Weitere Legierungselemente müssen dennoch beachtet werden. Je höher der PRE-Wert ist, desto
besser die Korrosionsbeständigkeit des Stahls. Aus Erfahrung wissen wir, dass erst Werte
von 30 und höher die sichere Beständigkeit z. B. im Meerwasser bedeuten.

5.9.2 Einteilung korrosionsbeständiger Stähle

Die Einteilung korrosionsbeständiger Stähle erfolgt nach ihrem Gefüge. Die Gefügeausbildung ist von der Zusammensetzung abhängig. Entscheidend sind die Anteile an Chrom
und Nickel.

a. Gefügeausbildung
Die Gefügeausbildung in Abhängigkeit von der Zusammensetzung ist in Abb. 5.25 darge-
stellt, in der ein großes Austenit-Feld erkennbar ist. Dies bedeutet, dass ein austenitisches
Gefüge bei Kombinationen der beiden Elemente Chrom und Nickel entsteht. Das geschieht

auch, wenn Nickel als Austenitbildner in einem geringeren Anteil als Chrom vorhanden ist. Diese Erkenntnis ist wichtig, da Nickel zu den teuren Metallen gehört und jede Möglichkeit den Nickelgehalt zu erniedrigen, von wirtschaftlicher Bedeutung ist. Nehmen wir beispielsweise den Punkt 1 in der Abb. 5.25. Er entspricht der Stahlzusammensetzung von 18 % Chrom und 10 % Nickel und liegt im Austenit-Feld.

Dem Diagramm entnehmen wir auch weitere mögliche Zusammensetzungen, die zu anderen Gefüge führen. Dabei müssen die Chromgehalte – wegen der Ausbildung der Passivschicht – rechts vom Punkt 2 (12 % Chrom) liegen.

b. Gruppen korrosionsbeständiger Stähle
Entsprechend der möglichen Gefügeausbildung werden folgende Gruppen korrosionsbeständiger Stähle unterschieden:

- Ferritische Stähle,
- Austenitische Stähle,
- Austenitisch-ferritische Stähle (Duplex-Stähle),
- Martensitische Stähle.

Ferritische, austenitische und ferritisch-austenitische Stähle haben sehr wenig Kohlenstoff und sind umwandlungsfrei, d. h. bei Temperaturänderungen findet keine Gitterumwandlung von Eisen statt. Diese Stähle haben fast im gesamten Temperaturbereich das durch die Zusammensetzung bedingte Gefüge. Somit sind das Härten und alle mit dem Härten verbundenen Wärmebehandlungen (z. B. Vergüten) nicht möglich.

Martensitische Stähle besitzen mehr Kohlenstoff. Dadurch sind sie umwandlungsfähig und zum Härten geeignet. Durch den erhöhten Kohlenstoffgehalt wird die Korrosionsbeständigkeit vermindert und Bauteile oder Gegenstände aus diesen Stählen müssen poliert werden.

Ferritische, austenitische und ferritisch-austenitische Stähle werden im Anlieferungszustand verwendet. Martensitische Stähle werden (als Bauteile) nach dem Härten verwendet.

Das Diagramm in Abb. 5.25 ist für praktische Zwecke nicht gut geeignet. Die Fachleute bedienen sich mit dem genaueren Schaeffler-Diagramm, das ständig verbessert und erweitert wird. Bei diesem Diagramm werden sog. Chrom- und Nickel- Equivalente betrachtet, mit denen mehre Ferrit- bzw. Austenitbildner berücksichtigt werden. Das Schaeffler-Diagramm ist in der weiterführenden Literatur zu finden.

5.9.3 Eigenschaften und Anwendung korrosionsbeständiger Stähle

a. Eigenschaften
Bedingt durch unterschiedliche Zusammensetzungen und Gefüge unterscheiden sich die korrosionsbeständigen Stähle in ihren Eigenschaften. Ein allgemeiner Vergleich einiger Eigenschaften ist in Tab. 5.13 dargestellt.

Tab. 5.13 Vergleich von Eigenschaften korrosionsbeständiger Stähle

Eigenschaften	Austenitische Stähle	Ferritische Stähle	Austenitisch-ferritische Stähle	Martensitische Stähle
Kohlenstoffgehalt	< 0,1 %	< 0,1 %	< 0,1 %	0,2 … 0,6 %
Korrosionsbeständigkeit	Sehr gut	Sehr gut	Sehr gut	Gut
Festigkeit	Mittelmäßig	Mittelmäßig	Gut	Sehr gut
Umformbarkeit	Sehr gut	Sehr gut	Gut	Schlecht
Eignung zum Polieren	Sehr gut	Sehr gut	Mittelmäßig	Gut
Sonstiges	Unmagnetisch	Magnetisch	Magnetisch	Magnetisch
Anteil an der Weltproduktion	75 %	22 %	1 %	2 %
Sortenbeispiele	X5CrNi18-10 X6CrNiMoTi17-12-2 X2CrNiMo18-14-3	X6Cr17 X2CrTi12	X2CrNi-MoN22-5-3	X20Cr13 X45CrMoV15

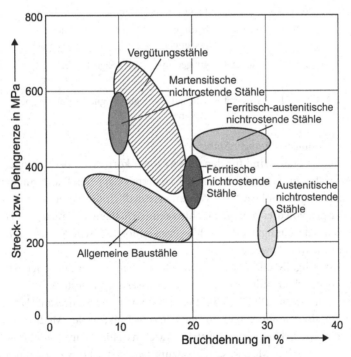

Abb. 5.26 Vergleich korrosionsbeständiger Stähle mit anderen Stahlgruppen

Anhand der Abb. 5.26 können wir korrosionsbeständige Stähle mit anderen Stahlgruppen bezüglich ihrer mechanischer Eigenschaften (Festigkeit und Verformbarkeit) vergleichen.

Abb. 5.27 Anwendungsbeispiele für korrosionsbeständige Stähle. **a** Schornstein aus austenitischem Stahl, **b** Waschmaschinentrommel aus ferritischem Stahl, **c** Messer aus martensitischem Stahl

Tab. 5.14 Vergleich der Eignung einiger Stähle für unterschiedliche Bedingungen. (Quelle: Informationsstelle Edelstahl Rostfrei, Merkblatt 828)

Stahlbezeichnung		Gefüge	Umgebung			
Kurzname	Wst.-Nr.		Land	Stadt	Industrie	Am Meer
X6Cr17	1.4016	Ferrit	bedingt geeignet	nicht geeignet	nicht geeignet	nicht geeignet
X5CrNi18-10	1.4301	Austenit	gut geeignet	gut geeignet	bedingt geeignet	bedingt geeignet
X6CrNiMo17-12-2	1.4571	Austenit	sehr gut geeignet	gut geeignet	gut geeignet	gut geeignet

b. Anwendung korrosionsbeständiger Stähle

Korrosionsbeständige Stähle sind für den Einsatz unter korrosiven Bedingungen vorgesehen. Bei der Auswahl eines für ein bestimmtes Medium geeigneten Stahls müssen wir immer die Einsatzbedingungen beachten. Wie unterschiedlich die Eignungen sein können, sehen wir am Beispiel von drei gängigen nichtrostenden Stählen, die in Tab. 5.14 aufgelistet sind. Dabei wird die Beständigkeit der Stähle gegen atmosphärische Korrosion unter mittlerer Korrosionsbelastung bewertet.

Korrosionsbeständige Stähle haben einen sehr breiten Anwendungsbereich, von der Küche bis zur chemischen Industrie, von Rasiermessern und Besteck bis zu Turbinenschaufeln und Laufrädern. Diese Stähle verwenden wir im Bauwesen (Fassaden), im Schiffbau (Tanks), im Maschinenbau, in der Uhrentechnik, in der Medizintechnik und anderen Bereichen wie Lebensmittelindustrie, Waschmaschinen und Geschirrspüler, Abgassysteme, Wärmetauscher, Meerwasserentsalzungsanlagen. Abb. 5.27 zeigt nur drei Beispiele dieser vielfältigen Anwendungen.

c. Benennung korrosionsbeständiger Stähle

Korrosionsbeständige Stähle werden sehr unterschiedlich bezeichnet. Zum Beispiel als Edelstahl Rostfrei in Deutschland (alleine „Edelstahl" bedeutet Stahlsorten mit besonders hoher Reinheit, die nicht zwangsläufig hochlegiert und rostfrei sind) oder als Inox-Stahl in Frankreich. „Cromargan" ist der Handelsname vom WMF, „Nirosta" ist Markenname von ThyssenKrupp Stainless. Sehr verbreitet ist auch die alte Bezeichnung „VA-Stahl" (V2A, V4A). Sie sind 1912 bei der Entwicklung der ersten Stähle entstanden. Mit „V" hat man damals eine Versuchsschmelze markiert und „A" bedeutete Austenit. Bis heute sind diese kurzen und bequemen Bezeichnungen im Einsatz.

▶ Korrosionsbeständige Stähle bilden eine schützende Passivschicht aus und sind dadurch in verschiedenen Medien beständig.
Die Stähle sind hochlegiert und enthalten immer mind. 12 % Chrom. Oft werden weitere Elemente zulegiert.
Gefügebedingt werden ferritische, austenitische, ferritisch-austenitische und martensitische Stähle unterschieden.
Die größte Bedeutung haben die austenitischen Stähle.

5.10 Wärmebeständige Stähle

Wärmebeständige Stähle werden bei Temperaturen von über 500 °C eingesetzt. Hohe Temperaturen sind z. B. für den Betrieb von Kraftwerken typisch. Alle wärmebeständigen Stähle sind legiert und werden nach ihrer chemischen Zusammensetzung gekennzeichnet.

5.10.1 Anforderungen an wärmebeständige Stähle

Wärmebeständige Stähle weisen hohe Schmelztemperaturen ($T_s > 1.400$ °C) auf, was gleichbedeutend mit der Forderung 500 °C $< 0,46\,T_s$ ist. Das Gefüge dieser Stähle muss thermisch stabil sein.

Folgende Eigenschaften sind von großer Bedeutung: ausreichende Beständigkeit gegen Kriechen (Abschn. 4.5.3) und ausreichende Beständigkeit gegen Hochtemperaturkorrosion (Abschn. 4.8.1). Die Beständigkeit gegen Hochtemperaturkorrosion wird gesichert, wenn die Deckschichten auf diesen Stählen langsam wachsen und stabil sind. Auch eine ausreichende Dauerfestigkeit bei hohen Temperaturen wird gefordert.

Diese Anforderungen werden durch eine abgestimmte Zusammensetzung und eingestelltes Gefüge erzielt.

Wärmebeständige Stähle sind Hochtemperaturwerkstoffe, die in der Energietechnik, der Antriebstechnik, der chemischen Industrie und Hüttentechnik verwendet werden.

5.10.2 Einteilung und Anwendung wärmebeständiger Stähle

Die Einteilung wärmebeständiger Stähle hängt mit Stärke ihrer Beanspruchung zusammen.

a. Hitzebeständige Stähle

Hitzebeständige Stähle zeichnen sich vor allem durch gute Hochtemperaturkorrosionsbe-
ständigkeit aus. Es werden ferritische Stähle und austenitische Stähle verwendet.

Ferritische Stähle (Sortenbeispiel: X10CrAl24) setzen wir bevorzugt im Ofenbau und in
der Heiztechnik ein, wo die mechanischen Belastungen verhältnismäßig gering sind. Durch
den hohen Chromgehalt entsteht eine schützende Deckschicht aus Chromoxid.

Austenitische Stähle (Sortenbeispiele: X10NiCrAlTi32-20; X12CrCoNi21-20) besitzen
neben einer guten Hochtemperaturbeständigkeit auch eine gute Zeitstandfestigkeit und
sind somit hochwarmfest. Sie enthalten bis zu 35 % Nickel und von 18 bis 30 % Chrom.
Diese Zusammensetzung ermöglicht, dass unter oxidierenden Bedingungen mehrlagige,
schützende Deckschichten entstehen.

b. Warmfeste Stähle

Warmfeste Stähle zeichnen sich vor allem durch eine gute Zeitstandfestigkeit (Kriechbeständigkeit) aus und werden in Kraftwerken verwendet. Zu dieser Gruppe gehören ferritische Stähle (Sortenbeispiele: 13CrMo4-4; 10CrMo9-10; 14MoV6-3). Sie können jedoch
nur bis 600 °C eingesetzt werden, da bei höheren Temperaturen eine dicke Schicht aus
Eisenoxid entsteht, die zum Abplatzen neigt.

c. Hochwarmfeste Stähle

Hochwarmfeste Stähle sind gegen Kriechen sehr gut beständig und weisen eine gute Hochtemperaturbeständigkeit auf. Für diese höchsten Ansprüche haben wir vor allem austenitische Stähle mit komplexen Zusammensetzungen (Sortenbeispiele: X6CrNi18-11; X3CrNi-
MoN17-13; X8CrNiMoBNb16-16; X8NiCrAlTi32-21), die bis 700 °C eingesetzt werden
können. Da hochwarmfeste Stähle eine schlechte Wärmeleitfähigkeit haben, neigen sie zu
Wärmespannungen und sind dadurch gegenüber einer Thermoermüdung empfindlich.

▶   Wärmebeständige Stähle weisen eine gute Beständigkeit gegen Kriechen und
     Hochtemperaturkorrosion auf.
     Sie sind legiert und können bis zu ca. 700 °C eingesetzt werden.

5.11 Werkzeugstähle

Werkzeugstähle werden für Werkzeuge zur Bearbeitung und Verarbeitung von Werkstoffen aller Art verwendet. Werkzeuge sind sehr vielfältig, zu ihnen gehören: ein Hammer
und Bohrer, eine Form zum Tiefziehen, eine Holzsäge oder auch ein Skalpell in der Hand
eines Chirurgen.

Alle Werkzeugstähle werden nach ihrer chemischen Zusammensetzung gekennzeichnet und nach einer geeigneten Wärmebehandlung (als Werkzeuge) verwendet.

5.11.1 Anforderungen an Werkzeugstähle

Werkzeugstähle sollen eine hohe Härte und eine gute Verschleißfestigkeit aufweisen. Beide Eigenschaften müssen dem Einsatz angepasst werden. So ist ein Hammer weicher als ein Bohrer. Trotz der Anforderungen an die Härte soll die Zähigkeit zweckmäßig beachtet werden, da Werkzeuge oft schlag- oder stoßartig beansprucht werden.

Das Gefüge von Werkzeugstählen besteht allgemein aus sehr harten Karbiden, die in einer Mischkristallgrundmasse (Ferrit, Martensit) eingebettet sind. Beim Einsatz soll sich das Gefüge dieser Stähle nicht ändern. Dadurch bleiben die Maße und die Form eines Werkzeugs erhalten.

Die Anforderungen werden durch kontrollierte Zusammensetzung und durch sach- und stahlgerechte Wärmebehandlung erfüllt. Bei der Wärmebehandlung von Werkzeugstählen kommen i. d. R. das mehrstufige Erwärmen und ein mehrmaliges Anlassen zum Einsatz. Dadurch kann das Gefüge genau eingestellt werden.

Werkzeugstähle sind hochgekohlte und überwiegend legierte Stähle. Der Kohlenstoffgehalt liegt meist im Bereich von 0,5 % bis 1,2 %, aber auch niedrigere bzw. höhere Gehalte sind möglich. Als Legierungselemente werden Wolfram, Vanadium, Molybdän und Chrom zugesetzt. Die ersten drei Elemente bilden sehr harte Karbide, die im Gefüge vorliegen und ihm hohe Härte verleihen. Chrom wird für Verbesserung der Härtbarkeit zulgiert. Einige Werkzeugstähle enthalten auch Kobalt und Nickel.

5.11.2 Einfluss der Temperatur auf die Härte

Während der Benutzung eines Werkzeugs erwärmt sich seine Oberfläche durch Reibung. Diese Erwärmung kann eine Änderung des Stahlgefüges verursachen. Das Werkzeug wird weicher, was seinen Einsatz einschränken oder gar ausschließen kann. Die Veränderung der Härte von Werkzeugstählen mit steigender Temperatur zeigt Abb. 5.28.

Wie wir in der Abb. 5.28 erkennen können, ist das temperaturabhängige Verhalten der Stähle unterschiedlich. Dementsprechend werden Werkzeugstähle in drei Gruppen eingeteilt, die folgend kurz beschrieben werden.

5.11.3 Einteilung der Werkzeugstähle

a. Kaltarbeitsstähle
Kaltarbeitsstähle können bis ca. 200 °C verwendet werden (z. B. als Handwerkzeuge), da die Kennlinie ihrer Härte (Abb. 5.28) sehr steil nach unten abfällt. In dieser Gruppe finden wir unlegierte sowie legierte Sorten. Zwei Sortenbeispiele sind in Tab. 5.15 dargestellt.

b. Warmarbeitsstähle
Warmarbeitsstähle können dauerhaft bis zu ca. 400 °C eingesetzt werden, kurzzeitig sind auch höhere Einsatztemperaturen möglich. Zwar ist die Härte dieser Stähle meist niedriger

Abb. 5.28 Härteabfall bei
Werkzeugstählen in Abhängigkeit von der Temperatur

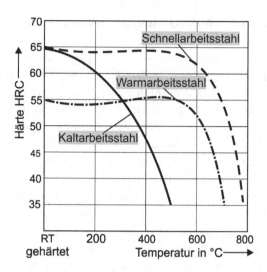

Tab. 5.15 Werkzeugstähle (Auswahl). (Quelle: Stahlschlüssel 2004)

Kurzname	Werkstoff-Nr.	Gruppe	Anwendungsbeispiel
C80U	1.1545	Kaltarbeitsstahl	Handhämmer
102CrMo6	1.2305	Kaltarbeitsstahl	Schneidwerkzeuge, Lehren
X63CrMoV5-1	1.2362	Kaltarbeitsstahl	Stanzwerkzeuge
59CrV4	1.2242	Warmarbeitsstahl	Druckgussformen
X30WCrV9-3	1.2581	Warmarbeitsstahl	Schrauben- und Muttermatrizen
35NiCrMo16	1.2766	Warmarbeitsstahl	Hochbeanspruchte Schlaggesenke
HS6-5-2-5	1.3243	Schnellarbeitsstahl	Spiralbohrer
HS12-1-4	1.3302	Schnellarbeitsstahl	Fräswerkzeuge
X40Cr14	1.2083	Kunststoffformenstahl	Spritzgießformen

als die der anderen Werkzeugstähle, aber sie verändert sich kaum bis zu ca. 500 °C (vgl. Abb. 5.28). Warmarbeitsstähle sind legiert. Einige Sortenbeispiele von Warmarbeitsstählen sind in Tab. 5.15 dargestellt.

c. Schnellarbeitsstähle (HS-Stähle)
Schnellarbeitsstähle können die höchste thermische Beanspruchung ertragen und sind bis zu ca. 600 °C einsetzbar. Ihre hohe Härte beleibt erhalten (vgl. Abb. 5.28). Dadurch sind sie für Werkzeuge, die mit hohen Schnittgeschwindigkeiten arbeiten (Bohrer, Fräser), geeignet. Zu dieser Stahlgruppe zählen nur hochgekohlte und hochlegierte Sorten. Ihre

Bezeichnungsposition

1	2	3	4	5
HS	Wolframgehalt	Molybdängehalt	Vanadiumgehalt	Kobaltgehalt

Abb. 5.29 Aufbau der Kurznamen für Schnellarbeitsstähle

Kohlenstoffgehalte liegen meist zwischen 0,8 und 1,8 % und sie enthalten Legierungsele-menten wie Wolfram, Molybdän, Vanadium und Kobalt.

Obwohl Schnellarbeitsstähle hochlegiert sind, werden sie abweichend (Abschn. 5.6.5) bezeichnet. Der Aufbau der Kurznamen für Schnellarbeitsstähle ist schematisch in Abb. 5.29 dargestellt. Diese Kurznamen beginnen mit den Buchstaben „HS" (High Speed).

Die Legierungsgehalte der Elemente Wolfram, Molybdän, Vanadium und Kobalt wer-den direkt ohne Multiplikatoren in der dargestellten Reihenfolge angegeben. Diese An-gaben werden mit einem Bindestrich getrennt. Falls eines der Elemente nicht vorhanden ist, wird diese durch eine „0" kenntlich gemacht. Bei Kobalt entfällt diese Angabe. Bespiel: Kurzname „HS12-1-4-5" steht für einen Schnellarbeitsstahl mit 12 % Wolfram, 1 % Molyb-dän, 4 % Vanadium und 5 % Kobalt.

Schnellarbeitsstähle werden aufwendig und oft mit speziellen Methoden wärmebehan-delt. Einige Sortenbeispiele sind in Tab. 5.15 dargestellt.

d. Kunststofformenstähle

Zu den Werkzeugstählen zählen ebenfalls Kunststofformenstähle. Diese verhältnismäßig neue Stahlgruppe ist für Formen geeignet, die beim Spritzgießen von Kunststoffen benutzt werden. An diese Stähle werden zusätzliche Anforderungen, wie z. B. die Eignung zum Polieren und die Beständigkeit gegen korrodierend wirkende Polymerschmelzen gestellt. Eine Sorte dieser Stähle ist in Tab. 5.15 genannt.

5.11.4 Anwendung von Werkzeugstählen

Werkzeugstähle werden meist im weichgeglühten Zustand geliefert. In diesem Zustand haben sie eine gute Zerspanbarkeit. Nach der Fertigung erfolgt eine geeignete Wärmebe-handlung, um ein gewünschtes Eigenschaftsprofil zu erzielen.

Entsprechend der Auswahl an verschiedenen Werkzeugen haben diese Stähle einen sehr breiten Anwendungsbereich. Abb. 5.30 zeigt einige Beispiele dieser vielfältigen An-wendungen.

Abb. 5.30 Anwendungsbeispiele für Werkzeugstähle. **a** Handwerkzeuge aus Kaltarbeitsstahl, **b** Verschiedene Werkzeuge aus Schnellarbeitsstahl

▶ Werkzeugstähle sind meist hochgekohlt und legiert.
 Werkzeugstähle zeichnen sich durch eine hohe und dem Zweck angepasste Härte aus.
 Die geforderten Eigenschaften werden durch abgestimmte Zusammensetzung und mithilfe einer geeigneten Wärmebehandlung erreicht.
 Werkzeugstähle werden, bedingt durch ihre Einsatztemperatur und Anwendung, in Kaltarbeitsstähle, Warmarbeitsstähle und Schnellarbeitsstähle eingeteilt.

5.12 Weiche Stähle zum Kaltumformen

Die weichen Stähle zum Kaltumformen sind mit einem Anteil von bis zu 30 % an der Gesamtstahlerzeugung in Deutschland eine weitverbreitete Gruppe. Wie die Bezeichnung dieser Stahlgruppe besagt, finden diese Stähle ihre Verwendung beim Kaltumformen (Abschn. 4.6.1).

Diese Stähle weisen einen niedrigen Kohlenstoffgehalt auf und sind unlegiert. Sie werden nach ihrer Verwendung gekennzeichnet (Abschn. 5.6.5). Zu dieser Gruppe gehören kaltgewalzte Sorten (Kennzeichnung DC) und warmgewalzte Sorten (Kennzeichnung DD).

Neben der guten Kaltumformbarkeit zeichnen sich diese Stähle durch eine gute Schweißeignung aus. Zum Härten bzw. Vergüten sind sie ungeeignet. Eine hohe Oberflächenqualität wird als eine besondere Anforderung an diese Stähle gestellt, weil ihre Oberflächen oft veredelt (emailliert, lackiert, galvanisiert, verzinnt oder verchromt) werden. Die Stähle werden typischerweise in Form von sogenannten Coils angeboten.

Weiche Stähle zum Kaltumformen finden in vielen Bereichen Anwendung: in der Fahrzeugindustrie, in Eisen-, Blech- und Metallwarenindustrie sowie in der Elektrotechnik.

▶ Weiche Stähle zum Kaltumformen sind kohlenstoffarm und unlegiert.
 Sie lassen sich sehr gut umformen und schweißen.
 Ihre Oberfläche wird mit verschiedenen Methoden veredelt.

Tab. 5.16 Vergleich des Streckgrenzenverhältnisses

Kurzname	Werkstoff-Nr.	Streckgrenze in MPa	Zugfestigkeit in MPa	Streckgrenzen-verhältnis
S235JR	1.0037	235	400	0,58
46Si7	1.5024	1.150	1.350	0,85

5.13 Stähle für spezielle Bauteile

In der Technik gibt es Bauteile, die besondere, durch die Anwendung begründete Anforderungsprofile besitzen. Dazu gehören u. a. Federn und Wälzlager. Um diese Anforderungen möglichst genau zu erfüllen, stehen geeignete Stähle zur Verfügung.

5.13.1 Federstähle

Federstähle zeichnen sich durch eine hohe Streckgrenze aus. Damit können sie in einem großen Spannungsbereich rein elastisch beansprucht werden. Sie werden, dem Gruppennamen entsprechend, vor allem zur Herstellung verschiedener Federn verwendet.

Federn sind Maschinenelemente, die sich unter der Einwirkung äußerer Kräfte elastisch verformen und die dabei aufgenommene Arbeit bei der Entlastung durch Rückfederung wieder abgeben. Diese Wirkung wird neben der Auswahl des Werkstoffes auch durch eine geeignete Gestaltung der Feder verbessert.

Federstähle werden nach ihrer chemischen Zusammensetzung gekennzeichnet. Es stehen unlegierte und legierte Sorten zur Verfügung. Als Legierungselement wird oft Silizium (1,2 bis 2 %) zulegiert. Sortenbeispiele: C42D, 38Si7, 80CrV2.

Charakteristisch für Federstähle ist ein hohes Streckgrenzenverhältnis (Quotient aus Streckgrenze und Zugfestigkeit). Das sehen wir deutlich, wenn wir die Kennwerte des Baustahls S 235JR mit denen des Federstahls 46Si7 vergleichen (Tab. 5.16).

Um das hohe Streckgrenzenverhältnis zu erreichen, werden Federstähle vergütet oder kaltverformt, ggf. auch kugelgestrahlt und in diesem Zustand geliefert.

5.13.2 Wälzlagerstähle

Wälzlagerstähle werden für Wälzkörper wie Kugeln, Rollen, Nadeln und Achsen verwendet. Wälzlager sind Lager, bei denen zwei zueinander bewegliche Ringe durch rollende Körper getrennt sind. Sie dienen zur Fixierung von Achsen und Wellen. Dabei nehmen sie die radialen und axialen Kräfte auf und ermöglichen gleichzeitig die Rotation der Welle oder der auf einer Achse gelagerten Bauteile.

Wälzlagerstähle zeichnen sich durch eine hohe Härte und Verschleißfestigkeit sowie eine hohe Dauerfestigkeit aus. Zudem sollen sie eine ausreichende Zähigkeit besitzen. Die Anforderungen werden durch abgestimmte Zusammensetzung und genaue Einstellung

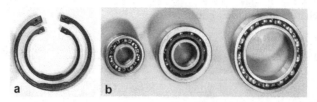

Abb. 5.31 Getriebeteile aus Feder- und Wälzlagerstahl (mit freundlicher Genehmigung der Firma Getriebebau NORD in Bargteheide). **a** Sicherungsringe aus Federstahl, **b** Kugellager aus Wälzlagerstahl

des Gefüges erreicht. Hierbei muss das Gefüge fehlerfrei sein, ohne Lunker oder Einschlüsse. Deswegen werden bei der Herstellung dieser Stähle oft spezielle Erschmelzungsverfahren angewandt.

Die Bezeichnung der Stähle erfolgt nach ihrer chemischen Zusammensetzung. Zur Gruppe gehören vorwiegend legierte Sorten mit verschiedenen Legierungselementen wie Chrom, Molybdän, Mangan, Vanadium, Nickel und Wolfram. Sortenbeispiele sind: 100Cr6, 18NiCrMo14 und X89CrMoV18-1.

▶   Federstähle zeichnen sich durch eine hohe Streckgrenze und ein hohes Streckgrenzenverhältnis aus.

   Wälzlagerstähle haben ein der Anwendung angepasstes Eigenschaftsprofil, das durch die Zusammensetzung und eingestelltes Gefüge erzielt wird.

   Es gibt unlegierte und legierte Sorten dieser Stähle.

Feder- und Wälzlagerstähle im Stirnradschneckengetriebe[4]

Im Stirnradschneckengetriebe (Abschn. 1.6) werden Bauteile aus Feder- und Wälzlagerstahl eingesetzt.

Federstahl wird für Sicherungsringe verwendet (Abb. 5.31a). Dies sind Maschinenelemente, die zur axialen Sicherung von Wellen und Lagern dienen.

Wälzlagerstahl (meist die Sorte 100Cr6) wird in der Fertigung von Kugellagern (Abb. 5.31b) verwendet. Im Stirnradschneckengetriebe werden die Antriebswelle und die Abtriebswelle mithilfe von Rillenkugellagern gelagert. Auch die Schnecke wird, aufgrund ihrer hohen Axialbelastung, mit Schrägkugellagern gestützt.

Die Kugellager und die Sicherungsringe werden als fertige Normteile angekauft und im Getriebe verbaut.

---
[4] Quelle: Getriebebau NORD

5.14   Automatenstähle

Automatenstähle werden für Bauteile verwendet, die mit automatisierten Zerspanungsmethoden hergestellt werden. Die Anwendung dieser Stähle ermöglicht eine wirtschaftliche Zerspanung (Drehen, Fräsen usw.) auf schnell laufenden Automaten.

Von den Automatenstählen wird vor allem eine gute Zerspanbarkeit gefordert. Zur Beurteilung dieser technologischen Eignung dienen uns vier Hauptbewertungsgrößen: Spanform, Oberflächengüte, Standzeit und Schnittkraft. Sehr wichtig sind kurzbrüchige Späne, da nur unter dieser Voraussetzung hohe Schnittgeschwindigkeiten (z. B. bei CNC-Anlagen bis 100 m/min.) möglich sind. Automatenstähle werden nach ihrer chemischen Zusammensetzung gekennzeichnet. Sie weisen erhöhte Schwefelgehalte auf, auch Blei wird oft zulegiert. Sortenbeispiele sind: 11SMnPb37, 10S20 und 46SPb20.

Schwefel bildet mit Eisen bzw. mit Mangan Sulfide, die sich an den Korngrenzen bzw. im Korninneren ablagern. Blei und Eisen bilden keine Mischkristalle, womit Bleikristalle im Gefüge vorliegen. Sulfide und Bleikristalle stellen Sollbruchstellen im Span dar. Einige Automatenstähle sind zum Vergüten bzw. zum Einsatzhärten geeignet.

▶   Automatenstähle zeichnen sich durch eine sehr gute Zerspanbarkeit aus.
    Sie enthalten erhöhte Schwefelgehalte, die einen kurzen Span bewirken.

5.15   Mehrphasenstähle

Mehrphasenstähle ist ein Sammelbegriff für eine Gruppe moderner Stähle, die vor allem für die Automobilindustrie entwickelt wurden. Zu dieser Entwicklung führte das Bestreben, leichte Fahrzeuge zu bauen. Die Karosseriestrukturen moderner Automodelle bestehen heute zu mehr als 60 % aus höherfesten Stählen. Hiervon entfällt bereits die Hälfte auf die Mehrphasenstähle.

Mehrphasenstähle zeichnen sich durch eine Kombination aus hoher Festigkeit und guter Kaltumformbarkeit aus. Der Einsatz dieser Stähle ermöglicht eine deutliche Verminderung der Materialdicken bei Fahrzeugbauteilen, was letztlich zu einem verminderten Kraftstoffverbrauch und damit zu reduzierten Emissionen führt. Darüber hinaus können mit einigen dieser Stahlsorten (z. B. TWIP-Stähle) „intelligente" Knautschzonen realisiert werden. Im Crashfall verfestigt sich der Stahl mit zunehmender Verformung und kann die Fahrgastzelle besser schützen.

Zu den Mehrphasenstählen werden folgende Gruppen gezählt:

- Dualphasen-Stähle (DP-Stähle),
- Restaustenitphasen-Stähle (RA-Stähle),
- Complexphasen-Stähle (CP-Stähle),
- Martensitphasen-Stähle (MS-Stähle).

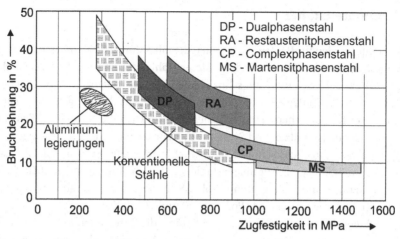

Abb. 5.32 Mehrphasenstähle – Vergleich mit anderen Werkstoffen

Alle Mehrphasenstähle haben genau abgestimmte Zusammensetzungen. Die Gefüge dieser Stähle sind gezielt als Mischung weicher und harter Gefügebestandteile wie Ferrit, Bainit, Restaustenit und Martensit aufgebaut. Oft werden spezielle und komplizierte Verfestigungsmechanismen wie Bake-Hardening-Effekt oder Transformation Induced Plasticity-Effekt (TRIP) genutzt. Diese Mechanismen sind in der weiterführenden Literatur beschrieben.

In Abb. 5.32 ist ein Vergleich der mechanischen Eigenschaften von Mehrphasenstählen, konventionellen Stählen und Aluminiumlegierungen dargestellt. Daraus lässt sich deutlich erkennen, wie groß das Anwendungspotential dieser Stähle ist.

Die maßgeschneiderte Kombination von Eigenschaften wie Festigkeit und Verformbarkeit sowie Verschleißbeständigkeit und Schweißeignung führt zur Anwendung der Mehrphasenstähle für verschiedene gewichtssparende Bauteile, insbesondere im Automobilbau.

Aufgrund der Neuentwicklung besitzen diese Stähle noch keine Kurznamen bzw. Werkstoffnummern, die nach dem EU-Bezeichnungssystem vergeben werden. Sie werden i. d. R. unter Herstellnamen auf dem Markt angeboten.

▶   Zu den Mehrphasenstählen gehören verschiedene Gruppen, die sich durch ein gezielt eingestelltes Gefüge aus weichen und harten Bestandteilen auszeichnen.
     Die eingestellten Gefüge verleihen den Stählen maßgeschneiderte Eigenschaften.

5.16   Einsatzgebiete von Stahl

Die verschiedenen Stahlsorten, die zu den besprochenen Gruppen gehören, finden sehr vielfältige Anwendung. Alle Einsatzbereiche der Stähle zu nennen, ist fast unmöglich. Abb 5.33 zeigt einen Überblick der wichtigsten Anwendungsbereiche.

Abb. 5.33 Einsatzvgebiete von
Stahl. (Quelle: stahl-online.de)

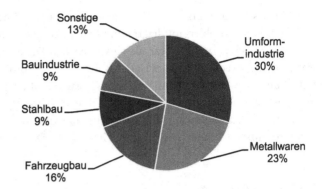

Unter dem Begriff Umformindustrie sind Ziehereien, Kaltwalzwerke und Röhrenwerke zusammengefasst. Zu dem Bereich „Sonstige" gehören u. a. Schiffbau und Elektrotechnik.

5.17   Eisengusswerkstoffe

Gusslegierungen sind sehr wichtig, da die Gießtechnik eine Reihe von Vorteilen hat. Das Gießen zählt zu den Urformverfahren und ist das vermutlich älteste Formgebungsverfahren der Welt. Die gießtechnische Herstellung von Bauteilen ist gegenüber anderen Methoden oft wirtschaftlicher.

Der Gusswerkstoff wird dabei im schmelzflüssigen Zustand in Formen gegossen. Nach der Erstarrung besitzt er bereits seine Endform. Meist sind nur wenige Nachbearbeitungsschritte notwendig. Ein großer Vorteil der Gießtechnik ist die Freizügigkeit des Gestaltens, es können komplexe Formen mit Hohlräumen hergestellt werden. Auch die Materialeinsparung (keine Späne) und Isotropie der Werkstoffeigenschaften sind positive Seiten dieser Fertigungstechnik.

Eisengusswerkstoffe werden nach ihrem Kohlenstoffgehalt in Stahlguss mit einem Kohlenstoffgehalt unter 2 % und in Gusseisen mit einem Kohlenstoffgehalt von 2 bis 4,3 % eingeteilt.

5.17.1   Stahlguss

Stahlguss ist in Formen gegossener Stahl. Bauteile werden, außer einer Zerspanung, keinem nachträglichen Formgebungsverfahren unterzogen. In der Regel wird nach dem Gießen eine Wärmebehandlung (Normalisieren oder Vergüten) durchgeführt und das Gefüge eingestellt.

Die Stahlgusssorten werden nach ihren Eigenschaften eingeteilt. Die Werkstoffpalette reicht dabei von unlegiert bis hochlegiert. Bei den Kurznamen ist der Buchstabe „G" vorangestellt. Ansonsten werden sie wie bei den Stählen gelesen (Sortenbeispiele: GE240, G20Mn5, G42CrMo4).

Stahlguss hat im Vergleich mit anderen Eisengusswerkstoffen eine schlechtere Gießbarkeit. Im Eisen-Kohlenstoffdiagramm (Abschn. 5.3.2) können wir sehen, dass Stahlguss
eine höhere Schmelztemperatur als Gusseisen hat. Daher verwenden wir diesen Eisen-
werkstoff nur zweckmäßig. Dies ist der Fall wenn die geforderten Eigenschaften (z. B. Festigkeit und Schweißbarkeit) mit anderen Gusswerkstoffen nicht erreicht werden können
und alternative Fertigungsmethoden wie Umformen oder Zerspanen aufgrund komplexer
Geometrien nicht in Betracht kommen. Aus Stahlguss werden sehr große Gussstücke, die
mehrere Hundert Tonnen wiegen (z. B. Gehäuse für Dampfturbinen), gegossen.

5.17.2 Gusseisen

Unter dem Begriff Gusseisen verstehen wir Eisenwerkstoffe, die mehr als 2 % Kohlenstoff
enthalten und der Kohlenstoff teilweise in der elementaren Form als Graphit im Gefüge
vorliegt. Aufgrund des dunklen Aussehens von Bruchflächen nennen wir diese Werkstoffe
auch graues Gusseisen.

Es gibt auch Eisengusswerkstoffe mit mehr als 2 % Kohlenstoff, bei denen der gesamte
Kohlenstoff als Zementit gebunden ist. Sie werden als weißes Gusseisen (Hartguss) bezeichnet und selten verwendet. Aus diesem Grund werden sie hier nicht weiter besprochen.

Gusseisen zeichnet sich, im Gegensatz zu Stahlguss, durch eine sehr gute Gießbarkeit
aus. Es bildet eine dünnflüssige Schmelze und hat ein gutes Formfüllungsvermögen sowie
eine geringe Schwindung.

a. Gefüge von Gusseisen
Das Gefüge von Gusseisen besteht aus einer Grundmasse und aus Graphit-Einlagerungen,
die in dieser Grundmasse eingebettet sind.

Die Grundmasse ist stahlähnlich. Ihr Gefüge ist ferritisch oder ferritisch-perlitisch oder
perlitisch. Welches Gefüge entsteht, ist von der Abkühlgeschwindigkeit und somit von der
Wanddicke der Gussteile abhängig.

Die Graphit-Einlagerungen können unterschiedliche Form haben (Abb. 5.34), was
einen wichtigen Einfluss auf die Eigenschaften hat.

Am häufigsten sind Graphitteilchen lamellen- oder kugelartig (Abb. 5.34a und b). Eine
weitere Graphitform kann durch Zerfall von Zementit entstehen und wird als Temperkohle genannt (Abb. 5.34c). Wenn Graphit-Lamellen abgerundete Enden aufweisen, wird
dann vom Vermiculargraphit gesprochen (Abb. 5.34d).

b. Kerbwirkung von Graphit
Graphiteinlagerungen sind ein gutes Beispiel für innere Kerbwirkung (Abschn. 3.2.3). Sie
unterbrechen die metallische Grundmasse und verursachen eine deutliche Schwächung
des tragenden Querschnitts. Dies zeigt schematisch Abb. 5.35. Beachten wir bei der Betrachtung, dass die Masse von Graphit in den zwei Zeichnungen etwa gleich ist. Unterschiedlich ist nur die geometrische Form der Graphitteilchen.

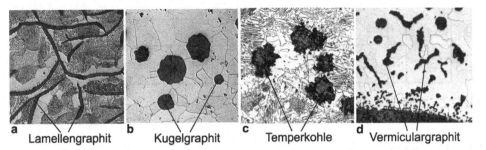

a Lamellengraphit **b** Kugelgraphit **c** Temperkohle **d** Vermiculargraphit

Abb. 5.34 Formen von Graphit beim Gusseisen

Abb. 5.35 Kerbwirkung von Graphit

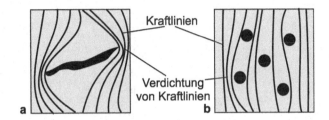

Wir erkennen, dass die Kerbwirkung beim Lamellengraphit größer ist als bei Kugelgraphit ist. Das wirkt sich auf die Eigenschaften und Anwendung der beiden Gusseisengruppen aus.

5.17.3 Einteilung und Bezeichnung von Gusseisen

Die Einteilung von Gusseisensorten erfolgt nach der Form der Graphiteinlagerungen. Dementsprechend unterschieden wir:

- Gusseisen mit Lamellengraphit (sog. Grauguss),
- Gusseisen mit Kugelgraphit (sog. Sphäroguss),
- Gusseisen mit Vermiculargraphit,
- Temperguss (Gusseisen mit der Temperkohle).

Die Gusseisensorten werden mit speziellen Kurznamen gekennzeichnet. Der Aufbau dieser Kurznamen ist in Abb. 5.36 schematisch dargestellt.

Bei den Kurznamen von Gusseisen sind die Bezeichnungspositionen 1 und 2 immer gleich: „EN" bedeutet Euronorm und „J" steht für Iron (Eisen) – wir schreiben „J", da „I" mit „1" verwechselt werden kann. Bezeichnungen für Graphitformen und Gefüge (Position 3) sind in Tab. 5.17 genannt.

Als Hauptmerkmal (Position 4) können verschiedene Informationen angegeben werden: Mindestzugfestigkeit in MPa, Härte (HB, HV, HR), Bruchdehnung in % oder chemische Zusammensetzung.

Bezeichnungsposition

1		2	3		4
EN	–	GJ	Graphitform und ggf. Gefüge	–	Hauptmerkmal

Abb. 5.36 Aufbau von Kurznamen für Gusseisen

Tab. 5.17 Bezeichnungen für Graphitform und Gefüge bei Kurznamen von Gusseisen

Buchstabe	Graphitform bzw. Gefüge
L	Lamellengraphit
S	Kugelgraphit
M	Temperkohle
V	Vermiculargraphit
A	Austenit
F	Ferrit
W	Entkohlend geglüht
Y	Sonderstruktur

Beispiele:

- Der Kurzname „EN-GJL-200" steht für ein Gusseisen mit Lamellengraphit und Zugfestigkeit von 200 MPa.
- Der Kurzname „EN-GJSA-XNiMn13-7" steht für Gusseisen mit Kugelgraphit und austenitischem Gefüge, hochlegiert mit 13 % Nickel und 7 % Mangan.

Werkstoffnummern werden formalerweise auch den Gusseisensorten gegeben (sie beginnen mit „0"), aber kaum in der Praxis benutzt.

▶   Gusseisen sind Eisenwerkstoffe mit mehr als 2 % Kohlenstoff und Graphiteinlagerungen im Gefüge.
     Bedingt durch ihre Kerbwirkung beeinflussen die Graphiteinlagerungen maßgebend die Festigkeit von Gusseisensorten.
     Gusseisen werden nach der Form des Graphits eingeteilt in: Gusseisen mit Lamellengraphit, Gusseisen mit Kugelgraphit, Gusseisen mit Vermiculargraphit und Temperguss.

5.17.4 Gusseisen mit Lamellen-, Kugel- und Vermiculargraphit

Gusseisen mit Lamellen- und Kugelgraphit (GJL und GJS) sind die gängigsten Sorten und stellen fast 90 % der Gesamtproduktion von Eisengusswerkstoffen dar. Sie enthalten mehr

Tab. 5.18 Gusseisen mit Lamellen- und Kugelgraphit (Auswahl). (Quelle: ermafa-guss.de; k.A. – keine Angabe)

Kurzname	Zugfestigkeit in MPa	Dehngrenze in MPa	Druckfestigkeit in MPa	Bruchdehnung in%
EN-GJL-250	250 … 350	$R_{p0,1}$: 165 … 230	840	0,3 … 0,8
EN-GJL-350	350 … 400	$R_{p0,1}$: 230 … 280	1.080	0,3 … 0,8
EN-GJS-350-22	350	$R_{p0,2}$: 220	k. A.	22
EN-GJS-700-2	700	$R_{p0,2}$: 440	k. A.	2

als 2 % Kohlenstoff sowie bis zu 3 % Silizium. Die Eigenschaften dieser Gusseisenarten werden vor allem durch die Graphitform beeinflusst.

a. Herstellung von Gusseisen mit Lamellen-, Kugel- und Vermiculargraphit
Diese Gusseisenarten entstehen bei der Erstarrung einer Eisen-Kohlenstoff-Silizium-Schmelze ggf. unter Zusatz weiterer Legierungselemente. Silizium begünstigt die Ausbildung von Graphit, wobei sich vor allem Lamellengraphit bildet. Graphit-Kugeln bzw. Vermiculargraphit werden meist durch Zugabe von Magnesium zur Schmelze erzeugt.

b. Eigenschaften und Anwendung von Gusseisen mit Lamellengraphit
Aufgrund der Kerbwirkung von Graphit-Lamellen hat diese Gusseisenart eine geringe Zugfestigkeit. Eine Verbesserung der Festigkeit können wir durch die Verfeinerung der Graphitlamellen erreichen.

Da sich die Graphit-Lamellen nicht leicht stauchen lassen, ist die Druckfestigkeit gut und erreicht ca. das Vierfache der Zugfestigkeit. Dadurch sind diese Werkstoffe sehr gut für Gehäuse von Maschinen und Geräten geeignet. Die Lamellen wirken auch wie kleine Stoßdämpfer und behindern die Ausbreitung von Schwingungen. Somit ist das Gusseisen ein Werkstoff mit guten Dämpfungseigenschaften, was die Anwendung für verschiedene Gehäuse weiter begünstigt.

Graphit-Lamellen haben eine negative Wirkung auf die Zähigkeit. Positiv wird dagegen das Gleitverhalten beeinflusst. Das Gusseisen lässt sich sehr gut vergießen und bearbeiten. Eine gute Korrosionsbeständigkeit, solange die Gusshaut unverletzt bleibt, ergänzt das Eigenschaftsprofil.

Gusseisen mit Lamellengraphit findet eine sehr breite Anwendung für Gussteile verschiedener Art vor allem dort, wo gießtechnisch komplexe Formen entstehen sollen und wo Schwingungsdämpfung gefordert wird. Beispiele sind Maschinenfundamente und Bremsscheiben.

Einige Sortenbeispiele von Grauguss mit ihren mechanischen Eigenschaften sind in Tab. 5.18 aufgelistet.

c. Eigenschaften und Anwendung von Gusseisen mit Kugelgraphit
Aufgrund der deutlich geringeren Kerbwirkung von Kugelgraphit (vgl. Abb. 5.35) hat diese
Gusseisenart eine gute Zugfestigkeit. Die Graphit-Kugeln lassen sich ebenfalls nicht stau-
chen und die Druckfestigkeit ist gut. Die kugelige Form führt, im Vergleich mit Lamellen-
graphit, zur Verbesserung der Zähigkeit. Dafür ist hingegen die schwingungsdämpfende
Wirkung des kugeligen Graphits schlechter. Die Gießbarkeit und das Gleitverhalten dieser
Gusseisenart sind gut.

Da Gusseisen mit Kugelgraphit teurer als Gusseisen mit Lamellengraphit ist, verwenden wir diese Werkstoffe vor allem für mechanisch beanspruchte Gussteile. Beispielsweise
werden aus Sphäroguss Motornaben von Windenergieanlagen angefertigt.

Einige Sortenbeispiele von Sphäroguss mit ihren mechanischen Eigenschaften sind in
Tab. 5.18 dargestellt.

d. Eigenschaften und Anwendung von Gusseisen mit Vermiculargraphit
Bei Gusseisen mit Vermiculargraphit (auch Würmchengraphit genannt) scheidet sich der
Graphit zwar in Lamellenform aus, jedoch sind die Enden der Graphitteilchen abgerun-
det. Dadurch hat diese Graphitform eine geringere Kerbwirkung als der Lamellen-Graphit.
Dementsprechend liegen die mechanischen Eigenschaften dieser Gusseisenart zwischen
denen des Gusseisens mit Lamellengraphit und des Gusseisens mit Kugelgraphit. Da diese
Gusseisenart noch verhältnismäßig kurz auf dem Markt ist, gibt es noch keine genormten
Sorten. Man rechnet künftig mit einer zunehmenden Verwendung dieses Werkstoffes für
Gussteile, die bisher aus Gusseisen mit Lamellengraphit hergestellt wurden, und für die
eine verbesserte Festigkeit wünschenswert ist.

Gusseisen im Stirnradschneckengetriebe[5]

Im Stirnradschneckengetriebe (Abschn. 1.6) werden Bauteile aus Gusseisen mit Lamellengraphit eingesetzt.

Das Gehäuse (Abb. 5.37a) ist ein sogenanntes Schneckenaufsteckgehäuse, da es nicht
mit Schrauben auf eine Bodenplatte befestigt wird, sondern direkt auf die anzutreibende
Welle aufgesteckt wird. Es hat eine sehr komplexe Form mit Kühlrippen, wodurch es nur
als Gussbauteil ausgeführt werden kann. Bedingt durch die Fertigungsmethode muss ein
geeigneter Werkstoff eine sehr gute Gießbarkeit haben. Während des Einsatzes wird das
Gehäuse schwingend belastet und muss die entstehende Wärme ableiten. Somit gehören
eine gute Schwingungsdämpfung und eine gute Wärmeleitfähigkeit zu dem gewünschten Eigenschaftsprofil. Dazu sollte der Gusswerkstoff auch preiswert sein. Dies Anforderungen erfüllt das Gusseisen mit Lamellengraphit der Sorte EN-GJL-200 sehr gut.

Der Gehäusedeckel (Abb. 5.37b) wird ebenfalls als Gussteil ausgeführt und seine
Beanspruchung ist im Einsatz ähnlich dem des Gehäuses. Er wird auch aus Gusseisen

---

[5] Quelle: Getriebebau NORD.

Abb. 5.37 Getriebeteile aus Gusseisen mit Lamellengraphit (mit freundlicher Genehmigung der Firma Getriebebau NORD in Bargteheide). **a** Gehäuse, **b** Gehäusedeckel, **c** Antriebswellengehäuse

EN-GJL-200 angefertigt. Die statische Abdichtung zwischen dem Gehäuse und dem Gehäusedeckel wird mit einer Flachdichtung aus getränktem Papier gewährleistet.

Das Gehäuse für die Antriebswelle (Abb. 5.37c), auch Antriebslagergehäuse genannt, kann aufgrund seiner komplexen Form nur als Gussteil ausgeführt werden. Wie das große Gehäuse muss es ebenfalls gut Schwingungen ertragen und die Wärme ableiten können.

Die drei Gussteile des Stirnradschneckengetriebes sowie die Flachdichtung werden nach Angaben des Getriebeherstellers von spezialisierten Firmen produziert und angeliefert.

5.17.5 Temperguss

Temperguss ist eine Eisen-Kohlenstofflegierung, deren Kohlenstoff- und Siliziumgehalt so eingestellt sind, dass die Gussstücke graphitfrei erstarren. Der nicht im Ferrit gelöste Kohlenstoff ist also vollständig im Zementit gebunden (Abschn. 5.3.1).

Der Temperrohguss ist nach seiner Erstarrung hart und spröde und erhält seine charakteristischen Eigenschaften erst durch eine als Tempern bezeichnete Wärmebehandlung. Beim Tempern kommt es zum Zerfall des Zementits und zur Entstehung von Graphit in einer flockigen Form (vgl. Abb. 5.34), die als Temperkohle bezeichnet wird. Das Gefüge, und damit die Eigenschaften des Gussstückes, hängen von der Zusammensetzung des Temperrohgusses sowie von der Temperaturführung während des Temperns ab. Man unterscheidet den weißen und den schwarzen Temperguss. Beide Namen sind nach dem Aussehen der Bruchfläche entstanden und hängen mit den Anteilen von Temperkohle zusammen.

Die Eigenschaften von Temperguss stehen hinsichtlich Festigkeit und Zähigkeit etwa zwischen dem Stahlguss und dem Grauguss mit Lamellengraphit. Gegenüber Gusseisen mit Kugelgraphit hat Temperguss geringfügig schlechtere mechanische Eigenschaften, er ist allerdings preiswerter.

Abb. 5.38 Einsatzgebiete von Eisengusswerkstoffen. (Quelle: bdguss.de)

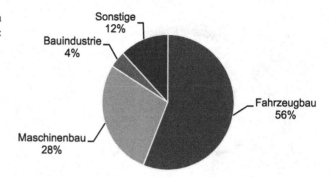

Sortenbeispiele sind EN-GJMW-360-12 (weißer Temperguss) und EN-GJMB-450-6 (schwarzer Temperguss).

Temperguss wird überwiegend für die Herstellung dünnwandiger und schwierig gießbarer Bauteile verwendet, für die das Gusseisen mit Lamellengraphit wegen seiner Sprödigkeit und der Stahlguss aufgrund seiner schlechten Gießbarkeit nicht infrage kommen.

▶ Gusseisen mit Lamellen-, Kugel- und Vermiculargraphit werden durch Erstarrung einer Eisen-Kohlenstoff-Silizium-Schmelze hergestellt.
Temperguss wird durch Glühen einer graphitfreien Legierung hergestellt.
Gusseisen weisen eine gute Gießbarkeit, eine gute Bearbeitbarkeit und eine gute Schwingungsdämpfung auf.
Die beste Festigkeit besitzt Gusseisen mit Kugelgraphit.

5.17.6 Einsatzgebiete von Eisengusswerkstoffen

Die Einsatzgebiete von Eisengusswerkstoffen sind in Abb. 5.38 dargestellt.

Zwei große Abnehmerbranchen dominieren beim Einsatz von Gusseisen: der Fahrzeugbau und der allgemeine Maschinenbau mit seinen verschiedenen Fachzweigen.

5.18 Produktion von Eisenwerkstoffen

5.18.1 Produktion von Roheisen

Die Eisenerzproduktion in der Welt konzentriert sich auf wenige Gebiete. Die drei Länder China, Australien und Brasilien erbringen über die Hälfte der gesamten Förderung. Das meiste Eisenerz wird im Tagebau gewonnen.

Der Preis von Roheisen liegt bei 330 Dollar pro Tonne (Quelle: metalprices.com, 2013).

Roheisen wird hauptsächlich im Hochofenprozess gewonnen (Abschn. 5.2.2). Die Kosten von Roheisen werden durch die Preise von Eisenerz, Stahlschrott sowie von Koks beeinflusst. Der Preis für Eisenerz beträgt in etwa 45 % der Gesamtkosten und ist seit 2003 stark angestiegen. Der Grund hierfür liegt in der großen Nachfrage und der schlechten Infrastruktur der Exportländer. Hinzu kommen Transportkosten des Erzes. Koks wird als Brennstoff und Reduktionsmittel im Hochofenprozess verwendet und er macht zurzeit rund 30 % der Kosten aus. Seit der Jahrtausendwende steigen die Kokspreise an. Der Grund dafür ist, dass China als weltweit größter Hersteller von Hochofenkoks den Export, aufgrund einer starken Nutzung im eigenen Land, drastisch eingeschränkt hat. Der Einsatz von Stahlschrott nimmt in der Produktion von Roheisen stetig zu.

5.18.2   Produktion von Stahl

Stahl wird heute zu zwei Dritteln auf der Basis von flüssigem Roheisen im Sauerstoffaufblasverfahren (Abschn. 5.5) hergestellt. Ein Drittel des Stahls wird aus Schrott im Elektrostahlverfahren erzeugt. Nahezu 100 % der Stahlproduktion wird im Strang vergossen.

Die Weltproduktion von Stahl liegt bei ca. 1600 Mio. Tonnen (Quelle: stahl-online.de, 2015). Die größten Stahlproduzenten sind China mit einem Anteil von ca. 50 % und Japan mit einem Anteil von ca. 7 % an der Gesamtproduktion. In den 28 Staaten der Europäischen Union werden ca. 10 % des Stahls hergestellt. Der Rest wird in verschiedenen Ländern produziert.

In Deutschland wurden 2015 ca. 43 Mio. Tonnen Stahl hergestellt (Quelle: stahl-online. de). Der Anteil hochwertiger Edelstahlsorten beträgt ca. 20 %. Mehr als 90 % des Rohstahls wird umgeformt (sogenannter Walzstahl), wobei verschiedene Flachstahlerzeugnisse wie z. B. Bleche und Bänder die Mehrheit bilden.

Aufgrund der großen Sortenvielfalt sind Angaben zu Stahlpreisen sehr erschwert. Als Anhaltspunkt können die Angaben von metalprices.com dienen, wo 2013 für kaltverformten Stahl 800 Dollar pro Tonne und für warmverformten Stahl 690 Dollar pro Tonne genannt werden. Die Mehrheit der Stahlsorten ist legiert. Die Hauptrolle bei der Preisbildung dieser Stähle spielt die Verfügbarkeit von Hauptlegierungselementen wie Chrom, Nickel, Molybdän und Mangan.

5.18.3   Produktion von Eisengusswerkstoffen

Im Vergleich zu Stahl bilden die Eisengusswerkstoffe eine viel kleinere Gruppe. In Deutschland werden jährlich ca. 3,5 Mio. Tonnen dieser Werkstoffe hergestellt und verarbeitet, d. h. ca. 10 mal weniger als Stähle. Die Marktanteile der Gruppen der Eisengusswerkstoffe sind in Abb. 5.39 dargestellt.

Das Gusseisen mit Lamellengraphit hat den größten Marktanteil. Das Gusseisen mit Kugelgraphit bildet die zweitgrößte Gruppe. Stahlguss ist ein Werkstoff nur für spezielle Anwendungen und Temperguss stellt ein Nischenprodukt dar.

Abb. 5.39 Marktanteile von
Eisengusswerkstoffen

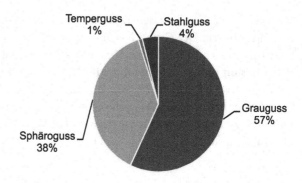

5.19 Recycling von Eisenwerkstoffen

Eisenwerkstoffe können ohne Qualitätsverlust vollständig und beliebig oft recycelt werden. Für Stahl und Eisengusswerkstoffe bestehen geschlossene Werkstoffkreisläufe. Insbesondere Eisengusswerkstoffe stehen in einer Recyclingtradition, die ebenso lang ist, wie das Gießen selbst.

Stahl ist der Werkstoff, der weltweit am meisten recycelt wird. Selbst wenn man alle Materialien zusammennimmt, die in größeren Mengen dem Recycling zugeführt werden (wie z. B. Aluminium, Glas und Papier), ist die Menge des wiederverwerteten Stahls weitaus größer. Allein im Jahre 2010 wurden weltweit rund 530 Mio. Tonnen Stahlschrott erfasst, aufbereitet und wieder verwertet.

Stahlschrott ist ein wichtiger Rohstoff für neuen Stahl. Die Lebensdauer von Produkten aus Stahl variiert je nach Verwendungszweck. Verpackungsmittel, wie Getränke- und Konservendosen, sind nur kurze Zeit im Umlauf. Andere, zum Beispiel Waschmaschinen oder Autos, sind viele Jahre im Betrieb. Stahlkonstruktionen wie Brücken, Gebäude, Industrieanlagen oder Schiffe überdauern oft viele Jahrzehnte. Der Rücklauf von Stahl aus ausgedienten Produkten ist hoch. Jedes Stahlprodukt, das erfasst wird, wird auch recycelt.

Klassifiziert wird Stahlschrott in Deutschland nach der sogenannten Stahlschrottsortenliste, die Auskunft über seine Qualität und Zusammensetzung gibt. Die Einteilung von Stahlschrott erfolgt in Eigenschrott, Neuschrott und Altschrott.

Der hütteninterne Eigenschrott ist sortenrein ohne Fremdstoffe. Seine Zusammensetzung ist bekannt und er kann direkt wiederverwendet werden.

Neuschrott kommt aus der industriellen Fertigung, es sind z. B. Späne, Stanzreste oder Blechabschnitte. Er wird aufbereitet und anschließend eingeschmolzen.

Altschrott stammt aus ausgedienten Gebrauchs- und Industriegütern, die teilweise verunreinigt sind oder aus mehreren verschiedenen Werkstoffen (z. B. Kupfer, Kunststoff, Zink) bestehen. Der Altschrott muss vor dem Einsatz aufbereitet werden. Dafür wenden wir überwiegend physikalische Aufbereitungsverfahren an. Die Schrottaufbereitung beginnt mit seiner Zerkleinerung, danach werden Nichteisen-Anteile und Reststoffe entfernt. Die Mehrheit der Stähle ist magnetisch. Dadurch lassen sich die eisenhaltigen Teile mit Magneten einfach separieren.

Auch Stahlprodukte, die sich im Hausmüll befinden und nicht getrennt werden können, gehen nicht verloren. Sie werden nach der Müllverbrennung mittels Magnetabscheidern von der Verbrennungsasche getrennt und als „Müllverbrennungsschrott" dem Werkstoffkreislauf wieder zugeführt.

Eine Besonderheit bilden gebrauchte Verpackungen aus Weißblech. So wird verzinntes Stahlblech bezeichnet. Weißblechverpackungen werden, um eine korrekte Verwertung sicherzustellen, über eigens dafür eingerichtete Systeme entsorgt. In 2010 hat das Weißblech-Recycling in Deutschland eine hohe Quote von 94 % erreicht.

Wie wir wissen, wird Stahl im Wesentlichen auf zwei Wegen erzeugt. Bei der sogenannten Hochofenroute wird zunächst das Roheisen aus Eisenerz gewonnen. Dieses wird anschließend, unter Zugabe von ca. 20 % Stahlschrott, im Konverter zu Rohstahl weiterverarbeitet.

Der über die sogenannte Elektroofenroute erzeugte Stahl besteht bis zu 100 % aus Schrott. Eine Tonne Stahl, die aus Schrott erzeugt wird, spart 1,5 Tonnen Eisenerz, 0,65 Tonnen Kohle, 0,3 Tonnen Kalkstein und vermeidet rund 1 Tonne von Kohlenstoffoxid (CO_2).

Insgesamt betrachtet bestehen Stahlprodukte heute im Durchschnitt knapp zur Hälfte aus recyceltem Material. Die Angaben zum Stahl-Recycling basieren auf Informationen des Stahl-Informations-Zentrums.

Weiterführende Literatur

Ashby M, Jones D (2007) Werkstoffe 2: Metalle, Keramiken und Gläser, Kunststoffe und Verbundwerkstoffe. Spektrum Akademischer Verlag, Heidelberg

Askeland D (2010) Materialwissenschaften. Spektrum Akademischer Verlag, Heidelberg

Bargel H-J, Schulze G (2008) Werkstoffkunde. Springer, Berlin, Heidelberg

Fuhrmann E (2008) Einführung in die Werkstoffkunde und Werkstoffprüfung Bd. 1: Werkstoffe: Aufbau-Behandlung-Eigenschaften. expert verlag, Renningen

Greven E, Magin W (2010) Werkstoffkunde und Werkstoffprüfung für technische Berufe. Verlag Handwerk und Technik, Hamburg

Jacobs O (2009) Werkstoffkunde. Vogel-Buchverlag, Würzburg

Kalpakjian S, Schmid S, Werner E (2011) Werkstofftechnik. Pearson Education, München

Läpple V (2003) Wärmebehandlung des Stahls. Europa-Lehrmittel, Haan-Gruiten

Läpple V, Drübe B, Wittke G, Kammer C (2010). Werkstofftechnik Maschinenbau. Europa-Lehrmittel, Haan-Gruiten

Martens H (2011) Recyclingtechnik: Fachbuch für Lehre und Praxis. Spektrum Akademischer Verlag, Heidelberg

Reissner J (2010) Werkstoffkunde für Bachelors. Carl Hanser Verlag, München

Roos E, Maile K (2002) Werkstoffkunde für Ingenieure. Springer Heidelberg

Seidel W, Hahn F (2012) Werkstofftechnik: Werkstoffe-Eigenschaften-Prüfung-Anwendung. Carl Hanser Verlag, München

Thomas K-H, Merkel M (2008) Taschenbuch der Werkstoffe. Carl Hanser Verlag, München

Weißbach W, Dahms M (2012) Werkstoffkunde: Strukturen, Eigenschaften, Prüfung. Vieweg+Teubner Verlag, Wiesbaden

Aluminiumwerkstoffe

6

6.1 Aluminium

Aluminium gehört zu den leichten Werkstoffen und wird vor allem dort verwendet, wo das Gewicht eine entscheidende Rolle spielt, insbesondere für Flug- und Fahrzeuge. Das in der Erdkruste oft vorkommende Metall (Tab. 4.1) wird erst seit Anfang des 20. Jahrhunderts genutzt. Begründet ist dies in der großen Affinität von Aluminium zu Sauerstoff und den damit verbundenen Schwierigkeiten es wirtschaftlich herzustellen.

6.1.1 Eigenschaften von Aluminium

Wichtige physikalische und mechanische Kennwerte des reinen Aluminiums sind in Tab. 6.1 aufgelistet.

Bedingt durch die niedrige Dichte hat Aluminium eine gute spezifische Festigkeit. Von besonderer technischer Bedeutung sind die hohe elektrische Leitfähigkeit und das unter den Metallen beste Verhältnis der elektrischen Leitfähigkeit zur Dichte. Daher werden Hochspannungskabel, die im Freien hängen, aus Aluminium und nicht aus dem leitfähigen Kupfer (vgl. Abschn. 1.5.2) gemacht. Auch die Wärmeleitfähigkeit von Aluminium ist sehr gut. Aluminium ist paramagnetisch. Die Anwendung von Aluminium als Konstruktionswerkstoff schränkt sein niedriger E-Modul ein.

Aluminium kristallisiert im kubisch-flächenzentrierten (kfz) Gitter (Abschn. 4.2.2) und hat keine allotropen Modifikationen. Das kubisch-flächenzentrierte Gitter bewirkt eine gute Umformbarkeit von Aluminium. Aluminium lässt sich sehr gut bearbeiten, fast alle Fertigungsverfahren sind einsetzbar.

Das Normalpotential von Aluminium hat einen sehr negativen Wert. Das Metall ist elektrochemisch gesehen unedel. Trotzdem ist es witterungsbeständig und korrosionsbeständig

© Springer-Verlag Berlin Heidelberg 2017
B. Arnold, *Werkstofftechnik für Wirtschaftsingenieure*,
DOI 10.1007/978-3-662-54548-5_6

Tab. 6.1 Kennwerte von
reinem Aluminium

Kenngröße	Wert (bei RT)
Ordnungszahl	13
Dichte	2,7 g/cm^3
Schmelztemperatur	660 °C (933 K)
Elektrische Leitfähigkeit	37,7 × 10^6 S/m
Wärmeleitfähigkeit	235 W/m K
E-Modul	70.000 MPa
Zugfestigkeit	50 MPa
Bruchdehnung	40 %
Härte	20 HB
Normalpotential	−1,66 V

Angaben zu mechanischen Eigenschaften sind
Orientierungswerte

in sauren und schwach alkalischen Medien. Die Ursache für seine Korrosionsbeständigkeit ist Passivierung. Aluminium bildet eine schützende Oxidschicht aus Aluminiumoxid
(Al_2O_3) mit einer Dicke von etwa 0,01 µm. In der Praxis wird die Passivschicht durch eine
elektrochemische Oberflächenbehandlung (Eloxieren) verstärkt. Beim Schweißen von
Aluminiumwerkstoffen muss diese Schicht wiederum zuerst entfernt werden, und darf
nicht entstehen. Deswegen wird das Schutzgasschweißen angewandt. Die Schutzwirkung
der Oxidschicht ist allgemein gut jedoch nicht in allen Medien. Insbesondere Chlorid-
Ionen können die Schicht angreifen und Lochkorrosion verursachen. Bei vielen Anwendungen (z. B. bei Alu-Felgen im Winter) muss deshalb noch eine weitere Schutzschicht
aufgetragen werden.

Da Aluminium korrosionsbeständig und physiologisch unbedenklich ist, findet es in
der Lebensmittelindustrie sowie als Verpackungsmaterial Verwendung.

▶ Aluminium ist leicht, weich und gut verformbar.
Es besitzt eine gute elektrische und thermische Leitfähigkeit.
Die Korrosionsbeständigkeit von Aluminium beruht auf der Bildung einer
Passivschicht.

6.1.2 Gewinnung von Aluminium

Aluminium ist das dritthäufigste Element in der Erdkruste und Bestandteil vieler Mineralien. Aluminiumoxid kommt in der Erdkruste nur selten vor und ist bekannt als Edel- und
Halbedelstein; je nach Verunreinigung sprechen wir von Smaragden, Rubinen oder Saphi-
ren. Weitaus häufiger kommt Aluminium in Form von Bauxit vor, das eine komplexe Zusammensetzung aufweist und bis zu 25 % Aluminium (je nach Herkunft) enthalten kann.
Bauxit verwenden wir als Ausgangsmaterial für die Gewinnung metallischen Aluminiums.

Die Gewinnung von Aluminium ist sehr aufwendig und besteht aus zwei großen und
technologisch getrennten Schritten (Abb. 6.1).

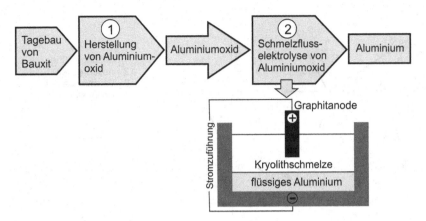

Abb. 6.1 Gewinnung von Aluminium

Zuerst wird in einem Aluminiumoxidwerk aus dem Bauxit reines Aluminiumoxid hergestellt. Das Oxid ist ein wertvoller Werkstoff und wird neben Aluminiumgewinnung in anderen Bereichen (z. B. bei Glasherstellung) verwendet.

Im zweiten Schritt wird aus dem Oxid reines Aluminium gewonnen. Dafür müssen wir die Methode der Elektrolyse einsetzen. Aufgrund der starken Bindungskraft zwischen Aluminium- und Sauerstoffatomen kommt eine einfachere Methode (wie z. B. beim Eisen die Reduktion des Oxides mit Kohlenstoff) nicht in Frage. Die hohe Schmelztemperatur von Aluminiumoxid zwingt uns, die Schmelzflusselektrolyse (Abb. 6.1) anzuwenden. Dabei wird eine Mischung aus 80 % Kryolith (Kryolith ist ein Mineral aus Natrium, Aluminium und Fluor) und 20 % Aluminiumoxid, die eine deutlich niedrigere Schmelztemperatur als Aluminiumoxid hat, geschmolzen. Diese Schmelze kann der Elektrolyse unterzogen werden. Als Anodenmaterial wird Graphit verwendet. Dabei werden Aluminium-Ionen zu reinem Metall reduziert, das in flüssiger Form zurückbleibt und die Sauerstoff-Ionen zu Kohlenstoffoxiden oxidiert, die als Gase entweichen.

Das Hütten-Aluminium wird in einem Walzwerk zu Halbzeugen wie Blechen verarbeitet.

▶ Aluminium wird aus Aluminiumoxid mithilfe der Schmelzflusselektrolyse gewonnen.
Die Gewinnung ist energieaufwendig.

6.2 Aushärten von Aluminiumlegierungen

6.2.1 Allgemeines zum Aushärten

Aluminium hat keine allotropen Modifikationen und womit eine Umwandlungshärtung, wie das Härten von Stahl (Abschn. 5.4.3), nicht möglich ist. Die wichtigste Maßnahme

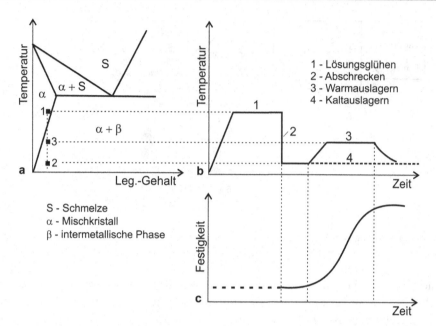

Abb. 6.2 Aushärten von Aluminiumlegierungen. **a** Zustandsdiagramm (schematisch). **b** Zeit-Temperatur-Verlauf. **c** Änderung der Festigkeit im Laufe der Zeit

zur Festigkeitssteigerung von Aluminiumwerkstoffen ist eine andere Methode der Wärmebehandlung, die als Ausscheidungshärten (kurz Aushärten) bezeichnet wird. Alternativ kann die Festigkeit auch durch Kornverfeinerung oder Kaltumformung erhöht werden. Im Vergleich zur Kaltverformung ist der Verlust an Zähigkeit und Verformbarkeit beim Aushärten jedoch deutlich geringer.

Ohne die Möglichkeit des Aushärtens hätten Aluminiumwerkstoffe als Konstruktionswerkstoffe kaum eine Bedeutung. Dies würde die gesamte Flugzeugindustrie sowie die Raumfahrttechnik beeinflussen, die ohne Aluminiumwerkstoffe nicht denkbar wären.

Das Aushärten ist nur bei geeigneten (aushärtbaren) Aluminiumlegierungen möglich. Bei diesen Legierungen ist ein homogener Mischkristall bei höheren Temperaturen vorhanden und bei seiner Abkühlung kann sich eine zweite Phase (eine intermetallische Verbindung) ausscheiden. Diese günstige Situation ist anhand des Zustandsdiagramms (Abb. 6.2a) einer Legierung erkennbar.

Die Methode des Aushärtens ist nicht nur auf Aluminiumlegierungen beschränkt, es müssen nur ähnliche Zustandsdiagramme vorliegen. Bekannt sind aushärtbare Kupferlegierungen (Abschn. 7.2.4) und einige Stähle. Bei Stählen bevorzugen wir aber die Umwandlungshärtung.

6.2.2 Verfahrensschritte beim Aushärten

Die Verfahrensschritte beim Aushärten sind in Abb. 6.2b (Zeit-Temperatur-Verlauf) dargestellt. Zuerst wird ein Lösungsglühen durchgeführt, um homogene Mischkristalle zu erzielen. Anschließend werden die Werkstücke in Öl oder Wasser abgeschreckt. Hierbei bleiben die Mischkristalle erhalten und es gibt noch keine Steigerung der Festigkeit. Nach dem Abschrecken folgt das Auslagern. Während der Auslagerung findet eine diffusionsabhängige Ausscheidung der intermetallischen Phase als feine Teilchen in den Mischkristallen statt. Ohne Abschrecken würde sich diese Phase an den Korngrenzen ausscheiden. Die Ausscheidung in den Mischkristallen verursacht eine deutliche Erhöhung der Festigkeit (Abb. 6.2c). Dieser Vorgang dauert bei Temperaturen unter 80 °C einige Tage und wird dann als Kaltaushärten bezeichnet. Ein Warmaushärten wird bei Temperaturen zwischen 120 und 250 °C durchgeführt und dauert nur einige Stunden.

▶   Das Aushärten geeigneter Aluminiumlegierungen besteht aus Lösungsglühen,
     Abschrecken und Auslagern (kalt oder warm).
     Bei der Wärmebehandlung scheiden sich harte Teilchen aus und die Festigkeit
     zunimmt.

Der Zufall und die Entdeckung des Aushärtens Das Aushärten von Aluminium ist eine gute Gelegenheit einmal darüber zu schreiben, wie der Zufall zu neuen Entdeckungen in der Technik führt. Das Aushärten wurde 1906 an einer Aluminium-Kupfer-Magnesium-Legierung von Alfred Wilm, einem Hütteningenieur, entdeckt. Im Labor der Zentralstelle für wissenschaftlich-technische Untersuchungen in Neubabelsberg haben er und seine Mitarbeiter sehr eifrig mit mehreren Proben gearbeitet. Die Proben wurden zuerst erwärmt und dann abgeschreckt, und direkt danach wurde die Härte gemessen. Leider konnte keine Härtesteigerung festgestellt werden. Einmal sind jedoch einige abgeschreckte Proben über das Wochenende liegen geblieben. Wie es dazu kam, darüber werden verschiedene Geschichten erzählt. Die eine besagt, dass Herr Wilm an diesem Wochenende in den Urlaub gefahren sei, die andere, dass er seinen Laboranten beauftragte, die Härte zu messen, dieser aber anstelle dessen zu einem Date eilte. Egal wie es gewesen ist, die Härte der liegengebliebenen Proben wurde erst nach dem Wochenende geprüft und sie war ungewöhnlich hoch. Die Härtesteigerung fand offensichtlich während der zufälligen Lagerung im Laufe des Wochenendes statt. Und diese Feststellung führte zur Entwicklung des Verfahrens der Aushärtung von Aluminiumlegierungen. Übrigens war Herr Wilm vorher ein wissenschaftlicher Assistent an der Universität Göttingen und arbeitete dort in den gleichen Räumen, in denen Friedrich Wöhler, der Entdecker des Aluminiums, gewirkt hatte. Was für ein Zufall.

6.3 Typen und Eigenschaften von Aluminiumwerkstoffen

Aluminium kann im schmelzflüssigen Zustand mit verschiedenen Elementen legiert werden. Durch das Legieren können bestimmte Eigenschaften gefördert oder andere, ungewünschte Eigenschaften unterdrückt werden.

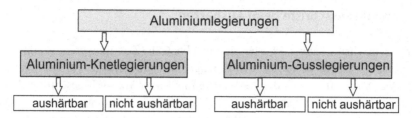

Abb. 6.3 Einteilung von Aluminiumwerkstoffen

Zu den wichtigsten Legierungselementen für Aluminium gehören Magnesium, Kupfer, Zink und Silizium. Neben den „klassischen" Legierungen verwenden wir auch Aluminiumschäume.

6.3.1 Einteilung und Bezeichnung von Aluminiumwerkstoffen

a) Einteilung der Aluminiumlegierungen
Aluminiumwerkstoffe werden in Knet- und Gusslegierungen eingeteilt (Abb. 6.3). Bei der Unterteilung wird in beiden Gruppen die Eignung zum Aushärten berücksichtigt.

b) Bezeichnung von Aluminiumwerkstoffen
Aluminiumwerkstoffe werden mithilfe eines numerischen Systems sowie optional auch mit chemischen Symbolen bezeichnet. Beide Bezeichnungssysteme sind in entsprechenden Euronormen festgelegt.

Der Aufbau der numerischen Bezeichnungen ist in Abb. 6.4 dargestellt. Die Bezeichnungspositionen 1 und 2 sind immer gleich: „EN" für Euronorm und „A" für Aluminium.

Die Erzeugnisart (Position 3) wird mit Buchstaben bezeichnet, deren Bedeutung in Tab. 6.2 zu lesen ist. Die eigentliche Bezeichnung besteht aus vier Ziffern bei Knetlegierungen und fünf Ziffern bei Gusslegierungen. Die erste Ziffer (Position 4) gibt das Hauptlegierungselement an. Die Zuordnung der sogenannten Legierungsreihen ist in Tab. 6.2 dargestellt. Die weiteren Ziffern der Position 5 geben verschiedene Informationen über Verunreinigungen oder Legierungsabwandlungen an, wobei ihre Bedeutung für Knet- und für Gusslegierungen unterschiedlich ist.

Am Ende der Bezeichnung können noch weitere Buchstaben und Ziffern stehen, die sich auf das Gießverfahren (bei Gusslegierungen) bzw. auf den Werkstoffzustand beziehen. Grundsätzlich können Aluminiumlegierungen weichgeglüht (Zustand O), kaltverfestigt (Zustand H) oder wärmebehandelt (Zustand TX) werden. Das „X" wird dabei durch eine Ziffer von 1 bis 9 ersetzt. Genaue Informationen zu Bezeichnungen sind in den zuständigen Normen zu finden.

Die Bezeichnungen mit chemischen Symbolen geben einen groben Hinweis auf die Zusammensetzung des Werkstoffs. Dabei finden nur die wichtigsten Legierungselemente Berücksichtigung. Nehmen wir als Beispiel die Legierung mit der numerischen Bezeichnung

Bezeichnungsposition

1	2	3		4	5
EN	–	A	Erzeugnisart	–	Ziffer für das Haupt-legierungselement	Weitere Ziffern

Abb. 6.4 Aufbau der numerischen Bezeichnungen von Aluminiumwerkstoffen

Tab. 6.2 Legierungsreihen von Aluminiumwerkstoffen

Erzeugnisart		Legierungsreihe		
		Reihe-Nr.	Haupt-Legie-rungselement	Weitere Legie-rungselemente
W	Knetlegierungen (wrought)	1	Reinaluminium	Keine
C	Gusslegierungen (casting)	2	Kupfer	Mg, Mn, Bi, Pb, Si
B	Masseln	3	Mangan	Mg, Cu
M	Vorlegierungen (master alloys)	4	Silizium	Mg, Bi, Fe
		5	Magnesium	Mn
		6	Magnesium, Silizium	Mn, Cu, Pb
		7	Zink	Mg, Cu, Ag, Zr
		8	Sonstige	Sonstige

„EN-AW-2024". Die Bezeichnung steht für eine Aluminium-Knetlegierung mit Kupfer als Hauptlegierungselement, ohne besondere Verunreinigungen und mit der Nr. 24. Dieser Werkstoff wird auch mit „EN-AW-AlCu4Mg1" bezeichnet und somit wissen wir, dass die Aluminiumlegierung 4 % Kupfer sowie 1 % Magnesium enthält.

Zum besseren Verständnis werden im Weiteren die Bezeichnungen der Aluminium-werkstoffe in Form der Legierungszusammensetzung geschrieben.

6.3.2 Nicht aushärtbare Aluminium-Knetlegierungen

Zur Gruppe der nicht aushärtbaren Aluminium-Knetlegierungen gehören binäre Alumi-nium-Magnesium- und Aluminium-Mangan-Legierungen sowie einige ternäre Alumi-nium-Magnesium-Mangan-Legierungen.

Aluminium-Magnesium-Legierungen (Legierungsreihe 5000) enthalten bis zu 5,5 % Magnesium als Hauptlegierungselement. Zusätzlich kann Mangan (bis 1,1 %) zulegiert werden. Diese Legierungen sind sehr gut kaltumformbar. Bei der Kaltumformung verfes-tigen sie sich stark und ihre Festigkeit kann, je nach Zusammensetzung und Umformung,

Tab. 6.3 Aluminium-Knetlegierungen (Auswahl)

Werkstoffbezeichnung		Zustand	Zugfestigkeit in MPa	Dehngrenze in MPa	Bruchdehnung in %
EN-AW-AlMg3	EN-AW-5754	H12	190	80	12
EN-AW-AlMg4,5Mn	EN-AW-5083	H12	270	110	15
EN-AW-AlMn1Cu	EN-AW-3003	H12	95	35	25
EN-AW-AlCu4Mg1	EN-AW-2024	T3	425	290	9
EN-AW-AlCu4SiMg	EN-AW-2014	T6	450	380	8
EN-AW-AlMgSi	EN-AW-6060	T6	190	150	8
EN-AW-Zn4,5Mg1	EN-AW-7020	T6	350	280	10
EN-AW-AlZn5Mg3Cu	EN-AW-7022	T6	460	380	8

H12 kaltverfestigt, *T3* kaltausgelagert und kaltverfestigt, *T6* warmausgelagert

bis auf ca. 500 MPa ansteigen. Sie sind gut bis sehr gut korrosionsbeständig, auch seewasserbeständig. Die Eignung zum Schweißen ist ebenfalls gut bis sehr gut, die Eignung zum Zerspanen schlecht.

Aluminium-Mangan-Legierungen (Legierungsreihe 3000) enthalten bis zu 1,5 % Mangan. Andere Elemente werden nur in geringen Mengen zulegiert. Die Festigkeit dieser Legierungen kann bis zu 200 MPa erreichen. Ihre Korrosionsbeständigkeit ist sehr gut. Sie lassen sich gut schweißen, jedoch schlecht zerspanen. Sortenbeispiele sind EN-AW-AlMg3, EN-AW-AlMg4,5Mn und EN-AW-AlMn1Cu. Ihre mechanischen Eigenschaften sind in Tab. 6.3 dargestellt.

6.3.3 Aushärtbare Aluminium-Knetlegierungen

Aushärtbare Aluminium-Knetlegierungen haben ein heterogenes Gefüge und können mittels geeigneter Wärmebehandlung durch Ausscheidung einer harten Phase (Abschn. 6.2) verfestigt werden. Die meisten dieser Legierungen sind ternär oder komplexer legiert.

Allgemein ist die Korrosionsbeständigkeit von Aluminiumlegierungen unterschiedlich und erreicht nicht die des reinen Aluminiums. Besonders schädlich wirkt Kupfer, da der große Unterschied der elektrochemischen Potentiale beider Metalle zur Bildung von lokalen Korrosionselementen führt.

Grundsätzlich werden drei Hauptgruppen aushärtbarer Aluminium-Knetlegierungen unterschieden, die zahlreiche Varianten der chemischen Zusammensetzung aufweisen können.

a) Aluminium-Kupfer-Legierungen, Legierungsreihe 2000
Die Aluminiumlegierungen dieser Reihe enthalten etwa 3,5 bis 5,0 % Kupfer, 0,2 bis 1,8 % Magnesium sowie geringe Anteile von Mangan, Silizium und Eisen. Beim Aushärten können, je nach Magnesiumgehalt, verschiedene intermetallische Verbindungen entstehen. Diese Legierungen sind kalt- und warmaushärtbar. Für die meisten Anwendungen werden Al-Cu-Mg-Legierungen bei Raumtemperatur ausgelagert und erreichen eine hohe

Zugfestigkeit von bis ca. 450 MPa. Nach der Warmauslagerung bei 150 bis 180 °C ist die Verformbarkeit besser.

Bedingt durch das Kupfer ist die Korrosionsbeständigkeit dieser Werkstoffe mäßig, im Seewasser schlecht. Deshalb werden Bleche meist mit einer Plattierschicht aus reinem Aluminium versehen.

Aluminium-Kupfer-Legierungen lassen sich gut zerspanen. Ihre Eignung zum Schweißen ist von der Zusammensetzung abhängig – Legierungen des Typs Al-Cu-Mg sind gut schweißbar, Legierungen des Typs Al-Cu-Si-Mg eignen sich hingegen schlecht zum Schweißen. Sortenbeispiele sind: EN-AW-AlCu4Mg1 und EN-AW-Al-Cu4MgSi. Ihre mechanischen Eigenschaften sind in Tab. 6.3 dargestellt.

b) Aluminium-Magnesium-Silizium-Legierungen, Legierungsreihe 6000
Die Aluminiumlegierungen dieser Reihe werden am häufigsten verwendet und machen mehr als 50 % der Aluminiumproduktion aus. Sie enthalten bis zu 1,5 % Magnesium und bis zu 1,6 % Silizium. Auch weitere Elemente wie Mangan oder Chrom können zulegiert werden. Aufgrund ihrer guten Eigenschaftskombination haben diese Legierungen den Charakter eines Universalwerkstoffs. Sie sind überwiegend gut und schnell zu verarbeiten, die Festigkeiten sind nach einfacher Wärmebehandlung recht gut und die Korrosionsbeständigkeit wesentlich besser als die der kupferhaltigen Legierungen. Sie lassen sich warmaushärten und erreichen Festigkeiten von bis zu ca. 310 MPa. Ihre Schweißbarkeit ist gut, die Eignung zum Zerspanen mäßig. Aluminium-Magnesium-Silizium-Legierungen werden vor allem als stranggepresste Profile angeboten. Beim Strangpressen können das Erwärmen als Lösungsglühen und die Abkühlung im Auslauf der Strangpresse als Abschreckmethode genutzt werden. Nach der nachträglichen Warmauslagerung haben die Profile eine Zugfestigkeit von etwa 300 MPa. Die Einsparung der separaten Lösungsglühung senkt die Herstellkosten merklich. Die gängigste Sorte ist EN-AW-AlMgSi, ihre mechanischen Eigenschaften sind in Tab. 6.3 dargestellt.

c) Aluminium-Zink-Legierungen, Legierungsreihe 7000
Die Aluminiumlegierungen dieser Reihe enthalten immer Zink (3,0 bis 6,0 %) und Magnesium (1,0 bis 2,8 %) mit einem Summengehalt von bis zu 7 %. Sie lassen sich kalt- oder warmaushärten und erreichen hohe Festigkeiten von bis zu ca. 530 MPa. Neben dieser guten Festigkeit ist die weite, zulässige Spanne für die Lösungsglühtemperatur von 350 bis 500 °C bemerkenswert. Zudem können diese Legierungen auch ohne schroffe Abkühlung die genannten Festigkeiten erreichen. Die Auslagerung bei Raumtemperatur führt nach ca. einem Monat zu gewünschter Festigkeit.

Die Unempfindlichkeit dieser Legierungen bei Wärmebehandlung wirkt sich positiv bei Schweißarbeiten aus. Ohne erneutes Lösungsglühen härten Schweißnähte in der Umgebung selbstständig aus. Die Festigkeit erreicht dabei das Niveau des kaltausgelagerten Grundwerkstoffes.

Die Korrosionsbeständigkeit von Aluminium-Zink-Magnesium-Legierungen ist allgemein gut. Sie neigen dennoch zur Spannungsrisskorrosion, insbesondere wenn der Summengehalt von Zink und Magnesium unter 5,5 % liegt. Aluminium-Zink-Magnesium-Legierungen lassen sich gut bis sehr gut zerspanen. Eine typische Sorte ist EN-AW-AlZn4,5Mg1 (Tab. 6.3).

Zu der Legierungsreihe 7000 gehören auch Aluminium-Zink-Magnesium-Kupfer-Legierungen. Die Zusammensetzung dieser Legierungen ist im Vergleich zu den Al-Zn-Mg-Legierungen nochmals angehoben. Sie enthalten 4,3 bis 8 % Zink, 2,3 bis 3,2 % Magnesium, 0,5 bis 2,0 % Kupfer sowie Anteile an Mangan und Chrom. Nach der Warmaushärtung dieser Legierungen können Zugfestigkeiten von über 700 MPa erreicht werden. Es ist die höchste Festigkeit aller Aluminiumlegierungen. Wegen ihrer Anfälligkeit (bedingt durch den Kupfergehalt) gegen Spannungsrisskorrosion werden Bleche mit reinem Aluminium plattiert. Eine typische Sorte ist EN-AW-AlZn5Mg3Cu (Tab. 6.3).

▶   Nichtaushärtbare Aluminium-Knetlegierungen enthalten unterschiedliche Anteile an Magnesium und Mangan. Sie sind korrosionsbeständig und gut verformbar.
Aushärtbare Aluminium-Knetlegierungen enthalten unterschiedliche Anteile an Magnesium, Kupfer, Silizium und Zink.
Die beste Festigkeit erreichen aushärtbare Aluminium-Zink-Magnesium-Kupfer-Legierungen.
Die Korrosionsbeständigkeit von Aluminiumlegierungen ist von der Zusammensetzung abhängig.

6.3.4 Aluminium-Gusslegierungen

Aluminium-Gusslegierungen weichen in ihrer chemischen Zusammensetzung erheblich von den Knetlegierungen ab. Viele Legierungen enthalten 5 bis 20 % Silizium, weil sich in der Nähe der eutektischen Zusammensetzung mit 12,5 % Silizium sehr gute Gießeigenschaften einstellen. Zudem wird die Legierungszusammensetzung auf das jeweilige Gießverfahren abgestimmt.

Besonders interessant für die weitere Verarbeitung von Gussteilen ist die gute Bearbeitbarkeit von Aluminium-Gusslegierungen. Die spanende Bearbeitung kann um 50 % schneller und bei geringerem Werkzeugverschleiß als bei Bauteilen aus Grauguss erfolgen. Durch das niedrige Gewicht der Aluminiumlegierungen sind kleinere Kräfte notwendig, und durch ihre gute Wärmeleitfähigkeit ist der Abtransport der Wärme beim Zerspanen besser.

a) Aluminium-Silizium- und Aluminium-Silizium-Magnesium-Legierungen
Aluminium-Silizium-Legierungen enthalten meist 12 bis 25 % Silizium. Bei diesen Silizium-Gehalten bildet sich ein Eutektikum (Abschn. 4.3.6) sodass sich diese Legierungen besonders günstig vergießen lassen. Bei Zugabe von Magnesium kann der Siliziumgehalt geringer sein und die Legierungen sind, im Gegensatz zu Aluminium-Silizium-Legierungen, gut aushärtbar.

Tab. 6.4 Aluminium-Gusslegierungen (Auswahl)

Werkstoffbezeichnung		Zustand	Zugfestigkeit in MPa	Dehngrenze in MPa	Bruchdehnung in %
EN-AC-AlSi12	EN-AC-44200	F	150	70	5
EN-AC-AlSi9Mg	EN-AC-43300	T6	230	190	2
EN-AC-AlMg3	EN-AC-51400	F	160	100	3
EN-AC-AlCuTi	EN-AC-21100	T6	300	200	3

F Gusszustand, *T6* warmausgelagert

Es können viele verschiedene Verfahren der Gießtechnik (vor allem Kokillenguss und Sandguss) angewandt werden, und dünnwandige Gussteile angefertigt werden. Die Korrosionsbeständigkeit ist mäßig bis gut. Einige Sorten lassen sich schweißen.

Zu dieser Gruppe der Aluminiumwerkstoffe gehören auch sogenannte Kolbenlegierungen, aus denen Kolben für Verbrennungsmotoren hergestellt werden. Sie enthalten neben Silizium und Magnesium auch Kupfer, Eisen, Mangan, Zink und Titan. Die besonderen Vorteile dieser Vielstofflegierungen sind: gute Verschleißfestigkeit, hohe Warmhärte und geringe Wärmeausdehnung.

Sortenbeispiele sind EN-AC-AlSi12 und EN-AC-AlSi9Mg. Ihre mechanischen Eigenschaften sind in Tab. 6.4 dargestellt.

b) Weitere Gruppen von Aluminiumgusswerkstoffen
Neben Gusswerkstoffen mit hohen Siliziumgehalten sind siliziumarme Legierungen mit 3 bis 12 % Magnesium verfügbar. Sie sind schwieriger zu gießen als siliziumreiche Legierungen, haben dafür jedoch eine bessere Korrosionsbeständigkeit.

Auch Aluminium-Kupfer-Legierungen (mit Zusatz von Titan) können als Gusswerkstoffe verwendet werden. Sie eigen sich zum Aushärten (Abschn. 6.2).

Sortenbeispiele sind EN-AC-AlMg3 und EN-AC-AlCu4Ti. Ihre mechanischen Eigenschaften sind in Tab. 6.4 dargestellt.

▶ Aluminium-Gusslegierungen enthalten oft Silizium und zeichnen sich durch eine sehr gute Gießbarkeit und Bearbeitbarkeit aus.

6.3.5 Aluminiumschäume

Aluminiumschäume vereinen geringes Gewicht mit hoher Steifigkeit und sind insbesondere im Zusammenhang mit neuen Leichtbaukonzepten sehr interessant. Mittlerweile wurden verschiedene Aufschäumprozesse entwickelt. Dabei kann eine Aluminiumschmelze oder ein Aluminiumpulver zu Schaum verarbeitet werden. Die Porosität lässt sich einstellen, was verschiedene Anwendungen der Schäume ermöglicht. Abb. 6.5 zeigt drei Schäume aus EN-AW-AlSi7Mg, die sich in der Porosität unterscheiden. Die Porosität wird mit der Anzahl der Poren per Inch (ppi) angegeben.

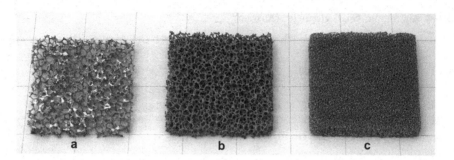

Abb. 6.5 Aluminiumschaum verschiedener Porosität. **a** Porosität von 10 ppi, **b** Porosität von 20 ppi, **c** Porosität von 45 ppi

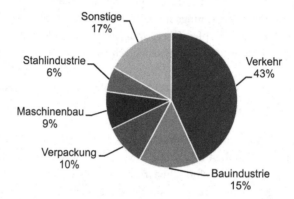

Abb. 6.6 Einsatzgebiete von Aluminiumwerkstoffen. (Quelle: Gesamtverband der Aluminium-industrie GDA, 2012)

Prinzipiell lässt sich jede Aluminiumlegierung schäumen, falls die notwendigen Parameter bekannt sind. Geschäumt werden z. B. Knetlegierungen der Legierungsreihen 1000 (Reinaluminium), 2000 (Aluminium-Kupfer) und 6000 (Aluminium-Magnesium-Silizium) sowie einige Gusslegierungen. Aluminiumschäume sind jedoch aus Kostengründen noch wenig verbreitet.

6.4   Anwendung von Aluminiumwerkstoffen

6.4.1   Einsatzgebiete von Aluminiumwerkstoffen

Die Einsatzgebiete von Aluminiumwerkstoffe zeigt Abb. 6.6. Die wichtigste Anwendung finden sie in der Automobil- und Flugzeugindustrie.

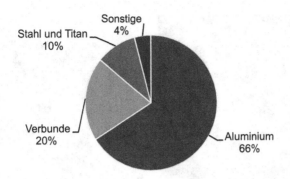

Abb. 6.7 Werkstoffe im Flugzeugbau am Beispiel vom Airbus 380. (Quelle: Airbus, 2011)

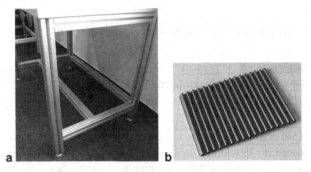

Abb. 6.8 Anwendungsbeispiele für Aluminium-Knetlegierungen. **a** Tischbeine aus Aluminiumprofilen, **b** Wellenblech

6.4.2   Anwendung von Aluminium-Knetlegierungen

Die niedrige Dichte von Aluminium lässt seine Hauptanwendung in der Luftfahrt vermuten. Da wenige Flugzeuge gebaut werden, ist der Aluminiumverbrauch in der Luftfahrtindustrie gemessen an anderen Anwendungsgebieten gering. Jedoch sind Aluminiumwerkstoffe beim Flugzeugbau unverzichtbar. Abb. 6.7 zeigt den Werkstoffeinsatz beispielhaft am Airbus 380. Die zentrale Stellung von Aluminium ist deutlich erkennbar.

Die großen Anwendungsbereiche für Aluminium-Knetlegierungen liegen im Fahrzeugbau und im Bausektor. Neben dem geringen Gewicht ist die sehr gute Bearbeitbarkeit der Werkstoffe von großem Vorteil. Abb. 6.8 zeigt zwei Beispiele der vielfältigen Anwendungen.

a   b

Abb. 6.9 Anwendungsbeispiele für Aluminium-Gusslegierungen. **a** Autofelge, **b** Gehäuse eines Schneckengetriebes

6.4.3   Anwendung von Aluminium-Gusslegierungen

Aluminium-Gusslegierungen werden überwiegend für den Automobilbau verwendet. Aufgrund des guten Formfüllungsvermögens und der erträglichen thermischen Werkzeugbelastungen können äußerst verwickelte Formen aus Aluminiumwerkstoffen in Serie gefertigt werden.

Gut bekannt sind gegossene Felgen aus Aluminium (Abb. 6.9a). Fast alle Kolben in Verbrennungsmotoren für Pkw und Lkw sind aus Aluminiumgusslegierungen gefertigt.

Ein Beispiel für die Ausnutzung der guten Gießbarkeit dieser Legierungen ist das Getriebegehäuse, das in Abb. 6.9b gezeigt ist. Das Gehäuse hat eine sehr komplexe Form. Es wird im Schleuderguss als ein Bauteil mit fertigen Abmessungen hergestellt.

6.5   Produktion von Aluminiumwerkstoffen

Bei der Produktion von Aluminium wird zwischen Primär- oder Hüttenaluminium und Sekundär- oder Recyclingaluminium unterschieden. Primäraluminium ist Aluminium, das nicht recycelt wurde und über den Bauxit-Tagebau hergestellt wird. Sekundäraluminium befand sich schon einmal in der Verwendung und besteht aus recyceltem Material. Im Jahr 2015 wurden weltweit ca. 60 Mio. Tonnen Primäraluminium sowie ca. 55 Mio. Tonnen Sekundäraluminium produziert (Quelle:world-aluminium.org). Abb. 6.10 zeigt die rasante Entwicklung der Aluminiumproduktion in den Jahren von 1950 bis 2010. Seit 2009 ist China der größte Produzent von Aluminium, gefolgt von Russland und Kanada. Diese drei Länder haben zusammen ca. 50 % der Weltproduktion.

Bedingt durch die energieaufwendige Gewinnung ist der Aluminiumpreis teilweise höher als jene anderer Werkstoffe, insbesondere die der Stähle. Der Preis von Primäraluminium liegt derzeit bei 2100 Dollar pro Tonne (Quelle: metalprices.com, 2013).

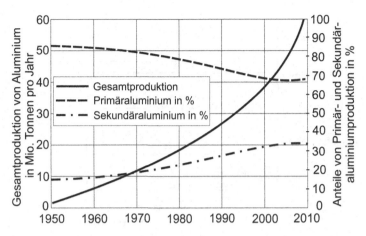

Abb. 6.10 Produktion von Aluminium. (Quelle: International Aluminium Institut, 2012)

Der Einsatz von Aluminiumwerkstoffen ist vor allem mit dem Bestreben zu Gewichts-reduzierung verbunden. Höhere Kosten schränken jedoch diesen Einsatz ein. Für Karosse-rieblech müsste man bei herkömmlicher Konstruktion etwa dreimal so viel für Aluminium wie für Stahl bezahlen. Mit werkstoffangepasster Konstruktion lässt sich dieser Nachteil abmildern, aber nicht gänzlich aufheben.

6.6 Recycling von Aluminiumwerkstoffen

Die Herstellung von Aluminium ist, durch die Anwendung der Schmelzflusselektrolyse (Abschn. 6.1.2) sehr energieaufwendig. Deshalb ist die Wiederverwendung von Alumi-niumschrott noch wichtiger und dringender als bei anderen Metallen. Die zukünftige Ent-wicklung setzt auf geschlossene Materialkreisläufe. Dementsprechend geht der Trend zur Herstellung von Sekundäraluminium; sein Anteil steigt stetig an (vgl. Abb. 6.10).

Beim Recycling von Aluminiumwerkstoffen treten keine Qualitätsverluste auf. Aus Profilschrott lassen sich neue Profile oder andere hochwertige Produkte herstellen. Aus Aluminiumblechen und -folien können neue Walzprodukte gefertigt werden. Die im Um-lauf befindliche Menge an Recyclingaluminium wächst stetig. Abb. 6.11 zeigt die Anteile am Recyclingaluminium in verschiedenen Bereichen.

Wie in Abb. 6.11 ersichtlich, erreicht das Recycling in vielen Bereichen sehr hohe An-teile. Aluminium wird nicht verbraucht, sondern genutzt.

Aluminium steht in Konkurrenz zu Stahl und Kunststoff. Stähle lassen sich zwar wie Aluminium sehr gut recyceln. Durch den Einsatz von Aluminium kann jedoch deutlich Ge-wicht eingespart werden, was zur Energieeinsparung bei der Anwendung führt. Im Gegen-satz dazu gibt es bei Kunststoffen nach wie vor Probleme beim Recycling (Abschn. 10.6).

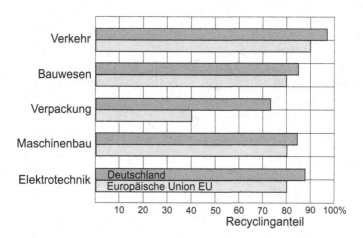

Abb. 6.11 Recycling von Aluminium in verschiedenen Bereichen. (Quelle: Gesamtverband der Aluminiumindustrie GDA, 2012)

Weiterführende Literatur

Askeland D (2010) Materialwissenschaften. Spektrum Akademischer Verlag, Heidelberg

Bargel H-J, Schulze G (2008) Werkstoffkunde. Springer, Berlin, Heidelberg

Fuhrmann E (2008) Einführung in die Werkstoffkunde und Werkstoffprüfung Band 1: Werkstoffe: Aufbau-Behandlung-Eigenschaften. expert verlag, Renningen

Greven E, Magin W (2010) Werkstoffkunde und Werkstoffprüfung für technische Berufe. Verlag Handwerk und Technik, Hamburg

Henning F (Hrsg.), Moeller E (Hrsg.) (2011) Handbuch Leichtbau: Methoden, Werkstoffe, Fertigung. Carl Hanser Verlag, München

Jacobs O (2009) Werkstoffkunde. Vogel-Buchverlag, Würzburg

Kammer K (2009) Aluminium Taschenbuch: Band 1: Grundlagen und Werkstoffe. Beuth Verlag, Berlin

Läpple V, Drübe B, Wittke G, Kammer C (2010) Werkstofftechnik Maschinenbau. Europa-Lehrmittel, Haan-Gruiten

Martens H (2011) Recyclingtechnik: Fachbuch für Lehre und Praxis. Spektrum Akademischer Verlag, Heidelberg

Ostermann F (2007) Anwendungstechnologie Aluminium. Springer, Heidelberg

Roos E, Maile K (2002) Werkstoffkunde für Ingenieure. Springer Heidelberg

Seidel W, Hahn F (2012) Werkstofftechnik: Werkstoffe-Eigenschaften-Prüfung-Anwendung. Carl Hanser Verlag, München

Thomas K-H, Merkel M (2008) Taschenbuch der Werkstoffe. Carl Hanser Verlag, München

Weißbach W, Dahms M (2012) Werkstoffkunde: Strukturen, Eigenschaften, Prüfung. Vieweg + Teubner Verlag, Wiesbaden

Kupferwerkstoffe 7

7.1 Kupfer

Kupfer ist schon seit Jahrtausenden bekannt und gehört auch heute zu den wichtigsten technischen Metallen. Seine speziellen physikalischen und chemischen Eigenschaften entscheiden über den Einsatz.

7.1.1 Eigenschaften von Kupfer

Wichtige physikalische und mechanische Kennwerte des reinen Kupfers sind in Tab. 7.1 aufgelistet.

Kupfer hat eine sehr gute elektrische Leitfähigkeit, die nur von Silber übertroffen wird. Sie ist stark vom Reinheitsgrad abhängig, maßgebend sind hierbei die Anteile an Sauerstoff in Form von Kupferoxid. Auch die Wärmeleitfähigkeit von Kupfer ist sehr gut. Die mechanischen Eigenschaften sind unter Berücksichtigung der hohen Dichte als mäßig zu bewerten.

Kupfer kristallisiert im kubisch-flächenzentrierten Gitter (Abschn. 4.2.2) und hat keine allotropen Modifikationen. Durch das kfz-Gitter lässt es sich sehr gut umformen. Kupfer ist diamagnetisch.

Elektrochemisch gesehen ist Kupfer ein Halbedelmetall mit einem positiven Normalpotential von +0,34 V. Dieses elektrochemische Verhalten verleiht dem Metall eine sehr gute Korrosionsbeständigkeit. Dazu bildet es eine Schicht, die zuerst braun und nach vielen Jahren grün (Patina) wird. Diese Schicht schützt das Metall zusätzlich vor Korrosion.

Die Anwendung von reinem Kupfer ist vor allem mit seiner guten elektrischen Leitfähigkeit verbunden. Für elektrotechnische Zwecke werden elektrolytisch raffinierte Kupfersorten, mit definierten Eigenschaften, hergestellt. Dank guter Korrosionsbeständig-

© Springer-Verlag Berlin Heidelberg 2017
B. Arnold, *Werkstofftechnik für Wirtschaftsingenieure*,
DOI 10.1007/978-3-662-54548-5_7

Tab. 7.1 Kennwerte von reinem Kupfer

Kenngröße	Wert (bei RT)
Ordnungszahl	29
Dichte	8,92 g/cm³
Schmelztemperatur	1.085 °C (1.358 K)
Elektrische Leitfähigkeit	59,1 × 10⁶ S/m
Wärmeleitfähigkeit	400 W/m K
E-Modul	125.000 MPa
Zugfestigkeit	250 MPa
Bruchdehnung	60 %
Härte	30 HB
Normalpotential	0,34 V

Angaben zu mechanischen Eigenschaften sind Orientierungswerte

Abb. 7.1 Gewinnung von Kupfer

keit und Verformbarkeit findet Kupfer Verwendung in der Bauindustrie, z. B. für Wasserleitungen und Heizungssysteme.

▶ Kupfer ist schwer, gut umformbar und korrosionsbeständig. Es hat eine hohe elektrische und thermische Leitfähigkeit.

7.1.2 Gewinnung von Kupfer

Mit einem Anteil von nur 0,01 % an der Erdrinde gehört Kupfer zu seltenen Metallen. Die Gewinnung von reinem Kupfer erfolgt meist aus schwefelhaltigen (sulfidischen) Erzen mit einem Kupfergehalt von bis zu 4 %. Das Schema der Gewinnung ist in Abb. 7.1 dargestellt.

Die Erze werden mithilfe von Flotation bis auf ca. 10 % Kupferanteil angereichert. Danach wird die Methode der Feuer-Raffination angewandt. In drei Stufen wird Anoden-Kupfer (99 % Cu) hergestellt. Um technisch reines Kupfer zu gewinnen, wenden wir die Methode der Elektrolyse an. Im Gegensatz zum Aluminium wird die Elektrolyse-Raffination des Kupfers in einem wässrigen Elektrolyt durchgeführt wird. Dadurch werden keine hohen Energiemengen benötigt. Das Produkt der Elektrolyse ist das Kathoden-Kupfer mit ca. 99,9 % Cu. Für noch höhere Reinheitsgrade wird die Elektrolyse-Raffination wiederholt.

Abb. 7.2 Aufbau der numerischen Bezeichnungen für
Kupferwerkstoffe

Bezeichnungsposition			
1	2	3	4
C	Erzeugnisart	Kennzahl	Werkstoffgruppe

Tab. 7.2 Buchstaben im numerischen Bezeichnungssystem für Kupferwerkstoffe

Erzeugnisart		Werkstoffgruppe	
B	Masseln, Blockform	A oder B	Reinkupfer
C	Gusserzeugnis	C oder D	Niedriglegierte Kupferlegierungen
R	Raffiniertes Kupfer	G	Kupfer-Aluminium-Legierungen
W	Knetwerkstoffe	H	Kupfer-Nickel-Legierungen
		K	Kupfer-Zinn-Legierungen
		L oder M	Kupfer-Zink-Legierungen
		N oder P	Kupfer-Zink-Blei-Legierungen
		R oder S	Kupfer-Zink-Legierungen Mehrstofflegierungen

7.2 Typen und Eigenschaften von Kupferwerkstoffen

Kupferwerkstoffe werden traditionell nicht in Knet- und Gusslegierungen eingeteilt, sondern in verschiedene (oft sehr alte) Arten, die nach ihren Hauptlegierungselementen gebildet und benannt werden.

7.2.1 Bezeichnung von Kupferwerkstoffen

Kupferwerkstoffe werden mithilfe eines numerischen Systems sowie mit chemischen Symbolen bezeichnet. Beide Bezeichnungssysteme sind in entsprechenden Euronormen definiert.

Der Aufbau der numerischen Bezeichnungen für Kupferwerkstoffe ist in Abb. 7.2 dargestellt.

Die numerische Bezeichnung wird mit dem Buchstaben C (für Kupfer) eingeleitet. Da-
nach folgt ein Buchstabe, der die Erzeugnisart kennzeichnet, anschließend eine dreistellige
Zahl, die eine Sortenzahl darstellt. Am Ende befindet sich wieder ein Buchstabe, der die
Werkstoffgruppe kennzeichnet. Beispiele der Buchstaben für die Erzeugnisart und für die
Werkstoffgruppe sind in Tab. 7.2 dargestellt.

Die Bezeichnungen mit chemischen Symbolen geben einen groben Hinweis auf die Zusammensetzung des Werkstoffs.

Beispiel: Die numerische Bezeichnung „CW450K" steht für eine Kupfer-Knetlegierung mit der Sorten Nr. 450 und mit Zinn als Hauptlegierungselement. Mit anderen Worten ist es eine Zinn-Bronze-Sorte. Dieser Werkstoff wird auch als „CuSn4" bezeichnet, woraus wir folgern können, dass der Zinn-Gehalt etwa 4 % beträgt.

7.2.2 Kupfer-Zink-Legierungen (Messing)

Kupfer-Zink-Legierungen bilden mengenmäßig die größte Gruppe der Kupferwerkstoffe.

Kupfer-Zink-Legierungen weisen bis zu einem Zink-Gehalt von etwa 37 % ein homogenes Gefüge aus Mischkristallen auf. Sie werden als α-Messing bezeichnet und haben wie Kupfer ein kfz-Gitter. Das homogene Gefüge aus Mischkristallen verleiht den Legierungen neben einer verbesserten Festigkeit auch eine hervorragende Kaltumformbarkeit. Den Zusammenhang zwischen dem Gefüge und den mechanischen Eigenschaften von Messing zeigt Abb. 7.3. Wir erkennen, dass bis zu einem Zinkanteil von ca. 30 % Zink die Zugfestigkeit und die Bruchdehnung ansteigen. Die gleichzeitige Zunahme dieser beiden Eigenschaften ist eine Besonderheit von Messing.

Bei höheren Zink-Gehalten ist das Gefüge heterogen (α + β-Messing) und lässt sich nur warmumformen. Die Zugfestigkeit nimmt bis zu einem Zinkanteil ca. 46 % weiter zu (Abb. 7.3), die Verformbarkeit wird jedoch deutlich schlechter. Die heterogenen Messinge sind gut zerspanbar, was durch Blei-Zusatz (bis 3 %) noch weiter verbessert werden kann.

Messinge sind nicht aushärtbar. Eine Verbesserung der Festigkeit kann mittels Kaltumformen erreicht werden. Messinge lassen sich durch unterschiedlichste Formgebungsverfahren wie Ziehen, Walzen, Gesenkschmieden, Zerspanen, Gießen, Tiefziehen und Stanzen in nahezu jede Form bringen. Die Bauteile aus Messing lassen sich untereinander oder mit anderen Werkstoffen hart und weich verlöten, verschrauben, verpressen oder verkleben. Messinge sind zudem ausgezeichnete Wärmeleiter.

Die Korrosionsbeständigkeit der Kupfer-Zink-Legierungen ist sehr gut, auch wenn sie bei Gehalten über 15 % Zink abnimmt. Mit zunehmendem Zinkgehalt tritt neben einer allgemein erhöhten Anfälligkeit für Korrosion die sogenannte Entzinkung auf. Bei der Entzinkung werden, unter bestimmten Bedingungen, die α-Mischkristalle aufgelöst. Hierbei wird Kupfer in poröser Form abgeschieden, was zu Verminderung der Festigkeit führt.

Eine goldähnliche Farbe verleiht den Messingen ein sehr dekoratives Aussehen.

Messinge teilen wir in Knet- und Gusswerkstoffe ein. In beiden Gruppen werden unterschieden:

- Messinge ohne weitere Legierungselemente,
- bleihaltige Messinge mit bis zu 3,5 %Blei,
- Sondermessinge mit weiteren Legierungselementen.

Bedingt durch die gute Löslichkeit von Zink in Kupfer können theoretisch unendlich viele Legierungen zwischen Kupfer und Zink hergestellt werden. Die Zahl der Messingsorten

Abb. 7.3 Gefüge und mechanische Eigenschaften von Kupfer-Zink-Legierungen

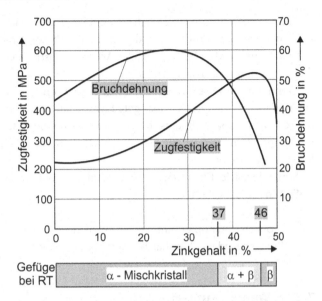

Tab. 7.3 Kupfer-Zink-Legierungen (Auswahl)

Werkstoffbezeichnung		Zugfestigkeit in MPa	Dehngrenze in MPa	Bruchdehnung in %
CuZn30	CW500L	270 … 350	160	40 … 50
CuZn35Pb1	CW600N	290 … 370	200	40 … 50
CuZn37	CW508L	350 … 440	170	19 … 28
CuZn37Mn3Al2PbSi	CW713R	540	280	15

ist jedoch in der Praxis auf rund 60 beschränkt. Einige Messingsorten mit ihren mechanischen Eigenschaften sind in Tab. 7.3 dargestellt.

▶ Messinge sind Kupfer-Zink-Legierungen mit einem homogenen oder heterogenen Gefüge.
Homogene α-Messinge sind sehr gut kaltumformbar.
Messinge sind nicht aushärtbar, korrosionsbeständig und sehr gut bearbeitbar.

7.2.3 Kupfer-Zinn-Legierungen (Bronze)

Kupfer-Zinn-Legierungen sind die ältesten Kupferwerkstoffe. Sie waren die ersten metallischen Werkstoffe, die die Entwicklung der Menschheit stark beeinflusst haben. Dementsprechend bezeichnen wir eine ganze Zeitepoche als Bronzezeit.

Die heutigen Bronzen enthalten 2 % bis 8 % Zinn in Knetlegierungen und 2 % bis 14 % Zinn in Gusslegierungen. Bronzen sind nicht aushärtbar.

Diese Werkstoffe zeichnen sich durch eine ausgezeichnete Korrosionsbeständigkeit aus. Viele der Legierungen sind meerwasserbeständig.

Die Knetlegierungen lassen sich sehr gut kaltumformen. Dabei verfestigen sie sich sehr stark, ohne jedoch spröde zu werden. Auf dieser besonderen Eigenschaft beruht der Einsatz von Zinnbronzen für Federn aller Art. Die günstigen Gleiteigenschaften ermöglichen ihre Verwendung als Lagerwerkstoffe.

Wenn wir teilweise das teure Zinn in einer Bronze durch Zink ersetzen, erhalten wir einen Werkstoff, der vergleichbar gute Eigenschaften aufweist, aber preiswerter ist. Wegen der rötlichen Farbe als Rotguss bezeichnet, haben sich diese Legierungen als eigene Werkstoffgruppe durchgesetzt. Sie lassen sich sehr gut vergießen und werden auch Glockenlegierungen genannt.

Sortenbeispiele für Bronzen sind: CuSn6 (CW452K), CuSn11Pb2 (CW482K) und CuSn7Zn4Pb7 (CC493K).

▶ Bronzen sind Kupfer-Zinn-Legierungen, die sehr korrosionsbeständig sind.
  Bronzen sind nicht aushärtbar und gut umformbar.

7.2.4 Weitere Kupferwerkstoffe

Neben Messing und Bronze verwenden wir noch weitere Kupferwerkstoffe, die interessante Eigenschaften besitzen.

a. Niedriglegierte Kupferwerkstoffe
Niedriglegierte Kupferlegierungen enthalten geringe Mengen verschiedener Elemente (alleine oder in Kombination) wie z. B. Silber, Magnesium, Chrom, Eisen, Kobalt, Mangan, Silizium, Tellur, Beryllium, Nickel, Zinn oder Zirkonium. Durch diese Zusätze können eine Reihe von Eigenschaften (z. B. Festigkeit oder Zerspanbarkeit) des Kupfers deutlich verbessert werden.

In dieser Werkstoffgruppe finden wir nichtaushärtbare sowie aushärtbare Legierungen. Zu den nichtaushärtbaren (kaltverfestigenden) Werkstoffen zählen u. a.: CuSP (CW114C), CuTeP (CW118C) und CuSi3Mn1 (CW120C). Zu den aushärtbaren Legierungen gehören u. a.: CuBe2 (CW101C), CuCr1 (CW104C) und CuNi2Si1 (CW111C).

Von den aushärtbaren Legierungen haben vor allem die Kupfer-Beryllium-Legierungen eine besondere Bedeutung erlangt. Ihre Festigkeit kann durch Warmaushärten bis auf 1.200 MPa gesteigert werden, verbunden mit einer erhöhten Verschleißbeständigkeit. Diese Eigenschaften ermöglichen uns, Kupfer-Beryllium-Legierungen für funkenfreie Werkzeuge zu verwenden. Solche Werkzeuge kommen bei Explosionsgefahr (z. B. bei Wartung von Tanks) zum Einsatz.

b. Kupfer-Aluminium-Legierungen (Aluminiumbronze)
Kupfer-Aluminium-Legierungen enthalten bis zu 12,5 % Aluminium und daneben andere Elemente wie Eisen, Mangan, Nickel oder Arsen. Sie sind etwas leichter als andere Kupferwerkstoffe und lassen sich aushärten. Nickelhaltige Aluminiumbronzen zeichnen sich

durch eine sehr gute Korrosionsbeständigkeit (auch gegen Kavitation) aus. Außerdem sind Zugfestigkeit, Schwingfestigkeit sowie Gießbarkeit sehr gut. Dank dieses Eigenschaftsprofils können z. B. Schiffsschrauben aus diesen Werkstoffen hergestellt werden. Sortenbeispiele sind: CuAl10Fe (CC331G) und CuAl10Ni5Fe4 (CW307G).

c. Kupfer-Nickel-Legierungen
Kupfer und Nickel sind Nachbarn im Periodensystem der Elemente. Beide Metalle haben das kfz-Gitter, ähnliche Atommassen und ähnliche Dichten. Sie bilden in allen Konzentrationen Mischkristalle (Abschn. 4.3.3). Somit existieren nur homogene Legierungen, die nicht aushärtbar sind. Dieses besondere Verhalten führt dazu, dass es sowohl nickelhaltige Kupferwerkstoffe als auch kupferhaltige Nickelwerkstoffe gibt.

Kupfer-Nickel-Legierungen enthalten bis zu 44 % Nickel und häufig auch bis zu 2 % Mangan. Zusätzlich enthalten einige Legierungen wie z. B. CuNi10FeMn (CW352H, Cunifer) auch etwa 1 % Eisen. Durch das homogene Gefüge lassen sich diese Legierungen sehr gut kaltumformen, viele auch ausgezeichnet tiefziehen.

Die herausragende Eigenschaft der Kupfer-Nickel-Legierungen ist ihre Beständigkeit gegen Korrosion, Erosion und Kavitation. Sie sind beständig gegen alle Wasserarten, auch bei hoher Strömungsgeschwindigkeit und Temperatur.

Ab einem Nickelgehalt von etwa 15 % haben die Kupfer-Nickel-Legierungen eine silberne Farbe.

Die Legierung CuNi44 ist als elektrische Widerstandslegierung unter dem Namen Konstantan bekannt. Sie zeichnet sich durch eine geringe Temperaturabhängigkeit des elektrischen Widerstands aus. Sie wird in Kombination mit Eisen oder Kupfer in Thermoelementen für Temperaturmessungen verwendet.

Weitere Sortenbeispiele sind CuNi9Sn2 (CW351H), CuNi30Mn1Fe (CW354H) und CuNi30Fe1Mn1NbSi (CC383H).

d. Kupfer-Nickel-Zink-Legierungen (Neusilber)
Kupfer-Nickel-Zink-Legierungen enthalten 10 % bis 25 % Nickel und von 15 % bis 42 % Zink. Die gelbe Farbe des Messings geht infolge des Nickelzusatzes in eine silberähnliche Farbe über. Neusilber-Legierungen zeigen, verglichen mit den Messingen, eine bessere Korrosionsbeständigkeit. Im Vergleich zu Kupfer-Nickel-Legierungen sind sie preiswerter. Es gibt vor allem Knetlegierungen wie z. B. CuNi18Zn20 (CW409J). Die Bedeutung dieser Werkstoffe ist jedoch rückläufig. An ihrer Stelle werden rostfreie Stähle und Kupfer-Nickel-Legierungen verwendet.

▶ Niedriglegierte Kupferwerkstoffe enthalten verschiedene Legierungselemente wie z. B. Beryllium, Chrom und Nickel.
Aluminiumbronzen sind Kupfer-Aluminium-Legierungen mit weiteren Elementen. Sie sind aushärtbar und korrosionsbeständig.
Kupfer-Nickel-Legierungen bestehen nur aus Mischkristallen und haben eine hohe Korrosionsbeständigkeit.
Neusilber sind Kupfer-Nickel-Zink-Legierungen.

Abb. 7.4 Einsatzgebiete von
Kupferwerkstoffen. (Quelle:
Deutsches Kupferinstitut,
2012)

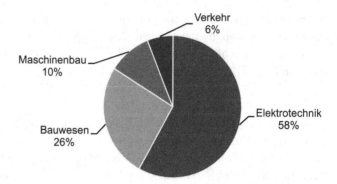

Abb. 7.5 Anwendungsbeispiele für Messing. **a** Über-
druckventil, **b** Türklinke

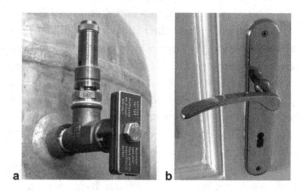

e. Münzlegierungen

Kupferlegierungen haben wir sehr oft in der Hand, da sie als Werkstoffe für Euromünzen verwendet werden. Für 10-, 20- und 50-Cent Münzen wird die Legierung CuAl5Zn5Sn1 verwendet, die auch als nordisches Gold bezeichnet wird. Zwei Legierungen finden für 1- und 2-Euro Münzen Einsatz, goldfarbiges Nickel-Messing CuZn20Ni5 und die silberfarbige Legierung CuNi25.

7.3 Anwendung von Kupferwerkstoffen

7.3.1 Einsatzgebiete von Kupferwerkstoffen

Die Einsatzgebiete von Kupferwerkstoffen sind in Abb. 7.4 dargestellt.

Insgesamt gehen mehr als die Hälfte der Kupferwerkstoffe als Leiterwerkstoffe in die Elektrotechnik. Der zweitwichtigste Einsatzbereich ist die Bauindustrie, wo Kupferwerkstoffe für Wasserleitungs- und Heizsysteme verwendet werden.

7.3.2 Anwendung von Messing

Messing wird in sehr vielen Industriebereichen sowie im Konsumbereich verwendet. Im Maschinen-, Apparate- und Kraftwerksbau wird es für Lager, Ventile (Abb. 7.5a),

Abb. 7.6 Entlüftungsventil aus Messing (mit freundlicher Genehmigung der Firma Getriebebau NORD in Bargteheide)

Synchronringe, Rohre, Turbinen und Schaufelräder gebraucht. Im Fahrzeugbau werden Autokühler und Wärmetauscher aus Messing gebaut.

Weitere Anwendungsbereiche sind die Feinmechanik für Mess-, Steuer- und Regelgeräte und die Elektrotechnik und Elektronik. Im Konsumbereich können als Beispiele für Anwendung von Messing Bordinstrumente auf Segelschiffen, Beschläge und Scharniere (Abb. 7.5b) sowie Musikinstrumente dienen.

Messing im Stirnradschneckengetriebe[1]

Im Stirnradschneckengetriebe (Abschn. 1.6) wird ein kleines Bauteil aus Messing eingesetzt. Das Entlüftungsventil (Abb. 7.6) dient zum Druckausgleich bei Erwärmung des Getriebes.

Es ist ein Teil mit Gewinde und sechseckigem Kopf. Da die Fertigung solcher Bauteile schnell und problemlos erfolgen soll, muss der Werkstoff eine sehr gute Bearbeitbarkeit aufweisen. Diese Eigenschaft ist typisch für Messing. Seine Korrosionsbeständigkeit ist auch beim Einsatz im Getriebe vorteilhaft. Entlüftungsventile werden als fertige Bauteile (Normteile) zugekauft.

7.3.3 Anwendung von Bronze

Bronzen finden Anwendung in technischen Bereichen, in denen vor allem hohe Korrosionsbeständigkeit und Festigkeit gefordert werden. So werden Bronzen für Federn in der Feinwerk- und Elektrotechnik eingesetzt. Die gute Gießbarkeit von Bronze in Verbindung mit den vorteilhaften Dämpfungseigenschaften ermöglicht ihre Verwendung in Getrieben und Pumpen.

Bronze im Stirnradschneckengetriebe[2]

Im Stirnradschneckengetriebe (Abschn. 1.6) wird das Schneckenrad der Schneckenstufe aus Bronze eingesetzt. Das Schneckenrad arbeitet mit der Schnecke aus Einsatzstahl (Abschn. 5.8.3) zusammen.

---

[1] Quelle: Getriebebau NORD.

[2] Quelle: Getriebebau NORD.

Abb. 7.7 Schneckenrad mit
dem Kranz aus Bronze (mit
freundlicher Genehmigung der
Firma Getriebebau NORD in
Bargteheide)

Die Grundsätze der Werkstoffauswahl für die Schneckenstufe haben wir im Kap. 1 (Abschn. 1.6.2) diskutiert. Wir wissen, dass das Schneckenrad weicher als die Schnecke sein muss. Während des Einsatzes darf es zu keiner Verschweißung des Zahnrades mit der Schnecke kommen. Das Schneckenrad soll gegen Verschleiß beständig und für hohe Gleitgeschwindigkeiten geeignet sein. Diese Anforderungen werden von der Bronze CuSn12Ni (12 % Zinn und 2 % Nickel) sehr gut erfüllt. Bronze ist korrosionsbeständig, was in diesem Fall zwar nicht hauptsächlich gefordert wird, aber für den Einsatz von Vorteil ist.

Bedingt durch den hohen Preis der Bronze wird das Schneckenrad als ein sogenanntes Hybrid-Teil ausgeführt (Abb. 7.7).

Hierbei ist nur der Zahnradkranz aus Bronze, der Radkern wird aus einem Baustahl gefertigt. Der Radkranz aus Bronze wird im Schleuderguss- oder Stranggussverfahren hergestellt. Seine Dicke wird, soweit konstruktiv möglich, klein bemessen. Die beiden Teile der Radkranz und der Radkern werden mithilfe des Elektronenstrahlschweißens miteinander verbunden.

Die Fertigung des Schneckenrades erfolgt im Auftrag und nach Angaben des Getriebeherstellers in einer spezialisierten Firma.

7.4 Produktion von Kupferwerkstoffen

Die weltweit größten und wirtschaftlich abbaufähigen Vorkommen von Kupfererz gibt es in Chile. Weltweit werden jährlich ca. 20 Mio. Tonnen (Quelle: Deutsches Kupferinstitut, 2012) Kupfer aus Erzen gewonnen. Die führenden Länder sind China, Chile, Japan, USA und Russland. Diese Staaten haben einen Anteil von ca. 60 % an der weltweiten Produktion. Der Kupferpreis liegt derzeit bei 8.200 Dollar pro Tonne (Quelle: metalprices.com). Große Bedeutung hat die Sekundärindustrie. Über 50 % der jährlichen, deutschen Kupferproduktion stammen aus Schrotten und kupferhaltigen Zwischenprodukten.

Die Marktanteile der Kupferwerkstoffe sind in Abb. 7.8 dargestellt. Der wichtigste Kupferwerkstoff ist mit großem Abstand Messing.

Abb. 7.8 Marktanteile von
Kupferwerkstoffen. (Quelle:
Deutsches Kupferinstitut,
2012)

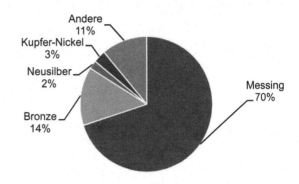

7.5 Recycling von Kupferwerkstoffen

Kupfer und seine Werkstoffe sind sehr gut recycelbar. Die elektrolytische Raffination ermöglicht es, unedle und edle Verunreinigungen aus Kupfer restlos zu entfernen. Deshalb können Kupfer und seine Legierungen aus Altmaterialien ohne Qualitätsverluste beliebig oft recycelt werden. Bereits heute wird ungefähr die Hälfte des jährlichen Kupferbedarfs in Europa aus Recyclingmaterial gedeckt. Die Wiederverwertung von Kupfer kann deshalb als größte und wirtschaftlichste Kupfermine der Welt betrachtet werden.

Recycling schont jedoch nicht nur die Rohstoffe, sondern hilft auch, Energie zu sparen. Denn bei der Wiederverwertung von Kupfer entfällt zum einen der Energieaufwand, der mit dem Erzabbau, der Aufbereitung und dem Transport zu den Verarbeitungsstätten verbunden ist. Zum anderen beträgt der Energieeinsatz für das Einschmelzen des Altmaterials nur einen Bruchteil dessen, was für die Gewinnung aus Erzen erforderlich ist.

Weiterführende Literatur

Askeland D (2010) Materialwissenschaften. Spektrum Akademischer Verlag, Heidelberg
Bargel H-J, Schulze G (2008) Werkstoffkunde. Springer, Berlin, Heidelberg
Fuhrmann E (2008) Einführung in die Werkstoffkunde und Werkstoffprüfung Band 1: Werkstoffe: Aufbau-Behandlung-Eigenschaften. expert verlag, Renningen
Jacobs O (2009) Werkstoffkunde. Vogel-Buchverlag, Würzburg
Läpple V, Drübe B, Wittke G, Kammer C (2010) Werkstofftechnik Maschinenbau. Europa-Lehrmittel, Haan-Gruiten
Martens H (2011) Recyclingtechnik: Fachbuch für Lehre und Praxis. Spektrum Akademischer Verlag, Heidelberg
Reissner J (2010) Werkstoffkunde für Bachelors. Carl Hanser Verlag, München
Roos E, Maile K (2002) Werkstoffkunde für Ingenieure. Springer Heidelberg
Seidel W, Hahn F (2012) Werkstofftechnik: Werkstoffe-Eigenschaften-Prüfung-Anwendung. Carl Hanser Verlag, München
Thomas K-H, Merkel M (2008) Taschenbuch der Werkstoffe. Carl Hanser Verlag, München
Weißbach W, Dahms M (2012) Werkstoffkunde: Strukturen, Eigenschaften, Prüfung. Vieweg+Teubner Verlag, Wiesbaden

Weitere Nichteisenmetalle

8

8.1 Magnesiumwerkstoffe

Magnesium ist das leichteste technische Metall. Somit sind technische Magnesiumlegierungen für den Leichtbau gut geeignet. Die Neigung zu Korrosion und geringe Festigkeit sind nachteilige Eigenschaften des Magnesiums.

8.1.1 Eigenschaften und Gewinnung von Magnesium

a. Eigenschaften von Magnesium
Mit einem Anteil von 1,9 % an der Erdrinde gehört Magnesium zu den häufig vorkommenden Metallen. Magnesium kommt in der Natur elementar nicht vor, ist aber in Verbindungen wie Carbonaten, Silicaten und Sulfaten weit verbreitet. In Form von Dolomit, einem Calcium- und Magnesiumcarbonat, bildet es ganze Gebirgszüge. In den Weltmeeren befinden sich große Mengen an Magnesiumchloriden.

Wichtige physikalische und mechanische Kennwerte des reinen Magnesiums sind in Tab. 8.1 aufgelistet.

Die wichtigste Eigenschaft des Magnesiums ist seine geringe Dichte und dadurch bedingt seine gute spezifische Festigkeit. Sein niedriges Normalpotential verursacht eine hohe Korrosionsanfälligkeit, dazu zeigtes keine Neigung zum Passivieren.

Magnesium kristallisiert im hexagonalen Gitter dichtester Packung (Abschn. 4.2.2) und hat keine allotropen Modifikationen. Bedingt durch das hdP-Gitter lässt es sich ab 225 °C nur warmumformen. Zähigkeit von Magnesium ist gering. Bedeutsamer sind seine gute Gießbarkeit sowie sein hohes Dämpfungsvermögen. Magnesium ist paramagnetisch. Eine spanabhebende Bearbeitung von Magnesium ist im Vergleich zu anderen Metallen einfach. Es kann mit geringen Schnittkräften bearbeitet werden (z. B. sind für Stahl Schnittkräfte von ca. 1.700 MPa notwendig und für Magnesium nur von ca. 200 MPa).

© Springer-Verlag Berlin Heidelberg 2017
B. Arnold, *Werkstofftechnik für Wirtschaftsingenieure*,
DOI 10.1007/978-3-662-54548-5_8

Tab. 8.1 Kennwerte von reinem Magnesium

Kenngröße	Wert der (bei RT)
Ordnungszahl	12
Dichte	1,75 g/cm^3
Schmelztemperatur	650 °C (923 K)
Elektrische Leitfähigkeit	22,7 × 10^6 S/m
Wärmeleitfähigkeit	160 W/m K
E-Modul	47.000 MPa
Zugfestigkeit	150 MPa
Bruchdehnung	15 %
Härte	20 HB
Normalpotential	−2,37 V

Angaben zu mechanischen Eigenschaften sind Orientierungswerte

Die große Affinität des Magnesiums zu Sauerstoff führt zum Selbstentzünden. Wird das Metall erhitzt, verbrennt es mit sehr heller, weißer Flamme, die nur schwer zu löschen ist. Daher müssen wir besondere Schutzmaßnahmen beim Schmelzen, Gießen und Zerspanen treffen.

Magnesium hat sehr wichtige biochemische Funktionen im Stoffwechsel von Flora und Fauna. Es ist für viele biologische Vorgänge absolut notwendig.

Reines Magnesium hat als Werkstoff praktisch keine Bedeutung. Seine häufigste Anwendung beruht auf der hohen Korrosionsanfälligkeit. Es wird als Opferanoden zum Schutz anderer Metalle, z. B. bei Warmwasserspeichern, verwendet.

b. Gewinnung von Magnesium

Zwei Methoden dienen der Gewinnung von reinem Magnesium: Schmelzflusselektrolyse von wasserfreiem Magnesiumchlorid und thermische Reduktion von Magnesiumoxid.

Die Schmelzflusselektrolyse wird mit geschmolzenem Magnesiumchlorid bei ca. 700 °C in sog. Downs-Zellen durchgeführt. Das Magnesiumchlorid wird aus dem Meerwasser gewonnen, das etwa 0,15 % Magnesium enthält. Zur Schmelzpunkterniedrigung des Magnesiumchlorids werden der Salzschmelze andere Chloride zugesetzt. Als Anoden dienen von oben eingelassene Graphitstäbe. Das metallische Magnesium sammelt sich oben auf der Salzschmelze und wird abgeschöpft. Das entstehende Chlorgas sammelt sich im oberen Teil der Zelle und wird zur Herstellung von Magnesiumchlorid aus Magnesiumoxid verwendet.

Für die thermische Reduktion von Magnesiumoxid (Pidgeon-Prozess) werden gebrannte, magnesiumhaltige Mineralien (wie z. B. Dolomit) mit geeigneten Reduktionsmitteln vermischt. Anschließend wird die Mischung in einem Ofen auf ca. 1.150 °C erhitzt. Das entstehende dampfförmige Magnesium kondensiert am wassergekühlten Kopfstutzen außerhalb des Ofens. Das gewonnene Metall wird durch Vakuumdestillation weiter gereinigt.

▶ Magnesium ist das leichteste technische Metall.
  Es ist korrosionsanfällig und lässt sich schlecht umformen.
  Die Gießbarkeit und die Zerspanbarkeit von Magnesium sind gut.

8.1.2 Typen und Eigenschaften von Magnesiumwerkstoffen

Die wichtigen Legierungselemente für Magnesium sind Aluminium, Zink und Mangan.

a. Einteilung von Magnesiumwerkstoffen
Analog zu den Aluminium-Legierungen (Abschn. 6.3.1) werden auch die Magnesium-Legierungen in Knet- und Gusslegierungen eingeteilt. Im Gegensatz zu Aluminiumwerkstoffen gibt es jedoch nur wenige Knetlegierungen. Wir verwenden vor allem Gusslegierungen.

b. Vermeidung von Korrosion
Konventionelle Magnesiumlegierungen haben aufgrund ihres hohen negativen elektrochemischen Potentials eine geringe Korrosionsbeständigkeit.

In den letzten Jahren wurden spezielle hochreine HP-Legierungen (HP=high purity) entwickelt, die eine verbesserte Korrosionsbeständigkeit aufweisen. Dies wird erreicht, indem die Anteile kritischer Elemente wie Eisen, Nickel und Kupfer verringert und strenge Gehaltslimits eingehalten werden. Die Korrosionsrate dieser Legierungen ist vergleichbar mit der einer gebräuchlichen Aluminiumlegierung. Eine wichtige Rolle bei dem Korrosionsschutz von Magnesiumwerkstoffen spielt das entsprechende Bauteildesign und das konsequente Vermeiden eines Kontakts mit anderen Metallen.

c. Bezeichnung von Magnesiumwerkstoffen
Magnesiumwerkstoffe werden mithilfe eines numerischen Systems sowie mit chemischen Symbolen bezeichnet. Beide Bezeichnungssysteme sind in den einschlägigen Euronormen festgelegt.

Der Aufbau der numerischen Bezeichnungen ist in Abb. 8.1 dargestellt. Das System orientiert sich an den Aluminiumwerkstoffen (Abschn. 6.3.1). Die Bezeichnungspositionen 1 und 2 sind immer gleich: „EN" für Euronorm und „M" für Magnesium. Die Erzeugnisart (Position 3) wird mit Buchstaben bezeichnet (Tab. 8.2). Die eigentliche Bezeichnung besteht aus vier Ziffern, wobei die erste Ziffer (Position 4) das Hauptlegierungselement (die Legierungsreihe) angibt. Die Zuordnung der Legierungsreihen ist in Tab. 8.2 dargestellt.

Die ersten zwei Ziffern in der Position 5 bezeichnen den Legierungstyp, die dritte Ziffer (es können auch zwei Ziffern sein) ist eine laufende Nummer, die Legierungen einer Gruppe durchnummeriert.

Bezeichnungsposition

1	2	3	4	5		
EN	– M	Erzeugnisart	–	Ziffer für Haupt-legierungselement	Ziffer	Ziffer	Ziffer

Abb. 8.1 Aufbau der numerischen Bezeichnungen für Magnesiumwerkstoffe

Tab. 8.2 Einige Buchstaben im numerischen Bezeichnungssystem für Magnesiumwerkstoffe

Erzeugnisart		Legierungsreihe	
		Reihe-Nr.	Hauptlegierungselement
C	Gusslegierungen	1	Reinmagnesium
B	Masseln	2	Aluminium
A	Anodenmaterial	3	Zink
		4	Mangan
		5	Silizium
		6	Seltene Erden
		7	Zirkonium
		8	Silber
		9	Yttrium

Die Bezeichnung nach der chemischen Zusammensetzung folgt einem ähnlichen Schema wie bei allen Nichteisenmetallen, zwar wird dieser Bezeichnung „EN-M" vorangestellt. Genaue Informationen sind in den zuständigen Normen zu finden.

Magnesiumwerkstoffe werden jedoch am häufigsten mit Kurzzeichen bezeichnet, die vom amerikanischen System (ASTM) übernommen wurden. Hierbei werden die Legierungen durch die Buchstaben für Hauptlegierungselemente, gefolgt von deren gerundeten Gehalten in Gewichtsprozenten, gekennzeichnet. Bei der Angabe der Legierungsgehalte bedeutet „0", dass der Anteil des Elements unter 1 % liegt. Die Kennzeichnung der besonderen Reinheit erfolgt mit den Buchstaben „HP" (High Purity) am Ende des Hauptzeichens. Die Bedeutung der Buchstaben in dem ASTM-Bezeichnungssystem ist in Tab. 8.3 dargestellt.

Betrachten wir ein Beispiel: Die bekannteste Magnesiumlegierung wird mit „AZ91" bezeichnet. Das ASTM-Kurzzeichen steht für eine Magnesiumlegierung mit 9 % Aluminium und 1 % Zink. Nach dem europäischen Bezeichnungssystem heißt diese Legierung „EN-MB-21120". Diese Bezeichnung sagt uns, dass es sich um Masseln aus einer Magnesiumlegierung mit Aluminium (2) als Hauptlegierungselement handelt. Des Weiteren erkennen wir, dass die Legierung zur Gruppe Mg-Al-Zn (11) gehört und die Nummer 20 hat. Diese Legierung wird auch mit „EN-MB-MgAl9Zn1" oder mit „G-MgAl9Zn1" bezeichnet. Ein Werkstoff und vier verschiedene Bezeichnungen, die allesamt genormt sind. Hier haben wir ein gutes Beispiel für die Verwirrung in der Welt der Werkstoffbezeichnungen.

Tab. 8.3 ASTM-Buchstaben für die Legierungselemente von Magnesiumwerkstoffen

Kurzbuchstabe	Legierungselement	Kurzbuchstabe	Legierungselement
A	Aluminium	N	Nickel
B	Wismut	P	Blei
C	Kupfer	Q	Silber
D	Cadmium	R	Chrom
E	Seltene Erden	S	Silizium
F	Eisen	T	Zinn
H	Thorium	W	Yttrium
K	Zirkonium	Y	Antimon
L	Lithium	Z	Zink
M	Mangan		

d. Magnesium-Gusslegierungen

Magnesium-Gusslegierungen sind hinsichtlich der Legierungszusammensetzung auf eine gute Gießbarkeit hin optimiert. Der überwiegende Teil der Gusslegierungen wird im Druckgussverfahren bei Temperaturen zwischen 630 und 720 °C verarbeitet. Neben dem Druckguss können auch andere Methoden wie Sandguss, Feinguss und neuerdings auch das modere Thixogießen (Thixocasting) angewandt werden.

Die größte technische Bedeutung besitzen die zwei Magnesium-Aluminium-Legierungen: AZ91 und AM60. Aluminium verbessert die Gießbarkeit, die mechanischen Eigenschaften sowie die Korrosionsbeständigkeit. Nachteilig wirkt sich das Aluminium, wie auch das Zink, auf die Verformbarkeit aus. Bei höheren Anforderungen an die Verformbarkeit werden Aluminium-Mangan-Legierungen verwendet, die jedoch eine schlechtere Gießbarkeit aufweisen. Beide Sorten mit ihren mechanischen Eigenschaften sind in Tab. 8.4 dargestellt.

Zur Verbesserung der Warmfestigkeit und Kriechbeständigkeit wird der Aluminiumgehalt gesenkt oder anstelle des Aluminiums Silizium zulegiert (z. B. Legierung AS21). Magnesiumlegierungen, die oberhalb von 200 °C eingesetzt werden sollen, werden mit Silber, Scandium oder Seltenerdmetallen legiert.

e. Magnesium-Knetlegierungen

Magnesium-Knetlegierungen werden bei Temperaturen oberhalb von 350 °C zu Halbzeugen warmumgeformt. Die Halbzeuge werden in nachfolgenden Kaltumformprozessen (z. B. Tiefziehen) in die Endform gebracht. Aufgrund der durch das hdP-Gitter eingeschränkten Verformbarkeit bilden die Knetlegierungen nur eine kleine Gruppe. Bereits bei kleinen Umformgraden muss mit einer Rissbildung gerechnet werden.

Die höchste Festigkeitssteigerung wird durch Legieren mit Aluminium und Zink erreicht. Typische Magnesiumknetlegierungen sind AZ31 und AZ61.

Tab. 8.4 Magnesium-Gusslegierungen (Auswahl)

Werkstoffbezeichnung		Zugfestigkeit in MPa	Dehngrenze in MPa	Bruchdehnung in %
EN-MC-MgAl9Zn1	AZ91	200 … 260	140 … 170	1 … 6
EN-MC-MgAl6Mn	AM60	190 … 250	120 … 150	4 … 14

▶   Die wichtigsten Magnesiumwerkstoffe sind Gusslegierungen mit Aluminium
     und Zink.

f. Entwicklungstendenzen von Magnesiumwerkstoffen
Die Entwicklungstendenz bei Magnesiumwerkstoffen geht vor allem in Richtung Verbesserung der Warmfestigkeit und Kriechbeständigkeit. Dies wird durch Kombinationen
mit verschiedenen seltenen Elementen wie Scandium und Thorium erreicht. Eine weitere
Entwicklungsrichtung ist die Erhöhung des Elastizitätsmoduls. Erhöhte E-Moduln weisen
neue, partikelverstärkte Magnesium-Matrix-Verbundwerkstoffe auf. Dies sind Magnesium-Gusslegierungen mit eingelagerten Fasern oder Teilchen aus Siliziumkarbid.

8.1.3 Anwendung von Magnesiumwerkstoffen

a. Einsatzgebiete von Magnesium
Die Einsatzgebiete von Magnesium sind in Abb. 8.2 dargestellt.
     Magnesium wird überwiegend als Legierungselement für Aluminium verwendet. Nur
ein Teil von etwa 35 % Magnesium wird zu Magnesiumwerkstoffen, hauptsächlich zu
Gusswerkstoffen, verarbeitet.

b. Anwendung von Magnesiumwerkstoffen
Seit Anfang des 21. Jahrhunderts werden Magnesiumwerkstoffe in verschiedenen Gebie-
ten immer öfter eingesetzt. Insbesondere die Automobilindustrie sieht in der Anwendung
von Magnesium eine Möglichkeit zur Gewichtseinsparung.
     Magnesiumgusslegierungen werden für Automobil-, Computer- und Mobiltelefonteile
sowie für Sport- und Haushaltsgeräte verwendet. Bei hochwertigen, tragbaren, elektronischen Geräten (Kameras, Laptops) werden zunehmend Gehäuse aus Magnesiumwerkstoffen eingesetzt, die neben dem geringen Gewicht auch funktionelle Vorteile bezüglich der
elektromagnetischen Abschirmung und Wärmeabfuhr haben. Im Automobilbau werden
seit vielen Jahren Gussteile aus Magnesium in der Serienproduktion angefertigt. Typische
Anwendungen sind Sitzrahmen, Lenkräder und Instrumententafeln. Mithilfe von Magnesium können sehr moderne Konzepte verwirklicht werden, wie z. B. Autofelgen aus einer
Kombination mit kohlefaserverstärkten Kunststoffen (CFK).
     Magnesiumknetlegierungen finden ihre Anwendung hauptsächlich bei der Gewichts-
einsparung in der Automobilindustrie.

Abb. 8.2 Einsatzgebiete von
Magnesium. (Quelle: International Magnesium Association,
2005)

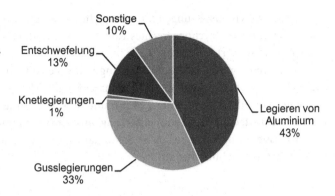

Sonstige
10%

Entschwefelung
13%

Knetlegierungen
1%

Legieren von
Aluminium
43%

Gusslegierungen
33%

c. Magnesiumlegierungen als Implantatwerkstoffe
Die vergleichsweise schlechte Korrosionsbeständigkeit von Magnesium kann sich im
Fall von Implantaten als Vorteil erweisen. Implantate aus Magnesium können so ent-
worfen werden, dass sie ihre Funktion für eine gewisse Zeit erfüllen und sich anschließend im menschlichen Körper auflösen. Da Magnesium für viele physiologische Abläufe
benötigt wird, wird sein Überschuss ohne schädliche Wirkung aus dem Körper ausge-
schwemmt. Forderungen an Implantatwerkstoffe sind ein einem weiteren Teil des Buches
(Abschn. 8.2.5) beschrieben.

8.1.4 Produktion und Recycling von Magnesiumwerkstoffen

a. Produktion von Magnesium
Die weltweite Hüttenproduktion von Magnesium lag im Jahr 2014 bei etwa 1 Mio.
Tonnen (Quelle: wvmetalle.de). Der Hauptproduzent ist mit deutlichem Abstand China.
In Deutschland wird kein Primär-Magnesium hergestellt. Der Preis von Magnesium liegt
derzeit bei 3.100 Dollar pro Tonne (Quelle: metalprices.com, 2013). Magnesium ist teuerer
als Aluminium (Abschn. 6.5), was aus der Nachfrage und Produktionskosten resultiert.

b. Recycling von Magnesiumwerkstoffen
Magnesiumlegierungen sind prinzipiell gut recycelbar. Die für das Recycling notwendige
Energiemenge beträgt ca. 3 % derer, die für die Primärgewinnung benötigt wird.
   Aufgrund der Regulierung der Kupfer- und Nickelgehalte für HP-Legierungen wird
hauptsächlich sauberer Magnesiumschrott der Klasse 1 mit bekannter Zusammensetzung
recycelt. Es handelt sich dabei in der Regel um Legierungsüberreste, die beim Gussprozess
entstehen (durch Entgraten, Ausschuss etc.). Dieser Schrott kann ohne weitere Behandlung eingeschmolzen und wiederverwertet werden. Magnesiumschrott anderer Klassen
muss kostenaufwändig gereinigt und aufbereitet werden, um Magnesiumwerkstoffe in
HP-Qualität zu erzeugen.

Wesentliche Voraussetzungen für die Erhöhung der Recyclingrate sind Werkstoffkenn-zeichnung und ein recyclinggerechtes Konstruieren. Dadurch könnte Magnesiumschrott entsprechend sortiert werden.

Eine weitere Option ist die Entwicklung von sogenannten Recyclinglegierungen. Re-cyclinglegierungen haben größere Toleranzen für die Menge der einzelnen Legierungs-elemente. Vor allem Magnesium-Aluminium-Zink-Legierungen (AZ-Legierungen) sind hierfür geeignet, da ihre Zusammensetzung am einfachsten mit Schrott kombinierbar ist. Bisher existieren nur wenige solche Sekundärlegierungen und es besteht diesbezüglich noch weiterer Forschungsbedarf.

8.2   Titanwerkstoffe

Titanwerkstoffe werden gerne als Werkstoffe der Zukunft bezeichnet. Ausschlaggebend für die steigende Verwendung von Titanwerkstoffen ist die einzigartige Kombination ihrer Eigenschaften aus geringer Dichte, guter Festigkeit und guter Korrosionsbeständigkeit. Ungünstig ist der hohe Preis des Metalls, der sich aus der aufwendigen Gewinnung ergibt.

8.2.1   Eigenschaften und Gewinnung von Titan

a. Eigenschaften von Titan
Titan ist das schwerste Leichtmetall und kommt in der Natur nur in gebundener Form vor. Es ist das 10. häufigste Element in der Erdkruste und in vielen Mineralien enthalten.

Wichtige physikalische und mechanische Kennwerte des reinen Titans sind in Tab. 8.5 aufgelistet.

Titan ist ein hochschmelzendes und hartes Metall. Seine herausragende Eigenschaft ist die sehr gute spezifische Festigkeit. Seine elektrische und thermische Leitfähigkeit sind gering. Titan ist paramagnetisch.

Trotz des negativen Normalpotentials (vgl. Tab. 8.5) ist die Korrosionsbeständigkeit von Titan gegenüber oxidierenden Medien und chloridhaltigen Lösungen (somit auch Meer-wasser) ausgezeichnet. Die Ursache für die Korrosionsbeständigkeit ist eine starke Pas-sivierung (Abschn. 4.8.2). Bei Raumtemperatur bildet sich auf der Titanoberfläche eine dünne Passivschicht aus Titanoxid, die von Chlorid-Ionen nicht durchbrochen wird. Das Wachstum der Passivschicht erfolgt schneller als bei den anderen passivierbaren Werk-stoffen. Nicht beständig ist Titan in reduzierenden Medien (z. B. Flusssäure). Bei Tempe-raturen über 400 °C nimmt Titan Sauerstoff, Stickstoff und Wasserstoff auf, was eine starke Versprödung verursacht.

Bei Raumtemperatur hat Titan ein hexagonales Gitter dichtester Packung (Abschn. 4.2.2). Bedingt durch das hdP-Gitter ist das Kaltumformen von Titan schwierig, sie bewirkt jedoch eine starke Verfestigung. Warmumformen von Titan bereitet wegen der Aufnahme von Gasen Probleme.

Tab. 8.5 Kennwerte von
reinem Titan

Kenngröße	Wert (bei RT)
Ordnungszahl	22
Dichte	4,51 g/cm^3
Schmelztemperatur	1.668 °C (1.941 K)
Elektrische Leitfähigkeit	2,5 10^6 S/m
Wärmeleitfähigkeit	22 W/m K
E-Modul	120.000 MPa
Zugfestigkeit	250 MPa
Bruchdehnung	10 %
Härte	120 HB
Normalpotential	– 1,63 V

Angaben zu mechanischen Eigenschaften sind
Orientierungswerte

Sehr ungünstig für die Technik ist die schlechte Zerspanbarkeit des Metalls bedingt
durch seine geringe Wärmeleitfähigkeit. Bei der Zerspanung fließt die erzeugte Prozess-
wärme zum größten Teil in die Werkzeuge und kann nicht mit den Spänen abtransportiert
werden. Ein weiterer Grund ist die starke Verfestigung, die einen hohen Widerstand bei
der Zerspanung hervorruft. Dadurch brechen die Schneidkanten von Werkzeugen leicht
aus. Somit sind spezielle hochwarmfeste Hartmetalle (Abschn. 13.3) für die Werkzeuge
und eine effiziente Kühlung notwendig.

Titan ist ungiftig und hat eine sehr gute Biokompatibilität sowie Verträglichkeit mit
menschlichem Gewebe.

b. Allotropie von Titan

Titan ist ein polymorphes Metall (Abschn. 4.2.3). Temperaturabhängig treten seine zwei
allotrope Modifikationen auf: α-Titan mit hdP-Gitter und β-Titan mit krz-Gitter. Die Gitterumwandlung erfolgt bei 882 °C. Die Allotropie deutet auf eine Möglichkeit der Umwandlungshärtung von Titanlegierungen, ähnlich wie beim Stahl (Abschn. 5.4.3), hin.

▶   Titan ist ein Leichtmetall mit guter Festigkeit und Korrosionsbeständigkeit.
Es hat allotrope Modifikationen, was eine Wärmebehandlung ermöglicht.

c. Gewinnung von Titan

Titan wurde Ende des 18. Jahrhunderts in England entdeckt. Jedoch wurde erst im 20.
Jahrhundert ein technisch geeignetes Verfahren für seine Gewinnung entwickelt.

Zur Gewinnung von reinem Titan werden die titanhaltigen Erze Ilmenit und Rutil
verwendet. Die größten Vorkommen befinden sich in Australien und Skandinavien. Die
Neigung des Titans, bei höheren Temperaturen Sauerstoff, Stickstoff und Kohlenstoff auf-
zunehmen, verursacht große technische Schwierigkeiten. Dadurch ist die Gewinnung von

Titan sehr aufwendig und besteht aus mehreren Schritten, die in zwei große Verfahren zusammengefasst werden können.

Das erste Verfahren umfasst die Herstellung von Titan-Schwamm. Der Titan-Schwamm wird auf chemischem Wege über Titanoxid und durch Reduktion von Titanchlorid mit Magnesium hergestellt.

Das zweite Verfahren umfasst Herstellung von metallischem Titan durch Einschmelzen des Schwamms unter Vakuum. Zunächst wird der Schwamm zu Briketts verarbeitet, die in einem Vakuum-Lichtbogenofen zweimal aufgeschmolzen werden. Die aufgeschmolzenen Blocks werden zu Titan-Brammen umgeformt.

8.2.2   Einteilung und Bezeichnung von Titanwerkstoffen

Titanwerkstoffe werden – anders als die bisher besprochenen Metalle – nach ihrem Gittertyp eingeteilt. Je nachdem, welches der beiden Gitter des Titans durch zugesetzte Legierungselemente stabilisiert wird, unterscheiden wir α-Titanlegierungen, β-Titan-Legierungen und α+β-Titanlegierungen. In Rahmen dieser Gruppen werden Knet- bzw. Gusslegierungen unterschieden.

Titanwerkstoffe werden am häufigsten mithilfe von Kurzzeichen aus den chemischen Symbolen der Elemente gekennzeichnet. Noch gibt es kein genormtes Bezeichnungssystem für alle technischen Bereiche. Weltweit wird das amerikanische ASTM-Bezeichnungssystem für Titan und Titanlegierungen verwendet. Das ASTM-System gliedert Titan und seine Legierungen in sogenannte Grade. Die gesamte Palette reicht von Grade 1 bis Grade 29. Diese Grade werden nach der Zusammensetzung und der Festigkeit gebildet.

8.2.3   Typen und Eigenschaften von Titanwerkstoffen

a. α-Titanlegierungen
Der wichtigste Stabilisator des α-Titans ist Aluminium, das sich bevorzugt im hdP-Gitter löst und die Umwandlungstemperatur erhöht. Neben Aluminium können weitere Elemente wie Zinn zulegiert werden. Die α-Titanlegierungen haben eine mäßige Verformbarkeit und eine gute Wärmebeständigkeit und Kaltzähigkeit. Sie sind zum Schweißen geeignet und werden vor allem bei höheren Temperaturen verwendet. Sortenbeispiel ist die Legierung TiAl5Sn2, deren mechanischen Eigenschaften in Tab. 8.6 dargestellt sind.

b. β-Titanlegierungen
Das β-Titan wird von vielen Legierungselementen stabilisiert. Der wichtigste Stabilisator ist Vanadium. Chrom, Eisen, Mangan und Molybdän gehören ebenfalls zu dieser Gruppe. Diese Elemente lösen sich bevorzugt im krz-Gitter und senken die Umwandlungstemperatur. Die β-Titanlegierungen haben eine sehr gute Festigkeit, eine gute Verformbarkeit und sind begrenzt wärmebehandelbar. Nachteilig wirkt sich ihre höhere Dichte aus. Diese Legierungen sind keine Leichtmetalle, was ihre Verwendung einschränkt. Sortenbeispiel

Tab. 8.6 Titanwerkstoffe (Auswahl)

Bezeichnung	Gruppe	Zugfestigkeit in MPa	Dehngrenze in MPa	Bruchdehnung in %
TiAl5Sn2	α	790 … 860	760 … 800	10 … 16
TiV13Cr11Al3	β	1.300	1.200	8
TiAl6V4 weichgeglüht	α + β	900 … 990	830 … 920	14
TiAl6V4 wärmebehandelt	α + β	1.200	1.100	10

ist die Legierung TiV13Cr11Al3. Ihre mechanischen Eigenschaften sind in Tab. 8.6 dargestellt.

c. α+β-Titanlegierungen

Bei den α + β-Titanlegierungen werden α- und β-Stabilisatoren, vor allem Aluminium und Vanadium, kombiniert. Dadurch entsteht ein zweiphasiges Gefüge, das meist gleiche Anteile beider Phasen enthält. Diese zweiphasigen Legierungen sind die am meisten verwendeten Titanwerkstoffe, insbesondere die Legierung TiAl6V4. Mechanische Eigenschaften dieser Legierung listet Tab. 8.6 auf. Sie hat eine sehr gute spezifische Festigkeit und zeichnet sich durch ein hohes Streckgrenzenverhältnis (Abschn. 4.5.2) aus. Sie lässt sich nur mäßig verformen. Eine Festigkeitssteigerung wird durch eine spezielle Wärmebehandlung erreicht. Sie stellt eine Kombination der Martensithärtung (Abschn. 5.4.3) und der Ausscheidungshärtung (Abschn. 6.2) dar.

▶ Titanlegierungen werden nach ihrer kristallinen Struktur eingeteilt.
  Die wichtigsten Titanwerkstoffe sind (α+β)-Legierungen mit Aluminium und
  Vanadium.

d. Titanlegierungen für hohe Temperaturen

Bedingt durch die hohe Schmelztemperatur von Titan sind Titanwerkstoffe prinzipiell für die Hochtemperaturtechnik geeignet. Die Neigung zur Aufnahme von Wasserstoff schränkt diese Anwendung jedoch ein. Als Lösung wurden spezielle „Nah-α" oder „Super-α" Legierungen entwickelt, wie die Mehrstoff-Legierung TiAl6Sn2Zr1,5Mo1Bi0,35Si0,1, die bis 600 °C einsetzbar ist.

e. Anodische Oxidation von Titanwerkstoffen

Eine besondere Eigenschaft von Titanwerkstoffen ist, dass sie sich mithilfe der anodischen Oxidation einfärben lassen. Durch diese elektrochemische Behandlung können dauerhafte, schöne und intensive Oberflächenfärbungen erzielt werden. Die Farbe entsteht, indem das Licht durch die Oxidschicht gebrochen wird. Der Farbton ergibt sich aus der Dicke der Oxidschicht, die wiederum verfahrenstechnisch einstellbar ist. Diese Färbung von

Abb. 8.3 Einsatzgebiete von
Titanwerkstoffen. (Quelle:
Titania Group, 2007)

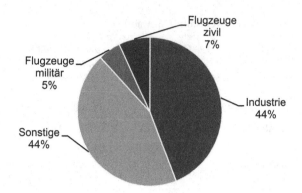

Titanwerkstoffen hat eine wichtige Anwendung. In der Medizintechnik werden Schrauben bestimmter Größe durch ihre Farbe markiert. Im Flugzeugbau werden auf diese Weise Titan-Nieten unterschieden. Im Konsumbereich (z. B. bei der Uhrenherstellung) wird diese Farbgebung als Designmöglichkeit sehr geschätzt.

8.2.4   Anwendung von Titanwerkstoffen

Die ungewöhnliche Kombination von Eigenschaften macht Titan und seine Legierungen zu gefragten Werkstoffen. Sie werden in vielen Industriezweigen, z. B. in der chemischen Industrie, im Kraftwerksbau und in der Luft- und Raumfahrt, als unersetzlich angesehen. Die Einsatzgebiete von Titanwerkstoffen sind in Abb. 8.3 dargestellt.

Zur industriellen Verwendung zählen u. a. Anlagen für die Verarbeitung von Chlorgas, Essigsäure, Soda, Harnstoff und Chlordioxid sowie Wärmetauscher von See- und Flusswasser. Der Einsatz im Flugzeugbau ergibt rund 12 %. Da die Anzahl gebauter Flugzeuge gering ist, ist der Titanverbrauch (ähnlich wie beim Aluminium) in der Luftfahrtindustrie im Vergleich zu anderen Anwendungsgebieten gering. Zwei technische Anwendungsbeispiele von Titanwerkstoffen zeigt Abb. 8.4a.

Eine besondere Anwendung finden Titanwerkstoffe in der Medizintechnik. Sie sind sehr gute Implantatwerkstoffe.

8.2.5   Titan als Implantatwerkstoff

Implantatwerkstoffe müssen eine Reihe bestimmter Anforderungen erfüllen. Zu den wichtigsten gehören:

- Biokompatibilität: Biokompatibel sind Werkstoffe, bei denen keine oder nur sehr wenige Wechselwirkungen zwischen Implantat und dem Körper auftreten.

- Bioadhäsion: Das Anwachsen des Gewebes bzw. des Knochens muss möglich sein. Dazu sollte insbesondere der E-Modul dem des Knochens (100.000 bis 200.000 MPa) ähnlich sein.
- Korrosiosnbeständigkeit: Implantate sind der Körperflüssigkeit, einer Lösung von ca. 0,9 % NaCl mit einem pH-Wert von etwa 7,4 (5,5 bis 7,8 nach einer Operation) und einem Potential von ca. 400 mV, ausgesetzt.

Diese Anforderungen werden vom Titan in hohem Maße erfüllt.

- Titan ist biokompatibel. Da die Passivschicht nicht leitend ist und eine Dielektrizitätskonstante wie Wasser hat, wird sie nicht als Fremdstoff anerkannt.
- Die Bioadhäsion von Titan ist sehr gut. Die Bindung zwischen Titan und Knochen ist stärker als die Festigkeit des Knochens selbst (nach einer entsprechenden Liegezeit). Der E-Modul von Titan kommt dem des Knochens von allen Biowerkstoffen am nächsten.
- Titan ist korrosionsbeständig. Eine Repassivierung (nach Verletzungen der Passivschicht) erfolgt innerhalb von Millisekunden. Dies ist bei Mikrorissen in Knochen wichtig, sie werden „zugeklebt".
- Titan ist nicht toxisch und verursacht keine Blutgerinnung.
- Seine geringe Dichte bewirkt einen hohen Tragekomfort und seine niedrige Wärmeleitfähigkeit beugt thermischen Irritationen vor.
- Titan ist durchlässig für Röntgenstrahlung und unmagnetisch, was eine Prüfung des Implantatzustandes ermöglicht.

Die erste Anwendung von Titan für Implantate fand ca. 1985 statt. Heute ist Titan der wichtigste Implantatwerkstoff in der Medizintechnik. Ein gutes Beispiel ist sein Einsatz in der Zahnmedizin (Abb. 8.4b).

8.2.6 Produktion und Recycling von Titanwerkstoffen

a. Produktion und Kosten von Titan
Die weltweite jährliche Summe aus primärer und sekundärer Produktion von Titan wurde für 2012 mit 235.000 Tonnen angegeben (Quelle: Bundesanstalt für Geowissenschaften und Rohstoffe). Die wichtigsten Förderländer für Titan sind Australien, Kanada, China, Indien, Mosambik, Neuseeland, Norwegen und die Ukraine. Titan gehört zu den teuersten technischen Metallen. Der Preis liegt derzeit bei 23.000 Dollar pro Tonne (Quelle: metalprices.com 2013). Für den Preis ist die Herstellung des Titans, als lange Reihe energieintensiver Prozesse, verantwortlich.

Bei einer Wirtschaftlichkeitsbetrachtung zeigt sich jedoch in vielen Fällen, dass Titan eine wertvolle Ergänzung sein kann, wenn andere Werkstoffe bereits am Anforderungsprofil scheitern. Für Bauteile mit vergleichbarer Festigkeit ist ein Titanbauteil ca. 42 % leichter als ein Stahlbauteil.

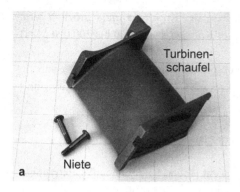
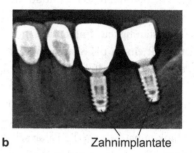

Abb. 8.4 Anwendungsbeispiele für Titanwerkstoffe. **a** Technische Anwendungen, **b** Zahnimplantate (Rtg-Aufnahme, mit freundlicher Genehmigung der Zahnpraxis DermaDent in Stettin)

Titan versus korrosionsbeständiger Stahl[1]

Ein interessantes Beispiel der technischen und wirtschaftlichen Betrachtung von Werkstoffen wurde für eine Propellerwelle für Unterfasserfahrzeuge vorgenommen. Aufgrund des Einsatzes im Meerwasser kommt als Stahl nur eine hochlegierte, korrosionsbeständige Sorte infrage. Die Verwendung eines Vergütungsstahles bedeutet einen aufwendigen Korrosionsschutz. Alternativ könnte ein meerwasserbeständiger Titanwerkstoff wie TiAl6V4 verwendet werden.

Der Vergleich eines geeigneten korrosionsbeständigen Stahls und des Titanwerkstoffes ist in Tab. 8.7 dargestellt.

Eine Propellerwelle aus dem Titanwerkstoff bringt neben dem deutlich geringeren Gewicht auch die Vorteile einer besseren Dämpfung, einer sehr guten Korrosionsbeständigkeit und eines günstigen Trägheitsmomentes. Die Kosten für die Titanpropellerwelle liegen im Bereich der Edelstahlwelle. Anhand dieses Beispiels können wir davon ausgehen, dass sich Titanwerkstoffe in vielen Bereichen als wirtschaftlich erweisen. Damit werden sich ihre Einsatzgebiete ausweiten.

b. Recycling von Titanwerkstoffen
Als metallische Werkstoffe können Titan und seine Legierungen in den Werkstoffkreislauf zurückgeführt werden. Da diese Werkstoffe für spezielle Anwendungen in vergleichsweise geringen Mengen verwendet werden, wird das Recycling noch kaum betrieben. Einige Informationen sind in der weiterführenden Literatur zu finden.

---

[1] Quelle: A. Malletschek, Dissertation, TU Hamburg Harburg, April 2011.

Tab. 8.7 Technischer und wirtschaftlicher Vergleich Stahl/Titan

Faktor	Stahl X2CrNiMnMoNNb21-16-5-3	Titanwerkstoff TiAl6V4
Dichte in g/cm^3	7,9	4,4
Wellendurchmesser in mm	365	315
Massenträgheitsmoment in kg × m^2	138	77
Gesamtgewicht in kg	8.270	4.600
Werkstoffkosten in Euro	140.590	161.000

8.3 Nickelwerkstoffe

Seit Mitte des 19. Jahrhunderts, nachdem M. Faraday ein Verfahren zur galvanischen Vernickelung vorgestellt hatte, hat Nickel zunehmend an Bedeutung gewonnen.

Nickel ist vor allem als ein wichtiges Legierungselement für Stahl bekannt und es wird zum größten Teil in der Stahlindustrie verwendet. Nickel findet aber auch als Rein- bzw. als Basismetall für Legierungen in vielen Bereichen technische Anwendung. Zudem ist Nickel ein bekannter Beschichtungsstoff für galvanische Überzüge, bei denen es den eigentlich wirksamen Korrosionsschutz unter Chromüberzügen sichert.

8.3.1 Eigenschaften und Gewinnung von Nickel

a. Eigenschaften von Nickel
Wichtige physikalische und mechanische Kennwerte des reinen Nickels sind in Tab. 8.8 aufgelistet.

Tab. 8.8 Kennwerte von reinem Nickel

Kenngröße	Wert (bei RT)
Ordnungszahl	28
Kristallgitter	kfz
Dichte	8,9 g/cm^3
Schmelztemperatur	1455 °C (1728 K)
Elektrische Leitfähigkeit	13,9 10^6 S/m
Wärmeleitfähigkeit	91 W/m K

Tab. 8.8 (Fortsetzung)

Kenngröße	Wert (bei RT)
E-Modul	210 MPa
Zugfestigkeit	400-450 MPa
Bruchdehnung	30-45%
Härte	80 HB
Normalpotential	−0,26 V

Angaben zu mechanischen Eigenschaften sind Orientierungswerte

Nickel ist ein Schwermetall mit hoher Schmelztemperatur. Es kommt in der Natur selten und hauptsächlich in gebundener Form vor. Das Normalpotential von Nickel ist zwar negativ (vgl. Tab. 8.8), aber durch Passivierung (Abschn. 4.8.2) hat das Metall eine hervorragende Korrosionsbeständigkeit. Die Festigkeit von Nickel ist gut und vergleichbar mit der von unlegierten Baustählen, seine Verformbarkeit ist jedoch wesentlich höherer. Nickel kristallisiert im kubisch-flächenzentrierten Gitter (Abschn. 4.2.2). Aus diesem Grund lässt sich Nickel gut kaltumformen, wobei es sich auch sehr stark verfestigt. Nickel ist bis zu einer Temperatur von 360 °C ferromagnetisch. Das Metall bildet leicht Legierungen mit Eisen, Kupfer, Mangan und anderen Metallen.

b. Gewinnung von Nickel

Während der Anteil von Nickel in der Erdkruste nur bei ca. 0,009 % liegt, wird allgemein angenommen, dass die Erde einen Kern aus Eisen und Nickel hat. Elementar kommt Nickel in der Natur nur in Meteoriten vor. Nickel ist häufig mit Kobalt und Edelmetallen wie Gold und Silber vergesellschaftet. Zumindest in kleinen Mengen kommen seine Mineralien praktisch überall vor. Sulfidischer Nickel-Magnetkies ist ein bedeutendes Nickelerz, das in abbauwürdigen Mengen u.a. in Kanada vorkommt.

In den meisten Fällen wird Nickel durch das Erhitzen von Nickel-Magnetkies gewonnen. Dabei werden die sulfidischen Verbindungen in oxidische umgewandelt. Die Oxide werden wiederum mit Säure behandelt, die nur mit Eisen und nicht mit Nickel reagiert. Die komplexen Trennvorgänge und die hohe Affinität von Nickel zu Schwefel und Wasserstoff verursachen Schwierigkeiten bei seiner Gewinnung, die den hohen Preis des Metalls bedingen. Für die Stahlherstellung genügt meist die Aufarbeitung zu Ferronickel (FeNi25 oder FeNi55).

▶ Nickel ist ein Schwermetall mit guter Festigkeit und Verformbarkeit.
   Es weist eine sehr gute Korrosionsbeständigkeit auf und ist eines der wichtigsten
   Legierungselemente für Stähle.

8.3.2   Typen und Eigenschaften von Nickelwerkstoffen

a. Einteilung und Bezeichnung von Nickelwerkstoffen
Die wichtigsten Legierungselemente für Nickel sind Kupfer, Chrom, Eisen, Kobalt und Molybdän. Infolge der durch Legieren erzielten besonderen Eigenschaften werden Nickelwerkstoffe in magnetische Werkstoffe, Heizleiterwerkstoffe, korrosionsbeständige Werkstoffe und hochwarmfeste Legierungen eingeteilt. Daraus ergeben sich auch typische Einsatzgebiete dieser Werkstoffe.

Nickelwerkstoffe werden mithilfe von Kurzzeichen aus chemischen Symbolen der Elemente gekennzeichnet. Ein festgelegtes Bezeichnungssystem gibt es nicht, oft werden Handelsnamen benutzt, z. B. „Monel" für Nickel-Kupfer-Legierungen oder „Inconel" für Nickel-Chrom-Eisen-Legierungen.

b. Magnetische Nickelwerkstoffe
Als weichmagnetische Werkstoffe werden Nickel-Eisen-Legierungen eingesetzt. Sie lassen sich leicht, mitunter auch hoch, magnetisieren und verlustarm ummagnetisieren. Als hartmagnetische Werkstoffe zur Erzeugung von Dauermagneten werden Nickel-Eisen-Kobalt-Legierungen verwendet.

c. Heizleiterwerkstoffe
Heizleiterwerkstoffe für die Wärmetechnik gehören auch zur Gruppe der elektrischen Widerstandswerkstoffe. Sie müssen neben dem hohen elektrischen Widerstand auch eine gute Zunderbeständigkeit aufweisen. Diese Eigenschaften haben Nickel-Chrom-Legierungen (z. B. NiCr20), die bis etwa 1200 °C in elektrischen Widerstandsöfen verwendet werden können.

d. Korrosionsbeständige Nickelwerkstoffe
Korrosionsbeständige Legierungen für die Verfahrenstechnik enthalten hauptsächlich Kupfer und Chrom. Die bekannteste Legierung der Gruppe ist NiCu30 (Monel 400). Sie kann schon bei der Verhüttung bestimmter Erze entstehen. Monel 400 ist sehr gut gegen Salzlösungen sowie gegen nicht oxidierende Säuren wie z. B. Salzsäure beständig. Eine noch bessere Korrosionsbeständigkeit weisen Nickel-Chrom-Legierungen auf, die korrosionsbeständiger als austenitische Stähle (Abschn. 5.9.3) sind. Beispielsweise ist die Legierung NiCr22Mo9Nb nahezu gegen alle Säuren, also auch gegen Salpetersäure und Phosphorsäure, resistent.

f. Hochwarmfeste Legierungen und Superlegierungen
Für den Kraftwerksbau müssen sich geeignete Werkstoffe zusätzlich zu guter Korrosionsbeständigkeit auch durch eine hohe Warmfestigkeit auszeichnen. Hochwarmfest sind Nickel-Chrom-Legierungen mit Zusätzen von Titan und Aluminium (z. B. NiCr20Ti). Durch diese Zusätze kann man diese Legierungen aushärten und dadurch ihre Festigkeit erheblich erhöhen.

Einige Nickelwerkstoffe werden Superlegierungen genannt. Der Name Superlegierung deutet auf einen Werkstoff hin, dessen Einsatztemperaturen wegen seiner erhöhten Warmfestigkeit höher liegen als die herkömmlicher Stähle. Polykristalline Superlegierungen erreichen Einsatztemperaturen von ungefähr 80 % des Schmelzpunktes, einkristalline Legierungen etwa 90% des Schmelzpunktes. Der Hauptvorteil der Nickelbasis-Superlegierungen besteht in ihrer hohen Kriechbeständigkeit (Abschn. 4.5.3). Ab etwa 550 °C sind sie diesbezüglich den warmfesten Stählen überlegen. Diese hohe Warmfestigkeit wird durch eine gezielte Mischung verschiedener Härtungsmethoden erreicht. So hat die Legierung NiW11AlCr eine Warmfestigkeit von 170 MPa bei einer Temperatur von 950 °C und einer Zeit von 1000 Stunden, dagegen darf der hochwarmfeste Stahl X10NiCrMo49-22-9 bei gleicher Temperatur und Zeit nur mit maximal 20 MPa belastet werden. Da außerdem die Korrosionsbeständigkeit von Superlegierungen durch Bildung einer undurchlässigen Oxidschicht sehr hoch ist, sind sie als Konstruktionswerkstoffe in Gasturbinen von Kraftwerken und in Flugzeugturbinen sehr gut geeignet.

▶   Nickelwerkstoffe werden nach ihren Eigenschaften und Einstzgebieten eingeteilt. Die wichtigsten Nickelwerkstoffe sind Legierungen mit Kupfer und Chrom.

8.3.3   Anwendung von Nickelwerkstoffen

Dank seiner guten Eigenschaften ist Nickel ein vielseitig einsetzbares Metall. Am bedeutendsten ist jedoch sein Einsatz als Legierungselement bei Stählen. Schon geringe Nickelzusätze erhöhen die Festigkeit und Zähigkeit von Stahl. Mehr als die Hälfte des weltweiten Nickelbedarfs dient zur Herstellung korrosionsbeständiger Stähle (Abschn. 5.9). Die Hochleistungs- und Superlegierungen auf der Basis von Nickel werden für besonders anspruchsvolle Anwendungen eingesetzt: in der chemischen und petrochemischen Industrie, in der Energie- und Umwelttechnik, in Luft- und Raumfahrt sowie in der Elektrotechnik und Elektronik.

Basierend auf Superlegierungen wurden neue Hochleistungswerkstoffe entwickelt, die in der Abwassertechnik, Ölfeldtechnik, bei Rauchgasentschwefelungsanlagen, Gasturbinen und Reaktoren verwendet werden. Auch bei der Einführung des Euro spielt Nickel eine entscheidende Rolle. Die Ein- und Zwei-Euromünzen werden aus nickelhaltigen Materialien hergestellt, die ein hohes Maß an Automaten- und Fälschungssicherheit gewährleisten.

Nickel-Legierungen werden hauptsächlich als Knetlegierungen verwendet, da die Herstellung von Gussteilen wegen der großen Affinität flüssigen Nickels zu Schwefel und Wasserstoff sehr schwierig ist.

8.3.4   Produktion und Recycling von Nickelwerkstoffen

Die weltweite Hüttenproduktion von Nickel betrug 2014 rund 2 Mio. Tonnen (Quelle: wvmetalle.de). Hauptproduzenten sind China, Russland, Japan, Kanada und Australien.

Im Gegensatz zu anderen europäischen Ländern ist die Nickelerzeugung in Deutschland seit Anfang der 1990er Jahre eingestellt und Halbzeuge (Walz-, Press- und Ziehprodukte) werden aus importiertem Nickel produziert. Nickel ist ein teures Metall, sein Preis liegt bei ca. 15.000 Euro/t (Quelle: metalprices.com, 2013).

Die Recyclingquoten von Nickel sind kaum zu ermitteln, da Nickel überwiegend als Legierungsmetall verwendet und deshalb nur selten in seiner ursprünglichen Einsatzform zurückgewonnen wird. Die produktbezogene Recyclingrate von Nickel wird auf über 80 % geschätzt. Bei der Verschrottung von Anlagen und Einrichtungen fallen große Mengen Edelstahlschrott in den unterschiedlichsten Zusammensetzungen an. Durch den Einsatz von Nickel in der Stahlherstellung sind Edelstahlschrotte auch die ergiebigste Altmetallquelle. Vor dem erneuten Wiedereinschmelzen müssen die Edelstahlschrotte sortiert und aufbereitet werden. Die Behandlung von Schrotten, die neben hohen Nickelanteilen auch andere wertvolle Metalle enthalten, erfordert umfangreiche Materialkenntnisse und spezielle technische Einrichtungen.

Weiterführende Literatur

Askeland D (2010) Materialwissenschaften. Spektrum Akademischer Verlag, Heidelberg

Bargel H-J, Schulze G (2008) Werkstoffkunde. Springer, Berlin, Heidelberg

Beck A (Hrsg.) (2001) Magnesium und seine Legierungen. Springer, Heidelberg

Fuhrmann E (2008) Einführung in die Werkstoffkunde und Werkstoffprüfung Bd. 1: Werkstoffe: Aufbau-Behandlung-Eigenschaften. expert verlag, Renningen

Henning F (Hrsg.), Moeller E (Hrsg.) (2011) Handbuch Leichtbau: Methoden, Werkstoffe, Fertigung. Carl Hanser Verlag, München

Jacobs O (2009) Werkstoffkunde. Vogel-Buchverlag, Würzburg

Kammer K (2000) Magnesium Taschenbuch. Alu Media, Düsseldorf

Läpple V, Drübe B, Wittke G, Kammer C (2010) Werkstofftechnik Maschinenbau. Europa-Lehrmittel, Haan-Gruiten

Martens H (2011) Recyclingtechnik: Fachbuch für Lehre und Praxis. Spektrum Akademischer Verlag, Heidelberg

Peters M (Hrsg.), Leyens Ch (Hrsg.) (2002) Titan und Titanlegierungen. Wiley-VCH Verlag, Weinheim

Roos E, Maile K (2002) Werkstoffkunde für Ingenieure. Springer, Heidelberg

Seidel W, Hahn F (2012) Werkstofftechnik: Werkstoffe-Eigenschaften-Prüfung-Anwendung. Carl Hanser Verlag, München

Thomas K-H, Merkel M (2008) Taschenbuch der Werkstoffe. Carl Hanser Verlag, München

Weißbach W, Dahms M (2012) Werkstoffkunde: Strukturen, Eigenschaften, Prüfung. Vieweg + Teubner Verlag, Wiesbaden

Grundlagen der Kunststoffkunde 9

9.1 Polymere

Kunststoffe sind meist Stoffgemische, die aus einem Polymer und verschiedenen Zusatz-stoffen bestehen. Das Polymer entscheidet ausschlaggebend über die Eigenschaften des Kunststoffes.

Polymere sind organische, d. h. auf der Basis von Kohlenstoff (ggf. von Silizium) auf-gebaute Makromoleküle, die aus Nichtmetallen wie Kohlenstoff, Wasserstoff, Stickstoff, Sauerstoff sowie Schwefel und den Halogenen bestehen.

9.1.1 Herstellung von Polymeren

Ausgangsstoffe für die Herstellung von Polymeren sind Kohle, Erdgas und vor allem Erd-öl, welches ein Gemisch zahlreicher Kohlenstoffverbindungen ist. Hierbei ist zu beachten, dass nur ein kleiner Anteil des Erdöls für die Kunststoffindustrie verbraucht wird. Durch chemische Verfahren werden aus den Ausgangstoffen die Grundsubstanzen der Polymer-synthese (Monomere) hergestellt. Monomere sind Vorprodukte, die kleine Moleküle ha-ben. Sie müssen Doppel- bzw. Dreifachbindungen oder spezielle, chemisch aktive Grup-pen enthalten.

Monomere werden mithilfe spezieller chemischer Reaktionen wie: Polymerisation, Polykondensation und Polyaddition in Polymere überführt. Die Kenntnis ihrer Abläufe gehört in den Bereich der Chemie. Betrachten wir das Prinzip der Polymerherstellung an dem einfachsten Kunststoff Polyethylen (Abb. 9.1).

Der Ausgangsstoff (das Monomer) ist Ethylen (Ethen), das eine zweifache Bindung hat (Abb. 9.1a). Diese Bindung kann aufgebrochen werden. Dadurch entsteht eine lineare Kette (Abb. 9.1b), die eine bestimmte Anordnung hat (Abschn. 9.1.3). Der Ausgangsstoff für die Ethylenherstellung ist Naphtha (Rohbenzin). Wird das Naphtha sehr stark erhitzt,

© Springer-Verlag Berlin Heidelberg 2017
B. Arnold, *Werkstofftechnik für Wirtschaftsingenieure*,
DOI 10.1007/978-3-662-54548-5_9

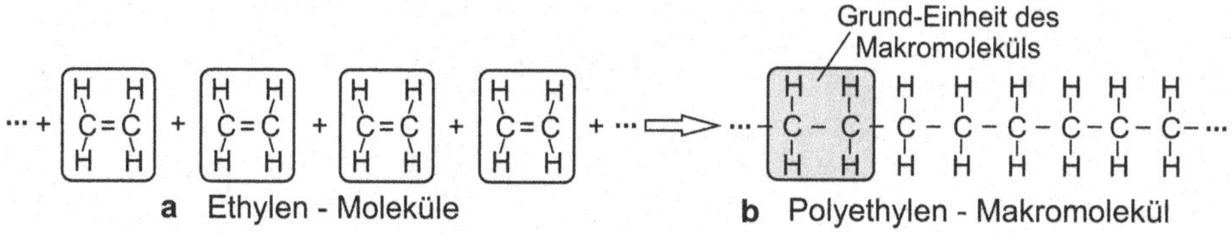

Abb. 9.1 Herstellung von Polymeren am Beispiel von Polyethylen

so wird Ethylen als Gas freigesetzt. Im nachfolgenden Schritt wird das Ethylen in einem Reaktor unter Druck und Temperatur behandelt. Am Ende des Reaktors fällt ein weißes Pulver aus, das aufgeschmolzen und durch eine Lochscheibe gepresst wird. Die Stränge werden unter Wasser gekühlt und mit rotierenden Messern geschnitten. Das gewonnene Polyethylen-Granulat (vgl. Abb. 9.8) kann von Kunststoffverarbeitern eingesetzt werden.

Um ein bestimmtes Eigenschaftsprofil von Polymeren zu realisieren, ist eine zielgerichtete Synthese von Polymerstrukturen („tailor-made-polymers") erforderlich. Zu diesen Eigenschaften gehören insbesondere das mechanische Verhalten, die Lichtdurchlässigkeit sowie die Witterungs- und Oxidationsbeständigkeit. Folgende Möglichkeiten stehen hierbei zur Verfügung:

- die Copolymerisation zweier oder mehrerer Monomere (Copolymere),
- das Mischen von zwei oder mehreren polymeren Komponenten (Polymerblends),
- das Einführen funktionaler Gruppen längs oder am Ende der Polymerketten,
- die Entwicklung neuartiger Polymerstrukturen wie z. B. stern- oder kammförmige Polymere.

▶ Polymere sind organische Makromoleküle und werden durch chemische Reaktionen aus Monomeren hergestellt.
Neben den Homopolymeren werden Copolymere und Polymerblends erzeugt.

9.1.2 Bauprinzip von Polymeren

Das chemische Bauprinzip von Polymeren ist einfach. Es basiert auf vielfacher Wiederholung einer (bzw. mehrerer) Grund- (Basis-) Einheit, die chemisch dem Monomeren ähnelt. Die Zahl der Wiederholungen stellt den Polymerisationsgrad eines Makromoleküls dar. Der Polymerisationsgrad hat meist einen Wert zwischen 100 und 100.000, was einer Moleküllänge von 10^{-6} bis 10^{-3} mm entspricht. Bei dem in Abb. 9.1 gezeigten Makromolekül des Polyethylens finden wir als Grundeinheit die Gruppierung $[-C_2H_4-]$. Der Polymerisationsgrad beträgt ca.10.000.

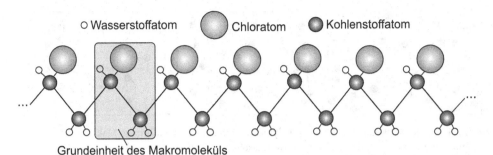

Abb. 9.2 Makromolekül von Polyvinylchlorid

Abb. 9.3 Aufbau von Copolymeren

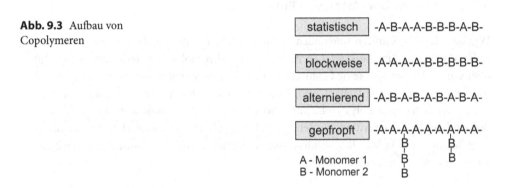

Abb. 9.2 zeigt das Makromolekül des Polyvinylchlorids (PVC), eines gut bekannten Kunststoffs. Das Molekül erinnert an eine Zickzack-Linie und seine sich wiederholende Grundeinheit ist in der Abbildung markiert.

Wenn zur Polymerherstellung nur ein Monomer verwendet wird, entstehen Homopolymere, die aus gleichen Grundeinheiten aufgebaut sind. Reagieren mehrere Monomere miteinander, so entstehen Copolymere, die aus zwei bis vier verschiedenen Grundeinheiten aufgebaut sind. Bei Copolymeren kann die Anordnung der Grundeinheiten unterschiedlich sein (Abb. 9.3). Am häufigsten kommt die Blockanordnung vor. Copolymere, die aus drei verschiedenen Monomeren bestehen, heißen Terpolymere.

In der Praxis finden Copolymere in vielen Bereichen Verwendung, wie z. B. Acrylnitril-Butadien-Styrol (ABS) (Abschn. 10.2.3) für LEGO®-Steine.

Neben den Copolymeren werden Polymerblends (Abschn. 10.2.5) hergestellt. Polymerblends sind molekular verteilte oder mikroskopisch dispergierte Kunststoff-Legierungen. Darunter verstehen wir eine Mischung aus mindestens zwei Basispolymeren. Ziel der Blend-Technologie ist, die Vorzüge verschiedener Basispolymere in einem Werkstoff zu vereinen. Vereinzelt treten auch synergetische Effekte ein. Ein bekanntes Beispiel ist das Blend aus Polycarbonat und Acrylnitril-Butadien-Styrol.

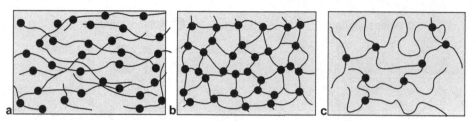

Abb. 9.4 Makromolekulare Struktur von Polymerwerkstoffen. **a** Fadenförmige Makromoleküle, **b** Engmaschig vernetzte Makromoleküle, **c** Weitmaschig vernetze Makromoleküle

9.1.3 Struktur und Arten von Polymeren

Wie bei allen Werkstoffen spielt auch bei den Polymeren die Struktur eine sehr wichtige Rolle. Die Feststellung, aus welchen Atomen ein Makromolekül besteht, sagt noch nichts über seinen Aufbau und seine Eigenschaften aus. So gibt es Polymere, die nur aus Kohlenstoff und Wasserstoff aufgebaut sind, jedoch ganz verschiedene Eigenschaften besitzen, z. B. Polyethylen und Polystyrol. Entscheidend ist, wie die Atome miteinander verbunden sind, und welche Struktur sie gebildet haben. Aufgrund der Tatsache, dass Kunststoffe nicht atomar (wie Metalle), sondern makromolekular aufgebaut sind, müssen wir ihre Strukturen entsprechend betrachten.

a. Gestalt von Makromolekülen
Der makromolekulare Aufbau von Polymeren kann sehr vielfältig sein. Durch die Fähigkeit des Kohlenstoffatoms, vier Bindungen in unterschiedliche Raumrichtungen auszubilden, ergeben sich sehr viele Möglichkeiten für Molekülstrukturen. Heute sprechen Fachleute zutreffend von Polymerarchitektur, da der Bau von Makromolekülen sehr komplex sein kann.

Grundsätzlich unterscheiden wir fadenförmige (lineare) und vernetzte Makromoleküle (Abb. 9.4).

Fadenförmige Makromoleküle (Abb. 9.4a) bilden die Gruppe der Thermoplaste und können verschiedene Anordnungen aufweisen (vgl. Abb. 9.6). Bei den vernetzten Makromolekülen kann die Größe der Maschen unterschiedlich sein. Wir unterscheiden engmaschig vernetzte Makromoleküle (Abb. 9.4b), aus denen Duroplaste aufgebaut sind, und weitmaschig vernetzte (Abb. 9.4c) Makromoleküle, die für Elastomere typisch sind.

▶   Der chemische Bau von Polymeren basiert aus einer Wiederholung einer bzw. mehrerer Grundeinheiten.
       Die Makromoleküle können fadenförmig oder vernetzt (engmaschig bzw. weitmaschig) sein. Dementsprechend werden Thermoplaste, Duroplaste und Elastomere unterschieden.

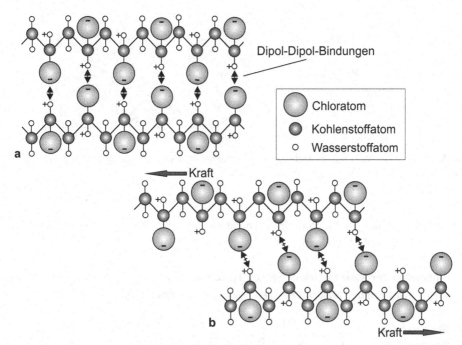

Abb. 9.5 Nebenvalenzbindungen und ihre Wirkung am Beispiel von Polyvinylchlorid (nach Askeland D (2010) Materialwissenschaften, S. 27). **a** Dipol-Dipol-Bindungen, **b** Aufbrechen der Dipol-Dipol-Bindungen

b. Zusammenhalt

Der Zusammenhalt der Makromoleküle erfolgt durch chemische Bindungen (Abschn. 2.4.1).

Innerhalb der Makromoleküle herrschen Hauptvalenzbindungen, meist die Atombindungen vor.

Zwischen den Makromolekülen hingegen (besonders bei fadenförmigen Thermoplasten) wirken Nebenvalenzbindungen. Je nach dem chemischen Bau von Makromolekülen können diese Kräfte unterschiedlichen Ursprungs sein. In Abb. 9.5a ist die Dipol-Dipol-Bindung zwischen den Makromolekülen des Polyvinylchlorids (PVC) dargestellt. Die Seite eines Wasserstoffatoms ist positiv polarisiert und die Seite eines Chloratoms negativ. Infolge dieser Polarisation ziehen sich diese Seiten an. Diese anziehenden Kräfte sind größer als die abstoßenden Kräfte zwischen gleichpolarisierten Seiten. Als Folge stellt sich ein Gleichgewicht ein.

Das Verhalten der Polymere unter Kraftwirkung wird durch Nebenvalenzbindungen entscheidend beeinflusst. Sie brechen bereits unter verhältnismäßig geringen Kräften auf. Dies ist in Abb. 9.5b schematisch dargestellt. Durch das Aufbrechen können Makromoleküle aneinander gleiten, was zu großen Dehnungen führt.

Des Weiteren beeinflussen Nebenvalenzbindungen die Gestalt von Makromolekülen sowie ihr Lösungsverhalten in polaren oder unpolaren Lösungsmitteln. Diese Bindungen

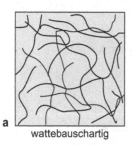 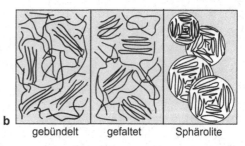

a wattebauschartig   **b**   gebündelt   gefaltet   Sphärolite

Abb. 9.6 Mögliche Ordnungszustände bei fadenförmigen Makromolekülen. **a** Amorphe Struktur, **b** Teilkristalline Strukturen

sind Ursache dafür, dass Makromoleküle nicht als gestreckte Ketten vorliegen, sondern eher Falten und Ähnliches bilden.

▶   Innerhalb der Makromoleküle wirken Hauptvalenzbindungen (Atombindungen), zwischen den Makromolekülen Nebenvalenzbindungen.

c. Ordnungszustand
Die Frage nach dem Ordnungszustand können wir sinnvollerweise nur bei fadenförmigen Makromolekülen (d. h. bei Thermoplasten) stellen. Bei vernetzten Makromolekülen ist diese Frage nicht zu beantworten, da durch die Vernetzung eine bereits angeordnete und steife Struktur gegeben ist. Grundsätzlich unterscheiden wir (Abschn. 2.4.2) amorphe und teilkristalline Strukturen. Durchgeführte Untersuchungen der Polymerstrukturen haben eine Vielfalt möglicher Anordnungen der Makromoleküle ergeben. Eine amorphe Struktur (Abb. 9.6a), die zutreffend als Wattebausch-Struktur oder Spaghetti–Struktur bezeichnet wird, weisen meist Polymere mit sperrigen Gruppen oder Verzweigungen auf. Amorphe Bereiche sorgen oft für eine Biegsamkeit des Polymers.

Neben der amorphen Struktur kommt bei den Makromolekülen häufig eine teilkristalline Struktur vor. Hierbei sind die Makromoleküle in vielen Bereichen parallel aneinander gelagert und von amorphen Bereichen umgeben. Dies kann in einer unterschiedlichen und komplexen Weise erfolgen. Drei Möglichkeiten der teilkristallinen Anordnung sind schematisch in Abb. 9.6b dargestellt. Bei handelsüblichen, teilkristallinen Kunststoffen beträgt der kristalline Anteil 20 % bis 80 %.

Teilkristalline Strukturen lassen sich gut unter einem Durchlichtmikroskop erkennen. Dafür müssen wir zuerst eine sehr dünne Probe mit einem Mikrotom vorbereiten. Die Probe wird zur Vermeidung von Deformation auf einen Objektträger aufgebracht (bzw. in Paraffin eingebettet oder eingefroren). Eine interessante Struktur stellen Sphärolite dar (vgl. Abb. 9.6b). Wir können sie uns als kugelförmiges Gebilde mit radialer Ausrichtung von Makromolekülen vorstellen. Abb. 9.7 zeigt lichtmikroskopische Aufnahmen, die das Wachstum von Sphäroliten bei geschmolzenem Polyethylen (PE) wiedergeben.

Zunächst entstehen kleine Kugeln (Abb. 9.7a), die bei dem weiteren Wachstum aufeinandertreffen (Abb. 9.7b). Hierbei bilden sich Grenzbereiche, abschließend bildet sich

Abb. 9.7 Wachstum von Sphäroliten. **a** Erste kugelige Sphärolite, **b** Aufeinandertreffen beim Wachstum, **c** Entstandenes Gefüge

ein Gefüge aus (Abb. 9.7c). Die radiale Ausrichtung der Makromoleküle ist in allen drei Aufnahmen gut erkennbar.

Kristalline Bereiche erhöhen die Festigkeit von Kunststoffen. In diesen Bereichen können sich Nebenvalenzbindungen leichter ausbilden. Die Ketten werden aneinander festgehalten und können nur schwer voneinander abgleiten. Eine verbesserte chemische Beständigkeit ist ebenfalls zu erwarten, da geringere Eindringmöglichkeiten für fremde Moleküle bestehen.

Einige Polymere (z. B. Polyethylenterephthalat Abschn. 10.2.3) können in beiden Ordnungszuständen auftreten. Dann können wir entscheiden, welche der Strukturen, die amorphe oder die teilkristalline, für eine bestimmte Anwendung besser geeignet ist.

▶   Fadenförmige Makromoleküle können amorph oder teilkristallin sein.
      Teilkristallinität erhöht die Festigkeit von Polymeren.

9.2 Zusatzstoffe

Die Eigenschaften eines Kunststoffes lassen sich durch Zusatzstoffe oder durch Zugabe eines anderen Kunststoffes (Polymerblends) in weiten Grenzen verändern.

Bei den Zusatzstoffen werden hauptsächlich Verstärkungsstoffe, Additive, Masterbatche, Weichmacher und Farbstoffe unterschieden.

In den meisten Fällen werden den Polymeren Verstärkungsstoffe (Füllstoffe) wie z. B. kurze Glasfasern, Glaskugeln, Mineralfasern, Holzmehl oder Metallpulver zugesetzt. Solche gefüllten Kunststoffe können dann auch zu der Gruppe der Teilchenverbundwerkstoffe (Kap. 13) gezählt werden. Wie oft in der Werkstofftechnik sind die Grenzen zwischen den einzelnen Werkstoffgruppen unscharf.

Additive und Masterbatche werden den Polymeren zugesetzt, um ihre Herstellung, Lagerung, Verarbeitung oder Produkteigenschaften positiv zu beeinflussen. Diese Zusatzstoffe umfassen eine breit gefächerte und sehr heterogene Gruppe von Stoffen wie z. B. Gleitmittel (Öle, Graphit, Molybdändisulfid), Wärmestabilisatoren, Flammschutzmittel, Verarbeitungshilfsmittel, UV-Stabilisatoren, neulich auch Nanopartikel.

Eine große Gruppe der Zusatzstoffe bilden Weichmacher. Bei der äußeren Weichmachung wird der Weichmacher nicht kovalent in das Polymer eingebunden, sondern tritt nur über seine polaren Gruppen mit dem Polymer in Wechselwirkung und erhöht so die Kettenbeweglichkeit. Am häufigsten wird das von Natur aus harte Polyvinylchlorid (PVC) auf diese Weise weicher gemacht. Neben der äußeren ist auch eine innere Weichmachung möglich. In diesem Fall wird ein Weichmacher bei der Copolymerisation zu einem Teil des Makromoleküls. Dadurch bleibt der Kunststoff dauerhaft weich und es kann nicht zu einem Entweichen des Weichmachers kommen.

Polymere werden sehr häufig eingefärbt. Bei der Auswahl eines geeigneten Farbstoffes wird nicht nur die Art des Kunststoffes berücksichtigt, auch seine Verarbeitung und Verwendung stellen wichtige Kriterien dar. Zu den Farbstoffen gehören sehr viele organische und anorganische Pigmente. Als Standard für Einfärbungen von Kunststoffen werden die RAL-Farben genutzt.

▶   Kunststoffe enthalten neben Polymeren verschiedene Zusatzstoffe wie z. B. Verstärkungsstoffe, Weichmacher und Farbstoffe.

9.3   Spezifikation von Kunststoffen

9.3.1   Einteilung von Kunststoffen

Strukturell gesehen haben wir bereits Polymere in folgende drei Gruppen eingeteilt (Abschn. 9.1.3):

- Thermoplaste mit fadenförmigen Makromolekülen,
- Duroplaste mit engmaschig vernetzten Makromolekülen,
- Elastomere mit weitmaschig vernetzten Makromolekülen.

Diese Einteilung wird auch in der Praxis genutzt. Wobei zählen wir anwendungsbezogen nur die Thermoplaste zu den eigentlichen Kunststoffen. Duroplaste spielen als eigenständige Polymere kaum eine Rolle mehr, dafür aber eine große Rolle als Matrixstoffe bei Verbundwerkstoffen (Kap. 13). Die Elastomere bilden eine selbstständig gewordene Werkstoffgruppe, die als Gummiwerkstoffe bezeichnet wird.

9.3.2   Bezeichnung der Kunststoffe

Die Homopolymere und chemisch modifizierte, polymere Naturstoffe werden mithilfe von genormten Kurzzeichen gekennzeichnet, die aus Kennbuchstaben der chemischen Namen gebildet werden. Drei der Kurzzeichen haben wir in vorherigen Abschnitten kennengelernt: „PE" für Polyethylen, „PVC" für Polyvinylchlorid und „PET" für Poly-ethylenterephthalat.

Bei Copolymeren werden die Kurzzeichen aus den Angaben der monomeren Kompo-nenten von links nach rechts meist in der Reihenfolge abnehmender Massenanteile auf-gebaut. Ein Beispiel kennen wir bereits: „ABS" für Acrylnitril-Butadien-Styrol. Die Kurz-zeichen können durch einen Schrägstrich getrennt werden, falls sein Fehlen zu Verwechs-lungen führen würde. Beispiel: „E/P" für Ethylen-Propylen Copolymer – ohne den Schräg-stich könnte dieser Kunststoff mit dem Duroplast EP (Epoxidharz) verwechselt werden.

Für Polymerblends werden die Kurzzeichen der Basispolymere durch ein Pluszeichen (ohne Leerstelle) getrennt. Die Hauptkomponente steht dabei an erster Stelle. Ein Beispiel kennen wir: „PC + ABS" für das Polymergemisch aus Polycarbonat und Acrylnitril-Buta-dien-Styrol.

In Verbindung mit dem Kurzzeichen des Basispolymeren können wesentliche Eigen-schaften mit Buchstaben gekennzeichnet werden, die dem Kurzzeichen mit Bindestrich nachgestellt werden. Beispiel: „PE-LD" für Polyethylen niedriger Dichte.

Die Bezeichnung eines Zusatzstoffes wird dem Kurzzeichen des Basispolymeren mit Bindestrich nachgestellt. Es gibt genormte Kennbuchstaben und Kennziffern für Art, Form bzw. Struktur der Füll- und Verstärkungsstoffe. Bespiel: „POM-GB30" für Polyoxy-methylen mit 30 % Glaskugeln.

Weitere Kurzzeichen für ausgewählte Polymerwerkstoffe werden in den folgenden Ka-piteln vorgestellt. Vollständige Listen und Informationen zur Kennzeichnung von Kunst-stoffen sind in der weiterführenden Literatur zu finden.

Neben den genormten Kurzzeichen verwenden wir verschiedene klangvolle Handels-namen, deren Anzahl stets zunimmt. Dies ist leider verwirrend und selbst Fachleute finden sich heute kaum zurecht.

9.3.3 Handelsformen von Kunststoffen

Kunststoffe werden zunächst als Rohstoff in Form von Granulaten (Abb. 9.8a) ange-boten, die mithilfe geeigneter Methoden (z. B. Spritzgießen) zu Fertigprodukten ver-arbeitet werden. Ähnlich wie bei Metallen können wir Kunststoffe auch in Form von Halbzeugen kaufen: Rundstäbe, Hohlstäbe, Flachstäbe, Platten, Tafeln und Folien. Beispiele von Halbzeugen zeigt Abb. 9.8b. Weitere Handelsformen stellen extrudierte Profile (Abb. 9.8c) dar.

9.4 Allgemeine Eigenschaften von Kunststoffen

Kunststoffe besitzen gegenüber anderen Werkstoffen eine Reihe von Vorteilen, die bei den einzelnen Kunststoffarten mehr oder weniger ausgeprägt sind:

a b c

Abb. 9.8 Handelsformen von Kunststoffen. **a** Granulat, **b** Halbzeuge (mit freundlicher Genehmigung der Firma Kern GmbH in Großmaischeid), **c** Extrudierte Profile (mit freundlicher Genehmigung der Firma Kern GmbH in Großmaischeid)

- Kunststoffe sind leichte Werkstoffe, ihre Dichte liegt zwischen 0,9 und 2,2 g/cm^3.
- Kunststoffe sind elektrisch nicht leitend und haben eine hervorragende Isolierwirkung.
- Die geringe Wärmeleitfähigkeit von Kunststoffen ermöglicht eine gute Wärmedämmung und Kälteisolierung.
- Kunststoffe sind gegenüber Umwelteinflüssen und vielen Chemikalien sehr beständig.
- Ein breites Spektrum mechanischer Eigenschaften ergibt weiche, elastische und harte Kunststoffe.
- Kunststoffe lassen sich leicht verarbeiten, einfärben und aufschäumen.

Kunststoffe besitzen jedoch eine Reihe von Nachteilen, die ihre universelle Anwendung einschränken. Zu ihren Nachteilen zählen wir:

- Geringe Temperaturbeständigkeit und geringe Dauergebrauchstemperatur,
- starke Wärmeausdehnung,
- Zersetzung bei polymerspezifischen Temperaturen,
- allgemein eine geringe Festigkeit und Härte (ohne Verstärkung),
- starke Versprödung bei tiefen Temperaturen,
- Brennbarkeit und Neigung zum elektrostatischen Aufladen,
- meist eine hohe Gasdurchlässigkeit,
- Empfindlichkeit gegenüber UV-Strahlung.

▶ Kunststoffe sind leicht, elektrisch nichtleitend, chemisch beständig und gut bearbeitbar.
Ihre Temperaturbeständigkeit ist gering.

9.5 Mechanische Eigenschaften von Kunststoffen

Die mechanischen Eigenschaften der Kunststoffe sind wichtig, da sie über ihren Einsatz als Konstruktionswerkstoffe entscheiden.

9.5.1   Abhängigkeit des Verhaltens von Zeit und Temperatur

Grundsätzlich verhalten sich Kunststoffe unter Belastung wie Metalle: Spannung verursacht eine Verformung und anschließend einen Bruch. Bei Kunststoffen ist jedoch das Verformungsverhalten viel komplizierter, da es stark von Zeit und Temperatur abhängig ist. Komplexe Einflüsse erschweren die messtechnische Ermittlung der mechanischen Kennwerte.

a. Zeitabhängigkeit (Viskoelastizität)
Das zeitabhängige Verhalten unter Belastung wird als Viskoelastizität bezeichnet. Die Verformung eines Kunststoffes setzt sich zusammen aus einem elastischen und einem viskosen Anteil.

Die elastische Verformung ist reversibel, sie entsteht durch eine Auslenkung der Makromoleküle aus ihrer Ruhelage. Dieser Anteil der Verformung kann weiter in Teile gegliedert werden, die einerseits der Dehnung der Makromoleküle und andererseits ihrer Umordnung entsprechen.

Die viskose Verformung entspricht dem Kriechen. Hierbei gleiten die Makromoleküle nach und nach aneinander ab. Dieser Vorgang ist zeitabhängig, die Verformung nimmt im Laufe der Zeit zu und ist irreversibel (d. h. die Verformung geht nach Entlastung nicht zurück).

In der Praxis überlagern sich diese beiden Verformungen mit unterschiedlichen Anteilen, abhängig vom Kunststoff.

Das viskoelastische Verhalten von Kunststoffen können wir bereits in Kurzzeitversuchen beobachten. Das Zusammenwirken der Anteile lässt sich in Form eines Dehnungs-Zeit-Diagramms darstellen (Abb. 9.9a).

In Abb. 9.9a sehen wir, dass ein Kunststoff auf eine Belastung verzögert reagiert. Metalle hingegen reagieren sofort mit einer elastischen Verformung. Bei Kunststoffen ist die rein elastische Reaktion in der Regel sehr gering und sie geht in ein viskoelastisches Verhalten über. Dies lässt sich gut anhand des Voigt-Kelvin-Modells, das in Abb. 9.9b gezeigt ist, erklären. Hierbei sind eine Feder und ein Dämpfungsglied starr miteinander verbunden. Beim Aufbringen einer Last dehnt sich die Feder linear und elastisch, dem Hook'schen Gesetz entsprechend. Diese Dehnung wird jedoch durch das Dämpfungsglied verzögert, das die viskose Formänderung charakterisiert. Das Gleichgewicht in dem System kann sich erst nach einer gewissen Zeit einstellen.

In Langzeitversuchen können wir das viskoelastische Verhalten von Kunststoffen aufgrund zweier Erscheinungen, nämlich der Retardation und Relaxation feststellen. Die Retardation (Kriechen) bedeutet, dass die Verformung (Dehnung) eines Kunststoffes bei einer konstanten Last mit der Zeit zunimmt. Dabei sind keine hohen Temperaturen (wie bei Metallen) notwendig und die Zeitspannen sind vergleichsweise gering. Die Relaxation (Erholung) bedeutet, dass die Spannung bei konstanter Dehnung mit der Zeit abnimmt. Beide Verhaltensweisen sind in der Anwendung, als negativ zu bewerten.

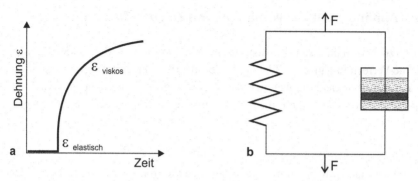

Abb. 9.9 Viskoelastisches Verhalten von Kunststoffen. **a** Verzögerte Dehnung bei Belastung,
b Voigt-Kevin-Modell

Die Viskoelastizität ist eine komplexe Erscheinung. Bei längeren Zeiten beeinflusst
ebenfalls der Verlauf der Belastung (die Belastungsgeschichte) die Reaktion eines Kunststoffes.

Folgen der Viskoelastizität auf das Verhalten von Kunststoffen bei Zugbelastung können wir wie folgt zusammenfassen:

• Meist findet eine elastische und plastische Verformung gleichzeitig statt.
• Das Hook'sche Gesetz ist kaum anwendbar.
• Die Ergebnisse des Zugversuches sind von der Belastungsgeschwindigkeit abhängig.

▶   Kunststoffe verhalten sich unter Belastung viskoelastisch.

b. Temperaturabhängigkeit
Die Gebrauchstemperaturen von Kunststoffen liegen nahe ihren Temperaturen für Zu-
standsänderungen (z. B. die Erweichungstemperatur Abschn. 9.6). Deswegen beeinflusst
die Temperatur das Verhalten von Kunststoffen im Vergleich zu Metallen deutlich stärker
und bei niedrigeren Werten.

Allgemein wirkt die Temperatur wie bei anderen Werkstoffen. Je höher sie ist, desto
geringere Belastungen führen zu Verformung bzw. zum Bruch. Bei einigen Kunststoffen
haben bereits geringfügige Temperaturunterschiede hohe Auswirkungen. Höhere Temperaturen beschleunigen die Kriech- und Relaxationsvorgänge. Hierbei zeigen Kunststoffe
eine vergleichsweise hohe Wärmedehnung, die wiederum selbst temperaturabhängig ist.

Der Einfluss der Temperatur auf die mechanischen Eigenschaften wird bei den einzelnen Kunststoffgruppen in den folgenden Kapiteln näher besprochen.

9.5.2   Festigkeit und Steifigkeit

Die Festigkeit von Kunststoffen wird, wie bei Metallen (Abschn. 4.5.1), als Widerstand des
Materials gegen die Verformung und gegen den Bruch definiert. Ebenfalls ähnliche Kenn-

werte, wie die Streckgrenze und Zugfestigkeit, dienen uns zur Bewertung und zum Vergleichen der Kunststoffe. Die Ermittlung der Kennwerte der Festigkeit erfolgt bei statischer
Belastung im genormten Zugversuch für Kunststoffe (Abschn. 9.5.3).

Die Steifigkeit beschreibt den Widerstand eines Werkstoffs gegen die elastische Verformung. Wie bei allen Werkstoffen dient uns der E-Modul als Kennwert. Der E-Modul eines
Polymers kann als „Mittelwert" aus der Steifigkeit der Atombindung in den Makromolekülen und der Nebenvalenzbindung zwischen den Makromolekülen dargestellt werden. Er
ist wie die Festigkeit temperatur- und zeitabhängig. Den E-Modul von Kunststoffen können wir im Zugversuch ermitteln, und zwar ähnlich wie bei den Metallen (Abschn. 4.5.2).
Aufgrund des viskoelastischen Verhaltens der Polymere ist diese Ermittlung jedoch mit
einer größeren Ungenauigkeit behaftet als bei den Metallen.

9.5.3 Spannungs-Dehnungs-Kurven von Kunststoffen

Die Spannungs-Dehnungs-Kurven von Kunststoffen werden im Zugversuch aufgenommen, der mit den gleichen Maschinen und nach demselben Arbeitsablauf wie für Metalle
durchgeführt wird (Abschn. 4.5.2).

a. Zugproben
Im Gegensatz zu den Metallen verwenden wir bei Kunststoffen nur Flachproben
(Abb. 9.10a) als Prüfkörper. Die Probenabmessungen werden abhängig von deren An-
fertigungsmethode festgelegt. Ihre charakteristische Größe ist die Anfangsmesslänge. Für
spritzgegossene Zugproben beträgt sie 75 mm, für mechanisch bearbeitete 50 mm. Die
Verwendung proportional verkleinerter Prüfkörper ist zulässig, wenn nur sehr kleine
Mengen Material zur Verfügung stehen bzw. die Entnahme aus Bauteilen erforderlich ist.
Die Schulterstabform der Zugproben ergibt sich aus der Notwendigkeit einer ausreichen-
den Klemmbarkeit in den Einspannvorrichtungen der Prüfmaschine und der Erzeugung
eines homogenen uniaxialen Spannungszustandes in hinreichender Entfernung von den
Einspannungen.

b. Typische Verläufe
Abb. 9.10b zeigt vier häufig vorkommende Verläufe der Spannungs-Dehnungs-Kurven
von Kunststoffen. Je nach Verlauf werden diese Kurven unterschiedlich ausgewertet.

Die Spannungs-Dehnungs-Kurven des Typs 1 (Abb. 9.10b) sind typisch für spröde
Kunststoffe, wie z. B. Polymethylmethacrylat (PMMA). In diesem Fall breitet sich der
größte Riss in der Zugprobe schnell aus und es kommt ohne Einschnürung zum Bruch.
Bei diesem Kurventyp werden alle Ergebnisse in einem Punkt ermittelt, dem Probenbruch.
Die Kennwerte sind die Bruchspannung und Bruchdehnung.

Die Spannungs-Dehnungs-Kurven des Typs 2 und 3 (Abb. 9.10b) beobachten wir bei
vielen Thermoplasten, die allgemein als – mehr oder weniger – verformbar beschrieben
werden können. Diese Kunststoffe zeigen in der Regel einen Streckpunkt und die Kennwerte werden meist an diesem Punkt ermittelt. Es sind die Streckspannung und die

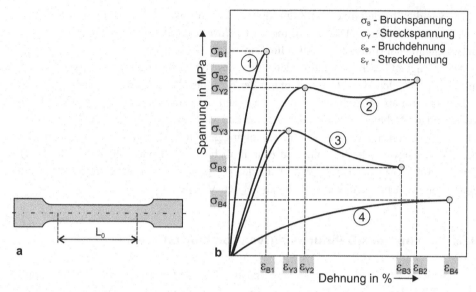

Abb. 9.10 Spannungs-Dehnungs-Kurven von Kunststoffen. **a** Zugprobe, **b** Verschiedene Verläufe

Streckdehnung. Am Streckpunkt kommt es zu einer Dehnungszunahme ohne Steigerung der Kraft. Dies kann mit der Streckgrenze (Abschn. 4.5.2) bei Metallen verglichen werden. Dazu kommen die Kennwerte beim Probenbruch: die Bruchspannung und Bruchdehnung. Die maximale Spannung (Zugfestigkeit) wird – im Gegensatz zu den Metallen – immer am ersten Maximum bestimmt. Somit entspricht die Zugfestigkeit bei diesen Kurven der Streckspannung. Hierbei bemerken wir, dass diese Spannungs-Begriffe verwirrend sind. Bei der Benutzung von Tabellen mit Kennwerten für Kunststoffe sollen wir darauf achten, welche Spannung gemeint ist.

Verformbare Kunststoffe zeigen neben dem Streckpunkt auch eine inhomogene Dehnungsverteilung, die mit der Einschnürung bei Metallen vergleichbar ist. Unterhalb des Streckpunktes ist die Dehnung weitgehend homogen innerhalb des parallelen Teils der Probe verteilt (Abb. 9.11a). Nahe am Streckpunkt und danach dehnt sich die Probe nur in einem engen Bereich zwischen zwei Fließfronten aus.

Bedingt durch das viskoelastische Verhalten der Kunststoffe beeinflusst die Belastungsgeschwindigkeit den Zugversuch und seine Ergebnisse. Abb. 9.11b zeigt die Veränderung der Spannungs-Dehnungs-Kurven mit steigender Belastungsgeschwindigkeit. Wir erkennen, dass eine Zunahme der Geschwindigkeit den Anstieg von Streckgrenze und Streckdehnung zur Folge hat. Bei Benutzung von Tabellen mit Kennwerten für Kunststoffe ist es deshalb wichtig, auf die Versuchsbedingungen zu achten.

Stark verformbare Thermoplaste wie z. B. Polyethylen (PE) sowie insbesondere Elastomere zeichnen sich durch sehr große Dehnungen bei geringen Spannungen aus. Das stellt

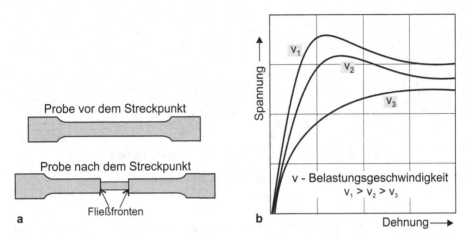

Abb. 9.11 Zugversuch von Kunststoffen. **a** Aussehen einer Zugprobe beim Zugversuch, **b** Einfluss der Belastungsgeschwindigkeit

der Kurventyp 4 in Abb. 9.10b dar. In diesem Fall werden nur die Ergebnisse (Kennwerte) beim Probenbruch die Bruchspannung und Bruchdehnung ermittelt.

In der Praxis gibt es noch weitere Verläufe von Spannungs-Dehnungs-Kurven, die sehr kunststoffspezifisch sind.

▸   Kennwerte der Festigkeit von Kunststoffen sind die Streckspannung und die Bruchspannung.
Sie werden im Zugversuch bei einer bestimmten Belastungsgeschwindigkeit ermittelt.

9.5.4   Verformbarkeit

Die Verformbarkeit von Kunststoffen wird, wie bei den Metallen, als Formänderungsvermögen bei statischer Belastung definiert. Hierbei geht es um mögliche Dehnungen, die jedoch aufgrund des viskoelastischen Verhaltens von Kunststoffen als Gesamtdehnungen (elastische und plastische) ermittelt werden.

a. Verstreckung von Makromolekülen
Die fadenförmigen Makromoleküle können unter Kraftwirkung orientiert (verstreckt) werden (Abb. 9.12). Diese Verstreckung ist bei amorphen und teilkristallinen Kunststoffen möglich.

Dieses „Gerade werden" der Makromoleküle dürfen wir jedoch nicht mit der teilkristallinen Struktur verwechseln. Die Teilkristalinität bezieht sich auf kleine, unterschiedlich orientierte Bereiche. Die Verstreckung umfasst größere Bereiche. Die Auswirkungen der

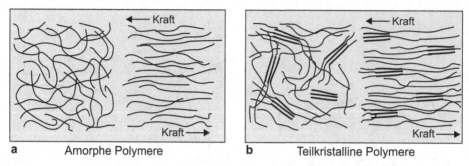

a   Amorphe Polymere   **b**   Teilkristalline Polymere

Abb. 9.12 Orientierung und Verstreckung von Makromolekülen durch Verformung

Verstreckung sind den Folgen einer Textur bei den Metallen (Abschn. 4.3.2) ähnlich. Ein Kunststoff verfestigt sich (Orientierungsverfestigung) und seine Eigenschaften werden anisotrop. Bei transparenten Kunststoffen äußert sich die Orientierung der Makromoleküle durch eine Trübung, da der Lichtdurchgang behindert wird.

b. Kennwerte der Verformbarkeit

Die Kennwerte der Verformbarkeit werden im Zugversuch für Kunststoffe ermittelt. Ähnlich wie bei der Festigkeit sind die Bestimmungsmöglichkeiten mit dem Verlauf der Spannungs-Dehnungs-Kurve verbunden (Abb. 9.10). Bei jedem Verlauf der Kurve wird die Reißdehnung (Bruchdehnung) als die Gesamtdehnung beim Bruch der Probe ermittelt. Die Reißdehnungen haben bei Kunststoffen sehr unterschiedliche und oft sehr große Werte. Wenn ein Kunststoff eine Streckspannung aufweist, dann wird auch die Streckdehnung als die Gesamtdehnung bei der Streckspannung bestimmt.

▶   Bei der Verformung von Kunststoffen tritt eine Orientierung der Makromoleküle auf, die eine Verfestigung und Anisotropie verursacht.
     Kennwerte der Verformbarkeit von Kunststoffen sind die Streckdehnung und die Bruchdehnung.

9.5.5 Härte

Die Härte von Kunststoffen wird, wie bei den Metallen, als Widerstand des Materials gegen das Eindringen eines härteren Körpers definiert. Kunststoffe können sehr weich oder auch hart sein. Diese Unterschiede ermöglichen kein einheitliches Verfahren für die Härtemessung aller Kunststoffe. Daher stehen verschiedene Verfahren zur Verfügung.

Bedingt durch das viskoelastische Verhalten ist die Härtemessung mithilfe eines bleibenden Eindrucks nicht möglich. Die Härte von Kunststoffen wird über Eindringtiefe unter Kraftwirkung ermittelt. Die gemessene Eindringtiefe wird je nach Verfahren in bestimmte Kennwerte umgerechnet.

Für weiche und gummiartige Kunststoffe (Elastomere Abschn. 11.2) wird die Härtemessung nach Shore (Abb. 9.13a und 9.13b) angewandt. Als Eindringkörper dient ein Stift aus gehärtetem Stahl, der bei Shore A stumpf (Abb. 9.13a) und bei Shore D spitz (Abb. 9.13b) ist. Die Stifte werden mithilfe einer Feder belastet. Die Eindringtiefe wird in die dimensionslose Shore-Härte [0–100] umgewandelt. Dabei entspricht der Härtewert „0" der Eindringtiefe von 2,5 mm und der Härtewert „100" der Eindringtiefe von 0 mm.

Für härtere Kunststoffe wenden wir eine Methode an, die ähnlich dem Brinell-Verfahren (Abschn. 4.5.5) ist. Beim Kugeleindruckversuch (Abb. 9.13c) wird eine gehärtete und polierte Stahlkugel mit 5 mm Durchmesser in die Probe gedrückt. Zunächst wird eine Vorkraft von 9,8 N, und anschließend die Prüfkraft (49 N, 132 N, 358 N, 961 N) aufgebracht. Die Probe muss eine Dicke von 4 mm haben. Unter Krafteinwirkung wird die Eindringtiefe gemessen und daraus die Oberfläche des Eindrucks errechnet. Die Kugeldruckhärte (in N/ mm^2) des Kunststoffes wird als Quotient aus der Prüfkraft und der Eindruckoberfläche definiert.

Bei der Kugeleindruckhärte muss die Belastung sowie die Belastungsdauer angeben werden. Beispiel: die Härteangabe „110 H385/30" bedeutet, dass die Härte 110 MPa beträgt und unter einer Belastung von 358 N bei 30 s Einwirkdauer gemessen wurde. Ein direkter Vergleich der Kugeleindruckhärte mit der Brinell-Härte oder auch mit der Shorehärte ist nicht möglich.

Für Kunststoffe wurden bei der Härteprüfung nach Rockwell (Abschn. 4.5.5) die Skalen R, L, M, E und K entwickelt. Als Eindringkörper werden Stahlkugeln mit unterschiedlichen Durchmessern (Skala R: 12,7 mm, Skalen L und M: 6,35 mm, Skalen E und K: 3,175 mm) verwendet. Diese Rockwellverfahren decken einen großen Härtebereich ab, wobei sie ausschließlich den bleibenden Verformungsanteil erfassen. Nachteilig ist ebenfalls, dass keine Vergleichbarkeit der nach den verschiedenen Skalen gewonnenen Ergebnisse möglich ist.

▶   Die Härte von Kunststoffen wird im Shore-Versuch bzw. im Kugeleindruckversuch ermittelt.

9.5.6 Zähigkeit

Wie wir bereits wissen, beschreibt die Zähigkeit eines Werkstoffes seine Fähigkeit sich bei schlagartiger Belastung schnell zu verformen und einen Widerstand gegen Bruch zu leisten. Wir erinnern uns, dass bei Metallen der Kerbschlagbiegeversuch (Abschn. 4.5.7) mit der Probenanordnung nach Charpy (vgl. Abb. 3.7) durchgeführt wird und als Kennwert der Zähigkeit die verbrauchte Schlagarbeit dient.

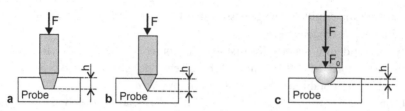

Abb. 9.13 Härtemessung von Kunststoffen. **a** Versuch nach Shore A, **b** Versuch nach Shore D, **c** Kugeleindruckversuch

Bei den Kunststoffen sprechen wir zuerst von Schlagzähigkeit, die an ungekerbten Proben mithilfe eines Pendelschlagwerks bestimmt wird. Anders als bei Metallen wird dabei die Schlagzähigkeit als Quotient aus der verbrauchten Schlagarbeit und dem Probenquerschnitt in kJ/m^2 berechnet.

Je nach Anordnung der Probe im Pendelschlagwerk unterscheiden wir die Izod-Schlagzähigkeit und die Charpy-Schlagzähigkeit. Bei der Izod-Anordnung wird der Prüfkörper hochkant eingespannt, bei der Charpy-Anordnung wird er an den beiden Enden gehalten und in der Mitte angeschlagen (vgl. Abschn. 3.8.1). Da Kunststoffe deutlich weicher und dadurch auch deutlich zäher als Metalle sind, tritt bei der Charpy-Anordnung oft kein Bruch ein. Bei zähen Kunststoffen wird daher die Probenanordnung nach Izod (vgl. Abb. 3.7) bevorzugt.

Neben der Schlagzähigkeit wird bei Kunststoffen auch die Kerbschlagzähigkeit ermittelt. Die Kerbschlagzähigkeit wird an gekerbten Proben bei Izod- oder Charpy-Anordnung gemessen. Der Kennwert der Kerbschlagzähigkeit wird als Quotient aus der gemessenen Schlagarbeit und dem Probenquerschnitt im Kerbgrund definiert. Aufgrund hoher Spannungsspitzen liegen die Werte der Kerbschlagzähigkeit tiefer als die der Schlagzähigkeit. Die Kerbschlagzähigkeit ermöglicht eine Aussage über die Kerbempfindlichkeit eines Kunststoffes.

▶ Kennwerte der Zähigkeit von Kunststoffen sind Schlagzähigkeit und Kerbschlagzähigkeit, die bei Izod- bzw. Charpy-Probenanordnung ermittelt werden.

9.5.7 Dauerfestigkeit

Die Dauerfestigkeit beschreibt den Widerstand eines Werkstoffes bei schwingender Belastung (Abschn. 3.2.8). Wie bei den Metallen ermitteln wir die Dauerfestigkeit von Kunststoffen im Wöhler-Versuch (Abschn. 3.8.1). Wir erinnern uns, dass der Versuch an ungekerbten Proben bei gleichbleibender Mittelspannung durchgeführt wird. Das Versuchsergebnis in Form der Wöhler-Kurve zeigt erwartungsgemäß eine Zunahme der Schwingspielzahl N mit abnehmender Spannungsamplitude. Bei metallischen Werkstoffen, insbesondere bei den Baustählen, geht die Wöhlerlinie oberhalb einer bestimmten Schwingspielzahl annähernd in eine Horizontale über (Abschn. 4.5.6). Bei den Kunststoffen – ähnlich wie bei vielen anderen metallischen Werkstoffen – fällt die Wöhlerlinie auch bei sehr hohen Schwingspielzahlen weiter stetig ab (vgl. Abb. 4.21b). Als Dauerfestigkeit wird eine bei der Grenzschwingspielzahl (häufig 7×10^7 Schwingspiele) abgelesene Spannungsamplitude definiert.

9.6 Thermische Eigenschaften von Kunststoffen

Die Eigenschaften eines Werkstoffs sind immer von der Einsatztemperatur abhängig. Bei Metallen können wir dies häufig vernachlässigen, insbesondere wenn die Temperaturen weit entfernt von der Schmelztemperatur liegen. Die Eigenschaften von Kunststoffen sind hingegen unter normalen Bedingungen temperaturabhängig. Allgemein ist die Wärmebeständigkeit von Kunststoffen niedrig. Bei der Auswahl eines Kunststoffes müssen wir daher sein Verhalten unter Wärmewirkung unbedingt berücksichtigen.

9.6.1 Spezifische Zustände unter Wärmeeinwirkung

Metalle liegen in bestimmten Aggregatzuständen vor (fest – flüssig – gasförmig) und an festliegenden Temperaturen kommt es zur Änderung des Aggregatzustandes. Wenn wir ein Metall erwärmen, schmilzt es bei einer bestimmten Temperatur und kann gießtechnisch verarbeitet werden. Erwärmen wir die Schmelze, verdampft sie, das Metall wird gasförmig. Diese Vorgänge des Erwärmens und Abkühlens können wir bei Metallen beliebig oft wiederholen.

Dieses Verhalten sehen wir beim Erwärmen von Polymeren nicht. Unter Wärmeeinwirkung können Kunststoffe, je nach ihrem molekularen und strukturellen Bau, verschiedene Zustände annehmen. Im Gegensatz zu Metallen gibt es keine deutlichen Übergänge zwischen den Zuständen. Bei der Betrachtung des Verhaltens von Kunststoffen unter Wärmeeinwirkung unterscheiden wir folgende Temperaturen:

- Glasübergangstemperatur,
- Schmelztemperatur,
- Zersetzungstemperatur.

Die Glasübergangstemperatur bezieht sich auf die amorphen Bereiche. Hierbei brechen die Nebenvalenzbindungen (Abschn. 9.1.3) auf und die Makromoleküle können aneinander gleiten. Polymere gehen vom flüssigen oder weichelastischen, flexiblen Zustand in den hartelastischen, spröden Zustand über. Dieser sogenannte Glasübergang trennt den unterhalb der Glasübergangstemperatur liegenden spröden Bereich (Glasbereich) vom oberhalb liegenden weicheren Bereich. Die Art des Kunststoffes entscheidet darüber, ob er oberhalb oder unterhalb der Glasübergangstemperatur verwendet werden kann.

Den Begriff Schmelztemperatur müssen wir bei Kunststoffen in einer bestimmten Weise verstehen. Diese Temperatur bezieht sich auf die kristallinen Bereiche eines Polymeren. Durch die Wärmezufuhr lösen sich die geordneten Bereiche auf. Hierbei sprechen wir von der Polymerschmelze. Die meisten Kunststoffe bestehen aus kristallinen und amorphen Bereichen, d.h. sie haben sowohl eine Schmelztemperatur als auch eine Glasübergangstemperatur. Bei vielen Kunststoffen liegt diese Temperatur in der Nähe der Gebrauchstemperatur, was ihre niedrige Wärmebeständigkeit verursacht. Die Schmelz- und die Glasübergangstemperatur sind wichtige Eigenschaften, da sie die obere bzw. untere Einsatztemperatur von Kunststoffen bestimmen.

Da eine Verdampfung von Makromolekülen nicht möglich ist, werden bei Überschreiten der Zersetzungstemperatur die Moleküle zerstört. Die Zersetzungstemperaturen stellen eine absolute Grenze für den Gebrauch der Kunststoffe dar. Das Beachten der Zersetzungstemperatur ist besonders beim thermischen Verarbeiten von Kunststoffen (Spritzguss, Extrusion oder Schweißen) zu beachten.

▶ Beim Erwärmen zeigen Kunststoffe verschiedene Zustände, die durch entsprechende Temperaturen charakterisiert werden.
Beim weiteren Temperaturanstieg kommt es zur Zersetzung des Kunststoffes.

Die Messung der Glasübergangstemperatur sowie der Schmelztemperatur kann u. a. mithilfe spezieller und komplizierter Methoden wie der Dynamisch Mechanischen Analyse (DMA) oder der dynamischen Differenzkalorimetrie (DSC) erfolgen. Bei der DMA wird eine starke Änderung des E- und G-Moduls sowie ein ausgeprägtes Maximum der Änderung der Dämpfung in einem engen Temperaturbereich beobachtet. Bei den DSC-Messungen wird die Wärmekapazität in Abhängigkeit von der Temperatur erfasst. Genaue Informationen zu den Messmethoden sind in der weiterführenden Literatur zu finden.

9.6.2 Beeinflussung der Wärmebeständigkeit von Polymeren

Grundsätzlich ist die Wärmebeständigkeit von Molekülen proportional zu ihrer Bindungsenergie. Dadurch ergeben sich Möglichkeiten, die Beständigkeit der Polymere zu beeinflussen.

Eine Möglichkeit beruht auf dem Austausch von Seitengruppen. Beispielsweise besteht Polyethylen (PE) mit Dauergebrauchstemperatur von ca. 90 °C aus Kohlenstoff- und Wasserstoffatomen. Wir können die Wasserstoffatome durch Fluor-Atome ersetzen. Die chemische Bindung zwischen Kohlenstoff und Fluor ist stärker als die Bindung zwischen Kohlenstoff und Wasserstoff. Auf diese Weise ist Polytetrafluorethylen (PTFE Handelsname Teflon) aufgebaut, dessen Dauergebrauchstemperatur ca. 230 °C beträgt.

Eine andere Möglichkeit, die Wärmebeständigkeit von Polymeren zu erhöhen, beruht auf der Versteifung der Hauptkette durch Heteroatome und zyklische Ringsysteme (z. B. Benzolringe). Auf diesem Wege entstehen aromatische Polymere, die vom Benzolring ableiten (Abb. 9.14). Befinden sich nur wenige Benzolringe in einem Makromolekül (Abb. 9.14a), ist die Wärmebeständigkeit mittelmäßig, wie z. B. beim Polyethylen- oder Polybuthylenterephthalat (Abschn. 10.2.3).

Mit der Zunahme an Benzolringen in Makromolekülen (Abb. 9.14b und 9.14c) verbessert sich die Wärmebeständigkeit. Heute haben aromatische Polymere mit Heterozyklen in der Hauptkette (z. B. Polyimide) die größte Bedeutung als wärmebeständige Kunststoffe

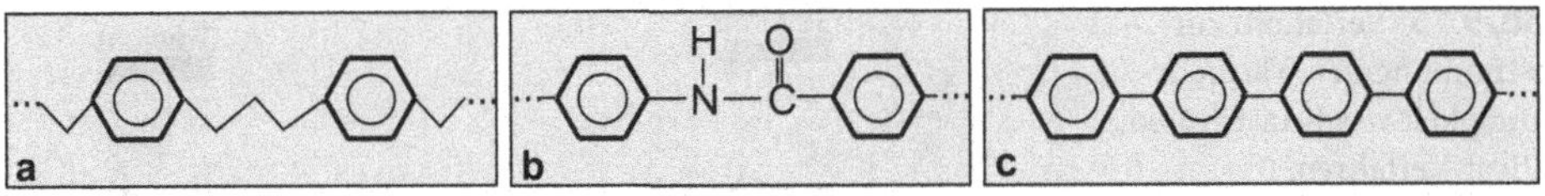

Abb. 9.14 Schematischer Aufbau aromatischer Polymere. **a** Wenige Benzolringe in der Kette, **b** Viele Benzolringe in der Kette, **c** Nur Benzolringe in der Kette

mit Gebrauchstemperaturen bis ca. 400 °C. Diese Kunststoffe gehören zur Gruppe der Hochleistungskunststoffe (Abschn. 10.2.4).

9.6.3 Bestimmung der Wärmeformbeständigkeit

Für den Gebrauch von Kunststoffen benötigen wir neben der Kenntnis der Glasübergangstemperaturen bzw. der Schmelztemperaturen auch die Temperaturen, bei denen Kunststoffe ihre Form ändern, die Wärmeformbeständigkeit. Wir benötigen praktische Erweichungstemperaturen.

Die Bestimmung der Wärmeformbeständigkeit von Kunststoffen erfolgt nach dem folgenden Prinzip: Ein definiert belasteter Probekörper wird mit konstanter Aufheizgeschwindigkeit in einem Wärmeschrank bzw. Flüssigkeitsbad erwärmt. Nach dem Erreichen einer bestimmten Verformung wird die Temperatur dokumentiert und als Erweichungstemperatur angegeben. In der Praxis wenden wir zwei Verfahren an (Abb. 9.15): das Verfahren nach Vicat und das HDT-Verfahren, wobei das HDT-Verfahren häufiger angewandt wird.

a. Vicat-Verfahren
Beim Vicat-Verfahren wird eine zylinderförmige Nadel von 1 mm² Querschnitt auf eine waagerecht liegende Kunststoffprobe aufgesetzt (Abb. 9.15a). Die Nadel wird mit 10 N bzw. 50 N belastet. Der Testaufbau wird in ein Medium eingetaucht und erwärmt. Die Temperatur verändert sich linear mit konstanter Rate (50 °C/h oder 120 °C/h). Die Erweichungstemperatur ist erreicht, wenn die Nadel genau 1 mm tief eingedrungen ist.

b. HDT-Verfahren (Heat Distortion Temperature)
Beim HDT-Verfahren wird eine Kunststoffprobe in einer Dreipunkt-Biegeanordnung belastet (Abb. 9.15b). Der Testaufbau wird in ein Medium eingetaucht und erwärmt. Die Temperatur wird linear mit konstanter Rate (50 °C/h oder 120 °C/h) erhöht. Die Formbeständigkeitstemperatur ist erreicht, wenn eine vorgeschriebene Durchbiegung (meist eine Randdehnung von 0,2 %) auftritt.

Abhängig von der Biegebelastung werden drei HDT-Verfahren und Kennwerte unterschieden. Die Wärmeformbeständigkeit HDT/A wird bei einer Biegebelastung von 1,8 MPa, HDT/B bei 0,45 MPa und HDT/C bei 5 MPa bestimmt. Bei den Kennwerten in den Tabellen für Kunststoffe ist darauf zu achten, mit welchem HDT-Verfahren die

Abb. 9.15 Verfahren zur
Bestimmung der Wärmebe-
ständigkeit von Kunststoffen.
a Vicat-Verfahren,
b HDT-Verfahren

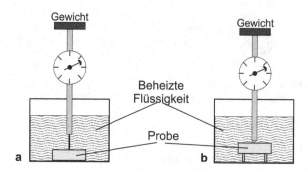

Formbeständigkeitstemperatur bestimmt wurde, da sich diese Werte in der Regel unterscheiden. Nicht anwendbar ist die HDT-Methode, wenn der Werkstoff zu weich ist, und
sich bereits bei Temperaturen unterhalb von 27 °C zu stark verformt.

▶   Die Wärmebeständigkeit von Polymeren kann durch einen geeigneten chemi-
     schen Bau (insbesondere durch Ringstrukturen) erhöht werden.
     Die Wärmebeständigkeit wird mithilfe von Vicat- bzw. HDT-Verfahren ermittelt.

9.6.4 Brennbarkeit von Kunststoffen

Brennbarkeit ist die chemische Eigenschaft von Stoffen, mit Sauerstoff unter Freisetzung
von Strahlungsenergie bzw. Wärme zu reagieren.

Die Einordnung von Stoffen anhand ihrer Brennbarkeit ist eine wichtige Aufgabe beim
Brandschutz. Eine erste Einteilung erfolgt in brennbare und nicht brennbare Stoffe. Die
meisten organischen Verbindungen sowie auch Kunststoffe sind brennbar, manche bren-
nen sehr heftig.

Zur Überprüfung des Brennverhaltens von Polymeren wird in der Regel der international gebräuchliche Brennbarkeitsversuch nach UL94 durchgeführt. Nach diesem Versuch wird das zulässige Brandverhalten von Kunststoffen in verschiedene Klassen nor-
miert. Folgende Klassen werden unterschieden: HB (Horizontal Burn) und V-2 bis V-0
(Vertical Burn). Bei der Testmethode HB wird ein Prüfkörper horizontal an einem Ende
entzündet. Bei den Testmethoden V-2 bis V-0 wird ein Prüfkörper vertikal positioniert
und am unteren Ende entzündet. Diese Testmethoden sind strenger als die HB-Methode.
Praktisch keine Brennbarkeit weisen Kunststoffe auf, die nach dem UL94-Test der Klasse
V-0 zugeordnet werden.

Eine für den Alltag oder auch für Feuerwehren wichtigere Eigenschaft ist die Entflammbarkeit. Manche Kunststoffe sind schwer entflammbar und damit unter Berücksichtigung
von Brandschutz-Gesichtspunkten verwendbar.

9.7 Optische und elektrische Eigenschaften von Kunststoffen

Kunststoffe sind makromolekular aufgebaut und weisen häufig amorphe Strukturen auf. Solche Materialien sind lichtdurchlässig und können als Glasersatz infrage kommen (z. B. PMMA Plexiglas). Bei der Beschreibung der Lichtdurchlässigkeit von Kunststoffen werden drei Begriffe verwendet: opak (undurchsichtig), transluzent (durchscheinend, durchsichtig) und klarsichtig. Eine weitere Folge des amorphen Aufbaus sind interessante und gut anwendbare optische Eigenschaften. Kunststoffe lassen andere Strahlungsfrequenzen als Glas durch und besitzen andere Brechungseigenschaften.

Sehr viele Kunststoffe sind gute Isolatoren gegenüber elektrischem Strom, wodurch sie eine wichtige Anwendung in der Elektrotechnik finden. Bei einigen Polymeren (z. B. Polyacetylen), die besondere Elektronensysteme aufweisen, ist elektrische Leitfähigkeit möglich. Diese Polymere sind zunächst Isolatoren, bestenfalls Halbleiter. Die Leitfähigkeit, vergleichbar mit der von metallischen Leitern, setzt erst ein, wenn die Polymere dotiert werden. Die Erklärung für die Leitfähigkeit von Polymeren ist sehr komplex. Ansonsten kann ein Kunststoff durch Zusatzstoffe wie Metallpulver elektrisch leitend werden.

9.8 Technologische Eigenschaften von Kunststoffen

Produkte aus Kunststoff werden oft mithilfe angepasster Fertigungsverfahren aus der Schmelze hergestellt. Die häufigsten Verarbeitungsmethoden wie Spritzgießen oder Kalandrieren sind mit Bewegung einer Polymerschmelze verbunden. Somit sind die Eigenschaften der Polymerschmelze wichtige technologische Faktoren. Einer dieser Faktoren ist der Schmelzindex MFI (Melt Flow Index) bzw. MFR (Melt Flow Rate).

Der Schmelzindex dient zur schnellen und einfachen Charakterisierung des Fließverhaltens von Kunststoffschmelzen mit einem einzigen Zahlenwert. Der MFI bzw. MFR gibt die Masse einer Schmelze in Gramm an, die innerhalb von 10 min bei festgelegter Kolbenkraft und Messtemperatur durch eine genormte Düse gepresst werden kann.

9.9 Chemische Beständigkeit von Kunststoffen

Die chemische Beständigkeit von Kunststoffen gegenüber anorganischen Mitteln ist gut (vgl. Tab. 10.1). Dagegen ist die Beständigkeit gegenüber organischen Substanzen, bedingt durch die chemische Verwandtschaft, unterschiedlich und kunststoffspezifisch.

Zur Ermittlung der Beständigkeit wird ein Löslichkeitstest in organischen Lösungsmitteln durchgeführt. Zu diesen Mitteln gehören Benzol, Methylenchlorid, Ethylacetat und Aceton. Eine fein zerteilte Kunststoffprobe wird in einem Erlenmeyer-Kolben mit einem Lösungsmittel völlig bedeckt. Anschließend wird der Kolben dicht verschlossen. Die Probe wird ohne Erwärmung mehrere Stunden bzw. Tage beobachtet, um festzustellen, ob sie unlöslich, quellbar oder löslich ist.

9.10 Erkennen von Kunststoffen

Wenn keine Information vom Hersteller zu der Art eines Kunststoffes vorliegt, ist eine chemische Bestimmung schwierig. Bei Metallen können wir eindeutig und schnell die genaue Zusammensetzung mithilfe der Emissionsspektroskopie (Abschn. 3.8.5) bestimmen. Bei Kunststoffen ist es, bedingt durch den chemischen und molekularen Bau, sehr problematisch. Die IR-Spektroskopie ist deutlich aufwendiger als die Emissionsspektroskopie.

Um einen Kunststoff einer bestimmten Gruppe zuzuordnen, können einfache Prüfungen eine erste Hilfe bringen. Folgende Versuche werden in der vorgeschriebenen Reihenfolge vorgenommen. Nach dem Ausschlussverfahren kann es gelingen, die Kunststoffgruppe zu bestimmen.

Schwimmtest Beim Schwimmtest werden Kunststoffe unterschieden, die schwerer bzw. leichter als Wasser sind. Bei großen Proben kann ein Stück abgetrennt werden. Das Wasser soll, z. B. mit Seife, entspannt werden.

Schmelzverhalten bei langsamem Erhitzen Der Versuch beruht auf Beobachtung des Schmelz- bzw. Zersetzungsverhaltens einer Kunststoffprobe. Die dabei auftretenden Zersetzungsschwaden werden auf ihre chemische Reaktion gegenüber Säure-Base-(pH)-Indikatoren untersucht.

Brenntest Beim Brenntest wird eine Kunststoffprobe in einer Flamme entzündet. Falls eine Entzündung der Probe erfolgt, wird die Probe aus der Flamme genommen. Man beobachtet, ob die Probe weiterbrennt oder sofort erlischt. Brennt die Probe von selbst weiter, wird auf Farbe der Probenflamme, Verkohlen, Abtropfen einer Schmelze und andere Erscheinungen geachtet. Nach Erlöschen der Probe wird vorsichtig an den Brandschwaden gerochen. Einige Kunststoffe (z. B. Polyethylen und Polyamide) lassen sich beim Brenntest gut erkennen.

Löslichkeitstest Beim Löslichkeitstest wird eine fein zerteilte Kunststoffprobe in einem Behälter mit einem Lösungsmittel (Abschn. 9.9) völlig bedeckt und dicht verschlossen. Die Probe wird ohne Erwärmung mehrere Stunden bzw. Tage beobachtet. Die Befunde werden mit bekannten Angaben verglichen.

Beilstein-Test Bei dem Beilstein-Test wird eine Kunststoffprobe mit einem glühenden Kupferdraht berührt. Anschließend wird der Draht wieder in die Flamme gehalten. Bei Anwesenheit von Halogenverbindungen leuchtet die Flamme grün.

9.11 Vergleich Metalle/Kunststoffe

Ein allgemeiner Vergleich von Kunststoffen mit Metallen ist in Tab. 9.1 dargestellt.

Tab. 9.1 Vergleich Metalle/Kunststoffexs

Merkmal	Metalle	Kunststoffe
Bausteine der Struktur	Atome	Makromoleküle aus Nichtmetallatomen
Ordnungszustand der Bausteine	Kristallin	Amorph oder teilkristallin
Zusammenhalt der Bausteine	Metallbindung zwischen den Atomen	Nebenvalenzbindungen zwischen den Makromolekülen
Eigenschaften	Gute Festigkeit	Geringe Festigkeit
	Elektrische Leitfähigkeit	Keine elektrische Leitfähigkeit
Verhalten unter Krafteinwirkung	Linearelastisches und zeitunabhängiges Verhalten	Viskoelastisches Verhalten
Gefüge	Körner mit Korngrenzen	Nur bei teilkristallinen Thermoplasten

Weiterführende Literatur

Askeland D (2010) Materialwissenschaften. Spektrum Akademischer Verlag, Heidelberg

Bargel H-J, Schulze G (2008) Werkstoffkunde. Springer, Berlin, Heidelberg

Domininghaus H (1998) Die Kunststoffe und ihre Eigenschaften. Springer, Berlin Heidelberg

Franck A, Herr B, Ruse H, Schulz G (2011) Kunststoff-Kompedium. Vogel Business Media, Würzburg

Fuhrmann E (2008) Einführung in die Werkstoffkunde und Werkstoffprüfung Bd. 1: Werkstoffe: Aufbau-Behandlung-Eigenschaften. expert verlag, Renningen

Hellerich W Harsch G, Baur E (2010) Werkstoff-Führer Kunststoffe: Eigenschaften-Prüfungen-Kennwerte. Carl Hanser Verlag, München

Jacobs O (2009) Werkstoffkunde. Vogel-Buchverlag, Würzburg

Läpple V, Drübe B, Wittke G, Kammer C (2010) Werkstofftechnik Maschinenbau. Europa-Lehrmittel, Haan-Gruiten

Reissner J (2010) Werkstoffkunde für Bachelors. Carl Hanser Verlag, München

Roos E, Maile K (2002) Werkstoffkunde für Ingenieure. Springer Heidelberg

Schwarz O (Hrsg.) (2007) Kunststoffkunde: Aufbau, Eigenschaften, Verarbeitung, Anwendungen der Thermoplaste, Duroplaste und Elastomere. Vogel Business Media, Würzburg

Seidel W, Hahn F (2012) Werkstofftechnik: Werkstoffe-Eigenschaften-Prüfung-Anwendung. Carl Hanser Verlag, München

Thomas K-H, Merkel M (2008) Taschenbuch der Werkstoffe. Carl Hanser Verlag, München

Weißbach W, Dahms M (2012) Werkstoffkunde: Strukturen, Eigenschaften, Prüfung. Vieweg + Teubner Verlag, Wiesbaden

Thermoplastische Kunststoffe

10

10.1 Verhalten von Thermoplasten unter Wärmeeinwirkung

Die möglichen Zustände von Kunststoffen unter Wärmeeinwirkung haben wir bereits besprochen (Abschn. 9.6.1). Der Zusammenhalt zwischen den fadenförmigen Makromolekülen der Thermoplaste erfolgt durch Nebenvalenzbindungen (abgesehen von Molekülverschlaufungen). Dadurch erweichen Thermoplaste in bestimmten Temperaturbereichen. Diese sehr charakteristische Änderung der Härte ermöglicht in den meisten Fällen eine leichte Verarbeitung dieser Kunststoffe.

10.1.1 Amorphe Thermoplaste

Das thermisch-mechanische Verhalten amorpher Thermoplaste ist am Beispiel der Festigkeit in Abb. 10.1 schematisch dargestellt. Bei dem sog. Glasübergang (TG) beobachten wir eine sprunghafte Änderung der Eigenschaften. Daher liegt der Gebrauchsbereich dieser Kunststoffe unterhalb ihrer Glasübergangstemperaturen, welche über 0 °C liegen. In diesem Bereich sind sie hartelastisch bzw. spröde.

Oberhalb der Glasübergangstemperatur werden amorphe Thermoplaste weich und lassen sich bei einer kunststoffspezifischen Temperatur plastisch verformen. Im Gegensatz zu den Metallen müssen sie unter Krafteinwirkung abkühlt werden. Bei Temperaturen, die höher als die Erweichungstemperatur sind, können Thermoplaste gießtechnisch verarbeitet werden.

▶ Die Änderung der Eigenschaften amorpher Thermoplaste erfolgt bei der Glasübergangstemperatur.
Der Verwendungsbereich liegt unterhalb der Glasübergangstemperatur.

© Springer-Verlag Berlin Heidelberg 2017
B. Arnold, *Werkstofftechnik für Wirtschaftsingenieure*,
DOI 10.1007/978-3-662-54548-5_10

Abb. 10.1 Verhalten amorpher Thermoplaste unter Wärmeeinwirkung

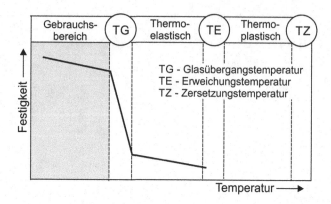

Abb. 10.2 Verhalten teilkristalliner Thermoplaste unter Wärmeeinwirkung

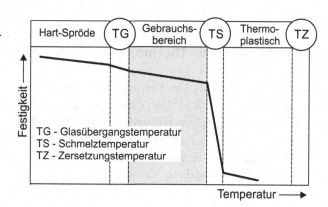

10.1.2 Teilkristalline Thermoplaste

Das thermisch-mechanische Verhalten teilkristalliner Thermoplaste ist am Beispiel der Festigkeit in Abb. 10.2 dargestellt. Bei der Glasübergangstemperatur TG beobachten wir keine sprunghafte Änderung der Eigenschaften, da sie ausschließlich die amorphen Bereiche betrifft. Der Gebrauchsbereich dieser Kunststoffe liegt oberhalb ihrer Glasübergangstemperaturen. In diesem Bereich existieren amorphe (erweichte) und kristalline (steife) Molekülbereiche. Infolge dieser Mischung sind teilkristalline Thermoplaste zähelastisch-hart und formbeständig.

Eine sprunghafte Änderung der Eigenschaften erfolgt erst bei Erreichen der Schmelztemperatur TS durch Aufschmelzen der kristallinen Bereiche. Infolge dessen nimmt die Dehnung zu. In diesem Zustand sind teilkristalline Thermoplaste sehr weich und lassen sich plastisch verformen (thermoplastisch) bzw. urformen (z. B. mittels Spritzgießverfahren).

▶   Die Änderung der Eigenschaften teilkristalliner Thermoplaste erfolgt bei der Schmelztemperatur.
Der Verwendungsbereich liegt oberhalb der Glasübergangstemperatur.

10.2 Eigenschaften und Anwendung ausgewählter Thermoplaste

Nachfolgend beschäftigen wir uns mit ausgewählten und häufig verwendeten thermoplastischen Kunststoffen unterschiedlicher chemischer Art. Hinter den chemischen Arten stehen oft ganze Werkstoffgruppen mit verschiedenen Sorten, die durch Unterschiede im Herstellprozess oder durch bestimmte Zusatzstoffe entstehen. Eine ausführliche Beschreibung der genannten Kunststoffe ist in der weiterführenden Literatur zu finden. Die angegebenen Kennwerte der ausgewählten Kunststoffe sind als Richtwerte zu verstehen und wurden anhand verschiedener Quellen zusammengestellt. Aufgrund der verbreiteten Nutzung werden bei jedem Thermoplast Beispiele seiner Handelsnamen genannt.

10.2.1 Einteilung und Eigenschaften von Thermoplasten

a. Einteilung der Thermoplaste
Thermoplaste sind die eigentlichen Kunststoffe. Zur Verfügung stehen sehr viele Arten und Sorten von Thermoplasten, die nach Marktanteilen und Eigenschaften in Massenkunststoffe, technische Kunststoffe und Hochleistungskunststoffe eingeteilt werden (Abb. 10.3). Die Grenzen zwischen den Gruppen sind zwar nicht eindeutig definiert, dennoch werden wir diese Einteilung weiterhin beibehalten.

Aus jedem Thermoplast ist auch grundsätzlich die Herstellung von Schaumstoff möglich. Aufgrund ihrer besonderen Eigenschaften können Schaumkunststoffe einer eigenen Gruppe zugeordnet werden.

Die Einsatzmöglichkeiten von Kunststoffen sind sehr umfangreich und mit keiner anderen Werkstoffgruppe vergleichbar. Zahlreiche neue Anwendungen (z. B. in der Medizintechnik oder Kommunikationsbranche) werden überhaupt erst durch Kunststoffe ermöglicht.

Thermoplaste und Billardkugeln
Mitte des 19. Jahrhunderts wurden Billardkugeln aus dem damals schon teuren Elfenbein gefertigt. Neben den hohen Kosten hatte das Elfenbein noch weitere Nachteile. Die Kugeln nutzten sich schnell ab, durch das nötige Nachschleifen veränderten sich Durchmesser und Umfang. Darüber hinaus war das Verhalten der Kugeln nicht kalkulierbar, da Elfenbein als natürlicher Rohstoff Dichteunterschiede besitzt. 1863 begann die Suche nach einem besseren und preiswerten Ersatzmaterial, auf dessen Entdeckung ein hoher Preis ausgeschrieben wurde.

Zu dieser Zeit hatte A. Parkers in England ein neues Material patentieren lassen und hat es auf der Weltausstellung 1862 in London vorgeführt. Mit dem Material hatte er wenig Erfolg, da es zu Rissbildung neigte und hochentzündlich war. Im Laufe der Zeit wurde es von J. Hyatt in Amerika und anderen Wissenschaftlern weiter verbessert und bekam den Namen Zelluloid. Schließlich stellte Hyatt daraus neue Billardkugeln her.

Das Zelluloid wird als der erste thermoplastische Kunststoff angesehen.

Übrigens werden Billardkugeln heute aus anderen Kunststoffen gefertigt. Moderne Kunststoffkugeln haben im Vergleich zu Elfenbeinkugeln wesentlich bessere Rolleigenschaften und sind deutlich widerstandsfähiger.

Abb. 10.3 Einteilung von
Thermoplasten

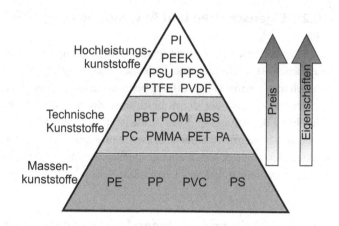

b. Kennzeichnung thermoplastischen Formmassen

Die Verarbeitung von Thermoplasten erfolgt wärmetechnisch und dafür müssen sie zu einer Kunststoff-Formmasse aufbereitet werden. Hierfür werden dem Basiskunststoff unterschiedliche Zusatzstoffe (Abschn. 9.2) zugegeben. Neben den bereits erwähnten Bezeichnungen für Kunststoffe (Abschn. 9.3.2) werden auch die Formmassen speziell bezeichnet.

Die Bezeichnung von thermoplastischen Formmassen erfolgt nach einem Blocksystem, das aus einem Benennungsblock und einem Identifizierungsblock besteht. Die Bezeichnungen sind lang und unübersichtlich, sie erlauben jedoch eine ziemlich genaue Beschreibung der Formmasse. Das Lesen dieser Bezeichnungen ist nur mit einem geeigneten Schlüssel möglich.

c. Eigenschaften von Thermoplasten

Aufgrund ihres charakteristischen Verhaltens bei Wärmeeinwirkung lassen sich Thermoplaste um- sowie urformen. Einige Arten lassen sich auch schweißen.

Die mechanischen Eigenschaften der Thermoplaste sind unterschiedlich. Eine Steigerung der Festigkeit wird in der Regel durch Zusatz von Verstärkungsstoffen wie z. B. kleinen Glaskugeln und kurzen Glasfasern erreicht.

Die Chemikalienbeständigkeit ist allgemein als gut zu bezeichnen. Unterschiede zwischen bestimmten Arten können jedoch groß sein. Dies ist anhand Tab. 10.1 gut ersichtlich, wenn wir z. B. die Beständigkeit von Polytetrafluorethylen (PTFE) und Polymethylmethacrylat (PMMA) vergleichen.

10.2.2 Massenkunststoffe

Massenkunststoffe werden in großen Mengen hergestellt und hauptsächlich im Konsumbereich verwendet.

Tab. 10.1 Chemikalienbeständigkeit ausgewählter Thermoplaste

	PE	PP	PVC	PS	PMMA	PC	POM	PTFE
Säuren	+	+	+	o	–	o	–	+
Laugen	+	+	+	+	+	–	+	+
Alkohole	+	+	+	+	–	+	+	+
Ketone	o	o	–	–	–	–	+	+
Aldehyde	+	+	–	–	o	o	o	+
Ester	o	o	–	–	o	–	+	+
Ether	o	o	–	–	–	–	+	+
Kohlenwasserstoffe aliphatisch	+	+	+	–	+	o	+	+
Kohlenwasserstoffe aromatisch	+	o	–	–	–	–	+	+
Kohlenwasserstoffe halogeniert	o	o	–	–	–	–	+	+

„+" – beständig; „o" – bedingt beständig; „- " – unbeständig

a. Polyethylen

Polyethylen (Kurzzeichen PE) hat den einfachsten chemischen Bau aller Polymere, seine Hauptkette besteht ausschließlich aus Kohlenstoffatomen (Abb. 10.4a). Der Thermoplast ist teilkristallin, seine Kennwerte sind in Tab. 10.2 dargestellt. Polyethylen wird seit 1950 industriell hergestellt.

Wir unterscheiden vier Arten von Polyethylen: PE-LD (Polyethylen niedriger Dichte „Low Density") und PE-HD (Polyethylen hoher Dichte „High Density") sowie PE-UHMV (Polyethylen ultrahochmolekular) und PE-HMW (Polyethylen hochmolekular). Der Dichteunterschied spiegelt sich in den Eigenschaften wider, was in Tab. 10.2 ersichtlich wird.

Polyethylen hat eine sehr niedrige Dichte und eine niedrige Festigkeit. Zu seinen weiteren Eigenschaften gehören eine hohe Zähigkeit, eine sehr gute Chemikalienbeständigkeit (vgl. Tab. 10.1) sowie eine sehr geringe Wasseraufnahme.

Polyethylen zeichnet sich durch eine wachsartige antiadhäsive Oberfläche aus. Es lässt sich sehr gut ver- und bearbeiten und ist preiswert. Seine Anwendung beruht vor allem auf der guten chemischen Beständigkeit. Es wird sehr häufig für Tragetaschen und Folien verwendet (Abb. 10.4b). Kraftstofftanks, Fässer und andere Behälter werden aus PE hergestellt. Beispiele für Handelsnamen von Polyethylen sind: Baylon, Hostalen, Lupolen und Vestolen A.

Abb. 10.4 Molekulare Strukturformel und Anwendungs-
beispiele für Polyethylen. **a**
Strukturformel, **b** Tragetasche
und Frischhaltefolie

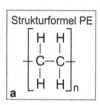

Tab. 10.2 Kennwerte von Polyethylen (PE)

Polyethylen-Sorte	PE-LD	PE-HD
Dichte	0,919 g/cm³	0,963 g/cm³
E-Modul	200 MPa	1.350 MPa
Streckspannung	9 MPa	30 MPa
Kugeleindruckhärte	H49/30 15 MPa	H132/30 57 MPa
Kerbschlagzähigkeit – Izod bei 23 °C	nb	nb
Glasübergangstemperatur	− 100 °C	− 70 °C
Schmelztemperatur	110 °C	135 °C
Wärmeformbeständigkeit HDT/B	41 °C	86 °C
Dauergebrauchstemperatur max./min.	70 °C/ 0 °C	100 °C/ −30 °C

nb nicht gebrochen

b. Polypropylen
Polypropylen (Kurzzeichen PP) ist chemisch dem Polyethylen ähnlich, seine Hauptkette
besteht ebenfalls ausschließlich aus Kohlenstoffatomen (Abb. 10.5a). Der Thermoplast ist
teilkristallin und hat mit 0,903 g/cm³ die niedrigste Dichte aller Kunststoffe. Ausgewählte
Kennwerte von Polypropylen sind in Tab. 10.3 dargestellt.

Auf dem Markt werden, neben dem Homopolymer, meist mit kurzen Glasfasern (GF)
verstärkte Sorten angeboten (z. B. PP-GF30 mit 30 % Glasfasern). Der Zusatz von Glasfasern erhöht die mechanischen Eigenschaften sehr stark, was in Tab. 10.3 ersichtlich wird.

Polypropylen kann bis ca. 100 °C verwendet werden. Seine Festigkeit und Härte sind
höher als die des Polyethylens. Seine hohe Zähigkeit und gute Chemikalienbeständigkeit
(vgl. Tab. 10.1) sind weitere Eigenschaften des Thermoplasten.

Polypropylen zeichnet sich durch eine glatte Oberfläche aus. Es lässt sich gut ver- und
bearbeiten und ist wie Polyethylen preiswert. Seine Anwendung ist jedoch breiter als
die von Polyethylen. Es wird für Wasserleitungen, Einwegprodukte, Behälter, Teppiche,
Kunstrasen verwendet, bis hin zu Batteriegehäusen. Zwei Anwendungsbeispiele sind in
Abb. 10.5b gezeigt. Beispiele für Handelsnamen von Polypropylen sind: Hostalen PP, Vestolen P, Luparen und Novolen.

Abb. 10.5 Molekulare Strukturformel und Anwendungs-
beispiele für Polypropylen. **a**
Strukturformel, **b** Einwegsprit-
zen und Behälter

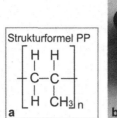

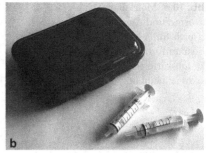

Tab. 10.3 Kennwerte von Polypropylen (PP)

Polypropylen-Sorte	PP	PP-GF30
Dichte	0,903 g/cm³	1,12 g/cm³
E-Modul	1.450 MPa	7.000 MPa
Streckspannung	33 MPa	100 MPa
Kugeleindruckhärte H358/30	72 MPa	110 MPa
Kerbschlagzähigkeit – Charpy bei 23 °C	5 kJ/m²	12 kJ/m²
Glasübergangstemperatur	– 10 °C	– 10 °C
Schmelztemperatur	163 °C	165 °C
Wärmeformbeständigkeit HDT/B	85 °C	159 °C
Dauergebrauchstemperatur max./min.	100 °C/ 0 °C	100 °C/ 0 °C

c. Polyvinylchlorid

Polyvinylchlorid (Kurzzeichen PVC) ist einer der älteren Kunststoffe und wurde bereits im Jahr 1838 entdeckt. Seine Herstellung begann 1926. Seit 1950 wird Polyvinylchlorid industriell als Massenkunststoff produziert. Seine Hauptkette ist ausschließlich aus Kohlenstoffatomen aufgebaut (Abb. 10.6a). Es ist amorph und kann somit als lichtdurchlässiges Material genutzt werden. Ausgewählte Kennwerte von Polyvinylchlorid sind in Tab. 10.4 dargestellt.

Polyvinylchlorid wird in zwei verschiedenen Modifikationen verwendet: unplastifiziert (PVC-U), ohne oder mit wenig Weichmachern und plastifiziert (PVC-P), mit 20–50 % zugesetzten Weichmachern.

Die mechanischen Eigenschaften von Polyvinylchlorid sind von der Menge des Weichmachers abhängig. Die Festigkeit kann bei unplastifiziertem Polyvinylchlorid 60 MPa erreichen. Auch andere Eigenschaften sind sortenspezifisch. Polyvinylchlorid ohne Weichmacher ist selbstverlöschend. Die Chemikalienbeständigkeit ist mittelmäßig (vgl. Tab. 10.1).

Polyvinylchlorid lässt sich gut bearbeiten und schweißen. Durch die Möglichkeit der Weichmachung hat der Kunststoff sehr verschiedene Anwendungsgebiete wie z. B. Bodenbeläge, Schlauchboote, Türrahmen, Identifikationskarten, Isolierbänder, Hüllen. Die letzten drei Anwendungen sind in Abb. 10.6b gezeigt. Beispiele für Handelsnamen von Polyvinylchlorid sind: Hostalit, Vinoflex, Astralon und Vinnolit.

Abb. 10.6 Molekulare Strukturformel und Anwendungsbeispiele für Polyvinylchlorid. a Strukturformel, b Identifikationskarte, Isolierband und Dokumentenhülle

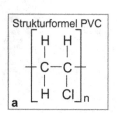

Tab. 10.4 Kennwerte von Polyvinylchlorid (PVC-U)

Dichte	$1{,}38 \text{ g/cm}^3$
E-Modul	3.000 MPa
Streckspannung	58 MPa
Kugeleindruckhärte H358/30	130 MPa
Kerbschlagzähigkeit – Izod bei 23 °C	5 kJ/m^2
Glasübergangstemperatur	80 °C
Wärmeformbeständigkeit HDT/B	69 °C
Dauergebrauchstemperatur max./min.	60 °C/ – 30 °C

d. Polystyrol (Polystyren)

Polystyrol (Kurzzeichen PS) hat eine Hauptkette ausschließlich aus Kohlenstoffatomen (Abb. 10.7a). Der Thermoplast ist amorph und klarsichtig. Somit kann er als Glasersatz verwendet werden. Mit einer Dichte von $1{,}05 \text{ g/cm}^3$ gehört es zu den leichtesten Kunststoffen. Einige Kennwerte von Polystyrol sind in Tab. 10.5 dargestellt.

Die Festigkeit von Polystyrol ist mittelmäßig und seine Chemikalienbeständigkeit (vgl. Tab. 10.1) ist gering, viele Medien (z. B. Aceton) greifen es an. Polystyrol ist sehr schlag- und kerbempfindlich, splittert beim Bruch. Aufgrund seiner geringen UV-Beständigkeit neigt es zur Vergilbung. Bei niedrigen Temperaturen wird es sehr spröde.

Polystyrol lässt sich hervorragend ver- und bearbeiten. Es ist sehr leicht einfärbbar und schäumbar. Die Verwendung von Polystyrol ist aufgrund seiner Sprödigkeit beschränkt, es werden meist seine Copolymere (Abschn. 9.1.2) verwendet (z. B. ABS). Das Hauptanwendungsgebiet sind Einwegprodukte (Abb. 10.7b) und Verpackungen. Beispiele für Handelsnamen von Polystyrol sind: Hostyren und Vestyron.

Geschäumtes Polystyrol (Kurzzeichen) EPS ist unter dem Handelsnamen Styropor bekannt. Es ist heute das am meisten verwendete Wärmedämmmaterial. Charakteristisch für EPS ist der Aufbau aus etwa 2–3 mm großen, zusammengebackenen Schaumkugeln, die beim Brechen einer Styroporplatte deutlich zutage treten. EPS wird auch als schockdämpfendes Verpackungsmaterial verwendet (Abb. 10.7c).

Je nach Herstellungsart wird zwischen dem normal weißen und eher grobporigen EPS und dem feinporigeren XPS (extrudierter Polystyrol-Hartschaum) unterschieden. Polystyrol-

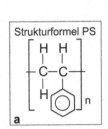

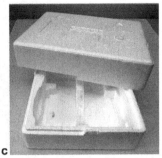

Abb. 10.7 Molekulare Strukturformel und Anwendungsbeispiele für Polystyrol. **a** Strukturformel, **b** Becher und Einwegbesteck. **c** Verpackung aus Styropor

Tab. 10.5 Kennwerte von Polystyrol (PS)

Dichte	$1{,}05\ \text{g/cm}^3$
E-Modul	3.200 MPa
Zugfestigkeit	55 MPa
Kugeleindruckhärte H358/30	150 MPa
Kerbschlagzähigkeit – Charpy bei 23 °C	$3{,}0\ \text{kJ/m}^2$
Glasübergangstemperatur	100 °C
Schmelztemperatur	240 °C
Wärmeformbeständigkeit HDT/B	98 °C
Dauergebrauchstemperatur max./min.	70 °C/ −10°C

Hartschaum wird aufgrund seiner hohen Druckfestigkeit und geringen Wasseraufnahme (geschlossene Porosität) beispielsweise bei der Dämmung von Gebäuden im Erdreich eingesetzt.

▶ Zu den Massenkunststoffen gehören: Polyethylen (PE), Polypropylen (PP), Polyvinylchlorid (PVC) und Polystyrol (PS).

10.2.3 Technische Kunststoffe

Wie bereits erwähnt, ist die Grenze zwischen den Massenkunststoffen und technischen Kunststoffen nicht definiert. Viele der technischen Kunststoffe werden heute in großen Mengen verwendet. Wie der Name der Gruppe besagt, finden diese Kunststoffe ihre Anwendung jedoch nicht nur im Konsumbereich, sondern ebenfalls in der Technik.

a. Polymethylmethacrylat
Polymethylmethacrylat (Kurzzeichen PMMA) ist weltweit unter dem Handelsnamen Plexiglas bekannt und wurde 1929 auf den Markt gebracht. Die chemische Struktur von PMMA ist relativ komplex, jedoch besteht seine Hauptkette ausschließlich aus Kohlenstoffatomen (Abb. 10.8a). Der Thermoplast ist amorph und dadurch klarsichtig. Einige Kennwerte von PMMA sind in Tab. 10.6 dargestellt.

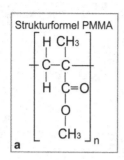

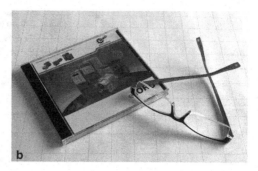

Abb. 10.8 Molekulare Strukturformel und Anwendungsbeispiele für Polymethylmethacrylat. **a** Strukturformel, **b** CD-Behälter und Brille mit PMMA-Gläser

Tab. 10.6 Kennwerte von Polymethylmethacrylat (PMMA)

Dichte	1,19 g/cm³
E-Modul	3.200 MPa
Zugfestigkeit	70 MPa
Kugeleindruckhärte H961/30	195 MPa
Kerbschlagzähigkeit – Charpy bei 23 °C	2 kJ/m²
Glasübergangstemperatur	110 °C
Wärmeformbeständigkeit HDT/B	100 °C
Dauergebrauchstemperatur max./min.	90 °C/ – 40 °C

Polymethylmethacrylat ist hart und spröde. Es zeichnet sich durch eine glänzende und bei besonderer Behandlung kratzfeste Oberfläche aus. Seine Bearbeitbarkeit ist gut, seine Chemikalienbeständigkeit ist mäßig (vgl. Tab. 10.1).

Das herausragende Merkmal von Polymethylmethacrylat ist seine optische Qualität, die es ermöglicht den Kunststoff als wertvollen Glasersatz zu verwenden. Anwendung findet es für optische Linsen, Brillengläser (Abb. 10.8b), Lichtleitfasern, Lichtkuppeln, Kfz-Leuchten, CD-Behälter (Abb. 10.8b) und viele andere Produkte. Beispiele für Handelsnamen von Polymethylmethacrylat sind: Plexiglas, Degalan und Acrylglas.

b. Polycarbonat

Polycarbonat (Kurzzeichen PC) wurde 1950 von der Firma Bayer in Deutschland entwickelt. Seitdem steigt seine Verwendung steil an. Seine Hauptkette hat einen gemischten Bau und besteht aus Kohlenstoff- und Sauerstoffatomen (Abb. 10.9a). In der Kette befinden sich Benzolringe, die eine verbesserte Wärmebeständigkeit bewirken (Abschn. 9.6.2). Der Thermoplast ist amorph und dadurch klarsichtig. Einige Kennwerte von Polycarbonat sind in Tab. 10.7 dargestellt. Auf dem Markt werden, neben dem Homopolymeren, auch mit kurzen Glasfasern (GF) verstärkte Sorten angeboten (z. B. PC-GF30 mit 30 % Glasfasern). Typischerweise verbessert der Zusatz von Glasfasern die mechanischen Eigenschaften, was in Tab. 10.7 ersichtlich wird.

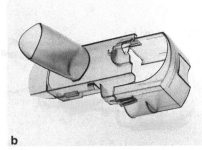

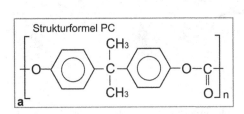

Abb. 10.9 Molekulare Strukturformel und Anwendungsbeispiel für Polycarbonat. **a** Struktur-formel, **b** Wechselgriff für einen Laser (mit freundlicher Genehmigung der Firma Kern GmbH in Großmaischeid)

Tab. 10.7 Kennwerte von Polycarbonat (PC)

Polycarbonat-Sorte	PC	PC-GF30
Dichte	1,2 g/cm³	1,42 g/cm³
E-Modul	2.400 MPa	5.000 MPa
Streckspannung	66 MPa	55 MPa
Kugeleindruckhärte H358/30	110 MPa	110 MPa
Kerbschlagzähigkeit – Izod bei 23 °C	na	6,0 kJ/m²
Glasübergangstemperatur	148 °C	148 °C
Wärmeformbeständigkeit HDT/B	138 °C	140 °C
Dauergebrauchstemperatur max./min.	125 °C/ − 100 °C	125 °C/ − 100 °C

na nicht anwendbar

Die chemische Struktur bewirkt eine vergleichsweise hohe Wärmebeständigkeit des Polycarbonats. Es kann bis ca. 125 °C eingesetzt werden. Polycarbonat zeichnet sich auch bei niedrigen Temperaturen (bis ca. − 100 °C) durch eine sehr gute Zähigkeit aus sowie durch eine hohe UV-Beständigkeit. Seine chemische Beständigkeit ist mäßig, viele Chemi-kalien greifen es an (vgl. Tab. 10.1).

Polycarbonat besitzt einen hohen Oberflächenglanz und lässt sich metallisieren, was z. B. für die Herstellung von CD's wichtig ist. Bedingt durch seine Lichtdurchlässigkeit und gute Zähigkeit wird Polycarbonat als Glasersatz z. B. für Autoverglasungen und Verglasun-gen im Bauwesen verwendet. Schutzhelme, Schutzbrillen und Leuchten sowie Bauteile für die Medizintechnik (Abb. 10.9b) werden aus Polycarbonat gefertigt. Beispiele für Handels-namen von Polycarbonat sind: Makrolon, Durolon und Lexan.

c. Polyamid

Polyamid (Kurzzeichen PA) ist ein Sammelname für mehrere Polymere, die in ihrem che-mischen Bau die Amid-Gruppe [-NH-CO-] aufweisen. Polyamide bilden die größte Grup-pe im Bereich der Thermoplaste mit einem breiten Anwendungsspektrum. Die Hauptket-

Abb. 10.10 Molekulare Strukturformel und Anwendungsbeispiele für Polyamid. **a** Strukturformel, **b** Befestigungsbänder und Spreizdübel, **c** Knetflügel (mit freundlicher Genehmigung der Firma Kern GmbH in Großmaischeid)

Tab. 10.8 Kennwerte von Polyamid (PA)

Polyamid-Sorte	PA6	PA6-GF430
Dichte	1,14 g/cm³	1,36 g/cm³
E-Modul	3.000 MPa	9.000 MPa
Streckspannung	80 MPa	175 MPa
Kugeleindruckhärte	H358/30 150 MPa	H 961/30 220 MPa
Kerbschlagzähigkeit – Charpy bei 23 °C	5 kJ/m²	15 kJ/m²
Schmelztemperatur	220 °C	220 °C
Wärmeformbeständigkeit HDT/B	160 °C	220 °C
Dauergebrauchstemperatur max./min.	90 °C/ − 40 °C	130 °C/ − 40 °C

Alle Angaben im trockenen Zustand

te aliphatischer Polyamide ist gemischt und aus Kohlen- und Stickstoffatomen aufgebaut (Abb. 10.10a). Die Anzahl der Kohlenstoffatome zwischen den Atomen der Amid-Gruppe kann unterschiedlich sein. Am häufigsten werden die Polyamide PA6 mit 5 Kohlenstoffatomen und PA12 mit 11 Kohlenstoffatomen verwendet. Aliphatische Polyamide sind teilkristallin. Einige Kennwerte der Polyamide sind in Tab. 10.8 dargestellt.

Durch Zugabe verschiedener Zusatzstoffe wie z. B. Glasfaser, Glaskugeln, Molybdänsulfid oder auch Kohlenstofffasern ergibt sich eine Vielfalt von ca. 50 Polyamid-Sorten, die sich in bestimmten Eigenschaften unterscheiden. Die Sorten mit Glasfasern haben verbesserte mechanische Eigenschaften, was in Tab. 10.8 ersichtlich wird.

Die Gebrauchstemperatur ist von der chemischen Struktur abhängig und kann unterschiedlich sein. Meist beträgt sie ca. 100 °C, bei der Sorte PA12 kann sie kurzzeitig 200 °C erreichen. Die Chemikalienbeständigkeit von Polyamiden ist begrenzt (vgl. Tab. 10.1). Sie neigen zur Wasseraufnahme, die bei der Sorte PA6 im Normalklima 3% beträgt. Die Wasseraufnahme verschlechtert die mechanischen Eigenschaften stark, sodass die Festigkeit nur die Hälfte der Festigkeit des trockenen Zustands betragen kann. Daher muss bei den Kennwerten von Polyamiden beachtet werden, ob sie für trockene oder luftfeuchte Bedingungen gelten.

Vorteilhaft sind die sehr guten Gleit- und Reibeigenschaften der Polyamide, die ihren Einsatz als Lagerwerkstoffe (unter Berücksichtigung der Wärmebeständigkeit) ermöglichen. Polyamide sind sehr zäh, einige Sorten sind unzerbrechlich.

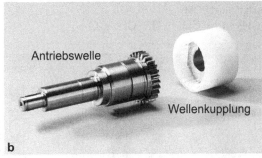

Abb. 10.11 Wellenkupplung aus Polyamid (mit freundlicher Genehmigung der Firma Getriebebau NORD in Bargteheide). **a** Wellenkupplung, **b** Zusammenfügen mit der Antriebswelle

Polyamide lassen sich gut bearbeiteten und sehr gut zu Fasern verspinnen (Handelsname Nylon). Neben den aliphatischen Sorten gibt es auch aromatische, die fast ausschließlich zu Fasern versponnen werden (Handelsname Kevlar). Ein großer Teil der Polyamide wird für die Herstellung von Synthesefasern verwendet. Aus den Fasern werden technische Garne, Teppichgarne, Gewebe, Vliese u. a. produziert.

Polyamide sind die am meisten verwendeten Polymere im technischen Bereich. Bedingt durch ihre Schlagzähigkeit und Abriebfestigkeit, werden sie u. a. für Zahnräder, Wälzlagerkäfige, Gleitlager, Schrauben und Radblenden verwendet. Einige Anwendungen von Polyamid sind in Abb. 10.10b und Abb. 10.10c gezeigt. Beispiele für Handelsnamen von Polyamiden sind: Ultramid B, Durethan B und Vestamid.

Polyamid in Stirnradschneckengetriebe[1]

Im Stirnradschneckengetriebe (Abschn. 1.6) wird eine Wellenkupplung (Abb. 10.11a) aus thermoplastischem Polyamid eingesetzt.

Die Wellenkupplung gehört zur Antriebswelle (Abb. 10.11b) und dient der Verbindung zwischen ihr und der Motorwelle. Des Weiteren gleicht sie Unterschiede bei Fertigungstoleranzen aus und wirkt geräuschdämpfend (leiser Lauf). Die Wellenkupplung hat eine komplexe Form mit einem Gewinde und ist mit einem innen liegenden Metallteil verstärkt. Das Metallteil sorgt für eine sichere Passfederverbindung mit der Motorwelle. Ein derartiges Hybridteil kann nur gießtechnisch angefertigt werden. Diese verschiedenen Anforderungen erfüllt Polyamid sehr gut. Insbesondere seine preiswerte und problemlose Fertigung im Spritzgießverfahren ist sehr vorteilhaft.

Die Wellenkupplung wird nach Angaben des Getriebeherstellers von einer spezialisierten Firma gefertigt und angeliefert.

d. Polyoxymethylen (Polyacetal)

Polyoxymethylen (Kurzzeichen POM) hat einen gemischten und sehr regelmäßigen Kettenbau aus Kohlenstoff- und Sauerstoffatomen (Abb. 10.12a). Der Thermoplast ist teilkristallin, einige seiner Eigenschaften sind in Tab. 10.9 dargestellt.

---

[1] Quelle: Getriebebau NORD.

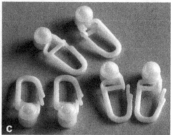

Abb. 10.12 Molekulare Strukturformel und Anwendungsbeispiele für Polyoxymethylen. **a** Strukturformel, **b** Steuerschlitten (mit freundlicher Genhmigung der Firma Kern GmbH in Großmaischied), **c** Gardienenhaken

Tab. 10.9 Kennwerte von Polyoxymethylen (POM)

Polyoxymethylen – Sorte	POM	POM-GF40
Dichte	1,42 g/cm³	1,72 g/cm³
E-Modul	3.100 MPa	13.000 MPa
Streckspannung	70 MPa	140 MPa
Kugeleindruckhärte H961/30	174 MPa	215 MPa
Kerbschlagzähigkeit – Charpy bei 23 °C	9 kJ/m²	9 kJ/m²
Schmelztemperatur	175 °C	165 °C
Wärmeformbeständigkeit HDT/B	170 °C	170 °C
Dauergebrauchstemperatur max./min.	100 °C/ − 50 °C	100 °C/ − 50 °C

Auf dem Markt werden, neben dem Homopolymer, auch mit Glasfasern verstärkte Sorten (z. B. POM-GF40 mit 40 % kurzen Glasfasern) sowie durch bestimmte Zusatzstoffe elektrisch leitfähige Sorten wie POM-ELS angeboten. Durch Zugabe von Glasfasern wird insbesondere der E-Modul des Polyoxymethylens stark erhöht, was in Tab. 10.9 ersichtlich wird.

Polyoxymethylen ist chemisch sehr beständig (vgl. Tab. 10.1) und neigt zu keiner Wasseraufnahme. Sein Gleit- und Reibverhalten sowie seine Federeigenschaften sind sehr günstig.

Polyoxymethylen lässt sich sehr gut ver- und bearbeiten, und die Produkte zeichnen sich durch eine hohe Maßhaltigkeit aus. Diese Eigenschaftskombination verursacht eine steigende Verwendung dieses Kunststoffes im technischen Bereich, insbesondere in der Feinwerktechnik, da es zur Herstellung von kleinen Teilen (Abb. 10.12b) mit engen Toleranzen gut geeignet ist. Weitere Anwendungen sind z. B. Tür- und Fenstergriffe, Reißverschlüsse und Ketten. Auch für kleine und beanspruchte Teile wie z. B. Gardinenhaken (Abb. 10.12c) wird der Kunststoff verwendet. Beispiele für Handelsnamen von Polyoxymetyhlen sind: Delrin und Ultraform.

Abb. 10.13 Molekulare Strukturformel und Anwendungsbeispiele für Polyethylenterephthalat. a Strukturformel, b Getränkeflasche, Verpackung und Vlies

Tab. 10.10 Kennwerte von teilkristallinem Polyethylenterephthalat (PET)

Dichte	1,4 g/cm^3
E-Modul	2.800 MPa
Streckspannung	80 MPa
Kugeleindruckhärte H358/30	150 MPa
Kerbschlagzähigkeit bei 23 °C	2 kJ/m^2
Glasübergangstemperatur	70 °C
Schmelztemperatur	250 °C
Wärmeformbeständigkeit HDT/B	115 °C
Dauergebrauchstemperatur max./min.	100 °C/ − 50 °C

e. Polyethylenterephthalat

Polyethylenterephthalat (Kurzzeichen PET) ist durch die Verwendung für Getränkeflaschen sehr bekannt geworden. Sein chemischer Bau ist kompliziert. Die gemischte Hauptkette besteht aus Kohlenstoff- und Sauerstoffatomen (Abb. 10.13a). Zudem befinden sich Benzolringe in der Kette. Da die Entfernung zwischen den Benzolringen relativ groß ist, liegt seine Gebrauchstemperatur bei dem für Kunststoffe häufigen, maximalen Wert von 110 °C. Kurzzeitig kann Polyethylenterephthalat bis 200 °C eingesetzt werden. Je nach Herstellbedingungen kann eine amorphe oder eine teilkristalline Modifikation des Polyethylenterephthalats erzeugt werden. Einige Kennwerte des teilkristallinen PET sind in Tab. 10.10 dargestellt.

Amorphes Polyethylenterephthalat hat eine gute Lichtdurchlässigkeit und es ist, in Kombination mit hoher Zähigkeit und guter Verarbeitbarkeit, heute zum besten Material für Getränkeflaschen geworden. Diese Eigenschaften werden auch bei Verpackungen genutzt. Des Weiteren können aus dem Polymer wertvolle Fasern hergestellt werden, die zu Vorprodukten wie z. B. Vlies, sowie in der Textilindustrie verarbeitet werden. Die oben genannten Anwendungsbeispiele sind in Abb. 10.13b gezeigt.

Polyethylenterephthalat lässt sich leicht flammfest ausrüsten und hat ein hohes Isoliervermögen, was Anwendungen in der Elektrotechnik ermöglicht. Ein gutes Gleit- und

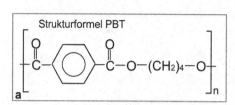

Abb. 10.14 Molekulare Strukturformel und Anwendungsbeispiel für Polybuthylenterephthalat. **a** Strukturformel, **b** Turbine mit Pumpengehäuse (mit freundlicher Genehmigung der Firma Kern GmbH in Großmaischeid)

Tab. 10.11 Kennwerte von Polybuthylenterephthalat (PBT)

Dichte	$1,3 \, \text{g/cm}^3$
E-Modul	2.500 MPa
Streckspannung	60 MPa
Kugeleindruckhärte H358/30	130 MPa
Kerbschlagzähigkeit – Charpy bei 23 °C	$6 \, \text{kJ/m}^2$
Glasübergangstemperatur	45 °C
Glasübergangs- bzw. Schmelztemperatur	225 °C
Wärmeformbeständigkeit	165 °C
Dauergebrauchstemperatur max./min.	140 °C/ – 50 °C

Reibverhalten und eine hohe Maßhaltigkeit führen zu weiteren technischen Anwendungen wie z. B. Laufrollen, Gleitlager oder Steuerkolben. Aus teilkristallinem Polyethylenterephthalat lassen sich präzise Teile mit komplexen Geometrien herstellen. Nachteilig ist seine begrenzte Chemikalienbeständigkeit. Es ist in vielen organischen und anorganischen Medien nicht beständig (vgl. Tab. 10.1). Beispiele für Handelsnamen von Polyethylenterephthalat sind: Rynite, Hostaphan (für Folien) und Hostadur.

f. Polybutylenterephthalat
Polybutylenterephthalat (Kurzzeichen PBT) ist chemisch mit dem Polyethylenterephthalat verwandt und es hat auch ähnliche Eigenschaften, jedoch ist seine Wärmebeständigkeit besser. Sein chemischer Bau ist kompliziert, es hat eine gemischte Kette (Abb. 10.14a) und ist teilkristallin. Einige Kennwerte von Polybuthylenterephthalat sind in Tab. 10.11 dargestellt.

Gute mechanische Eigenschaften, ein gutes elektrisches Isoliervermögen und ein günstiges Gleit-Reibverhalten zeichnen Polybuthylenterephthalat aus. Es ist leicht flammfest ausrüstbar. PBT lässt sich problemlos verarbeiten, was eine präzise Herstellung komplexer Geometrien ermöglicht. Dabei kann ein hoher Oberflächenglanz erreicht werden. Es ist nicht beständig in vielen anorganischen und polaren Medien. Polybuthylenterephthalat

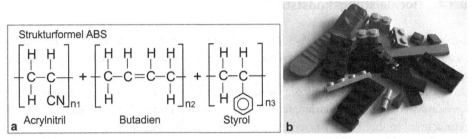

Abb. 10.15 Molekulare Strukturformel und Anwendungsbeispiel für Acryl-Butadien-Styrol. a Strukturformel, b LEGO®-Steine

Tab. 10.12 Kennwerte von Acrylnitril-Butadien-Styrol (ABS)

Dichte	1,04 g/cm³
E-Modul	2.300 MPa
Streckspannung	45 MPa
Kugeleindruckhärte H358/30	90 MPa
Kerbschlagzähigkeit – Charpy bei 23 °C	22 kJ/m²
Glasübergangstemperatur	110 °C
Wärmeformbeständigkeit HDT/B	92 °C
Dauergebrauchstemperatur max./min.	95 °C/ – 30 °C

wird häufig für Bauteile in der Elektrotechnik und der Medizintechnik (Abb. 10.14b) eingesetzt. Ein Handelsnamen-Beispiel für Polybuthylenterephthalat ist Ultradur.

g. Acrylnitril-Butadien-Styrol
Acrylnitril-Butadien-Styrol (Kurzzeichen ABS) ist ein Copolymer (Abschn. 9.1.2) auf der Basis von Styrol. Abb. 10.15a zeigt den chemischen Bau einer Grundeinheit von ABS aus drei Monomeren. Der Thermoplast ist wie Polystyrol sehr leicht, hat jedoch eine viel höhere Zähigkeit, auch bei niedrigen Temperaturen. Es ist amorph und kann als transparentes Material verwendet werden. Einige Kennwerte von Acrylnitril-Butadien-Styrol sind in Tab. 10.12 dargestellt.

Acrylnitril-Butadien-Styrol hat, bedingt durch seine hervorragende Zähigkeit, viele Anwendungen im technischen Bereich gefunden. Ein gutes Beispiel sind Stoßstangen bei Autos. Das Copolymer wird ebenso für Sitzschalen, Surfbretter, Batteriekästen, und Kofferschalen verwendet. Aus diesem Kunststoff werden auch die berühmten LEGO®-Steine angefertigt (Abb. 10.15b), die durch eine hohe Präzision, leuchtende Farben und Glanz beeindrucken. Beispiele für Handelsnamen von Acryl-Butadien-Styrol sind: Terluran, Lubrilon und Elacalite.

▶ Zu den technischen Kunststoffen gehören: Polymethylmethacrylat (PMMA), Polycarbonat (PC), Polyamid (PA), Polyoxymethylen (POM), Polyethylenterephthalat (PET), Polybutylenterephthalat (PBT) und Acrylnitril-Butadien-Styrol (ABS).

10.2.4 Hochleistungskunststoffe

Hochleistungskunststoffe unterscheiden sich von den anderen Thermoplasten hauptsächlich durch deutlich bessere Wärmebeständigkeit. Ihre maximalen Gebrauchstemperaturen liegen oberhalb von 200 °C, wobei die Wärmebeständigkeit durch einen geeigneten chemischen Bau erreicht (Abschn. 9.6.2) wird. Da sehr oft ihre anderen Eigenschaften sehr interessant sind, steigt der Marktanteil dieser Kunststoffe in der Technik stetig an. Hohe Preise schränken ihre breite Anwendung noch ein und die Bezeichnung „Hochleistungswerkstoffe" wird meist aus Marketinggründen benutzt.

a. Polytetrafluorethylen

Polytetrafluorethylen (Kurzzeichen PTFE) ist unter dem Handelsnamen Teflon zwar gut bekannt, gehört jedoch, bedingt durch schwierige, meist sintertechnische Herstellung, nicht zu den Massenkunststoffen. Teflon lässt sich nicht wie andere Thermoplaste durch Wärmwirkung verarbeiten. Dennoch wird das Polymer zu der Gruppe gezählt, da es fadenförmige Makromoleküle besitzt.

Sein chemischer Bau ist einfach (Abb. 10.16a) und kann mit dem des Polyethylens verglichen werden. Die Hauptkette besteht ausschließlich aus Kohlenstoffatomen, anstelle der Wasserstoffatome befinden sich Fluoratome. Wie zuvor erwähnt, wird durch diesen Austausch die Wärmebeständigkeit erhöht. Die Gebrauchstemperatur von Polytetrafluorethylen beträgt max. 250 °C und kann kurzzeitig 300 °C erreichen. Andererseits, bewirkt durch die Fluoratome, beträgt die Dichte rund 2,2 g/cm³. Somit ist Teflon der schwerste aller Kunststoffe. Polytetrafluorethylen ist teilkristallin mit hohen Anteilen geordneter Molekülbereiche. Einige Kennwerte von Polytetrafluorethylen sind in Tab. 10.13 dargestellt.

Polytetrafluorethylen zeichnet sich durch viele außergewöhnliche Eigenschaften aus. Es ist beständig gegen nahezu allen Chemikalien (vgl. Tab. 10.1) und zeigt keine Wasseraufnahme. Der Kunststoff ist am besten bekannt für seine sehr geringe (praktisch keine) Neigung zur Adhäsion. Sein Reibungskoeffizient gilt als der niedrigste aller Werkstoffe, wodurch er auch als Lagerwerkstoff verwendet werden kann. Seine Festigkeit und Härte sind jedoch sehr niedrig (vgl. Tab. 10.13). Dafür besitzt er eine sehr gute Zähigkeit, auch bei niedrigen Temperaturen (bis − 250 °C). Hohes Isoliervermögen auch bei hoher Luftfeuchtigkeit ermöglicht die Anwendung in der Elektrotechnik. Polytetrafluorethylen ist nicht entflammbar, im UL 94-Test (Abschn. 9.6.4) erreicht es den Grad V−0.

Polytetrafluorethylen lässt sich nur sintertechnisch (Abschn. 12.2) verarbeiten, was seinen Preis erhöht und seine Anwendung einschränkt. Es wird häufig für abweisende Beschichtungen verwendet z. B. für Bratpfannen. Zu weiteren Anwendungen zählen z. B. korrosionsbeständige Auskleidungen von Pipelines und verschiedene Dichtungen (Abb. 10.16b). Beispiele für Handelsnamen von Polytetrafluorethylen sind: Teflon und Hostaflon TF.

Abb. 10.16 Molekulare Strukturformel und Anwendungsbeispiel für Polytetrafluorethylen. **a** Strukturformel, **b** Verschiedene Dichtungen

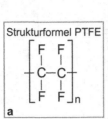

Tab. 10.13 Kennwerte von Polytetrafluorethylen (PTFE)

Dichte	$2,16 \text{ g/cm}^3$
E-Modul	420 MPa
Streckspannung	10 MPa
Kugeleindruckhärte H358/30	28 MPa
Kerbschlagzähigkeit	nb
Schmelztemperatur	327 °C
Wärmeformbeständigkeit HDT/B	121 °C
Dauergebrauchstemperatur max./min.	260 °C/ − 200 °C

nb nicht gebrochen

Polytetrafluorethylen als atmungsaktive Membran

Eine atmungsaktive Membran besteht aus vielen, sehr kleinen Poren, die größer als ein Wasserdampf- und kleiner als ein Wassermolekül sind. Damit ist die Membran von außen absolut regendicht. Der Schweiß kann jedoch als Dampf ungehindert von innen nach außen entweichen.

Für eine solche Membran ist Polytetrafluorethylen bestens geeignet. Die genaue Einstellung der Porengröße wird durch die Sintertechnik ermöglicht.

Die bekannteste atmungsaktive Membrane ist von GORE-TEX®. Sie weist pro Quadratzentimeter über 1,4 Mrd. Poren auf. Die Teflon-Funktionsmembrane findet eine breite Anwendung für Outdoor-Bekleidung und Schuhe.

b. Polyvinylidendifluorid

Polyvinylidendifluorid (Kurzzeichen PVDF) ist mit seinem chemischen Bau dem Polyterafluorethylen ähnlich. Seine Hauptkette besteht aus Kohlenstoffatomen und an jedem zweiten Kohlenstoffatom befindet sich anstelle des Wasserstoffatoms ein Fluoratom (Abb. 10.17a). Der Thermoplast ist wie Polytetrafluorethylen teilkristallin, hat jedoch eine niedrigere Dichte. Einige Kennwerte des Polyvinylidendifluorids sind in Tab. 10.14 dargestellt.

Durch die geringere Anzahl an starken Bindungen zwischen Kohlenstoff und Fluor ist seine Gebrauchstemperatur mit max. 150 °C kleiner als die von Polytetrafluorethylen. Seine Beständigkeit gegen Chemikalien und UV-Strahlung ist hervorragend.

Abb. 10.17 Moleku-
lare Strukturformel und
Anwendungsbeispiel für
Polyvinylidendifluorid. **a**
Strukturformel, **b** Rohrstück

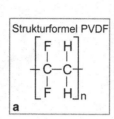

Tab. 10.14 Kennwerte von Polyvinylidendifluorid (PVDF)

Dichte	1,78 g/cm³
E-Modul	2.500 MPa
Streckspannung	59 MPa
Kugeleindruckhärte H358/30	95 MPa
Kerbschlagzähigkeit – Charpy bei 23 °C	7,6 kJ/m²
Schmelztemperatur	175 °C
Wärmeformbeständigkeit HDT/B	148 °C
Dauergebrauchstemperatur max./min.	150 °C/ – 30 °C

Polyvinylidendifluorid kann als ein extrem reines Polymer hergestellt werden. Daher ist es für Anwendungen in Bereichen höchster Reinheit (z. B. Halbleiterfertigung) gut geeignet. Im Vergleich zum PTFE sind seine Wärmebeständigkeit, Gleit- und Isoliereigenschaften geringer, dafür muss es nicht sintertechnisch verarbeitet werden. Damit stellt Polyvinylidendifluorid eine gute Alternative zum Teflon dar. Eine Besonderheit des Polyvinylidendifluorids sind seine piezoelektrischen Eigenschaften.

Verwendung findet dieser Kunststoff vor allem in der chemischen Industrie für verschiedene kleine Teile oder Rohrleitungen (Abb. 10.17b). Beispiele für Handelsnamen von Polyvinylidendifluorid sind: Kynar und Dyneon.

c) Polyphenylensulfid

Polyphenylensulfid (Kurzzeichen PPS) gehört zu den aromatischen, teilkristallinen Polymeren. Seine Hauptkette ist gemischt und besteht aus Benzolringen, die jeweils durch ein Schwefelatom getrennt sind (Abb. 10.18a). Diese besondere molekulare Struktur verleiht dem Polymer eine gute Wärmebeständigkeit, es kann bis ca. 230 °C eingesetzt werden.

Polyphenylensulfid ist sehr kerbempfindlich, daher werden ihm immer kurze Glasfasern zugesetzt. Auf dem Markt werden ausschließlich verstärkte Sorten (z. B. PPS-GF40 mit 40 % kurzen Glasfasern) angeboten. Einige Kennwerte des Polyphenylensulfids sind in Tab. 10.15 dargestellt.

Mit ca. 40 % Glasfasern verstärkt hat das Polymer eine Festigkeit und Steifigkeit, die mit Leichtmetallen vergleichbar sind. Das ermöglicht seine Verwendung als Spannband in der Verpackungstechnik (Abb. 10.18b). Eine geringe Kriechneigung und eine gute

Abb. 10.18 Molekulare Strukturformel und Anwendungsbeispiel für Polyphenylensulfid. **a** Strukturformel, **b** Spannband

Tab. 10.15 Kennwerte von Polyphenylensulfid (PPS-GF40)

Dichte	1,65 g/cm³
E-Modul	16.000 MPa
Zugfestigkeit	150 MPa
Shore D – Härte	D91
Kerbschlagzähigkeit – Charpy bei 23 °C	7 kJ/m²
Glasübergangstemperatur	90 °C
Schmelztemperatur	280 °C
Wärmeformbeständigkeit HDT/B	260 °C
Dauergebrauchstemperatur max./min.	220 °C/ – 200 °C

Kaltzähigkeit ergänzen das Eigenschaftsprofil dieses Kunststoffes. Polyphenylensulfid ist schwer entflammbar und nicht brennbar (Grad V-0). Zudem hat es eine niedrige Rauchgasdichte. Seine chemische Beständigkeit ist sehr gut, es ist jedoch witterungsempfindlich. Polyphenylensulfid lässt sich thermoplastisch verarbeiten und findet Anwendung für thermisch und mechanisch beanspruchte Teile, u. a. in der Elektronik und der Fahrzeugtechnik. Neuerdings wird es auch zur Auskleidung von Ölpipelines genutzt. Beispiele für Handelsnamen von Polyphenylensulfid sind: Tedur und Fortron.

d. Polysulfon und Polyethersulfon
Polysulfon (Kurzzeichen PSU) und Polyethersulfon (Kurzzeichen PES) gehören zur Gruppe der Schwefelpolymere, zu der ebenfalls das oben beschriebene Polyphenylensulfid (PPS) sowie Polyphenylensulfon (PPSU) zählen.

Polysulfone haben eine gemischte Kette, in der sich neben den Benzolringen und Schwefelatomen auch Sauerstoffatome befinden. Abb. 10.19a zeigt den chemischen Bau von Polyethersulfon. Polsulfon und Poylethersulfon sind amorphe Polymere und dadurch auch lichtdurchlässig mit leicht bräunlicher Färbung. Die Eigenschaften der beiden Polymere sind ähnlich. Einige Kennwerte der beiden Polymere sind in Tab. 10.16 dargestellt.

Polysulfone zeichnen sich durch eine Reihe interessanter Eigenschaften aus. Von Bedeutung ist ihre sehr gute chemische Beständigkeit in Verbindung mit Heißdampf- und Hydrolysebeständigkeit. So können Teile aus Polysulfonen mehrfach sterilisiert werden.

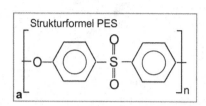

Abb. 10.19 Molekulare Strukturformel und Anwendungsbeispiel für Polyethersulfon. **a** Strukturformel, **b** Deckel für eine Pumpe (mit freundlicher Genehmigung der Firma Kern GmbH in Großmaischeid)

Tab. 10.16 Kennwerte von Polysulfon (PSU) und Polyethersulfon (PES)

Polysulfon – Art	PSU	PES
Dichte	1,24 g/cm³	1,37 g/cm³
E-Modul	2.480 MPa	2.800 MPa
Streckspannung	70 MPa	90 MPa
Kugeleindruckhärte H358/30	140 MPa	152 MPa
Kerbschlagzähigkeit – Charpy bei 23 °C	5,3 kJ/m²	7 kJ/m²
Glasübergangstemperatur	190 °C	225 °C
Wärmeformbeständigkeit HDT/B	181 °C	218 °C
Dauergebrauchstemperatur max./min.	160 °C/ − 100 °C	190 °C/ − 100 °C

Als aromatische Polymere haben Polysulfone eine gute Wärmebeständigkeit. Die sehr geringe Entflammbarkeit (Grad V-0 nach UL94) ermöglicht ihre Verwendung für Innenausstattung im Flugzeugbau.

Polysulfone werden für Bauteile hoher mechanischer und thermischer Beanspruchung u. a. in der Lebensmittel- und Medizintechnik (Abb. 10.19b) oder für Lampenfassungen verwendet. Beispiele für Handelsnamen von Polysulfonen sind: Polytron, Ultrason und Victrex.

e. Polyetheretherketon

Polyetheretherketon (Kurzzeichen PEEK), das kurz aber nicht richtig als Polyetherketon bezeichnet wird, ist ein moderner, hochleistungsfähiger Kunststoff, dessen Anwendung in der Technik zunimmt. Er gehört zur Gruppe der aromatischen Polyaryletherketone (PAEK). Polyetheretherketon ist das wichtigste Polymer dieser Grutppe und wurde 1979 erstmals hergestellt.

Polyaryletherketone enthalten in der Kette Ether- und Keton-Gruppen, die sich durch starke Bindungen auszeichnen. Der Anteil der Keton-Gruppen im Verhältnis zu den Ether-Gruppen bestimmt die Glasübergangs- und Schmelztemperatur der Polymere. Damit werden insbesondere die mechanischen Eigenschaften beeinflusst. Der große Anteil an Benzolringen und die starken chemischen Bindungen verleihen allen Polyaryletherketonen hohe Dauergebrauchstemperaturen, die bis zu 260 °C liegen.

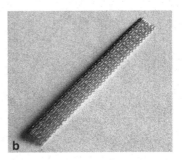

Strukturformel PEEK

Abb. 10.20 Molekulare Strukturformel und Anwendungsbeispiel für Polyetheretherketon. **a** Strukturformel, **b** Saugband

Tab. 10.17 Kennwerte von Polyetheretherketon (PEEK)

Polyetheretherketon – Sorte	PEEK	PEEK-CF30
Dichte	1,32 g/cm³	1,44 g/cm³
E-Modul	3.600 MPa	13.000 MPa
Streckspannung	97 MPa	224 MPa
Rockwellhärte M	M99	M107
Kerbschlagzähigkeit – Charpy bei 23 °C	8,2 kJ/m²	9 kJ/m²
Schmelztemperatur	340 °C	340 °C
Wärmeformbeständigkeit HDT/A	152 °C	314 °C
Dauergebrauchstemperatur max./min.	240 °C/ − 65 °C	240 °C/ − 65 °C

Grundsätzlich sind unterschiedliche Kombinationen von Ether- und Keton-Gruppen möglich. Die bekannteste Kombination besitzt PEEK, dessen chemischer Bau in Abb. 10.20a dargestellt ist.

Polyetheretherketon ist teilkristallin. Seine Kennwerte sind in Tab. 10.17 dargestellt. Neben dem Homopolymer werden auch glasfaser- sowie kohlenstofffaserverstärkte Sorten, wie z. B. PEEK-CF30 mit 30 % kurzen Kohlenstofffasern, auf dem Markt angeboten.

Durch Zugabe von Fasern wird die Steifigkeit und Festigkeit des Polymeres stark erhöht, sodass seine Eigenschaften mit denen der Leichtmetalle verglichen werden können. Eine gute Zähigkeit, eine gute Schwingfestigkeit und gute Gleiteigenschaften ergänzen das mechanische Profil von Polyetheretherketon.

Polyetheretherketon hat eine hervorragende chemische Beständigkeit und ist gegenüber UV-Strahlung beständig. Es ist schwer entflammbar und hat die geringste Rauchgasentwicklung aller Thermoplaste. Der Kunststoff ist biokompatibel, wodurch eine zukünftige Verwendung in der Medizintechnik denkbar ist. Derzeit wird es vorwiegend in Form von Compounds mit Glas- und Kohlenstofffasern für Bauteile mit außergewöhnlich hoher thermischer, mechanischer und chemischer Beanspruchung wie z. B. Hitzeschilde, Gleitlager und Verdichterräder verwendet. Abb. 10.20b zeigt ein Stück eines wärmebeständigen Saugbands, der bis 200 °C eingesetzt werden kann. Beispiele für Handelsnamen von Polyetheretherketon sind: Declar und Kadel.

Strukturformel PEI

b

Abb. 10.21 Molekulare Strukturformel und Anwendungsbeispiel für Polyetherimid. **a** Strukturformel, **b** Trägerrahmen für Sauerstoffmasken (mit freundlicher Genehmigung der Firma Kern GmbH in Großmaischeid)

Tab. 10.18 Kennwerte von Polyetherimid (PEI)

Dichte	$1{,}27 \text{ g/cm}^3$
E-Modul	3.200 MPa
Streckspannung	105 MPa
Kugeleindruckhärte H358/30	140 MPa
Kerbschlagzähigkeit – Charpy bei 23 °C	4 kJ/m^2
Glasübergangstemperatur	217 °C
Wärmeformbeständigkeit HDT/B	200 °C
Dauergebrauchstemperatur max./min.	170 °C/ – 100 °C

f. Polyetherimid

Polyetherimid (Kurzzeichen PEI) gehört zur Gruppe der Polyimide, die heute die beste Wärmebeständigkeit aller Kunststoffe aufweisen. Namensgebend und verantwortlich für die guten thermischen Eigenschaften der Polyimide ist die Imid-Gruppe, die aus einer aromatischen Monomereinheit, Stickstoff und zwei Carbonylgruppen besteht. Die Imid-Gruppe weisen alle Polyimide in ihrer Molekularstruktur auf. Abb. 10.21a zeigt den chemischen Bau von Polyetherimid.

Rein aromatische Polyimide bilden mehr oder weniger vernetzte Strukturen und sind somit duroplastisch. Durch Modifikationen der Moleküle lassen sich jedoch thermoplastisch verarbeitbare Polyimide herstellen. Es sind je nach Typ amorphe oder teilkristalline Kunststoffe mit einer allgemein relativ hohen Dauergebrauchstemperatur von bis zu 200 °C.

Polyetherimid wurde 1981 auf den Markt gebracht. Es ist amorph und klarsichtig mit einem goldgelben Farbton. Einige Kennwerte von Polyetherimid sind in Tab. 10.18 dargestellt.

Polyetherimid zeichnet sich bereits im unverstärkten Zustand durch eine hohe Festigkeit aus. Sie kann durch den Zusatz von Glasfasern oder Kohlefasern erhöht werden. Polyetherimid ist schwer entflammbar mit geringer Rauchentwicklung. Daher wird es u. a. für Teile von Passagierflugzeugen verwendet (Abb. 10.21b). Die Hydrolysebeständigkeit und eine gute Beständigkeit gegenüber UV- und Gammastrahlen ergänzen das Eigenschaftsprofil. Der Kunststoff besitzt eine hohe elektrische Durchschlagsfestigkeit und wird bevorzugt für Elektronikteile verwendet. Die Teile können im Spritzgussverfahren hergestellt werden. Weitere Anwendungen findet Polyetherimid in der Flugzeugindustrie und der Medizintechnik. Ein Handelsnamenbeispiel ist Ultem.

▶ Zu den Hochleistungskunststoffen gehören Polytetrafluorethylen (PTFE), Polyvinylidendifluorid (PVDF), Polyphenylensulfid (PPS), Polysulfone Polyetheretherketon (PEEK) und Polyimide.

10.2.5 Polymerblends

Polymerblends sind makroskopisch homogene Mischungen zweier oder mehrerer Polymere. Hergestellt werden sie meist durch intensive mechanische Vermischung von Polymerschmelzen. Beim Abkühlen der Schmelze bleiben die Polymerketten fein verteilt. Sie sorgen so dafür, dass das Eigenschaftsprofil des Polymerblends eine dauerhafte Überlagerung der Eigenschaften der einzelnen Polymere ist.

Viele Polymerblends werden aus Kostengründen hergestellt, da sie eine Lücke zwischen den Eigenschaftsprofilen von günstigen und teuren technischen Kunststoffen füllen. Sehr häufig zeigen Polymergemische jedoch besondere Eigenschaften, die sich nicht aus ihren Bestandteilen ableiten lassen.

Beispielsweise kombiniert das Polymerblend aus Polycarbonat und Acrylnitril-Butadien-Styrol (PC+ABS) die Vorzüge der beiden Polymere. Einige Kennwerte von Polymerblend PC+ABS sind in Tab. 10.19 dargestellt.

Das Polycarbonat + Acrylnitril-Butadien-Styrol Blend erzielt neben der Kombination der Eigenschaften der Basispolymere auch einen synergetischen Effekt. Die hohe Zähigkeit (vgl. Tab. 10.19) des Polymerblends wird von keinem der beiden Basispolymere (vgl. Tab. 10.7 und Tab. 10.12) erreicht.

Die Eigenschaften resultieren aus dem besonderen Aufbau des Blends. Das Polycarbonat bildet die Stabilität gebende Matrix. Aus dem Acryl-Butadien-Styrol entstehen Bereiche, in denen kleine Partikel dispergiert sind. Dieser Aufbau bewirkt ein zähes Bruchverhalten des Kunststoffes auch bei niedrigen Temperaturen. Das Polymerblend PC+ABS wird unter dem Handelsnamen Bayblend häufig für Gehäuse verschiedener Art verwendet.

▶ Polymerblends sind physikalische Polymermischungen.

Tab. 10.19 Kennwerte von Polymerblend (PC+ABS)

Dichte	1,13 g/cm^3
E-Modul	2.200 MPa
Streckspannung	52 MPa
Kugeleindruckhärte H358/30	90 MPa
Kerbschlagzähigkeit – Izod bei 23 °C	48 kJ/m^2
Glasübergangs- bzw. Schmelztemperatur	130 °C
Wärmeformbeständigkeit HDT/B	122 °C
Dauergebrauchstemperatur max./min.	90 °C/ – 50 °C

10.3 Biokunststoffe

Biokunststoffe können unterschiedlich definiert werden. Nach einer ersten Definition sind Biokunststoffe alle Kunststoffe, die auf Basis von nachwachsenden Rohstoffen erzeugt werden (biobasierte Kunststoffe). Nach einer alternativen Definition sind Biokunststoffe alle biologisch abbaubaren Kunststoffe unabhängig von ihrer Rohstoffbasis (bioabbaubare Kunststoffe).

Während die erste Definition nicht oder nur schwer abbaubare Kunststoffe auf Basis nachwachsender Rohstoffe einschließt, werden nach der zweiten Definition diese ausgeschlossen und biologisch abbaubare Kunststoffe auf Mineralölbasis mit eingeschlossen.

Als Ausgangsstoffe für Biokunststoffe dienen derzeit meist Stärke und Cellulose als Biopolymere. Mögliche Quellen sind stärkehaltige Pflanzen wie Mais oder Zuckerrüben sowie Hölzer, aus denen Cellulose gewonnen werden kann. Beide Rohstoffe haben Nachteile, z. B. neigt die Stärke zur Wasseraufnahme. Aus ihr werden hauptsächlich Biokunststoffe auf Stärkebasis (meist als Blends) hergestellt. Für die Herstellung von Biokunststoffen auf Cellulosebasis bedarf es im Regelfall weiterer chemischer Modifizierungen.

Das führende biobasierte Polymer ist die Polymilchsäure (Polylactid, PLA), die durch Polymerisation von Milchsäure entsteht. Die Milchsäure ist wiederum ein Produkt der Fermentation aus Zucker und Stärke.

Biokunststoffe werden zu Formteilen, Halbzeugen oder Folien verarbeitet. Sie dienen entsprechend ihrer Abbaueigenschaften vor allem als Material für Verpackungen, Cateringprodukte, Produkte für den Garten- und Landschaftsbau, Materialien für den medizinischen Bereich und andere kurzlebige Produkte. Auf dem internationalen Kunststoffmarkt haben Biokunststoffe derzeit noch einen verhältnismäßig geringen Anteil mit steigendem Wachstum.

10.4 Einsatzgebiete der Thermoplaste

Die Einsatzgebiete der Thermoplaste sind in Abb. 10.22 dargestellt.

Das wichtigste Anwendungsgebiet für die in 2010 verarbeiteten Kunststoffe war der Verpackungssektor, gefolgt von der Bauindustrie, dem Automobilbau und der Elektro- und

Abb. 10.22 Einsatzgebiete
von Kunststoffen in Europa.
(Quelle: Plastic Europe, 2010)

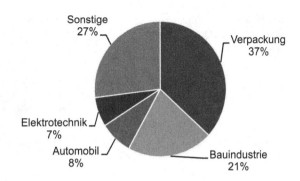

Elektronikbranche. Zu den weiteren Anwendungsgebieten zählen z. B. Sport- und Frei-
zeitartikel, Haushaltsmittel, Möbel, Medizintechnik und Landwirtschaft. Der Einsatz von
Polymeren in technischen Anwendungen wächst überproportional, sodass technischen
Kunststoffen ein prozentual höheres Wachstum als Massenkunststoffen vorausgesagt wird.

Die polymeren Alleskönner haben bereits zu völlig neuen Produkten geführt. Sie haben
den technologischen Fortschritt wie kaum ein anderer Werkstoff vorangetrieben. Viele
technische Entwicklungen in der Luft- und Raumfahrt, im Automobil- und Flugzeugbau
oder in der Elektro- und Kommunikationstechnik sind ohne die gezielte Anwendung der
Thermoplaste nicht mehr denkbar.

10.5 Produktion von Thermoplasten

Die Marktanteile von Thermoplasten sind in Abb. 10.23 dargestellt. Mit einem Anteil von
fast 50 % bilden die typischen Verpackungskunststoffe Polyethylen und Polypropylen die
größte Gruppe, was mit der Stellung dieses Einsatzgebietes übereinstimmt.

Die weltweite Produktion aller Polymere lag im Jahr 2015 bei ca. 320 Mio. Tonnen
(Quelle: PlasticsEurope). Knapp 270 Mio. Tonnen davon waren Kunststoff-Werkstoffe,
das heißt Materialien, die zu Produkten aus Kunststoffen verarbeitet wurden. Die übrigen
rund 50 Mio. Tonnen wurden zur Herstellung von Beschichtungen, Klebern sowie Farben
und Lacken verwendet. Bezogen auf das Volumen bilden thermoplastische Kunststoffe
die größte Werkstoffgruppe überhaupt. Der Kunststoffbedarf soll sich Prognosen zufolge
bis 2015 um durchschnittlich 4,7 % pro Jahr erhöhen (Quelle: chemanager-online.com).
Wachstumstreiber sind neue Anwendungsgebiete und die Substitution anderer Materialien durch Kunststoffe. Etwa ein Fünftel der Kunststoffe (18 %) wird in Europa produziert,
das dadurch den zweitgrößten Produktionsstandort hinter China (ca. 30 %) darstellt. Neue
Kapazitäten werden jedoch künftig vorwiegend in Asien und Nahost aufgebaut.

Um die Kosten von Thermoplasten zu vergleichen, betrachten wir den am meisten
verwendeten Kunststoff Polyethylen und das im technischen Bereich häufig eingesetz-
te Polyamid PA6. Der Preis von Polyethylen lag 2012 bei ca. 1.600 Euro pro Tonne und
von Polyamid bei ca. 3.300 Euro pro Tonne (Quelle: Kunststoff Information, kiweb.de).
Die Preise für beide Kunststoffe zeigen seit Jahren einen Aufwärtstrend, mit einigen
Schwankungen beim Polyethylen. Der Vergleich mit den Stahlpreisen (Abschn. 5.18.2)

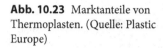

Abb. 10.23 Marktanteile von Thermoplasten. (Quelle: Plastic Europe)

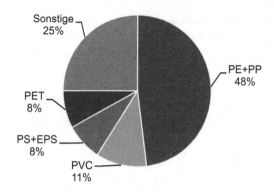

zeigt, dass Kunststoffe mehr kosten, was durchaus verwundern kann. Die niedrigen Preise für Produkte aus Kunststoffen ergeben sich aus deren deutlich geringeren Be- und Verarbeitungskosten.

10.6 Recycling von Thermoplasten

Recycling von Kunststoffen spielt eine besonders wichtige Rolle, da diese Werkstoffe eine lange Lebensdauer haben und auf natürlichem Wege nicht abgebaut werden.

Drei Wege werden zur Verwertung von Kunststoffen genutzt: werkstoffliche, rohstoffliche und energetische Verwertung (Abb. 10.24). Jeder dieser Wege beinhaltet verschiedene Methoden und führt zu unterschiedlichen Produkten bzw. Nutzungen.

Bei der werkstofflichen Verwertung (das eigentliche Recycling) bleiben die Makromoleküle erhalten. Die wichtigste und schwierigste Voraussetzung für die stoffliche Verwertung von Kunststoffen ist die Sortenreinheit der Abfälle. Die Sortierung kann mithilfe verschiedener Verfahren erfolgen. Es gibt automatische Sortieranlagen, bei denen fast alle zur Verfügung stehenden Sortiermethoden angewandt werden. Je nach Sortenreinheit der Kunststoffabfälle können annähernd gleichwertige (Regranulat) oder minderwertige Recyclingprodukte (Mischkunststoffe) entstehen. Die stoffliche Verwertung ist sinnvoll, wenn sie mit ökologisch und ökonomisch vertretbarem Aufwand erfolgen kann. Dies trifft leider nur für einen geringen Anteil des Kunststoffabfalls zu, da dieser in der Regel verschmutzt und sortenreich ist.

Bei der rohstofflichen Verwertung werden die Makromoleküle abgebaut und in ihre chemischen Bestandteile umgewandelt. Die Kunststoffabfälle werden hierbei in ihre jeweiligen Monomere gespalten. Diese können nach der Entfernung der Fremdstoffe für eine erneute Synthese des Kunststoffes verwendet werden. Die typischen Methoden sind Solvolyse und Thermolyse. Solvolyse ist die Umsetzung einer chemischen Verbindung mit ihrem Lösungsmittel (z. B. Hydrolyse mit Wasser, Alkoholyse mit Alkohol). Die Thermolyse ist eine chemische Reaktion, bei der ein Ausgangsstoff durch Erhitzen in mehrere Produkte zersetzt wird. Bei den Kunststoffen sind dies Öle und Gase, die in anderen chemischen Bereichen weiter verarbeitet werden.

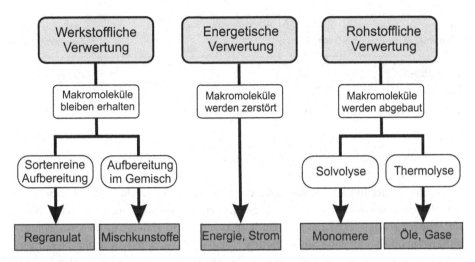

Abb. 10.24 Verwertungsformen von Kunststoffen

Bei der energetischen Verwertung werden die Makromoleküle zerstört und als Substitut für primäre Energieträger zur Energieerzeugung durch Verbrennung genutzt. Kunststoffabfälle besitzen einen hohen Heizwert. Wenn sie für eine werkstoffliche oder rohstoffliche Verwertung schlecht geeignet sind, ist der Einsatz zur Energiegewinnung in geeigneten Anlagen häufig die unter ökologischen und ökonomischen Gesichtspunkten beste Verwertungsoption. Eine besondere energetische Verwertung von Kunststoffabfällen erfolgt im Hochofenprozess (Abschn. 5.2.2) bei der Gewinnung von Roheisen. Polymere liefern hierbei die Energie und sind Kohlenstoffträger.

Die Frage, welcher der drei Wege der beste ist, lässt sich nicht eindeutig beantworten. Ökobilanzen zeigen, dass alle drei Wege zur Ressourcenschonung beitragen. Welcher Weg sinnvoll ist, hängt von der Art der Altkunststoffe bzw. von der Zusammensetzung der kunststoffhaltigen Abfälle ab.

PET-Flaschen werden zu Stapelfasern

von Sabine Wetzker, Oerlikon Neumag

Ein sehr gutes Beispiel für das Recycling von Kunststoffen ist die Weiterverwertung (Abschn. 1.4.2) von Einweggetränkeflaschen aus Polyethylenterephthalat, den PET-Flaschen.

Der Verbrauch an PET-Flaschen steigt aufgrund ihrer Vorteile gegenüber anderen Verpackungsarten, wie einer hohen Bruchsicherheit und einem geringen Gewicht, weltweit von Jahr zu Jahr an. Bei der Weiterverwertung werden die Flaschen zu sogenannten Bottle Flakes recycelt, die zu einem Großteil zu Fasern verarbeitet werden.

Abb. 10.25 zeigt den Ablauf des Recyclings von PET-Flaschen zu Bottle Flakes. Während dieser Aufbereitung sind Fremdstoffe und Verschmutzungen so weit wie

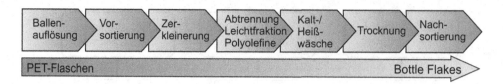

Abb. 10.25 Verfahrensschritte beim Recycling von PET-Flaschen

möglich aus dem Materialstrom abzutrennen, da sie bei der Weiterverarbeitung der Flakes Schwierigkeiten verursachen.

Vor der Sortierung werden die zu Ballen gepressten PET-Flaschen mithilfe eines Ballenauflösers vereinzelt, um ein gutes Ergebnis bei der Vorsortierung zu erzielen. Nach der Aussortierung von Metallen, Fremdkunststoffen und anderen groben Verschmutzungen (manuell oder automatisch mittels Metallabscheidern, Oberflächen-NIR-Spektroskopie, u. a.) erfolgt die Zerkleinerung des Materials zu Bottle Flakes (Abb. 10.26a) in einer Schneidmühle.

Die Abtrennung von Polyolefinen wie Polyethylen (PE) und Polypropylen (PP) erfolgt über Dichtetrennverfahren. Leichtfraktionen aus Etikettenresten, Staub und kleinen Kunststoffpartikeln werden meist über sogenannte Windsichter oder Siebe aus dem Materialstrom geleitet.

In den nachfolgenden Kalt- und Heißwaschvorgängen werden weitere Verschmutzungen abgetrennt. Anschließend werden die Flakes getrocknet. In vielen Aufbereitungsanlagen erfolgt nach der Trocknung eine automatische Nachsortierung. Mit ihr können letzte Metallverunreinigungen, andersfarbige Flakes und Polyvinylchlorid-Reste (PVC-Reste) entfernt werden, bevor das Material für eine Lagerung oder den Verkauf verpackt wird. Der durchschnittliche Materialverlust durch die Aufbereitung beträgt 20–30 % des Eingangsmaterials, wobei ein Großteil des Verlustes aus Verschmutzungen und Fremdstoffen besteht.

Ein Hauptproblem der PET-Aufbereitung ist das PVC. Verbleibt es in der Fraktion, so spaltet sich ab einer Temperatur von 200 °C Chlorwasserstoff ab und degradiert die PET-Makromoleküle (Spaltung der Polymerketten). Des Weiteren verursacht Chlorwasserstoff Korrosionsschäden an schmelzeführenden Bauteilen der weiterverarbeitenden Anlagen.

Auch sogenannte Multilayer-Flaschen können ab einer bestimmten Menge Probleme verursachen. Multilayer-Flaschen sind mehrschichtige PET-Flaschen, deren Zwischenschichten meist aus Polyamid (PA) bestehen, um den Gasaustausch zwischen Getränk und Umwelt einzuschränken.

Aus den Bottle Flakes werden Polyester-Stapelfasern (Abb. 10.26b) nach dem Schmelzspinnverfahren hergestellt. Durch Einwirkung von Wärme und mechanischer Energie, die über die Drehung der Extruderschnecke eingebracht wird, entsteht in einem Extruder eine Schmelze, die durch viele Tausend Düsenbohrungen gepresst wird. Auf diese Weise entstehen Filamente, die nach einem raschen Abkühlen zu einem Kabel zusammengefasst, verstreckt, gekräuselt und abschließend zu Stapelfasern

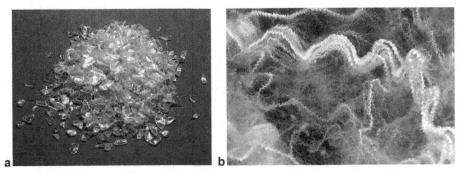

Abb. 10.26 Recyceltes Polyethylenterephthalat (PET). **a** Bottle Flakes, **b** Stapelfasern (mit freundlicher Genehmigung der Firma Oerlikon Neumag in Neumünster)

geschnitten werden. Anwendung finden diese beispielsweise bei der Herstellung von T-Shirts, Schlafsäcken, Kissen- und Stofftierfüllungen sowie Teppichen. So können aus fünf recycelten PET-Flaschen Fasern für ein neues T-Shirt hergestellt werden. Die Fasern von zwanzig PET-Flaschen reichen für die Füllung einer Winterjacke, und aus den Fasern von vierzig PET-Flaschen kann rund 1 m² Teppich hergestellt werden.

Weiterführende Literatur

Askeland D (2010) Materialwissenschaften. Spektrum Akademischer Verlag, Heidelberg

Bargel H-J, Schulze G (2008) Werkstoffkunde. Springer, Berlin

Domininghaus H (1998) Die Kunststoffe und ihre Eigenschaften. Springer, Berlin

Franck A, Herr B, Ruse H, Schulz G (2011) Kunststoff-Kompendium. Vogel Business Media, Würzburg

Fuhrmann E (2008) Einführung in die Werkstoffkunde und Werkstoffprüfung Bd. 1: Werkstoffe: Aufbau-Behandlung-Eigenschaften. Expert verlag, Renningen

Hellerich W Harsch G, Baur E (2010) Werkstoff-Führer Kunststoffe: Eigenschaften-Prüfungen-Kennwerte. Carl Hanser Verlag, München

Jacobs O (2009) Werkstoffkunde. Vogel-Buchverlag, Würzburg

Läpple V, Drübe B, Wittke G, Kammer C (2010) Werkstofftechnik Maschinenbau. Europa-Lehrmittel, Haan-Gruiten

Martens H (2011) Recyclingtechnik: Fachbuch für Lehre und Praxis. Spektrum Akademischer Verlag, Heidelberg

Reissner J (2010) Werkstoffkunde für Bachelors. Carl Hanser Verlag, München

Roos E, Maile K (2002) Werkstoffkunde für Ingenieure. Springer, Heidelberg

Schwarz O (Hrsg.) (2007) Kunststoffkunde: Aufbau, Eigenschaften, Verarbeitung, Anwendungen der Thermoplaste, Duroplaste und Elastomere. Vogel Business Media, Würzburg

Seidel W, Hahn F (2012) Werkstofftechnik: Werkstoffe-Eigenschaften-Prüfung-Anwendung. Carl Hanser Verlag, München

Thomas K-H, Merkel M (2008) Taschenbuch der Werkstoffe. Carl Hanser Verlag, München

Weißbach W, Dahms M (2012) Werkstoffkunde: Strukturen, Eigenschaften, Prüfung. Vieweg + Teubner Verlag, Wiesbaden

Duroplastische und elastomere Kunststoffe   **11**

11.1   Duroplaste

Duroplaste sind Polymerwerkstoffe, die über chemische Hauptvalenzbindungen räumlich fest und engmaschig vernetzt sind.

11.1.1   Herstellung von Bauteilen aus Duroplasten

Bei der Herstellung von Bauteilen aus Duroplasten ist ein fertigungstechnischer Vorgang mit dem chemischen Vorgang der Vernetzung von Makromolekülen verbunden. Der Ablauf des Herstellprozesses ist schematisch in Abb. 11.1 dargestellt.

Der Prozess beginnt mit dem Mischen von Vorprodukten. Die wichtigsten Vorprodukte sind Reaktionsharze, flüssige Polymere. Anschließend wird die Mischung in eine Form gegeben, die dem künftigen Bauteil entspricht. Der Mischung können Faserwerkstoffe (Abschn. 13.4.1) bzw. andere Stoffe zugesetzt werden.

Die Vernetzung wird entweder bei höheren Temperaturen thermisch oder bei Raumtemperatur chemisch (mit Katalysatoren) aktiviert. Da die Vernetzung mit Erhöhung der Härte verbunden ist, wird sie in der Praxis als Härtung bezeichnet. Die Härtung ist eine chemische Reaktion, die als eine Eigenhärtung oder Fremdhärtung erfolgen kann. Bei der Eigenhärtung muss das Reaktionsharz zur Bildung eines Netzwerks fähig sein. Die Eigenhärtung erfolgt i. d. R. bei höheren Temperaturen. Bei der Fremdhärtung werden zwei Reaktionspartner benötigt: ein Reaktionsharz und ein Härter. Die Fremdhärtung kann bei Raumtemperatur (Kalthärtung) oder bei höheren Temperaturen (Warmhärtung) stattfinden.

▶   Duroplaste entstehen durch Vernetzung (Härtung) eines flüssigen Reaktionsharzes.

© Springer-Verlag Berlin Heidelberg 2017
B. Arnold, *Werkstofftechnik für Wirtschaftsingenieure*,
DOI 10.1007/978-3-662-54548-5_11

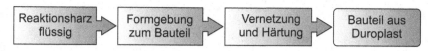

Abb. 11.1 Herstellung von Bauteilen aus Duroplasten

▶ Die Vernetzungsreaktion wird thermisch oder chemisch aktiviert.

Durch die Vernetzung der Makromoleküle wird der Endzustand erreicht, eine Rückkehr zu den Ausgangstoffen ist nicht möglich. Daher ist die Härtung mit der Formgebung verbunden. Mit anderen Worten hierbei werden der Werkstoff und das Bauteil gleichzeitig hergestellt. Diese Vorgehensweise wird bei der Herstellung von faserverstärkten Duroplasten genutzt (Abschn. 13.4).

11.1.2 Bezeichnung von Duroplasten

Duroplaste werden als Formmassen verarbeitet und analog zur Kennzeichnung thermoplastischer Formmassen (Abschn. 10.2.1) erfolgt ihre Bezeichnung nach einem Blocksystem. Das Bezeichnungssystem besteht ebenfalls aus einem Benennungs- und einem Identifizierungsblock. Das Lesen dieser Bezeichnung ist nur mit einem geeigneten Schlüssel möglich.

11.1.3 Verhalten von Duroplasten unter Wärmeeinwirkung

Das thermisch-mechanische Verhalten von Duroplasten unterscheidet sich grundlegend von dem der Thermoplaste. Da bei den Duroplasten die Bewegung der eng vernetzten Moleküle stark eingeschränkt ist, durchlaufen sie beim Erwärmen keine ausgeprägten Erweichungs- oder Schmelzbereiche (Abb. 11.2). Es können keine charakteristischen Temperaturen und keine sprunghaften Eigenschaftsänderungen festgestellt werden. Der harte Zustand der Duroplaste bleibt im gesamten Temperaturbereich bis zur Zersetzung erhalten.

Der Verwendungsbereich von Duroplasten erstreckt sich bis in die Nähe der Zersetzungstemperatur, wobei mit einer geringfügigen Erniedrigung der Festigkeit bei steigender Temperatur gerechnet werden muss. Duroplaste haben (ohne Verstärkung) die beste Festigkeit aller Polymere sowie eine meist sehr gute chemische Beständigkeit. Aufgrund des Verhaltens bei Wärme sind sie nicht schweißbar und nicht umformbar.

▶ Duroplaste werden bis zur Zersetzungstemperatur unter geringer Abnahme der Festigkeit eingesetzt.

Abb. 11.2 Verhalten
von Duroplasten unter
Wärmeeinwirkung

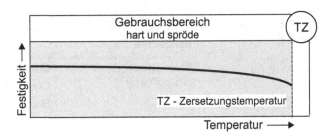

11.1.4 Eigenschaften und Anwendungen ausgewählter Duroplaste

a. Arten von Duroplasten
Technisch wichtige Duroplaste und ihre Eigenschaften sind in Tab. 11.1 dargestellt.

b. Anwendung von Duroplasten
Wie bereits erwähnt (Abschn. 11.1.1), werden Duroplaste aus flüssigen Formmassen durch Vernetzung (Härtung) hergestellt. Diese Verarbeitungsmethode ermöglicht ihre verschiedenen Anwendungen für Bauteile, Lacke und Klebstoffe, aber auch als Bindestoffe (Matrixstoffe) für Verbundwerkstoffe.

Phenolharze und Melaminharze werden für Bauteile und als Bindeharz für Schichtverbundwerkstoffe verwendet. Aminoplaste dienen vorrangig als Klebstoff für Holz. Auf der Basis ungesättigter Polyesterharze werden viele Lacke hergestellt. Polyesterharze werden auch als Matrixstoffe für Faserverbundwerkstoffe eingesetzt (Abschn. 13.4). Epoxidharze besitzen die besten Gebrauchseigenschaften aller Duroplaste und werden für Präzisionsteile in der Feinmechanik oder für Leiterplatten (Platinen) elektronischer Schaltungen (Abb. 11.5a) verwendet. Auf ihrer Basis werden die besten Klebstoffe hergestellt. Die wichtigste Anwendung finden jedoch Epoxidharze als Matrixstoffe für hochwertige Faserverbundwerkstoffe.

▶   Zu den Duroplasten gehören Phenolharze (PF), Harnstoffharze (UF), Melaminharze (MF), Polyesterharze (UP) und Epoxidharze (EP).

c. Polyurethane
Polyurethane (Kurzzeichen PUR) bilden eine spezielle Gruppe der Polymere. Je nach Vernetzungsgrad können ihre Eigenschaften in einem breiten Bereich eingestellt werden. Polyurethane können hart und spröde, aber auch weich und elastisch sein. Bedingt durch Herstellverfahren und Verarbeitung wird die Mehrheit der Polyurethane zu den Duroplasten gezählt. Eine genaue Zuordnung dieser Polymere ist jedoch nicht möglich.

In aufgeschäumter Form werden Polyurethane als dauerelastische Weichschäume oder als harte Montageschäume verwendet. Aus weichen Polyurethanschäumen werden z. B. Polsterungen, Schuhsohlen und Haushaltsschäume hergestellt. Harte Polyurethanschäu-

Tab. 11.1 Duroplaste
(Auswahl)

Bezeichnung und Kurzzeichen	Eigenschaften
Phenoplaste (PF) (Phenolharze)	Dichte 1,25 g/cm³
	Gebrauchstemperatur bis 150 °C
	Hart und spröde
	Chemisch beständig aber nicht heißwasserbeständig
	Dunkelfarbig, schwerentflammbar
	Phenoplaste zählen zu den ersten Kunststoffen (Bakelit)
Aminoplaste (UF) (Harnstoffharze)	Dichte: 1,5 g/cm³
	Gebrauchstemperatur bis 150 °C
	Hart und bruchfest
	Chemisch beständig aber nicht gegen Laugen und starke Säuren
	Klarsichtig, schwerentflammbar
	Schnelle Aushärtung
Melaminharze (MF)	Dichte:1,5 g/cm³
	Gebrauchstemperatur bis 80 °C
	Hart und spröde
	Hellfarbig, hoher Oberflächenglanz
	Schwerentflammbar und selbstlöschend
Ungesättigte Polyesterharze (UP)	Dichte: 1,8 g/cm³
	Gebrauchstemperatur bis 180 °C
	Spröde bis zäh (abhängig vom Aufbau)
	Gut gießbar
	Gute Haftfähigkeit
	Klarsichtig
Epoxidharze (EP)	Dichte: 1,2 g/cm³
	Gebrauchstemperatur bis 130 °C (bei speziellen Sorten bis 250 °C)
	Hart und zäh
	Gut gießbar
	Sehr gute Haftfähigkeit
	Chemisch beständig

me weisen die beste Wärmedämmung aller Werkstoffe auf, ihre breite Anwendung im Bausektor wird jedoch durch hohe Preise beschränkt.

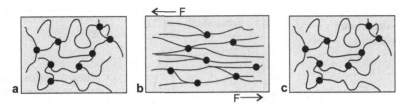

Abb. 11.3 Verhalten von Elastomeren bei Krafteinwirkung. **a** Vor der Krafteinwirkung, **b** Während der Krafteinwirkung, **c** Nach der Krafteinwirkung

11.2 Elastomere

Elastomere sind gummielastische Polymerwerkstoffe, deren verknäulte Makromoleküle weitmaschig und lose vernetzt sind. Die Vernetzung (sog. Vulkanisierung) von Elastomeren findet während der Formgebung unter Mitwirkung von Vernetzungsmitteln (z. B. Schwefel) statt. Elastomere werden häufig auch als Synthesekautschuke oder Gummiwerkstoffe bezeichnet.

11.2.1 Verhalten von Elastomeren unter Kraft- und Wärmeeinwirkung

a. Verhalten unter Krafteinwirkung
Die weitmaschig vernetzten Makromoleküle der Elastomere können sich unter Krafteinwirkung sehr stark ausdehnen, ohne dass chemische Bindungen unterbrochen werden (Abb. 11.3).

Im Gegensatz zu amorphen Thermoplasten können die Makromoleküle nicht aneinander gleiten, da sie durch kovalente Bindungen vernetzt sind. Dies bewirkt, dass Elastomere sich gummielastisch verhalten, sie können große elastische Verformungen ertragen.

b. Verhalten unter Wärmeeinwirkung
Ähnlich wie bei den amorphen Thermoplasten (Abschn. 10.1.1) findet eine sprunghafte Änderung der mechanischen Eigenschaften von Elastomeren beim Glasübergang statt (Abb. 11.4). Im Gegensatz zu den Thermoplasten liegt die Glasübergangstemperatur niedrig, sodass eine Versprödung erst weit unterhalb der Einsatztemperatur eintritt. Elastomere werden oberhalb der Glasübergangstemperatur verwendet.

Bei weiterer Erwärmung von Elastomeren kann eine zusätzliche Vernetzung auftreten. Dies führt zu einer leichten Erhöhung der Festigkeit, was in Abb. 11.4 zu erkennen ist. Der gummielastische Zustand bleibt jedoch praktisch bis Zersetzungstemperatur erhalten.

Bedingt durch das Verhalten unter Wärmeeinwirkung sind Elastomere nur begrenzt umformbar und nicht schweißbar. Durch Füllstoffe (z. B. Ruß) können zusätzliche Bindungen zwischen den Makromolekülen und den Partikeln entstehen. Dadurch können Elastomere in ihren Eigenschaften modifiziert werden.

Abb. 11.4 Verhalten
von Elastomeren unter
Wärmeeinwirkung

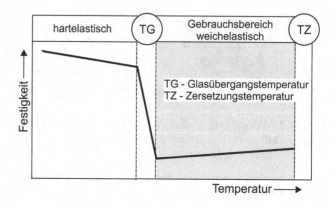

Abb. 11.5 Anwendungs-
beispiele für Duroplaste und
Elastomere. **a** Leiterplatte
aus Epoxidharz, **b** Reifen aus
Elastomeren

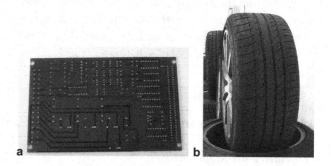

▷   Elastomere zeichnen sich durch eine sehr starke Dehnung unter Krafteinwir-
    kung aus.
    Sie werden oberhalb der Glasübergangstemperatur eingesetzt.

11.2.2   Bezeichnung von Elastomeren

Dem Bezeichnungssystem der Elastomere liegt die Kennzeichnung der chemischen Zu-
sammensetzung der Polymerkette zugrunde. Die ersten Buchstaben kennzeichnen die
Monomere, die den Synthesekautschuk aufbauen. Der letzte Buchstabe gilt als Gruppen-
kennzeichen, wobei fünf Gruppen unterschieden werden (M-, O-, R-, Q- und U-Gruppe).
Die am häufigsten verwendeten Kautschuke (Tab. 11.2) gehören zur Gruppe R. Genaue
Informationen sind in der weiterführenden Literatur zu finden.

11.2.3   Eigenschaften und Anwendungen ausgewählter Elastomere

Technisch wichtige Elastomere, ihre Eigenschaften und Anwendungen sind in Tab. 11.2
dargestellt.

Tab. 11.2 Elastomere (Auswahl)

Bezeichnung und Kurzzeichen	Eigenschaften und Anwendungsbeispiele
Styrol-Butadien-Kautschuk (SBR)	Gebrauchstemperatur bis 100 °C, abriebfest, sehr elastisch
	Anwendung: Fahrzeugreifen, Schläuche, Maschinenfüße
Polybutadien-Kautschuk (BR)	Gebrauchstemperatur bis 90 °C, abriebfest, sehr elastisch
	Anwendung: Fahrzeugreifen
Chloropren-Kautschuk (CR)	Gebrauchstemperatur bis 100 °C, witterungs- und chemikalienbeständig, reißfest
	Anwendung: Profildichtungen, Kabelummantelungen
Acrylnitril-Butadien-Kautschuk (NBR)	Gebrauchstemperatur bis 100 °C, sehr gut witterungs- und chemikalienbeständig, geringe Durchlässigkeit für Gase
	Anwendung: Wellendichtringe, Kraftstoffschläuche
Ethylen-Propylen-Dien-Kautschuk (EPDM)	Gebrauchstemperatur bis 80 °C, gut witterungs- und chemikalienbeständig
	Anwendung: Profildichtungen für Haushaltsgeräte
Siliconkautschuk (SIR)	Gebrauchstemperatur bis 120 °C (einige Sorten bis 300 °C), wärme- und kältebeständig
	Anwendung: Fugendichtungsmassen und -bänder

Synthetische Kautschuke können als alleinige Polymere oder in Mischungen mit Naturkautschuken verwendet werden. Naturkautschuke haben nach wie vor eine besondere Bedeutung, nicht nur als Materialien für Reifen, sondern auch für technische Anwendungen.

Das größte Einsatzgebiet für Kautschuke ist mit fast 70 % die Produktion von Autoreifen (Abb. 11.5b). Eine weitere typische Anwendung sind verschiedene Dichtungen.

▶ Die wichtigsten Elastomere sind Styrol-Butadien-Kautschuk (SBR) und Polybutadien-Kautschuk (BR).

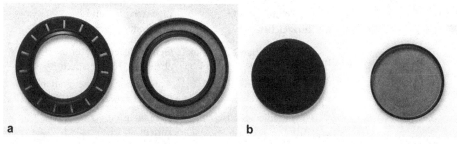

Abb. 11.6 Getriebeteile aus Elastomer (mit freundlicher Genehmigung der Firma Getriebebau NORD in Bargteheide). **a** Wellendichtring, **b** Verschlusskappe

---

Elastomere im Stirnradschneckengetriebe[1]

Im Stirnradschneckengetriebe (Abschn. 1.6) werden verschiedene Bauteile aus Elastomeren eingesetzt.

Wellendichtringe (Abb. 11.6a) müssen beide Wellen, die Antriebs- und die Abtriebswelle dynamisch abdichten. Dafür müssen sie eine gute elastische Verformbarkeit aufweisen und beständig gegen Getriebeöl sein. Auch eine Wärmebeständigkeit bis 100 °C wird gefordert. Diese Anforderungen erfüllt Nitril-Butadien-Kautschuk (NBR) und wird daher für diese Bauteile verwendet.

Die Wellendichtringe werden mit einem Stahlblech versteift. An den Dichtlippen befinden sich Federn, die eine bessere Abdichtung gewährleisten.

Wellendichtringe werden in verschiedenen Größen auf dem Markt angeboten. Für den Einsatz im Getriebe werden sie entsprechend ausgewählt und angekauft.

Die Verschlusskappe (Abb. 11.6b) dient zur statischen Abdichtung der Bohrung, die für die Montage der Schnecke vorgesehen ist. Wie die Wellendichtringe muss auch die Kappe beständig gegen Getriebeöl sein und Temperaturen bis zu 100 °C ertragen. Sie wird aus dem Elastomer NBR angefertigt und mit einem Stahlblech versteift.

11.3 Produktion von Duroplasten und Elastomeren

Die Produktion von Duroplasten als Formmassen beträgt weltweit ca. 140 Kilotonnen (Quelle: kunststoffe.de, 2004). Die größte Gruppe bilden mit ca. 80 % die Pheno- und Aminoplaste.

Im Jahre 2015 wurden weltweit fast 29 Mio. Tonnen Kautschuk hergestellt und verbraucht (Quelle: International Rubber Study Group). Davon entfielen 12 Mio. Tonnen auf Naturkautschuk. Die umsatzstärksten synthetischen Sorten von Synthesekautschuk

---

[1] Quelle: Getriebebau NORD.

sind Styrol-Butadien-Kautschuk und Polybutadien-Kautschuk, was mit ihrem Einsatz für Autoreifen zusammenhängt.

11.4 Recycling von Duroplasten und Elastomeren

Prinzipiell können für das Recycling von Duroplasten und Elastomeren die gleichen Verfahren wie bei Thermoplasten angewendet werden (Abschn. 10.6). Aufgrund struktureller Unterschiede und Besonderheiten dieser Werkstoffgruppen gibt es jedoch viele Probleme.

Bei den Duroplasten ist die werkstoffliche Verwertung durch ihren hohen Vernetzungsgrad sehr eingeschränkt. Granulate aus Abfällen werden in geringem Maße, als Füllstoffe oder im Verbund mit anderen Kunststoffen eingesetzt.

Granulate aus gebrauchten Synthesekautschuken werden z. B. als Asphaltzusatz wiederverwertet. Zusatzstoffe (in Altreifen u. a. Ruß und Schwefel) werden entfernt und das entstehende hochwertige Öl kann wieder zu neuen Reifen oder anderen Produkten verarbeitet werden.

Informationen zum Recycling von Duroplasten und Elastomeren sind in der weiterführenden Literatur zu finden.

Weiterführende Literatur

Askeland D (2010) Materialwissenschaften. Spektrum Akademischer Verlag, Heidelberg

Bargel H-J, Schulze G (2008) Werkstoffkunde. Springer, Berlin, Heidelberg

Domininghaus H (1998) Die Kunststoffe und ihre Eigenschaften. Springer, Berlin Heidelberg

Franck A, Herr B, Ruse H, Schulz G (2011) Kunststoff-Kompendium. Vogel Business Media, Würzburg

Fuhrmann E (2008) Einführung in die Werkstoffkunde und Werkstoffprüfung Bd. 1: Werkstoffe: Aufbau-Behandlung-Eigenschaften. expert verlag, Renningen

Hellerich W Harsch G, Baur E (2010) Werkstoff-Führer Kunststoffe: Eigenschaften-Prüfungen-Kennwerte. Carl Hanser Verlag, München

Jacobs O (2009) Werkstoffkunde. Vogel-Buchverlag, Würzburg

Läpple V, Drübe B, Wittke G, Kammer C (2010) Werkstofftechnik Maschinenbau. Europa-Lehrmittel, Haan-Gruiten

Martens H (2011) Recyclingtechnik: Fachbuch für Lehre und Praxis. Spektrum Akademischer Verlag, Heidelberg

Reissner J (2010) Werkstoffkunde für Bachelors. Carl Hanser Verlag, München

Roos E, Maile K (2002) Werkstoffkunde für Ingenieure. Springer Heidelberg

Schwarz O (Hrsg.) (2007) Kunststoffkunde: Aufbau, Eigenschaften, Verarbeitung, Anwendungen der Thermoplaste, Duroplaste und Elastomere. Vogel Business Media, Würzburg

Seidel W, Hahn F (2012) Werkstofftechnik: Werkstoffe-Eigenschaften-Prüfung-Anwendung. Carl Hanser Verlag, München

Thomas K-H, Merkel M (2008) Taschenbuch der Werkstoffe. Carl Hanser Verlag, München

Weißbach W, Dahms M (2012) Werkstoffkunde: Strukturen, Eigenschaften, Prüfung. Vieweg + Teubner Verlag, Wiesbaden

Keramische Werkstoffe und Glas

12

12.1 Einordnung und Einteilung keramischer Werkstoffe

Der Begriff Keramik ist aufgrund der Vielfältigkeit der einbezogenen Rohstoffe und Anwendungen historisch gewachsen. Heute verstehen wir unter Keramik viele verschiedene Stoffe.

Keramische Werkstoffe gehören zur Gruppe der nichtmetallisch-anorganischen Materialien, zu der auch Gläser und Bindemittel mit Füllstoffen wie Zement, Kalk und Gips gezählt werden. Diese drei Werkstoffgruppen unterscheiden sich durch ihre Herstellung.

Keramische Werkstoffe werden bei Raumtemperatur aus einer Rohmasse geformt und erhalten ihre typischen Eigenschaften durch einen Sintervorgang (Abschn. 12.2). Damit sind Keramiken Sinterwerkstoffe. Gläser werden aus einer Schmelze erzeugt und sind als unterkühlte Flüssigkeiten zu verstehen. Bindemittel mit Füllstoffen erhärten hydraulisch durch Kristallisation mit Wasser.

Die Einteilung keramischer Werkstoffe kann nach verschiedenen Kriterien vorgenommen werden. Das wichtigste Kriterium ist die chemische Zusammensetzung. Diese Einteilung ist in Abb. 12.1 dargestellt.

Eine technische Verwendung finden vor allem Oxid- und Nichtoxidkeramiken sowie bestimmte Sorten der Silicatkeramik.

Nach den Anwendungsbereichen können keramische Werkstoffe in Gebrauchskeramik (z. B. Geschirrkeramik), Baukeramik und technische Keramik eingeteilt werden.

Ein weiteres Einteilungskriterium ist die Korngröße. Danach werden die Grob- und die Feinkeramik unterschieden. Keramiken für technische Anwendungen gehören zu der Gruppe der Feinkeramiken.

▶ Keramische Werkstoffe werden nach ihrer chemischen Zusammensetzung in Silicat- Oxid- und Nichtoxidkeramik eingeteilt.

© Springer-Verlag Berlin Heidelberg 2017
B. Arnold, *Werkstofftechnik für Wirtschaftsingenieure*,
DOI 10.1007/978-3-662-54548-5_12

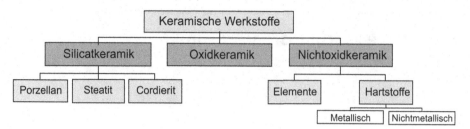

Abb. 12.1 Einteilung keramischer Werkstoffe nach chemischer Zusammensetzung

12.2 Sintertechnische Herstellung von Keramik

Keramische Werkstoffe werden sintertechnisch hergestellt. Das Sintern wird seit Erfindung der Keramik verwendet und das Verfahren wurde seither empirisch verfeinert. Eine systematische Erforschung des Sintervorgangs setzte jedoch erst in den 1950er Jahren mit der Entwicklung der Pulvermetallurgie ein, als man begann, Metallbauteile aus Pulverformkörpern herzustellen. Anschließend wurden die gewonnenen Erkenntnisse auch auf den Umgang mit der technischen Keramik übertragen.

12.2.1 Herstellung keramischer Werkstoffe

Die sintertechnische Herstellung von Keramiken besteht aus mehreren Verfahrensschritten (Abb. 12.2), die hier nur kurz besprochen werden. Ausführliche Informationen sind in der weiterführenden Literatur zu finden.

Die Ausgangsstoffe liegen in Pulverform vor. Für die Pulverherstellung werden verschiedene Methoden angewandt, die vom Werkstoff abhängig sind.

Bei der Aufbereitung der Pulvermasse wird die Zusammensetzung eines keramischen Werkstoffes festgelegt. Der Pulvermasse werden notwendige Hilfsmittel zugesetzt.

Die Formgebung zum Bauteil kann unter Druck in speziellen Werkzeugen oder druckfrei in geeigneten Formen erfolgen. Hierbei werden die Pulverteilchen verdichtet und in eine zusammenhängende Form gebracht. Anschließend werden die Rohlinge mechanisch bearbeitet.

Das Sintern ist eine Wärmebehandlung, bei der aus der Pulvermasse ein kompakter Stoff entsteht. Unter Wärmeeinwirkung erfolgt eine weitere Verdichtung und Verfestigung der Grün- bzw. Weißlinge. Dabei findet keine Formänderung statt, jedoch tritt häufig eine Schwindung ein. Beim Verdichten der Pulverteilchen bleiben Poren zurück, die eine Funktion übernehmen können. Die Porosität ist steuerbar.

Nachbehandlungen bzw. Endbearbeitungen sind in der Regel notwendig und werden in Abhängigkeit vom Werkstoff und der Verwendung der Bauteile gewählt.

Die Vorgänge beim Sintern sind komplex. Allgemein beruht das Sintern auf Diffusionsvorgängen. Die treibende Kraft ist die Verringerung der Oberflächenenergie. Der Ablauf

Abb. 12.2 Verfahrensschritte der Herstellung keramischer Werkstoffe

ist von der Reinheit und Korngröße der Ausgangspulver, der Sintertemperatur sowie der Art des Umgebungsmediums abhängig. Grundsätzlich unterscheiden wir folgende Verfahren: Festphasensintern, Flüssigphasensintern und Reaktionssintern.

▶   Keramische Werkstoffe werden sintertechnisch aus geeigneten Pulvern hergestellt.

12.2.2   Möglichkeiten der Sintertechnik

Neben der Herstellung von Keramiken finden sintertechnische Verfahren in anderen Bereichen Anwendung. Mithilfe der Sintertechnik ist möglich:

*   Herstellung von Werkstoffen mit besonders gleichmäßigem, feinem Gefüge und dadurch isotropen Eigenschaften (z. B. Sintermetalle und PM-Schnellarbeitsstähle),
*   Herstellung poröser Werkstoffe mit zweckangepasster Porosität (z. B. Filterwerkstoffe und Gleitlagerwerkstoffe),
*   Erzielung hoher Reinheitsgrade und konstanten Zusammensetzungen,
*   Fertigung endmaßnaher Bauteile (Net Shape), nahezu ohne Abfälle.

Die Sintertechnik zeichnet sich durch eine hohe Rohstoffnutzung und einen im Vergleich mit anderen Fertigungsverfahren niedrigen Energiebedarf aus.

12.3   Struktur und Eigenschaften keramischer Werkstoffe

12.3.1   Struktur von Keramik

Keramische Werkstoffe bestehen meist aus Elementen des oberen Bereichs des Periodensystems wie Bor, Kohlenstoff, Stickstoff, Sauerstoff, Magnesium, Aluminium und Silizium. Diese Elemente haben eine geringe Dichte und kleine Atomradien. Dadurch sind viele Keramiken leichte Werkstoffe.

Der Zusammenhalt erfolgt bei der Oxidkeramik überwiegend durch Ionenbindung und bei der Nichtoxidkeramik überwiegend durch Atombindung (Abschn. 2.4.1). Sehr oft liegen Mischformen beider Bindungsarten vor. Da sich diese Bindungsarten durch große

Bindungskräfte auszeichnen, verleihen sie den keramischen Werkstoffen eine gute Festigkeit und Steifigkeit.

Meist besitzen Keramiken ein heterogenes, polykristallines Gefüge. Abhängig von der Abkühlgeschwindigkeit können die Atomkombinationen vielfach eine kristalline oder eine amorphe Struktur ausbilden (z. B. beim Siliziumdioxid). Daher finden wir in vielen keramischen Werkstoffen oft eine Mischung aus kristallinen und amorphen Bereichen, wobei der kristalline Anteil mindestens 30 % beträgt.

Kristalline Keramiken haben komplizierte Gittertypen ohne Gleitsysteme, was eine schlechte Eignung zum Umformen bewirkt. Wenn die Gitterparameter klein sind, führt es zu einer guten Wärmeleitfähigkeit dieser Keramikarten (z. B. Aluminiumnitrid oder Berylliumoxid).

12.3.2 Eigenschaften von Keramik

a. Allgemeine Eigenschaften
Die Eigenschaften keramischer Werkstoffe und damit ihre Verwendung unterscheiden sich grundlegend von anderen Werkstoffgruppen. Keramiken zeichnen sich durch Besonderheiten aus.

Viele Eigenschaften keramischer Werkstoffe sind vorteilhaft und deutlich besser als bei anderen Werkstoffen. Alle Keramiken sind hart und verschleißfest. Fast alle haben eine sehr gute chemische Beständigkeit und einen hohen E-Modul. Die Mehrheit zeichnet sich durch eine geringe Dichte aus.

Zu den nachteiligen Eigenschaften der keramischen Werkstoffe gehören eine hohe Sprödigkeit und eine schlechte Bearbeitbarkeit. Die sintertechnische Herstellung und schwierige Bearbeitung verursachen hohe Kosten.

b. Mechanische Eigenschaften
Keramische Werkstoffe besitzen eine sehr hohe Härte. Abb. 12.3 zeigt die Härte wichtiger Keramiken im Vergleich zu anderen Werkstoffen.

Aus Abb. 12.3 ist ersichtlich, dass alle Keramiken härter sind als Stahl und Hartmetalle (Abschn. 13.3). Die Härte keramischer Werkstoffe wird meist wie bei den Metallen nach dem Vickers-Verfahren bei kleinen Kräften (Abschn. 4.5.5) gemessen. Im Gegensatz zu Metallen treten jedoch keine plastischen Verformungen auf. Dennoch ergibt sich bei der Härteprüfung ein messbarer Eindruck, der meist von einer starken Rissbildung in verschiedenen Richtungen begleitet wird.

Bedingt durch die hohe Härte weisen Keramiken eine sehr gute Verschleißbeständigkeit auf, die sie für Anwendung als Schneidstoffe prädestiniert.

Die Zugfestigkeit zahlreicher keramischer Werkstoffe ist mit den Stählen vergleichbar. Dabei muss jedoch beachtet werden, dass ihre Festigkeit, im Gegensatz zu Metallen, sehr großen Streuungen und Beeinflussungen unterliegt, die sich durch den sintertechnischen

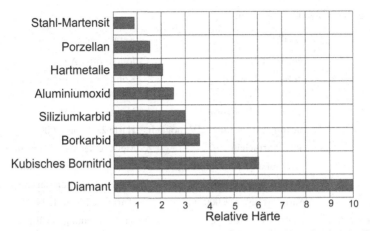

Abb. 12.3 Vergleich der Härte einiger keramischer Werkstoffe mit Stahl und Hartmetallen

Herstellprozess ergeben. Herausragend ist die hervorragende Druckfestigkeit sowie eine sehr gute Warmfestigkeit der keramischen Werkstoffe. Bei einem Hochtemperatureinsatz müssen wir aufpassen, da ein Festigkeitsverlust bereits bei Temperaturen unterhalb der maximalen Anwendungstemperatur eintreten kann.

Die Verformbarkeit und Zähigkeit keramischer Werkstoffe sind schlecht. Keramiken zeigen eine ausgeprägte Neigung zum Sprödbruch. Eine den metallischen Werkstoffen vergleichbare plastische Umformung ist daher nicht möglich.

c. Thermische Eigenschaften
Keramische Werkstoffe besitzen sehr interessante thermische Eigenschaften. Alle Keramiken können bei hohen Temperaturen eingesetzt werden. Die Wärmeausdehnung ist meist sehr gering, was wiederum ein gutes Verhalten bei schnellem Temperaturwechsel (Temperaturwechselbeständigkeit) begünstigt. Die Wärmeleitfähigkeit keramischer Werkstoffe ist gering, da sie keine Metallbindungen haben. Eine besondere Ausnahme stellt das Aluminiumnitrid dar, welches als Kühlmittel in der Elektronik oder in der Computertechnik verwendet wird.

d. Elektrische Eigenschaften
Die meisten keramischen Werkstoffe sind Isolatoren für den elektrischen Strom. Eine Reihe von Keramiken, wie Siliziumcarbid, zeigen unter bestimmten Voraussetzungen Halbleitereigenschaften (Abschn. 14.1). Einige seltener verwendete Nichtoxidkeramiken wie Titannitrid oder Wolframkarbid können den Strom leiten.

▶ Keramische Werkstoffe sind sehr hart und verschleißfest.
  Sie können bei hohen Temperaturen verwendet werden.

Tab. 12.1 Vergleich Metalle/Keramiken

Kriterium	Metalle	Keramiken
Bindungsart	Metallbindung	Ionen- oder Atombindung
Feinstruktur	Einfache Metallgitter mit Gleitsystemen	Komplizierte Gitter ohne Gleitsysteme
Eigenschaften	Mittelharte Werkstoffe	Naturharte Werkstoffe
	Härtung bis ca. 1.000 HV möglich	Härte 2.000 bis 6.000 HV
	Gute Wärmeleiter	Meist schlechte Wärmeleiter
	Lineare Längenausdehnung	Geringe Längenausdehnung
	Mittlere Schmelztemperaturen	Hohe Schmelztemperaturen
	Warmfest bis ca. 1.000 °C	Warmfest bis ca. 1.700 °C
Qualitätssicherung bei Massenfertigung	Relative Konstanz der Eigenschaften	Starke Streuung der Eigenschaften abhängig von Herstellbedingungen
	Einfache Prüfung der Eigenschaften	Aufwendige Prüfung der Eigenschaften

12.3.3 Vergleich Metalle/Keramiken

Ein allgemeiner Vergleich technischer Keramiken mit Metallen ist in Tab. 12.1 dargestellt.

12.4 Silicatkeramik

Die Silicatkeramiken sind die älteste Keramikgruppe. Sie werden in der Regel aus aufbe-reiteten Naturstoffen wie Quarzsand, Ton, Kaolin, Talk, u. a. hergestellt. Dementsprechend sind die chemische Zusammensetzung, die Reinheit und die Teilchengröße nicht konstant. Silicatkeramiken besitzen heterogene, komplexe Gefüge mit einem hohen Anteil amor-pher Glasphase (meist Siliziumoxid). Zu den in der Technik genutzten Silicatkeramiken werden technisches Porzellan, Steatit und Cordierit gezählt.

Technisches Porzellan ist ein aluminiumsilicatischer Werkstoff mit guter Festigkeit und sehr guter chemischer Beständigkeit. Aufgrund ihres hervorragenden Isolationsvermö-gens finden diese Werkstoffe vielfältige Verwendungen in der Elektrotechnik, besonders bei der Herstellung von Isolatoren.

Steatit ist ein magnesiumsilikatischer Werkstoff, der aufgrund seines hervorragenden Isolationsvermögens bevorzugt in der Elektrotechnik eingesetzt wird. Dort steht er in di-rekter Konkurrenz zum technischen Porzellan.

Cordierit ist ein magnesium-aluminiumsilicatischer Werkstoff, der aufgrund seines niedrigen Wärmeausdehnungskoeffizienten eine gute Temperaturwechselbeständigkeit hat. Daher wird er in vielfältiger Weise in der Wärmetechnik, als Katalysatorträger für Autos oder für flammfestes und temperaturwechselbeständiges Geschirr eingesetzt.

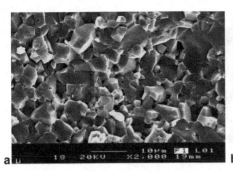 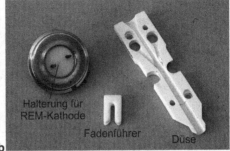

Abb. 12.4 Gefüge und Anwendungsbeispiele für Aluminiumoxid. **a** Gefüge (REM-Aufnahme), **b** Bauteile aus Aluminiumoxid

▶   Die wichtigsten Silicatkeramiken sind technisches Porzellan, Steatit und Cordierit.

12.5 Oxidkeramik

Oxidkeramische Werkstoffe sind im Gegensatz zu den Silicatkeramiken frei von Siliziumoxid und bestehen meist aus einem einzigen Metalloxid. Zudem sind sie überwiegend kristallin, mit großen Anteilen (bis 99 %) der kristallinen Phase. Oxidkeramik wird ausschließlich aus synthetischen Rohstoffen hergestellt. Die wichtigsten Arten von Oxidkeramiken sind Aluminium- und Zirkoniumdioxid.

12.5.1 Aluminiumoxid

Aluminiumoxid (Al_2O_3) ist der technisch wichtigste keramische Werkstoff mit einer Dichte von 3,5 g/cm^3. Es kann bis zu 1.900 °C eingesetzt werden. Die hohe Festigkeit und hohe Härte bleiben über einen großen Temperaturbereich nahezu konstant. Seine Anwendungstemperatur ist deutlich höher als die von warmfesten Eisen- oder Nickelwerkstoffen. Zu den weiteren vorteilhaften Eigenschaften gehören eine gute Wärmeleitfähigkeit (10 bis 30 W/mK), eine gute chemische Beständigkeit und günstige elektrische Eigenschaften.

Das Oxid ist metallisierbar und lässt sich dadurch bedingt löten. Nachteilig ist seine mäßige Temperaturwechselbeständigkeit, die zu Rissbildung bei Thermoschockbeanspruchung führen kann. Aluminiumoxid-Keramiken besitzen üblicherweise ein homogenes Gefüge mit Korngrößen von 10 bis 30 μm (Abb. 12.4a). Durch eine Verringerung der Korngröße auf 1 bis 3 μm kann eine deutliche Festigkeitssteigerung erreicht werden.

Aluminiumoxid findet in der Technik vielfältige Verwendung. In der Elektrotechnik wird es für Isolationsteile aller Art verwendet, in der Textilindustrie für Verschleißteile wie Fadenführer und Düsen (Abb. 12.4b), in der chemischen Industrie für korrosionsfeste

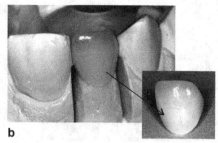

a   b

Abb. 12.5 Anwendungsbeispiele für Zirkoniumdioxid. **a** Gemüsemesser, **b** Zahnkrone (mit freundlicher Genehmigung der Zahnarztpraxis DermaDent in Stettin)

Bauteile für hohe Temperaturbereiche, in der Zerspanungstechnik für Wendeschneidplatten. Eine besondere Anwendung von Aluminiumoxid sind Implantate in der Medizintechnik, wie z. B. Teile von Hüftgelenkprothesen.

12.5.2 Zirkoniumdioxid

Zirkoniumdioxid (ZrO_2 kurz Zirkonoxid) gewinnt in vielen Bereichen der Technik und im Konsumbereich an Bedeutung. Mit seiner Dichte von ca. 5,9 g/cm^3 gehört es zu den schweren Werkstoffen. Zirkoniumdioxid zeichnet sich durch sehr gute mechanische Eigenschaften aus. Es hat eine sehr hohe Festigkeit und Biegefestigkeit, eine gute Bruchzähigkeit (im Vergleich zu anderen Keramiken) sowie sehr gute tribologische Eigenschaften. Zirkoniumdioxid ist chemisch sehr gut beständig und es ist nicht benetzbar mit Metallschmelzen. Es kann bis zu 1.600 °C eingesetzt werden. Seine Wärmeleitfähigkeit ist sehr niedrig (ca. 2 W/mK).

Zirkoniumdioxid ist ein polymorpher Stoff, er kommt abhängig von der Temperatur in drei Gittertypen vor. Dadurch ist eine gezielte Beeinflussung der Eigenschaften möglich. Da die Gitterumwandlungen durch Volumenänderungen Probleme bei der sintertechnischen Herstellung verursachen, wird in der Praxis die kubische Hochtemperatur-Modifikation stabilisiert. Die Stabilisierung erfolgt u. a. durch Zusätze von Kalzium- oder Magnesiumoxid. In Abhängigkeit von Art und Menge der stabilisierenden Stoffe werden drei Arten der Zirkoniumdioxid-Keramiken unterschieden: CSZ – vollstabilisiertes Zirkoniumdioxid, PSZ – teilstabilisiertes Zirkoniumdioxid und TZP – polykristallines, tetragonales Zirkoniumdioxid.

Der Anwendungsbereich von Zirkoniumdioxid ist sehr breit. Es ist gut geeignet für Schweißrollen in der Schweißtechnik und für Fadenführer in der Textilindustrie. In der Zerspanungstechnik wird es für Schneidwerkzeuge und im Konsumbereich für verschiedene Küchenmesser (Abb. 12.5a) verwendet. In der Zahntechnik werden aus Zirkoniumdioxid Zahnkronen gefertigt (Abb. 12.5b). Als Beispiel für seine Anwendung in anderen Bereichen können Lambda-Sonden für die Abgasregelung von Motoren genannt werden.

▶   Die wichtigsten Oxidkeramiken sind Aluminiumoxid und Zirkoniumdioxid.

12.6   Nichtoxidkeramik

Zu Nichtoxidkeramiken gehören sehr viele verschiedene Werkstoffe, die üblicherweise in drei Gruppen eingeteilt werden: keramische Werkstoffe aus elementaren Stoffen wie Graphit oder Diamant, metallische und nichtmetallische Hartstoffe sowie salzartige Halogenide und Chalkogenide. Die technische Anwendung finden vor allem Hartstoffe, insbesondere Karbide und Nitride. Analog zu den Oxidkeramiken werden auch nichtoxidische keramische Werkstoffe aus synthetischen Rohstoffen gefertigt. Die Rohstoffe müssen zum Teil extrem fein gemahlen werden und der Sinterprozess erfordert eine sauerstofffreie Atmosphäre (Vakuum oder Inertgas).

12.6.1   Elementare Werkstoffe

Unter den elementaren, keramischen Werkstoffen besitzen nur die beiden kristallinen Modifikationen von Kohlenstoff Graphit und Diamant eine technische Bedeutung.

Graphit hat ein hexagonales Schichtgitter und ist unter Normalbedingungen die stabile Modifikation von Kohlenstoff. Die technische Verwendung von Graphit ist vielfältig. Er wird als Elektrodenwerkstoff für elektrochemische und elektrochemische Verfahren eingesetzt (z. B. Elektroden für Schmelzflusselektrolyse bei Aluminiumherstellung). Eine besondere Anwendung findet Graphit in Form von Fasern in Faserverbundwerkstoffen (Abschn. 13.4).

Graphit im Stirnradschneckengetriebe[1]

Im Stirnradschneckengetriebe (Abschn. 1.6) wird eine Flachdichtung aus Graphit eingesetzt.

Die Flachdichtung (Abb. 12.6) dient der statischen Abdichtung zwischen dem Gehäuse und dem Antriebswellengehäuse. Diese Dichtung muss plastisch verformbar sein, um die geringen Unebenheiten nach der Bearbeitung der beiden Gussteile auszugleichen. Die Beständigkeit gegen Getriebeöl sowie eine gute Wärmebeständigkeit sind weitere Anforderungen. Für diese Aufgaben ist Graphit sehr gut geeignet.

Die Flachdichtung wird aus einer gepressten Graphitplatte von 0,5 bis 0,8 mm Dicke gestanzt. Die Bauteile werden nach den Vorgaben des Getriebeherstellers von einer spezialisierten Firma angefertigt und geliefert.

---

[1] Quelle: Getriebebau NORD.

Abb. 12.6 Flachdichtung
aus Graphit (mit freund-
licher Genehmigung der
Firma Getriebebau NORD in
Bargteheide)

Im Diamantgitter liegen zwischen den Kohlenstoffatomen reine Atombindungen vor, was seine hohe Härte verursacht. Aufgrund der hohen Härte findet Diamant eine wichtige Anwendung als Schneidwerkstoff in der Zerspanungstechnik sowie als Polier- und Schleifmittel.

12.6.2 Metallische Hartstoffe

Die Gruppe der metallischen Hartstoffe umfasst eine Vielzahl von Karbiden, Nitriden, Boriden und Siliciden der Übergangsmetalle wie Titan, Vanadium, Wolfram, Zirkonium, Hafnium, Niob, Tantal, Chrom und Molybdän. Für die technische Verwendung ist jedoch nur eine kleine Anzahl der Werkstoffe von Interesse. Aufgrund ihres Bindungszustandes besitzen diese Verbindungen metallische Eigenschaften und charakterisieren sich durch eine hohe Härte und Verschleißbeständigkeit.

Karbide und Nitride werden hauptsächlich als Bestandteile von Metall-Hartstoff-Verbundwerkstoffen wie Hartmetallen und Cermets (Abschn. 13.3) verwendet. In der Zerspanungstechnik ist das Titannitrid als verschleißfester Beschichtungsstoff von großer Bedeutung.

Einige Hartstoffe besitzen besondere Eigenschaften. So hat Titanborid eine hervorragende Korrosionsbeständigkeit gegenüber Aluminiumschmelzen und kann bei der Schmelzflusselektrolyse von Aluminium (Abschn. 6.1.2) eingesetzt werden.

12.6.3 Silizium- und borbasierte Nichtoxidkeramik

Aus der Verbindung der Elemente Silizium und Bor mit den Nichtmetallen Kohlenstoff und Stickstoff resultieren nichtmetallische Hartstoffe. Sie werden als selbständige Werkstoffe oder als Bestandteile von Verbundwerkstoffen (Kap. 13) verwendet. Ihre technische Bedeutung ist in letzter Zeit angestiegen.

a. Siliziumkarbid
Werkstoffe auf Basis von Siliziumkarbid (SiC) sind die wichtigsten karbidischen Keramiken. Sie besitzen herausragende Eigenschaften wie eine hohe Festigkeit, eine hohe Wärme-

Abb. 12.7 Dichtungsring aus Siliziumkarbid

leitfähigkeit (bei Raumtemperatur zweimal höher als Stahl), eine geringe Wärmeausdehnung (damit eine gute Temperaturwechselbeständigkeit) und eine sehr gute Korrosionsbeständigkeit. Ihre Dichte liegt, abhängig von der Porosität, im Bereich von 2,6 bis 3,2 g/cm³. Siliziumkarbid-Keramiken können bis 1.400 °C eingesetzt werden.

Das Gefüge von Siliziumkarbid kann porös oder dicht sein, und dementsprechend werden verschiedene Sorten unterschieden. Unterschiedliche Herstellungsarten führen zu weiteren Varianten des Werkstoffes, wie z. B. zu drucklos gesintertem Siliziumkarbid (SSiC) oder reaktionsgebundenem siliziuminfiltriertem Siliziumkarbid (SiSiC).

Siliziumkarbid ist ein idealer Werkstoff für thermisch und chemisch hoch beanspruchte Bauteile wie Gleitringdichtungen, Hochtemperaturbrennerdüsen, Pumpenlager, Bauteile in der Textilindustrie und Dichtungsringe (Abb. 12.7).

b. Siliziumnitrid

Siliziumnitrid (Si_3N_4) verfügt über eine von anderen keramischen Werkstoffen unerreichte Kombination hervorragender Eigenschaften. Zu seinem Eigenschaftsprofil gehören: eine hohe Härte und Verschleißbeständigkeit, eine hohe chemische Beständigkeit (auch in Metallschmelzen), eine hohe Temperaturwechselbeständigkeit und ein niedriger Reibungskoeffizient. Seine Dichte beträgt 2,0 bis 3,3 g/cm³. Siliziumnitrid findet vor allem dort Anwendung, wo hohe Wärmebeständigkeit und hohe chemische Beständigkeit gefordert werden. Als Beispiele können Motoren- und Gasturbinenteile, Schweiß- und Brenndüsen sowie Hochtemperaturschutzschichten genannt werden. Viele Einsatzbereiche befinden sich noch im Entwicklungsstadium.

c. Bornitrid

Bornitrid (BN) tritt in zwei Gittermodifikationen auf: als hexagonales und kubisches Bornitrid. Hexagonales Bornitrid hat eine Graphitstruktur und ähnelt dem Graphit in seinen mechanischen und thermischen Eigenschaften. Seine Dichte beträgt 2,25 g/cm³ und es ist bis 2.000 °C beständig. Mit seiner guten Wärmeleitfähigkeit wird das hexagonale Bornitrid meist für Tiegel, Ofenbauteile und Schutzrohre in der Hochtemperaturtechnik verwendet. Seine Absorption von Neutronen wird in der Kerntechnik genutzt.

Kubisches Bornitrid („Borazon" oder CBN) hat eine Diamantstruktur und ist zurzeit nach Diamant der zweit härteste Werkstoff. Seine chemische und thermische Beständigkeit (bis 2.000 °C) sind besser als die von Diamant. Kubisches Bornitrid entsteht aus der hexagonalen Modifikation in einem speziellen Hochdruck- und Hochtemperaturverfahren. Bedingt durch die außerordentlich hohe Härte wird CBN hauptsächlich als sehr harter Schneidwerkstoff (Wendeschneidplatten) verwendet. Einsatzgehärtete Zahnräder für das Stirnradschneckengetriebe (Abschn. 1.6) werden mit CBN-Wendescheidplatten bearbeitet.

d. Borkarbid
Borkarbid (B_4C) hat, wie Bornitrid, eine für keramische Werkstoffe niedrige Dichte von 2,5 g/cm³ und ist der dritthärteste (nach Diamant und kubischem Bornitrid) Werkstoff. Ebenfalls wie Bornitrid kann es bis 2.200 °C eingesetzt werden und absorbiert Neutronen. Borkarbid findet in der Zerspanungstechnik und der Kerntechnik Verwendung.

▶   Zu den wichtigsten Nichtoxidkeramiken gehören metallische Hartstoffe sowie
     silizium- und borbasierte Karbide und Nitride.

12.7   Einsatzgebiete technischer Keramik

Keramische Werkstoffe werden in der Technik als Funktionswerkstoffe (Abschn. 2.2.3) angesehen.

Die große Mehrheit (ca. 90 %) der aus Keramik hergestellten Bauteile wird in der Elektrotechnik eingesetzt. Hierbei hat das Aluminiumoxid die größte Bedeutung. Die restlichen 10 % teilen sich auf die Anwendungsgebiete wie Maschinenbau, chemische Industrie, Hochtemperatur technik, Laborbedarf, Medizintechnik, Optik u. a. auf.

Beim Einsatz keramischer Werkstoffe sollen wir folgende Grundsätze beachten:

*   Die vorteilhaften Eigenschaften der Werkstoffe nutzen, ohne dass die nachteiligen Eigenschaften versagenskritisch werden.
*   Krafteinleitung und Fügetechnik müssen dem Werkstoff entsprechen.
*   Materialkombinationen mit Funktionstrennung verwirklichen, sodass die Nachteile des einen Werkstoffes durch den anderen kompensiert werden.

12.8   Produktion und Recycling keramischer Werkstoffe

a. Produktion technischer Keramik
Die Marktanteile keramischer Werkstoffe sind in Abb. 12.8 dargestellt. Mit großem Abstand ist das Aluminiumoxid der wichtigste keramische Werkstoff.

Der hohe Anteil Aluminiumoxid hängt mit seiner im Vergleich zu anderen Keramiken längeren Verwendung zusammen. Viele Keramiken sind junge Werkstoffe, die erst in letzten 20 bis 30 Jahren entwickelt wurden.

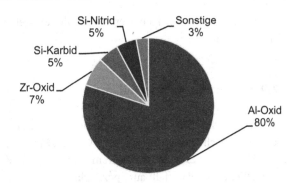

Abb. 12.8 Marktanteile keramischer Werkstoffe. (Quelle: keramverband.de)

Aufgrund der relativ niedrigen Sintertemperatur und der guten Verfügbarkeit der natürlichen Rohstoffe sind die Silicatkeramiken wesentlich kostengünstiger als Oxid- und Nichtoxidkeramiken.

Für die Herstellung von Oxid- und Nichtoxidkeramik sind synthetische Rohstoffe hohen Reinheitsgrades notwendig. Die Kosten der Rohstoffe sowie die komplexe und kostenintensive Herstellung dieser Werkstoffe beeinflussen entscheidend die Preise. Relativ zum Preis von Aluminiumoxid können die Preise anderer Keramiken bis zu 20-mal höher sein.

Aufgrund der längeren Lebensdauer von Bauteilen aus Keramik sind die sogenannten Life-Cycle-Kosten erheblich günstiger als für andere Werkstoffe. In der Praxis spricht somit der Return-on-Investment immer häufiger für den Einsatz keramischer Werkstoffe.

b. Recycling technischer Keramik
Der Einsatz von Recyclingmaterial zur Herstellung technischer Keramik ist grundsätzlich nicht möglich. Das ergibt sich aus den hohen Qualitätsansprüchen bezüglich der Reinheit und der Korngröße der Rohstoffe. Da im Vergleich zu anderen Werkstoffen eher kleine Mengen technischer Keramik verwendet werden, und Keramiken eine lange Lebensdauer haben, ist die Recyclingproblematik bei diesen Werkstoffen von geringerer Bedeutung. Informationen zum Recycling keramischer Werkstoffe sind in der weiterführenden Literatur zu finden.

12.9 Glas

Gläser gehören wie Keramiken zur Gruppe der nichtmetallischen, anorganischen Werkstoffe. Dies rechtfertigt eine gemeinsame Abhandlung der beiden Werkstoffgruppen.

Im Gegensatz zu vielen keramischen Werkstoffen, insbesondere zur technischen Keramik, sind Gläser amorphe Stoffe. Sie erstarren ohne Kristallisation und liegen nach Abkühlen zunächst als unterkühlte Flüssigkeit vor, bevor sie in den festen Zustand übergehen.

Gläser sind weit verbreitet z. B. als Behälterglas, Linsen oder Glasfasern. Die wichtigsten Vorzüge dieser Werkstoffe sind ihre optische Transparenz und eine vergleichsweise einfache Herstellung.

Glas ist einer der wenigen Werkstoffe, die seit vielen Jahrtausenden ununterbrochen in Gebrauch sind.

12.9.1 Einteilung von Gläsern

Am meisten verbreitet ist die Einteilung von Gläsern nach der chemischen Zusammensetzung. Danach wird grundsätzlich zwischen Kalknatronglas, Bleiglas und Borosilikatglas unterschieden. Diese drei Glasarten machen rund 95 % der gesamten Glasproduktion aus. Der restliche Anteil entfällt auf Spezialgläser wie z. B. Quarzglas und Glasfasern.

Alle Gläser enthalten mindestens 50 % Siliziumoxid. Dazu kommen oft verschiedene weitere Oxide, am häufigsten Metalloxide. Durch diese Zusätze lassen sich Eigenschaften von Glas mit Ausnahme der Festigkeit in weiten Bereichen modifizieren. Die Zusammensetzungen einiger gebräuchlicher Glasarten sind in Tab. 12.2 aufgelistet.

Kalknatronglas wird für Getränkeflaschen, für verschiedene Lebensmittel- und Trinkgläser sowie in großen Mengen für Flachglas (Fensterscheiben) verwendet. Kalknatrongläser sind lichtdurchlässig und zeichnen sich durch eine glatte, porenfreie Oberfläche aus, so dass sie z. B. leicht gereinigt werden können.

Bleiglas zeichnet sich durch einen hohen Brechungsindex, Farblosigkeit, Glanz und einen schönen Klang aus. Seine Dichte ist mit mehr als 3,5 g/cm^{3}deutlich höher als die anderer Glasarten. Bleigläser eignen sich besonders gut für die Verzierung durch Schliff. Im täglichen Leben begegnen uns Bleigläser zumeist als Trinkgläser, Vasen, Schalen oder als Ziergegenstände. Gläser, die weniger als 18 % bzw. keine Bleioxide enthalten, werden auch als Kristallgläser bezeichnet. Gläser mit sehr hohem Bleioxidgehalt (mehr als 40 %) werden in der Optik verwendet und Flintglas genannt.

Borosilikatglas besitzt eine hohe chemische Beständigkeit und gute Temperaturbeständigkeit. Es zeichnet sich durch einen geringen thermischen Ausdehnungskoeffizienten aus. Daher wird diese Glasart sehr oft für Produktionsanlagen aus Glas in der chemischen

Tab. 12.2 Zusammensetzung wichtiger Glasarten

Glasart	Gehalt in %				
	SiO_2	Al_2O_3	B_2O_3	Alkalioxide K_2O und Na_2O	Andere Oxide
Kalknatronglas	bis 75			bis 16	CaO
Bleiglas	bis 65			bis 15	PbO
Borosilikatglas	bis 8	bis 7	bis 13	bis 8	CaO, MgO
Quarzglas	96		4		
Glasfasern	55	15	10		MgO

Industrie, in Laboratorien oder für hochbelastbare Lampengläser verwendet. Aber auch im Haushalt findet Borosilikatglas Verwendung: Back- und Auflaufformen sowie anderes „feuerfestes" Geschirr sind daraus gefertigt.

Spezialgläser werden für besondere technische und wissenschaftliche Zwecke benutzt. Ihre Zusammensetzung ist sehr unterschiedlich und umfasst zahlreiche chemische Verbindungen. Zu dieser Gruppe gehören z. B. die optischen Gläser und Gläser für Elektrotechnik und Elektronik sowie Glaskeramiken und Glasfasern.

12.9.2 Struktur von Glas

Obwohl Glas zu den ältesten Werkstoffen der Menschheit gehört, besteht noch keine Klarheit bezüglich seiner Struktur. Physikalisch betrachtet ist Glas eine unterkühlte Flüssigkeit.

Die mittlerweile allgemein anerkannte Beschreibung der Glasstruktur ist das Netzwerkmodell. Nach diesem Modell können wir uns Glas als eine Art anorganisches Polymer vorstellen, bei dem bestimmte Nichtmetalloxide mit Metalloxiden ein räumliches Netzwerk bilden. Das Nichtmetalloxid ist der Netzwerkbildner oder Glasbildner und die Metalloxide, die in das Gerüst des Netzwerkes eingelagert sind, werden Netzwerkwandler genannt. Der wichtigste Netzwerkbildner ist Siliziumoxid. Neben ihm können auch andere Stoffe wie z. B. Boroxid als Netzwerkbildner fungieren.

Das Netzwerkmodell besagt, dass im Glas grundsätzlich dieselben Bindungszustände wie im Kristall vorliegen, bei silikatischen Gläsern also in Form von SiO_4-Tetraedern. Der Vergleich von Quarz und Quarzglas zeigt, dass Glas ausschließlich über eine Nahordnung in Form dieser Tetraeder verfügt, jedoch keine kristalline Fernordnung (Abschn. 4.2.4) aufweist. Damit zählt Glas zu den amorphen Stoffen.

12.9.3 Herstellung von Glas

Gewöhnlich wird Glas durch Schmelzen erzeugt. Anders als bei der Abkühlung kristalliner Materialien erfolgt beim Glas der Übergang von der flüssigen Schmelze zum Feststoff kontinuierlich. Dies bedeutet, dass sich bei der Erstarrung der Schmelze zwar Kristallkeime bilden, für den Kristallisationsprozess jedoch nicht genügend Zeit verbleibt. Das erstarrende Glas ist zu schnell fest, so dass noch eine Kristallbildung möglich ist. Im Laufe der Abkühlung nimmt die Viskosität des Materials stark zu.

Bei der Glasherstellung lassen sich prinzipiell drei Stufen unterscheiden: Glasbildungsprozess, Läuterungsprozess und Abstehprozess. Diese Verfahrensstufen sind in der Praxis nicht exakt voneinander abzugrenzen und weisen Übergänge auf.

Die Zusammensetzungen der Gemenge für die einzelnen Glassorten, die sogenannten Glassätze, sind sehr verschieden. Die Komponenten liegen dabei in Form von Oxiden, Karbonaten und Nitraten vor und bestimmen durch ihre Art und Menge die Eigenschaften des Glases. Für den Läuterungsprozess werden Läutermittel benutzt, die Entgasung und

Homogenisierung der Glasschmelze herbeiführen. Der Glasbildungsprozess stellt einen Aufschmelzvorgang dar. Die Läuterungs- und Abstehprozesse werden erst in der Schmelze durchgeführt. Das Schmelzen und die Läuterung erfolgen bei Temperaturen von 1300 °C bis 1500 °C und sind mit einer Reihe physikalischer und chemischer Reaktionen verbunden. Durch die Temperatursenkung auf ca. 1000 °C tritt beim Abstehprozess eine Viskositätserhöhung auf.

Die Viskosität von Glas spielt die entscheidende Rolle bei der Anwendung weiterer Verarbeitungs- und Formgebungsverfahren.

12.9.4 Eigenschaften von Glas

Die Eigenschaften der Gläser sind in starkem Maße von ihrer Zusammensetzung abhängig.

Die bedeutendste Eigenschaft von Glas ist die Lichtdurchlässigkeit. Dabei ist sein optisches Verhalten so vielfältig wie die Anzahl der Glasarten. Klare Gläser sind für Licht durchlässig. Durch Zugabe spezieller Materialien zur Schmelze kann die Durchlässigkeit gezielt verändert werden. Zum Beispiel kann Glas für infrarotes Licht undurchdringbar gemacht werden und somit die Wärmestrahlung blockieren. Die bekannteste Steuerung der Durchlässigkeit ist die Färbung. Es können die verschiedensten Farben erzielt werden. Andererseits gibt es undurchsichtiges Glas, das schon aufgrund seiner Zusammensetzung opak ist. Ein weiterer optischer Parameter ist der Brechungsindex, der besonders beim Einsatz von Glas in der Optik bedeutungsvoll ist.

Die Mehrheit der Gläser hat eine Dichte von ca. 2,5 g/cm^3 und damit gehören sie zu den leichten Werkstoffen. Die mechanischen Eigenschaften von Glas sind sehr unterschiedlich. Seine Zerbrechlichkeit ist sprichwörtlich. Die Bruchfestigkeit wird entscheidend von der Qualität der Glasoberfläche bestimmt, da bereits geringste Oberflächenverletzungen (Risse und Kratzer) durch ihre Kerbwirkung (Abschn. 3.2.3) die mechanischen Eigenschaften negativ beeinflussen.

Der Elastizitätsmodul der meisten Gläser liegt zwischen 55 und 90 GPa. In massiver Form hat Glas eine relativ geringe Zugfestigkeit von weniger als 120 MPa. Dagegen weisen Glasfasern eine wesentlich höhere Zugfestigkeit auf (Abschn. 13.4.1).

Die Vickershärte von Glas ist mit 400 bis 800 HV (Abschn. 4.5.5) hoch, ebenso wie seine Druckfestigkeit mit 600 bis 1200 MPa. Jedoch werden Gläser als hart oder weich im thermischen und nicht im mechanischen Sinne bezeichnet. Das heißt ein weiches Glas erweicht bei einer niedrigeren Temperatur als ein hartes Glas. Kalknatron- und Bleigläser gelten als weich, die übrigen Arten als hart.

Glas ist weitgehend resistent gegen viele Chemikalien mit Ausnahme von Fluor und seinen Verbindungen sowie konzentrierten Alkalien. Beim Angriff aggressiver Medien kommt es zuerst zu einer Auslaugung der Netzwerkwandler und nicht zur Auflösung des gesamten Netzwerkes. Erst bei weiterer Einwirkung eines solchen Mediums wird unter geeigneten Zuständen auch das SiO_4-Netzwerk zerstört.

Bei Raumtemperatur hat Glas einen hohen elektrischen Widerstand (damit eine geringe elektrische Leitfähigkeit) und kann als Isolator dienen. Der Widerstand fällt allerdings mit steigender Temperatur stark ab, sofern es sich nicht um reines Quarzglas handelt.

12.9.5 Anwendung von Glas

Glas ist eines der vielseitigsten Materialien, das in vielen Bereichen eingesetzt werden kann.

Schätzungsweise werden heute etwa 750 unterschiedliche Glassorten hergestellt. Die Verwendung von Glas reicht von Fensterglas, Flaschen und Kochgeschirr bis zu Gläsern mit speziellen mechanischen, elektrischen, thermischen, chemischen, korrosiven und optischen Eigenschaften. Glasfasern dienen u.a. als Verstärkungsstoffe bei Verbundwerkstoffen (Abschn. 13.4.5).

Die Produktpalette der Glasindustrie ist historisch gewachsen und sehr breit. Die Flachglasindustrie fertigt Flachgläser für Bauwirtschaft und Architektur, für den Automobil- und Fahrzeugbau sowie für die Möbelindustrie. Die Behälterglasindustrie stellt Glasverpackungen aller Art her.

Die Produkte der Gebrauchs- und Spezialglashersteller finden besonders vielfältige Anwendung in vielen technischen, medizinischen, chemischen und anderen Bereichen. Die Wirtschaftsglasindustrie stellt Trinkgläser und andere Glaswaren für den Alltag und für die Gastronomie her. Die Mineralfaserindustrie produziert Dämmstoffe für den Bau (Glas- und Steinwolle) und fertigt Verstärkungsfasern für die Kunststoffindustrie sowie textile Glasfasern. Abb. 12.9 zeigt einige typische Produkte aus Glas.

Aus bestimmten Anwendungsbereichen, wie bei Verpackungen, wurde in den vergangenen Jahren das Glas durch andere Werkstoffe, besonders durch Kunststoffe, teilweise verdrängt. Anders sieht es bei optischen und technischen Gläsern aus, deren Einsatz stetig zunimmt.

Abb. 12.9 Anwendungsbeispiele für Glas. **a** Laborhilfsmittel aus Borosilikatglas, **b** Gegenstände aus Kristallglas

12.1.6 Produktion und Recycling von Glas

Die Gesamtproduktion von Glas und Mineralfasern betrug 2015 etwa 7,4 Mio. t (Quelle: bvglas.de).

Glas lässt sich vollständig in einem geschlossenen Verwertungskreislauf recyceln. Zudem kann Glas beliebig oft eingeschmolzen und zu neuen Glasprodukten verarbeitet werden, ohne dabei einen Qualitätsverlust zu erleiden. Dies ist bei kaum einem anderen Werkstoff der Fall. Wesentlich dabei ist ein geeignetes Sammel- und Rücknahmesystem für Altglas, wie es z. B. in Deutschland existiert. Beispielhaft ist auch die Recyclingquote verkaufter Glasverpackungen, die in Deutschland 2013 ca. 90 % betrug.

Weiterführende Literatur

Ashby M, Jones D (2007) Werkstoffe 2: Metalle, Keramiken und Gläser, Kunststoffe und Verbundwerkstoffe. Spektrum Akademischer Verlag, Heidelberg

Askeland D (2010) Materialwissenschaften. Spektrum Akademischer Verlag, Heidelberg

Bargel H-J, Schulze G (2008) Werkstoffkunde. Springer, Berlin, Heidelberg

Fuhrmann E (2008) Einführung in die Werkstoffkunde und Werkstoffprüfung Band 1: Werkstoffe: Aufbau-Behandlung-Eigenschaften. expert verlag, Renningen

Hornbogen E, Eggeler G, Werner E (2012) Werkstoffe: Aufbau und Eigenschaften von Keramik-, Metall-, Polymer- und Verbundwerkstoffen. Springer, Heidelberg

Jacobs O (2009) Werkstoffkunde. Vogel-Buchverlag, Würzburg

Kollenberg W (Hrsg.) (2009) Technische Keramik: Grundlagen-Werkstoffe-Verfahrenstechnik. Vulkan Verlag München

Läpple V, Drübe B, Wittke G, Kammer C (2010) Werkstofftechnik Maschinenbau. Europa-Lehrmittel, Haan-Gruiten

Martens H (2011) Recyclingtechnik: Fachbuch für Lehre und Praxis. Spektrum Akademischer Verlag, Heidelberg

Petzold A (1992) Anorganisch-nichtmetallische Werkstoffe. Deutscher Verlag für Grundstoffindustrie, Stuttgart

Reissner J (2010) Werkstoffkunde für Bachelors. Carl Hanser Verlag, München

Seidel W, Hahn F (2012) Werkstofftechnik: Werkstoffe-Eigenschaften-Prüfung-Anwendung. Carl Hanser Verlag, München

Thomas K-H, Merkel M (2008) Taschenbuch der Werkstoffe. Carl Hanser Verlag, München

Weißbach W, Dahms M (2012) Werkstoffkunde: Strukturen, Eigenschaften, Prüfung. Vieweg+Teubner Verlag, Wiesbaden

Verbundwerkstoffe

13

13.1 Aufbau von Verbundwerkstoffen

Jeder Verbundwerkstoff besteht aus mindestens zwei Einzelstoffen: einem Matrixstoff (Bindestoff, Grundwerkstoff) und einem Verstärkungsstoff. Beide Stoffe gehören i. d. R. zu verschiedenen Werkstoffgruppen und haben unterschiedliche Aufgaben. Durch die Kombination lassen sich die vorteilhaften Eigenschaften der Verbundpartner ausnutzen. Bei den Verbundwerkstoffen werden oft die Prinzipien der Naturstoffe angewandt.

13.1.1 Aufgaben der Einzelstoffe

Der Matrixstoff soll den Zusammenhalt eines Verbundwerkstoffes gewährleisten und Kräfte übertragen. Er soll eine mindestens ausreichende Zähigkeit besitzen und dem Verbund ggf. noch Wärmeleitfähigkeit und/oder Korrosionsbeständigkeit verleihen.

Der Verstärkungsstoff soll, entsprechend seiner Bezeichnung, Festigkeit und Steifigkeit des Verbundwerkstoffes gewährleisten. Die wichtigste Bedeutung hat, neben seiner Art, die Form des Verstärkungsstoffes, ob er als Teilchen, als Faser oder in Schichten vorliegt.

Die Erfüllung der Aufgaben kann nur bei ausreichender Haftung zwischen der Matrix und dem Verstärkungsstoff erfolgreich sein.

13.1.2 Matrixstoffe

Als Matrixstoff kann prinzipiell jeder Werkstoff verwendet werden. Das Hauptkriterium für die Auswahl eines Matrixstoffes ist die Einsatztemperatur des Verbundwerkstoffes.

Kunststoffe können bei niedrigen Temperaturen eingesetzt werden. Meist werden Duroplaste (Abschn. 11.1), insbesondere Epoxid- und Polyesterharze als Matrixstoffe

© Springer-Verlag Berlin Heidelberg 2017
B. Arnold, *Werkstofftechnik für Wirtschaftsingenieure*,
DOI 10.1007/978-3-662-54548-5_13

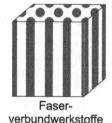

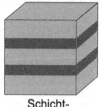

| Teilchen-
verbundwerkstoffe | Faser-
verbundwerkstoffe | Durchdringungs-
verbundwerkstoffe | Schicht-
verbundwerkstoffe |

Abb. 13.1   Einteilung von Verbundwerkstoffen

verwendet. Die Verwendung von Thermoplasten ist noch selten, zu ihnen zählen Polyamide sowie Polypropylen und Polycarbonat. Aufgrund der vergleichsweise einfachen Herstellung bilden Verbundwerkstoffe mit einer Polymermatrix die größte Gruppe.

Metalle als Matrixstoff ermöglichen höhere Einsatztemperaturen, jedoch ist die Herstellung dieser Verbundwerkstoffe kompliziert. Hauptsächlich werden Aluminium und Kobalt verwendet.

Bei höchsten Einsatztemperaturen können Verbundwerkstoffe mit einer keramischen Matrix verwendet werden. Dabei werden die Aufgaben der Stoffe anders aufgeteilt. Der Matrixstoff soll neben dem Zusammenhalt auch die Steifigkeit gewährleisten. Der Verstärkungsstoff (der Name ist hier nicht passend) soll die Zähigkeit des Verbundwerkstoffes verbessern. Für eine keramische Matrix werden vor allem Aluminiumoxid (Abschn. 12.5.1) und siliziumbasierte Nichtoxidkeramiken (Abschn. 12.6.3) verwendet. Da Keramiken nur sintertechnisch herstellbar sind, ist auch die Herstellung dieser Verbundwerkstoffe kompliziert und aufwendig.

▶   Verbundwerkstoffe bestehen aus einem Matrixstoff, in den ein Verstärkungs-
    stoff eingelagert ist.

13.2   Einteilung von Verbundwerkstoffen

Verbundwerkstoffe werden nach der Form des Verstärkungsstoffes eingeteilt. Dabei spielt auch die Rolle, wie die Verbundpartner zueinander angeordnet sind. Wir unterscheiden: Teilchen-, Durchdringungs-, Faser- und Schichtverbundwerkstoffe (Abb. 13.1).

Bei Teilchenverbundwerkstoffen liegt der Verstärkungsstoff in Form von Teilchen in der Matrix vor. Je nach Teilchengröße und -verteilung sind verschiedene Variationen möglich. Die technisch wichtigsten Teilchenverbundwerkstoffe sind Hartmetalle (Abschn. 13.3).

Bei Faserverbundwerkstoffen liegt der Verstärkungsstoff in Form von Fasern in der Matrix vor. Hierbei können die Fasern verschiede Längen und Ausrichtungen haben. Die Faserverbundwerkstoffe (Abschn. 13.4) bilden die größte und technisch wichtigste Gruppe der Verbundwerkstoffe.

Bei Durchdringungsverbundwerkstoffen bilden die Verbundpartner einen gefügeähnlichen Verbund. Am häufigsten bestehen diese Verbundwerkstoffe aus einem porenhaltigen Gerüst eines höher schmelzenden Metalls (meist Wolfram), in das ein niedrig schmelzendes Metall (meist Kupfer und Silber) eingesaugt wird. Diese eher seltenen Werkstoffe werden oft nicht zu den Verbundwerkstoffen gezählt. Unter dem Namen Kontaktwerkstoffe finden sie in der Energietechnik Verwendung.

Bei Schichtverbundwerkstoffen liegen die Verbundpartner schichtweise übereinander. Die Schichtdicke kann variabel sein. Die Unterscheidung zwischen einem Matrix- und einem Verstärkungsstoff ist hierbei nicht sinnvoll. Werkstoffe dieser Gruppe werden mitunter als Werkstoffverbunde bezeichnet, um sie von den anderen Gruppen abzugrenzen.

Teilchen-, Durchdringungs- und Faserverbundwerkstoffe sind makroskopisch quasihomogen. Hingegen sind Schichtverbundwerkstoffe makroskopisch inhomogen und somit keine richtigen Werkstoffe mehr, sondern eher eine Art einer Konstruktion. Deswegen werden sie in diesem Buch nicht weiter besprochen.

▶ Die wichtigsten Verbundwerkstoffe sind Teilchen- und Faserverbundwerkstoffe.

13.3 Hartmetalle

Hartmetalle sind Teilchenverbundwerkstoffe, deren Haupteinsatzgebiet die Zerspanungstechnik ist.

13.3.1 Aufbau und Herstellung von Hartmetallen

Bei den Hartmetallen besteht die Matrix aus einem weichen und zähen Metall (insofern ist der Name dieser Gruppe ein wenig irreführend). Am häufigsten werden Kobalt und Kobalt-Nickel-Legierungen verwendet. Der Anteil des Matrixstoffes kann max. 25 % erreichen.

Als Verstärkungsstoffe werden sehr harte Teilchen metallischer Hartstoffe (Abschn. 12.6.2), meist Karbide und Nitride, eingesetzt.

Das Gefüge eines Hartmetalls ist schematisch in Abb. 13.2a dargestellt. Die häufigsten Verstärkungsteilchen sind eckige Wolframkarbide. Des Weiteren können Titan-Mischnitride mit abgerundeter Form und einer Kern-Rand-Struktur verwendet werden (Abb. 13.2b). Diese Hartmetalle werden auch als Cermets bezeichnet. Durch die abgerundete Form der Teilchen weisen Cermets eine verbesserte Oxidationsbeständigkeit auf.

Hartmetalle werden sintertechnisch (Abschn. 12.2) aus Pulvern hergestellt. Dadurch werden Hartmetalle häufig der technischen Keramik oder den Sinterwerkstoffen zugeordnet. Nach dem Aufbau, dem Hauptkriterium der Werkstofftechnik, gehören Hartmetalle zu den Verbundwerkstoffen.

13.3.2 Eigenschaften und Anwendung von Hartmetallen

Hartmetalle besitzen ein besonderes Eigenschaftsprofil. Sie haben eine sehr hohe Härte (bis 2.000HV), die bis ca. 1.000 °C erhalten bleibt. Bedingt durch die hohe Härte und ihr

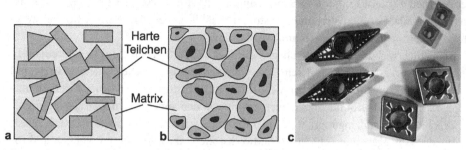

Abb. 13.2 Aufbau und Anwendungsbeispiel für Hartmetalle. **a** Gefüge mit eckigen Teilchen, **b** Gefüge mit abgerundeten Teilchen, **c** Wendeschneidplatten

Gefüge, sind sie sehr verschleißfest. Die weiche, metallische Matrix verleiht den Hartmetallen eine ausreichende Zähigkeit. Durch das stark heterogene Gefüge werden Schwingungen gut gedämpft. Nachteilig ist ihre sehr hohe Dichte von ca. 15 g/cm³.

Hartmetalle werden überwiegend in der Zerspanungstechnik als Wendeschneidplatten für Fräs- und Drehwerkzeuge (Abb. 13.2c) oder als schwingungsdämpfende Vollhartmetall-Werkzeuge eingesetzt.

Für den zerspanungstechnischen Einsatz wurde eine spezielle Buchstaben-Bezeichnung der Hartmetalle eingeführt, bei der folgende Zerspanungs-Hauptgruppen unterschieden werden:

- P – Eignung zum Zerspanen von langspanenden Eisenwerkstoffen,
- M – Eignung zum Zerspanen von lang- und kurz spanenden Eisenwerkstoffen,
- K – Eignung zum Zerspanen von kurzspanenden Eisenwerkstoffen, Nichteisenmetallen und Nichtmetallen.

In der Praxis werden Hartmetalle mit „Widia" bezeichnet, was aus dem Ausdruck „wie Diamant" abgeleitet ist.

▶ Hartmetalle bestehen aus einer weichen Metallmatrix und harten Teilchen von Karbiden und Nitriden.
  Sie zeichnen sich durch eine hohe Härte und Verschleißbeständigkeit aus.

13.3.3 Produktion und Recycling von Hartmetallen

Die Produktion der Hartmetalle ist von der Herstellung des Wolframkarbids abhängig, das derzeit durch nichts zu ersetzen ist. Wolframkarbide kommen nicht in der Natur vor. Das Karbid wir durch Umsetzung von metallischem Wolfram mit Ruß oder Graphit erzeugt. Der Wolframgehalt in der Erdkruste ist gering, das größte Wolframvorkommen befindet sich in China. Die weltweite Fördermenge liegt bei über 70.000 Tonnen pro Jahr.

Aufgrund des relativ hohen Preises ist das Recycling und Rückführung verbrauchter Hartmetalle in den Produktionsprozess sehr wichtig.

Die beim Herstellprozess anfallenden „weichen", d. h. noch nicht gesinterten Hartmetallabfälle, werden fast vollständig in den Herstellprozess rückgeführt. Die Verwertung von „hartem", d. h. bereits gesintertem Hartmetall-Abfall, bzw. von verbrauchtem Hartmetall ist hingegen sehr schwierig.

Bedingt durch das heterogene Gefüge aus sehr unterschiedlichen Bestandteilen, müssen bei der Verwertung spezielle und komplizierte Methoden angewandt werden. Zu diesen Methoden gehören neben einer mechanischen Zerkleinerung auch chemische und thermische Behandlungen, welche die Auflockerung des Gefüges bewirken. Eine nur auf Hartmetalle abgestimmte Recyclingmethode stellt das Zinkaufschlussverfahren dar. Durch Behandlung des Hartmetalls in einer Zinkschmelze wird die Kobaltmatrix unter Volumenzunahme in eine Kobalt-Zink-Legierung überführt. Anschließend wird das Zink praktisch vollständig durch Destillation wiedergewonnen. Der Hartmetall-Schrott liegt anschließend in Form einer porösen, lockeren Masse vor, die auf konventionelle Art in Kugelmühlen zu Pulver vermahlen werden kann. Alle Bestandteile des Metalls wie Wolframkarbid, Mischkarbid und Kobalt bleiben erhalten.

Die Kosten aller Recyclingverfahren von Hartmetall-Abfällen sind hoch und ihr praktischer Einsatz ist noch selten. Der Anteil von wiedergewonnenem Hartmetall am Gesamtverbrauch nimmt jedoch ständig zu.

13.4 Faserverbundwerkstoffe

Faserverbundwerkstoffe (Composites) bilden die größte und wichtigste Gruppe der Verbundwerkstoffe. Als Verstärkungsstoffe werden Faserwerkstoffe verwendet, die eine eigene, spezielle Stoffgruppe darstellen.

Unter dem Begriff Faserverbundwerkstoffe werden ausschließlich faserverstärkte Kunststoffe verstanden. Faserverstärkte Kunststoffe dienen uns als Leichtbauwerkstoffe, da sie eine gute spezifische Festigkeit und Steifigkeit besitzen. Die größte Bedeutung haben glasfaser- und kohlenstofffaserverstärkte Duroplaste (Epoxid- und Polyesterharz), die die Kurzzeichen GFK und CFK tragen.

Faserverstärkte Keramiken (Abschn. 13.5) bilden eine kleine Gruppe und können auch zu den keramischen Werkstoffen gezählt werden. Faserverstärkte Metalle sind eine selbstständige Werkstoffgruppe und werden als Metall-Matrix-Composites bezeichnet (Abschn. 13.6).

Die Entwicklung der Faserverbundwerkstoffe begann um 1950. Die ersten Meilensteine waren Karosserieteile sowie ein Segelflugzeug aus einem glasfaserverstärkten Kunststoff.

Abb. 13.3 Gewebe aus verschiedenen Faserwerkstoffen

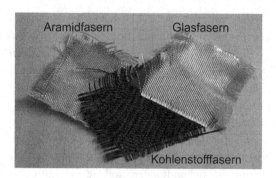

13.4.1   Faserwerkstoffe

Faserwerkstoffe sind Stoffe in Form von sehr dünnen Fasern. Interessanterweise haben Werkstoffe in der Faserform andere Eigenschaften als in der kompakten Form. Ihre Zugfestigkeit wird deutlich höher, was allgemein durch eine günstigere statistische Verteilung von Fehlstellen in den Fasern erklärt wird. Die Fasern müssen einen höheren E-Modul und eine höhere Festigkeit als der Matrixwerkstoff aufweisen.

a. Arten und Handelsformen von Faserwerkstoffen

Faserwerkstoffe haben meist einen runden Querschnitt mit einem Durchmesser von 10 µm. Eine wichtige Rolle spielt das Verhältnis der Länge zum Durchmesser, das bei Langfasern größer als 10^4 ist. Die mit Abstand wichtigsten Faserwerkstoffe sind Glasfasern, gefolgt von Kohlenstofffasern. Geringere Verwendung finden Aramidfasern, Borfasern, Polyethylenfasern und Siliziumkarbidfasern.

Faserwerkstoffe können logischerweise nicht in Form von Einzelfaser verwendet werden. Wir gebrauchen diese Werkstoffe in technisch sinnvollen Verwendungsformen wie Rovings, Matten, Gelege, Gewebe und Prepregs.

Rovings sind unidirektionale, nicht versponnene Faserbündel mit einem Durchmesser von 1,0 mm. Matten sind gepresste, unverwebte, zufällig orientierte Fasern. Gelege sind durch dünne Fäden in einer oder mehreren Lagen zusammengehaltene Rovings.

Gewebe sind verwobene Faserbündel und stellen die wichtigsten textilen Halbzeuge dar. Hierbei werden verschiedene Gewebearten verwendet, die aus der Textilindustrie bekannt sind. In Abb. 13.3 sehen wir drei Faserwerkstoffe, die unterschiedlich gewoben sind.

Eine besondere Handelsform von Faserwerkstoffen sind sogenannte Prepregs (preimpregnated). Prepregs sind bereits mit einem Duroplast-Harz vorimprägnierte Gelege oder Gewebe mit einem optimalen Harz-Gewebe-Verhältnis. Da sie ein reaktionsfähiges Polymer (Harz) enthalten, ist eine Kühllagerung erforderlich.

b. Eigenschaften wichtiger Faserwerkstoffe

Glasfasern   werden meist aus geschmolzenem E-Glas gesponnen. Sie sind nicht brennbar und haben gute thermische Eigenschaften. Glasfasern leiten die Wärme besser als andere

Tab. 13.1 Mechanische Eigenschaften wichtiger Faserwerkstoffe

Faserwerkstoff	Dichte in g/cm³	Zugfestigkeit in MPa	E-Modul in MPa	Spezifische Festigkeit	Spezifischer E-Modul
Glasfasern	2,5	2.500–3.500	73.000	60–80	2,8–3,5
Kohlenstofffasern	1,8	2.000–5.000	240.000–550.000	100–170	15–30
Aramidfasern	1,44	2.800–3.500	65.000–130.000	200	9,5

Fasern. Da Glas ein isotropes Material ist, haben auch die Fasern isotrope Eigenschaften und sind ebenfalls wie Glas sehr spröde. Mechanische Eigenschaften von Glasfasern sind in Tab. 13.1 dargestellt.

Kohlenstofffasern bestehen aus Graphitschichten, die in Faserrichtung orientiert sind. Sie wurden 1959 entwickelt und gewinnen seitdem stetig an Bedeutung. Ihre Herstellung erfolgt durch Pyrolyse von Polymerfasern, meist Polyacrylnitril (PAN). Je nach Prozessbedingungen werden hochfeste und hochmodule Sorten gefertigt. Kohlenstofffasern sind sehr spröde. Ihre geringe Wärmeausdehnung ist mit einem negativen Wärmeausdehnungskoeffizienten (größere Ausdehnung mit abnehmender Temperatur) verbunden, was bei ihrer Verwendung beachtet werden muss. Sie sind elektrisch und thermisch leitend sowie chemisch beständig. Ihre Wärmebeständigkeit ist gut, jedoch nur in sauerstofffreien Medien, da die Fasern leicht oxidieren. Ihre Eigenschaften sind stark anisotrop. Mechanische Eigenschaften von Kohlenstofffasern sind in Tab. 13.1 dargestellt.

Aramidfasern sind flüssigkristalline, aromatische Polyamide (Handelsname Kevlar), die aus einer Polymerlösung gesponnen werden. Sie sind hygroskopisch und UV-empfindlich. Ihre herausragende Eigenschaft ist die extreme Zähigkeit, was jedoch auch eine schlechte Bearbeitung zur Folge hat. Da Aramidfasern Polymere sind, ist ihre Wärmebeständigkeit gering. Ihre Eigenschaften sind anisotrop. Sie werden hauptsächlich als Garn in der Textilindustrie verwendet. Mechanische Eigenschaften von Aramidfasern sind in Tab. 13.1 dargestellt.

▶ Faserwerkstoffe zeichnen sich durch eine hohe Festigkeit aus.
Die wichtigsten Faserwerkstoffe sind Glas- und Kohlenstofffaserwerkstoffe.

13.4.2 Beeinflussung der Eigenschaften von Faserverbundwerkstoffen

Die Eigenschaften faserverstärkter Kunststoffe sind von vielen Faktoren abhängig und können entsprechend durch diese beeinflusst werden. Die wichtigsten Faktoren sind in Abb. 13.4 dargestellt.

Die Grundeigenschaften eines Faserverbundwerkstoffes werden durch die Auswahl von Matrix- und Faserwerkstoff bestimmt. Die beiden Stoffe bringen ihre Eigenschaften

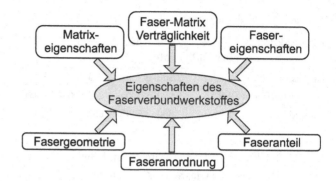

Abb. 13.4 Beeinflussung von Eigenschaften eines Faserverbundwerkstoffes

in den Verbund ein. Eine wichtige Rolle spielt die Faser-Matrix-Verträglichkeit, mit der vor allem die Haftung gemeint wird. Für eine Verbesserung der Haftung wird häufig ein Haftvermittler auf die Fasern aufgetragen.

Weitere Möglichkeiten, die Eigenschaften eines Faserverbundwerkstoffes zu beeinflussen, ergeben sich durch die Faktoren Faseranteil, Fasergeometrie und Faseranordnung.

Beim Faseranteil gilt folgende einfache Regel: je höher der Anteil, desto besser ist die Festigkeit des Verbundes. Aufgrund des Zusammenhalts kann der Faseranteil max. 80 % betragen. In der Praxis werden hohe Faseranteile selten erreicht.

Bei der Fasergeometrie kann ebenfalls eine einfache Regel formuliert werden: je größer das Verhältnis der Länge zum Durchmesser (praktisch je länger die Fasern), desto besser die Festigkeit des Verbundes. Grundsätzlich werden Kurzfaser, Langfaser und Endlosfaser unterschieden. Endlosfasern existieren jedoch nur theoretisch. In der Praxis wird ein Kompromiss zwischen Herstellungsaufwand und den erzielbaren Eigenschaften gesucht. Meist wird mit speziellen rechnerischen Methoden ein kritischer Wert des Länge-Durchmesser-Verhältnisses ermittelt. Daraus wird die kritische Faserlänge abgeleitet. Wenn die reale Faserlänge ca. 15-mal größer als die kritische ist, dann verhalten sich die Fasern, als ob sie endlos wären.

Den größten und wichtigsten Einfluss auf die Eigenschaften faserverstärkter Kunststoffe hat die Faseranordnung. Durch eine geeignete Faseranordnung kann die Belastbarkeit des Verbundes an die konkreten Einsatzbedingungen angepasst werden. Diese Beeinflussung ist schematisch in Abb. 13.5 gezeigt.

Bei bestimmten Faseranordnungen kann der Faserverbundwerkstoff mehr oder weniger anisotrop werden (Abb. 13.5a und b) und dadurch besser auf seinen Einsatz abgestimmt werden. Bauteile mit isotropen Eigenschaften können aus Fasermatten hergestellt werden (Abb. 13.5c). Mithilfe der Wickeltechnik werden Rohre mit Verstärkung gegen den Innendruck angefertigt (Abb. 13.5d).

Eine Eigenheit der Faserverbundwerkstoffe ist, dass die Fasern auch zu dreidimensionalen Anordnungen verflochten werden können, was weitere Anpassungsm möglichkeiten ergibt.

▶   Eigenschaften von Faserverbundwerkstoffen lassen sich durch verschiedene Faktoren beeinflussen.
    Zu den wichtigsten Faktoren gehören der Faseranteil und die Faseranordnung.

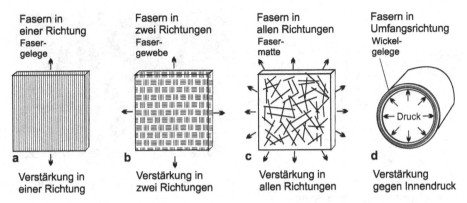

Abb. 13.5 Einfluss von Faseranordnung auf Eigenschaften von Faserverbundwerkstoffen

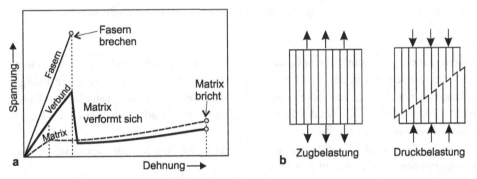

Abb. 13.6 Verhalten von Faserverbundwerkstoffen bei Belastung. **a** Spannungs-Dehnungs-Kurve,
b Verhalten bei Zug- und Druckbelastung

13.4.3 Mechanische Eigenschaften von Faserverbundwerkstoffen

Die Festigkeit und Steifigkeit eines Faserverbundwerkstoffes ist in Faserrichtung wesentlich höher als quer zur Faserrichtung. Quer zur Faser ist die Festigkeit sogar oft geringer als die einer unverstärkten Matrix. Bei Hochleistungskonstruktionsbauteilen werden die Faserrichtungen von Konstrukteuren anhand von Computerberechnungen festgelegt, um die geplante Festigkeit und Steifigkeit eines Bauteils zu erreichen.

a. Zug- und Druckfestigkeit
Die Zugfestigkeit faserverstärkter Kunststoffe wird durch die Faserfestigkeit entscheidend beeinflusst. Dieser Zusammenhang ist anhand der Spannungs-Dehnungs-Kurve eines Faserverbundes erkennbar (Abb. 13.6a). Bei der Höchstspannung stehen die Fasern kurz vor dem Bruch.

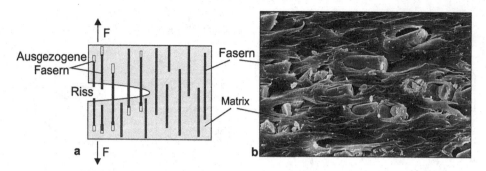

Abb. 13.7 Schlagartige Belastung von Faserverbundwerkstoffen. **a** Verhalten von Fasern, **b** Bruch-fläche eines glasfaserverstärkten Kunststoffes

Unter Druckbelastung fallen Verbundwerkstoffe durch Faserknicken aus (Abb. 13.6b). Die dazu erforderliche Kraft ist geringer als für einen Bruch unter Zugbelastung.

b. Zähigkeit
Fasern erhöhen die Zähigkeit eines Faserverbundwerkstoffes. Dies erscheint auf den ersten Blick unwahrscheinlich, da Glas- oder Kohlenstofffasern spröde sind. Wenn ein infolge schlagartiger Belastung entstandener Riss sich öffnet, werden die Fasern aus der Rissfläche herausgezogen (Abb. 13.7a) und absorbieren dabei Energie. Dadurch kann sich der Faser-verbundwerkstoff zäh verhalten.

In Abb. 13.7b ist die Bruchfläche eines glasfaserverstärkten Kunststoffes zu sehen. Die rausgezogenen Fasern sind gut zu erkennen.

13.4.4   Herstellung von Faserverbundwerkstoffen

Bauteile aus faserverstärkten Kunststoffen werden mithilfe speziell entwickelter Verfahren hergestellt, auf die an dieser Stelle nicht näher eingegangen wird. Ausführliche Informatio-nen zu den einzelnen Herstellverfahren sind in der weiterführenden Literatur zu finden.

Folgende Verfahren werden angewandt:

- Handlaminieren,
- Pressverfahren (Vakuumsackverfahren und Drucksackverfahren),
- Autoklav-Verfahren (für Prepregs),
- Injektionsverfahren (RTM-Verfahren),
- Wickeltechnik (für rotationssymmetrische Bauteile),
- Pultrusion (Strangziehverfahren).

Da die Mehrheit der Faserverbundwerkstoffe eine duroplastische Matrix besitzt, muss bei jedem der genannten Verfahren eine Aushärtung (meist Warmhärtung) stattfinden.

a   b

Abb. 13.8 Anwendungsbeispiele für glasfaserverstärkte Kunststoffe. **a** Rotorblätter einer Windkraftanlage, **b** verschiedene Halbzeuge

13.4.5 Arten und Eigenschaften von Faserverbundwerkstoffen

a. Glasfaserverstärkte Kunststoffe
Glasfaserverstärkte Kunststoffe (Kurzzeichen GFK) bilden die größte Gruppe der Faserverbundwerkstoffe. Als Matrixstoff werden meist Duroplaste (z. B. Polyesterharz oder Epoxidharz) verwendet. Von den Thermoplasten wird derzeit Polyamid am häufigsten genutzt.

Die Dichte glasfaserverstärkter Kunststoffe beträgt ca. 2,0 g/cm^3. Ihre mechanischen Eigenschaften sind von der Faseranordnung (Abschn. 13.4.2) abhängig. Verglichen mit anderen Faserverbundwerkstoffen haben glasfaserverstärkte Kunststoffe einen relativ niedrigen Elastizitätsmodul. Selbst in Faserrichtung liegt er unter dem von Aluminium. Bei einem Faseranteil von beispielsweise 60 % beträgt der E-Modul in Faserrichtung ca. 44.000 MPa und quer zu den Fasern nur 13.000 MPa. Für Anwendungen mit hohen Steifigkeitsanforderungen sind diese Werkstoffe daher nicht geeignet. Durch eine Faseranordnung kann die Zugfestigkeit stark beeinflusst werden, bis sie in einem Bereich von 70 bis 1.000 MPa liegt.

Ein Vorteil der Glasfaser im Verbund mit einer passenden Kunststoffmatrix liegt in ihrer elastischen Verformung und der Energieaufnahme. Deshalb werden aus glasfaserverstärkten Kunststoffen Blattfedern, Rotorblätter von Windkraftanlagen (Abb. 13.8a) und ähnliche Bauteile gefertigt.

Glasfaserverstärkte Kunststoffe sind chemisch beständig. Dies macht sie zu einem geeigneten Werkstoff für Behälter im Anlagenbau oder für Rümpfe von Booten und Jachten. Ihre guten Isoliereigenschaften werden in der Elektrotechnik genutzt. Besonders Isolatoren, die hohe mechanische Lasten übertragen müssen, werden aus glasfaserverstärkten Kunststoffen an gefertigt.

Zu den weiteren Anwendungsbereichen glasfaserverstärkter Kunststoffe gehören Rümpfe und Tragflächen von Segelflugzeugen. Oft werden Wellplatten (Abb. 13.8b) hergestellt, die z. B. für Wände und Bedachungen verwendet werden.

b. Kohlenstofffaserverstärkte Kunststoffe
Kohlenstofffaserverstärkte Kunststoffe (Kurzzeichen CFK) werden umgangssprachlich „Carbon" genannt. Die Kohlenstofffasern sind, meist in mehreren Lagen, in eine

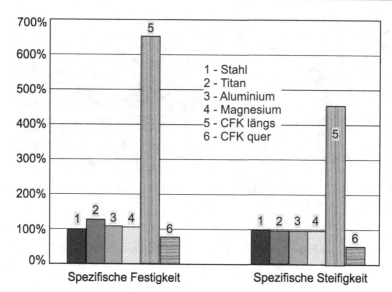

Abb. 13.9 Vergleich spezifischer Kennwerte von CFK mit Metallen

Kunststoff-Matrix eingebettet. Die Matrix besteht aus Duroplasten, vorwiegend aus Epoxidharz.

Die Dichte kohlefaserverstärkter Kunststoffe liegt bei 1,5 g/cm³. Ihre mechanischen Eigenschaften sind, wie bei allen Faserverbundwerkstoffen, von der Faseranordnung abhängig. Der E-Modul beträgt in Faserrichtung ca. 180.000 MPa und quer zur Faserrichtung ca. 12.000 MPa.

Kohlefaserverstärkte Kunststoffe werden als Ersatz für Metalle im Leichtbau gesehen. Ihre Eignung für diese Anwendung ist durch ihre gute spezifische Festigkeit und Steifigkeit begründet. In Abb. 13.9 ist ein Vergleich dieser Werkstoffe mit einigen Metallen dargestellt. Dabei ist jedoch zu beachten, dass alle Metalle unabhängig vom späteren Bauteil und seiner Geometrie, vorher bekannte, kalkulierbare Eigenschaften haben. Im Falle der Faserverbundwerkstoffe entsteht der Werkstoff mit seinen Eigenschaften erst bei der Bauteilherstellung.

Kohlefaserverstärkte Kunststoffe sind für großflächige Bauteile mit einfachem Spannungszustand gut geeignet. Dagegen haben diese Werkstoffe bei komplexen Spannungszuständen und vielen Krafteinleitungen kaum Vorteile.

Derzeit werden kohlefaserverstärkte Kunststoffe vorwiegend für Kleinserien und Einzelfertigungen eingesetzt. Bei der Serienproduktion müssen spezielle Anforderungen an die Fertigungsverfahren erfüllt werden, insbesondere bezüglich der Wiederholbarkeit und des Zeitaufwandes.

Kohlefaserverstärkte Kunststoffe werden hauptsächlich in der Luft- und Raumfahrt z. B. für Seitenleitwerke von Flugzeugen verwendet. Aus ihnen werden Rotorblätter großer Windkraftanlagen und Karosserien moderner Sportautos gefertigt. Breite Verwendung finden diese Werkstoffe für Sportgeräte wie Fahrradrahmen (Abb. 13.10a) und andere

Abb. 13.10 Anwendungsbeispiele für kohlefaserverstärkte Kunststoffe. **a** Fahrradrahmen, **b** Platten

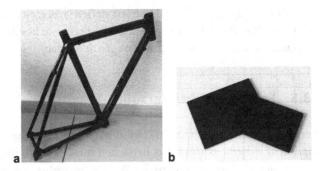

Abb. 13.11 Einsatzgebiete glasfaserverstärkter Kunststoffe. (Quelle: AVK-Industrievereinigung verstärkte Kunststoffe)

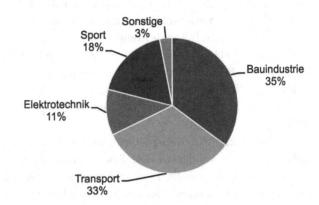

Fahrradteile sowie Tennisschläger. In Zukunft werden kohlefaserverstärkte Kunststoffe vor allem in der Automobilindustrie an Bedeutung gewinnen.

▶ Die wichtigsten Faserverbundwerkstoffe sind glasfaser- und kohlenstofffaserverstärkte Kunststoffe.

13.4.6 Produktion und Recycling von Faserverbundwerkstoffen

Den größten Marktanteil der Faserverbundwerkstoffe haben derzeit glasfaserverstärkte Kunststoffe (GFK) mit fast 95 %. Kohlefaserverstärkte Kunststoffe (CFK) haben, trotz des starken Wachstums, noch eine geringe Auswirkung auf die Marktsituation.

Glasfaserverstärkte Kunststoffe sind kostengünstig und werden in vielen Bereichen verwendet (Abb. 13.11).

Die Produktion glasfaserverstärkter Kunststoffe liegt bei ca. 850.000 Tonnen (Quelle: AVK-Industrievereinigung verstärkte Kunststoffe). Die Produktion kohlefaserverstärkter Kunststoffe betrug 2011 ca. 57.000 Tonnen (Quelle: Carbon Composites e. V.). Die Nachfrage an CFK soll in Zukunft jedoch sprunghaft steigen.

Das Recycling von Faserverbundwerkstoffen ist derzeit noch in der Entwicklungsphase. Die ersten Methoden werden getestet, beispielsweise können über chemische Verfahren Glasfasern aus einer Epoxidharzmatrix gelöst werden.

13.5   Faserverstärkte Keramik

Keramische Werkstoffe (Kap. 12) sind aufgrund ihrer Sprödigkeit für den technischen Einsatz in sicherheitsrelevanten Bereichen ungeeignet. Daher werden weltweit Anstrengungen unternommen, keramische Werkstoffe, insbesondere Oxidkeramiken, mit schadenstolerantem (quasiduktilem) Verhalten zu entwickeln. Eine Möglichkeit liegt in der Verstärkung durch kurze Kohlenstofffasern oder durch keramische Fasern.

Obwohl in diesem Fall beide Komponenten spröde sind, zeigen faserverstärkte Keramiken ein „quasiduktiles" Bruchverhalten. Die Ursache ist der sogenannte. Rissstoppeffekt. Für diesen Effekt ist – im Gegensatz zu anderen Faserverbundwerkstoffen – eine schwache Haftung zwischen der Matrix und den Fasern vorteilhaft. In diesem Fall können Risse die Fasern nicht durchdringen, es setzen Rissablenkungen ein und der Riss kann sich nicht ausbreiten.

Auf diese Weise wird häufig Siliziumkarbid (Abschn. 12.6.3) mit Eigenfasern bzw. mit Kohlenstofffasern kombiniert. Die Faserkeramik wurde zunächst in den Hitzeschilden der Spaceshuttles verwendet. Die Kacheln sollen ein Verglühen beim Wiedereintritt in die Erdatmosphäre verhindern. Der Werkstoff wird heute unter anderem als Friktionswerkstoff für Bremsscheiben sowie für Reibbeläge von Magnetschwebebahnen und Aufzügen verwendet.

13.6   Metall Matrix Composites MMC

Metallmatrix-Verbundwerkstoffe (engl. metal matrix composites MMC) bestehen aus einer Metallmatrix und einem Verstärkungsstoff, der in verschiedenen Formen vorliegen kann.

Metallmatrix-Verbundwerkstoffe können mit mehreren Methoden hergestellt werden, wie z. B. dem Einrühren von Keramikpartikeln in eine Metallschmelze und Pulvermetallurgie.

Bei MMC handelt es sich meist um verstärktes Aluminium oder Titan und Nickel. In letzter Zeit werden dazu auch verstärkte Magnesium- und Kupferwerkstoffe hergestellt. Die Matrix liegt als elementares Metall oder in Form einer Legierung vor. Als Verstärkungsphase werde keramische Partikel (z. B. Aluminiumoxid und Siliziumkarbid) verwendet, deren Anteil max. 10 % beträgt. Mit Kurz- oder Langfasern (auf Kohlenstoff basierend) wird vorwiegend Aluminium verfestigt, die Faseranteile können bis zu 60 % betragen.

Die Metallmatrix-Verbundwerkstoffe finden z. B. Verwendung für Schweißelektroden und Turbinenschaufeln sowie in der Raketentechnik.

Weiterführende Literatur

Ashby M, Jones D (2007) Werkstoffe 2: Metalle, Keramiken und Gläser, Kunststoffe und Verbund-werkstoffe. Spektrum Akademischer Verlag, Heidelberg

Askeland D (2010) Materialwissenschaften. Spektrum Akademischer Verlag, Heidelberg

Bargel H-J, Schulze G (2008) Werkstoffkunde. Springer, Berlin, Heidelberg

Fuhrmann E (2008) Einführung in die Werkstoffkunde und Werkstoffprüfung Bd. 1: Werkstoffe: Aufbau-Behandlung-Eigenschaften. expert verlag, Renningen

Hornbogen E, Eggeler G, Werner E (2012) Werkstoffe: Aufbau und Eigenschaften von Keramik-, Metall-, Polymer- und Verbundwerkstoffen. Springer, Heidelberg

Jacobs O (2009) Werkstoffkunde. Vogel-Buchverlag, Würzburg

Läpple V, Drübe B, Wittke G, Kammer C (2010) Werkstofftechnik Maschinenbau. Europa-Lehr-mittel, Haan-Gruiten

Martens H (2011) Recyclingtechnik: Fachbuch für Lehre und Praxis. Spektrum Akademischer Ver-lag, Heidelberg

Reissner J (2010) Werkstoffkunde für Bachelors. Carl Hanser Verlag, München

AVK-Industrievereinigung Kunststoffe e. V. (Hrsg) Handbuch Faserverbundwerkstoffe. Vieweg + Teubner, Wiesbaden

Ehrenstein G (2006) Faserverbund-Kunststoffe: Werkstoffe-Verarbeitung-Eigenschaften. Carl Han-ser Verlag, München

Seidel W, Hahn F (2012) Werkstofftechnik: Werkstoffe-Eigenschaften-Prüfung-Anwendung. Carl Hanser Verlag, München

Thomas K-H, Merkel M (2008) Taschenbuch der Werkstoffe. Carl Hanser Verlag, München

Weißbach W, Dahms M (2012) Werkstoffkunde: Strukturen, Eigenschaften, Prüfung. Vieweg + Teubner Verlag, Wiesbaden

Werkstoffe mit besonderen Eigenschaften 14

14.1 Halbleiter

Halbleiter sind Werkstoffe, die bei Raumtemperatur eine elektrische Leitfähigkeit aufweisen und bei tiefen Temperaturen Isolatoren sind. Zwischen Halbleitern, Metallen und Isolatoren gibt es keine starren Grenzen. Im Gegensatz zu Metallen nimmt der Widerstand von Halbleitern mit steigender Temperatur exponentiell ab. Zudem beeinflusst die angelegte Spannung deren elektrische Leitfähigkeit. Halbleiter leiten den Strom nur dann, wenn an bestimmten Anschlüssen des Bauteils eine Spannung anliegt. Die besten Halbleiter sind Einkristalle, da sie keine Korngrenzen haben, die die Bewegung von Elektronen behindern. Die elektrische Leitfähigkeit von Halbleitern kann durch gezieltes Einbringen (Dotieren) von Fremdatomen beträchtlich verändert werden.

Diese besonderen Eigenschaften werden vor allem in der Mikroelektronik, der Computertechnik sowie der Solartechnik genutzt. Die größte Bedeutung als Halbleitermaterial hat Silizium.

Silizium ist nach Sauerstoff mit 23,5 % das zweithäufigste Element der Erdkruste. Es wird hauptsächlich aus Quarzit (ein Gestein mit hohen Quarzanteilen) gewonnen. Die Gewinnung erfolgt im Lichtbogenofen mit Koks oder Aluminium als Reduktionsmittel. Technisches Silizium wird mit einer Reinheit von 98,5 bis 99,7 % gehandelt. Für die Halbleitertechnik wird hochreines Silizium benötigt. Deshalb werden nach dem Gewinnungsprozess sehr aufwändige und teuere Raffinationsverfahren durchgeführt.

Hochreines Silizium ist der Grundwerkstoff der Mikroelektronik und der Solartechnik. Es wird für fast alle gängigen Halbleiterbauteile wie Computerchips, Speicher, Dioden, Transistoren und andere Teile (Abb. 14.1a) sowie für Solarzellen (Abb. 14.1b) benutzt. Diese Anwendungen basieren auf der Tatsache, dass sich die elektrischen Eigenschaften von Silizium in einem breiten Bereich verändern lassen. Dadurch können verschiedenste elektronische Schaltungen realisiert werden. 2012 wurden ca. 250.000. Tonnen hochreines

© Springer-Verlag Berlin Heidelberg 2017
B. Arnold, *Werkstofftechnik für Wirtschaftsingenieure*,
DOI 10.1007/978-3-662-54548-5_14

Abb. 14.1 Anwendungsbeispiele für Silizium. **a** Bauteile der Mikroelektronik, **b** Solarzellen

Silizium hergestellt (Quelle: Bundesanstalt für Geowissenschaften und Rohstoffe). Davon wird nur ein geringer Anteil in der Chip- und Elektronikindustrie verbraucht. Die größten Mengen des Werkstoffes gehen in die Produktion von Solarzellen. Aufgrund der zunehmenden Bedeutung elektronischer Schaltungen und der Solartechnik sprechen wir heute sogar vom Silizium-Zeitalter.

▶   Der wichtigste Halbleiterwerkstoff ist Silizium.

14.2 Formgedächtniswerkstoffe

Formgedächtniswerkstoffe zeichnen sich dadurch aus, dass sie bei bestimmten und von außen angeregten Umwandlungen definierte Formänderungen vollziehen. Als erste Werkstoffe dieses Typs wurden Nickel-Titan-Legierungen in den 1960er Jahren beschrieben. Seitdem haben die sogenannten Memory-Metalle eine Reihe von Anwendungen gefunden.

14.2.1 Formgedächtniseffekt

Die Funktionsweise konventioneller Formgedächtnislegierungen basiert auf einer reversiblen Austenit-Martensit-Gefügeumwandlung. Die beiden Begriffe Austenit und Martensit werden hier aber anders als im Eisen-Kohlenstoff-System definiert. Die Formgedächtnislegierungen nehmen je nach Temperatur verschiedene, stabile äußere Formen an, da die Umwandlung des Gefüges zu einer Änderung des Kristallvolumens führt. Die Formänderung erfolgt relativ schnell in einem kleinen Temperaturbereich. Diese „Schalttemperatur" kann u. a. über die Legierungszusammensetzung gezielt eingestellt werden. Wir unterscheiden den thermischen und den mechanischen Formgedächtniseffekt.

Bei dem thermischen Formgedächtniseffekt wird einem Memory-Metall bei einer höheren Temperatur (im Austenit-Zustand) eine Form gegeben (Abb. 14.2a). Nach der Abkühlung wird das Metall im Martensit-Zustand wieder umformt (Abb. 14.2b). In diesem

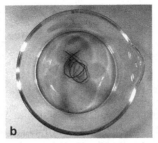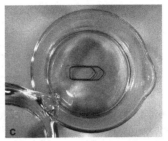

Abb. 14.2 Thermischer Formgedächtniseffekt. **a** Nach der Formgebung, **b** Verformung, **c** Erwärmen mit warmem Wasser und Rückkehr zur ursprünglichen Form

Zustand ist das Material mechanisch leicht verformbar und behält auch seine Form. Beim anschließenden Erwärmen (Abb. 14.2c) erinnert sich der Werkstoff an seine ursprüngliche geometrische Form. Diese bleibt auch bei erneuter Abkühlung erhalten.

Bei dem mechanischen Formgedächtniseffekt kann die innere Struktur des Werkstoffes allein durch Aufbringen oder Rücknehmen einer Kraft zwischen austenitischer und martensitischer Form wechseln. Dabei sind hohe elastische Dehnungen möglich, wodurch dieser Effekt auch Pseudoelastizität genannt wird.

14.2.2 Arten und Anwendung von Formgedächtniswerkstoffen

Der wichtigste Formgedächtniswerkstoff ist die Nickel-Titan-Legierung NiTi55, die auch als Nitinol (Ni-Ti-NOL des US-Naval Ordnance Laboratory) bezeichnet wird. Neben den Nickel-Titan-Legierungen zeigen ebenfalls Kupfer-Zink-Aluminium-Legierungen den Formgedächtniseffekt. Neuerdings gehören auch spezielle Eisen-Mangan-Silizium-Legierungen zu der Werkstoffgruppe.

Nickel-Titan-Legierungen sind jedoch den anderen Legierungen in fast allen Formgedächtniseigenschaften überlegen und aufgrund ihrer Biokompatibilität für den Einsatz in der Medizintechnik prädestiniert. Allerdings sind sie schwierig herzustellen und zu verarbeiten.

Formgedächtniswerkstoffe finden vielfältige Verwendung. Im technischen Bereich werden aus ihnen hochleistungsfähige Ventilfedern für Automotoren, wartungsfreie Mikroantriebe, hochelastische Sonden, Rohrverbindungen, Spreiznieten sowie zuverlässige Steckverbindungen gefertigt. Darüber hinaus werden die Sonnensegel von Satelliten durch sie entfaltet und Brillenfassungen aus ihnen hergestellt.

Eine sehr wichtige und besondere Anwendung finden diese Werkstoffe in der Medizintechnik z. B. für Stents, die bei Blutgefäßkrankheiten eingesetzt werden.

▶ Der wichtigste Formgedächtniswerkstoff ist die Nickel-Titan-Legierung NiTi55.

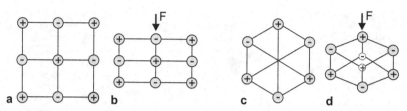

Abb. 14.3 Entstehung von Ladungen bei Kristallen mit und ohne Symmetriezentrum. **a** Kristall mit Symmetriezentrum, **b** Deformation eines Kristalls mit Symmetriezentrum, **c** Kristall ohne Symmetriezentrum, **d** Deformation eines Kristalls ohne Symmetriezentrum

14.3 Piezoelektrische Werkstoffe

Piezoelektrische Werkstoffe zeichnen sich durch den Piezoeffekt aus, der 1880 an Quarzkristallen entdeckt wurde.

14.3.1 Voraussetzungen für die Piezoelektrizität

Die Piezoelektrizität ist die Wechselwirkung zwischen elektrischen Größen (z. B. Polarisation, Oberflächenladung) und mechanischen Größen in Festkörpern. Beim direkten Piezoeffekt entsteht durch Verformung eines piezoelektrischen Werkstoffs eine elektrische Spannung. Beim reziproken (oder inversen) piezoelektrischen Effekt eine elektrische Spannung angelegt und verursacht eine Verformung des Materials.

Piezoelektrizität weisen Werkstoffe auf, die eine kristalline Struktur ohne Symmetriezentrum mit polaren Achsen besitzen. In Abb. 14.3 ist dieser Sachverhalt schematisch dargestellt.

Bei der Verformung eines Kristallgitters mit Symmetriezentrum (Abb. 14.3a) kommt es zu keiner Veränderung der Schwerpunkte der Ladungen (Abb. 14.3b). Wenn ein Kristallgitter ohne Symmetriezentrum (Abb. 14.3c) verformt wird, kommt es zur Verschiebung der Schwerpunkte der Ladungen (Abb. 14.3d). Wir sprechen dann von einer Polarisation des Kristalls. Die positiven und negativen Gitterbausteine werden durch die Verformung so verschoben, dass ein elektrisches Dipolmoment entsteht, was sich im Auftreten von Ladungen an der Oberfläche des nach außen normal neutralen Kristalls äußert. Alle piezoelektrischen Materialien sind elektrisch nicht leitend.

14.3.2 Typen und Anwendung piezoelektrischer Werkstoffe

a. Typen piezoelektrischer Werkstoffe
Natürliche Piezokristalle wie Quarz und Turmalin weisen einen geringen Piezoeffekt auf. Für technische Anwendungen sind sogenannte Piezokeramiken viel besser geeignet.

Dazu gehören hauptsächlich polykristalline Keramiken mit Perowskit-Kristallstruktur, die unterhalb ihrer Curie-Temperatur (150 bis 370 °C) eingesetzt werden.

Die größte Bedeutung haben Bleititanat und Bleizirkonat sowie insbesondere Bleizirkonat-Titanat (PZT-Keramik). Diese Werkstoffe werden sintertechnisch hergestellt und den Funktionskeramiken zugeordnet. Bedingt durch die Herstellung sind sie keine monokristallinen Stoffe. In Abhängigkeit der Zusammensetzung können unterschiedliche Werte der wesentlichen Kenngrößen erzielt werden. Daher gibt es viele verschiedene Sorten von Piezokeramiken.

Auch bei den Polymeren gibt es piezoelektrische Werkstoffe wie z. B. Polyvinylidenfluorid PVDF (Abschn. 10.2.4).

b. Anwendung piezoelektrischer Werkstoffe
Piezokeramiken dienen der Umwandlung von mechanischen Größen, wie Druck und Beschleunigung, in elektrische Größen, oder umgekehrt, Umwandlung von elektrischen Signalen in mechanische Bewegung oder Schwingungen. Eine wichtige technische Anwendung piezoelektrischer Werkstoffe ist die Erzeugung von Schallwellen bei der Ultraschallprüfung (Abschn. 3.8.3). Darüber hinaus werden sie für Tongeber, Stellglieder und Beschleunigungsmesser verwendet sowie als Schwingquarze z. B. in Quarzuhren. Auch zum Zünden von Gasgemischen z. B. in Verbrennungsmotoren werden piezoelektrische Werkstoffe eingesetzt.

▶   Die wichtigsten piezoelektrischen Werkstoffe sind Piezokeramiken auf Basis von Bleititanat und Bleizirkonat.

Weiterführende Literatur

Askeland D (2010) Materialwissenschaften. Spektrum Akademischer Verlag, Heidelberg
Fischer H, Spindler J, Hofmann H (2007) Werkstoffe in der Elektrotechnik: Grundlagen-Aufbau-Eigenschaften-Prüfung-Anwendung-Technologie. Carl Hanser Verlag, München
Gümpel P (2004) Formgedächtnislegierungen: Einsatzmöglichkeiten in Maschinenbau, Medizintechnik und Aktuatorik. expert verlag, Renningen
Reissner J (2010) Werkstoffkunde für Bachelors. Carl Hanser Verlag, München
Schatt W, Worch H, Pompe W (2011) Werkstoffwissenschaft. Wiley-VCH, Weinheim

Anhang

Fachzeitschriften mit Bezug zur Werkstofftechnik

- Advanced Engineering Materials – Verlag Wiley-VCH, Weinheim
- ATZ-Automobiltechnische Zeitschrift – Springer Verlag, Cham CH
- International Aluminium Journal – Giesel Verlag, Hannover
- Konstruktion (mit dem Fachteil Ingenieur-Werkstoffe) – Springer VDI Verlag, Düsseldorf
- Kunststoffe – Hanser Verlag, München
- lightweightdesign – Viewg+Teubner/Springer Fachmedien, Wiesbaden
- Materialwissenschaft und Werkstofftechnik – Verlag Wiley-VCH, Weinheim
- Materials und Corrosion – Verlag Wiley-VCH, Weinheim
- Metall – GDMB Informationsgesellschaft, Clausthal-Zellerfeld
- ThyssenKrupp techforum – ThyssenKrupp AG, Düsseldorf
- Werkstoffe in der Fertigung – HW Verlag, Mering

© Springer-Verlag Berlin Heidelberg 2017

315

B. Arnold, *Werkstofftechnik für Wirtschaftsingenieure*,
DOI 10.1007/978-3-662-54548-5

Stichwortverzeichnis

© Springer-Verlag Berlin Heidelberg 2017
B. Arnold, *Werkstofftechnik für Wirtschaftsingenieure*,
DOI 10.1007/978-3-662-54548-5

Printed in the United States
By Bookmasters